Müller/Krauß

Handbuch
für die Schiffsführung

Fortgeführt von

Martin Berger † · Walter Helmers
Karl Terheyden · Gerhard Zickwolff

Achte, neubearbeitete und erweiterte Auflage
in 3 Bänden

Springer-Verlag
Berlin Heidelberg GmbH 1983

Band 1

Navigation

Teil A

Richtlinien für den Schiffsdienst,
Gestalt der Erde, Seekarten und nautische Bücher,
terrestrische Navigation, Wetterkunde

Herausgegeben von

Karl Terheyden · Gerhard Zickwolff

Unter Mitarbeit von

K. Heinz Cepok, Christof Marcus,
Günter Olbrück

Mit 122 Bildern

Springer-Verlag
Berlin Heidelberg GmbH 1983

Dr.-Ing. Karl Terheyden
Kapitän, Professor, Oberseefahrtschuldirektor a.D.
Walter-Delius-Str. 52, 2850 Bremerhaven 1

Dr. Gerhard Zickwolff
Präsident und Professor des Deutschen Hydrographischen Instituts
Sülldorfer Kirchenweg 35, 2000 Hamburg 55

CIP-Kurztitelaufnahme der Deutschen Bibliothek
Müller, Johannes:
Handbuch für die Schiffsführung : in 3 Bd. / Müller ; Krauss. Fortgef. von Martin Berger . . .
Teilw. mit d. Erscheinungsorten: Springer-Verlag Berlin Heidelberg GmbH.
NE: Krauss, Joseph:; Berger, Martin [Bearb.]
Bd. 1. – Navigation
Navigation / hrsg. von Karl Terheyden ; Gerhard Zickwolff.

(Handbuch für die Schiffsführung / Müller ; Krauss ; Bd. 1)
NE: Terheyden, Karl [Hrsg.]
Teil A. Richtlinien für den Schiffsdienst, Gestalt der Erde, Seekarten und nautische Bücher, terrestrische
Navigation, Wetterkunde / unter Mitarb. von K. Heinz Cepok . . . – 8., neubearb. u. erw. Aufl. – 1983.

ISBN 978-3-662-22384-0   ISBN 978-3-662-22383-3 (eBook)
DOI 10.1007/978-3-662-22383-3

NE: Cepok, K. Heinz [Mitverf.]

Gesamtherstellung: Graphischer Betrieb Konrad Triltsch, Würzburg
2060/3020/543210

Vorwort zu Band 1 A

Im Jahre 1911 gab Johannes Müller das jetzt unter dem Namen MÜLLER/ KRAUSS bekannte Handbuch der Schiffsführung zum ersten Mal heraus. Von der 2. Auflage (1925) an war Joseph Krauß Mitherausgeber. Beiden zu Ehren soll das Werk weiterhin ihre Namen tragen.

Bei der 3. Auflage (1938) trat Martin Berger als Mitherausgeber hinzu und war bis zu seinem Tode am 19. Januar 1978 Motor des Werkes.

Seit der 6. Auflage (1961) sind Walter Helmers und Dr.-Ing. Karl Terheyden Mitherausgeber. Bei der nun vorliegenden 8. Auflage ist Dr. Gerhard Zickwolff Mitherausgeber des Bandes 1.

Die Weiterentwicklung und die vielen Innovationen auf allen Gebieten der navigatorischen Schiffsführung machten die Erweiterung und völlige Neubearbeitung des Bandes I notwendig; zusätzliche Wissenschaftsgebiete mußten aufgenommen werden. Daher erscheint Band 1 der 8. Auflage in drei Teilbänden.

Der vorliegende Band 1 A enthält die Kapitel Richtlinien für den Schiffsdienst, Gestalt der Erde, Seekarten und nautische Bücher, terrestrische Navigation, Wetterkunde und eine Formelsammlung für die terrestrische Navigation.

Band 1 B behandelt die Mathematik, den Magnet- und Kreiselkompaß, die sonstigen Kreiselgeräte für die Navigation, das Selbststeuer, die Trägheitsnavigation, die astronomische Navigation, die Gezeitenkunde und enthält eine Formelsammlung für die Kompaßkunde, Gezeitenkunde und astronomische Navigation.

Band 1 C umfaßt die Themen Funkpeilwesen, Hyperbelnavigation, Radar, integrierte Navigation, Physik, Datenverarbeitung und eine Formelsammlung für die Funknavigation.

Dozenten der nautischen Ausbildungsstätten und Mitarbeiter der für die Seefahrt tätigen Institute wirkten bereitwillig an der Neugestaltung mit. Auf Bitten des bisherigen Mitarbeiters Dr. Rudolf Höhn übernahm im vorliegenden Band Dr. Günter Olbrück dankenswerterweise das Wissensgebiet Wetterkunde (Kap. 5). In diesem Band überarbeiteten

K. Heinz Cepok	Kap. 6
Christof Marcus	Kap. 1, 3.3 bis 3.5, 4.1 bis 4.6 und 4.11
Dr. Günter Olbrück	Kap. 5

(siehe auch Inhaltsverzeichnis). Allen Mitarbeitern gebührt Dank für die Mühen in ihrer Freizeit. Ebenso gebührt Dank dem Deutschen Hydrographischen Institut, dem Seewetteramt, allen Reedereien und sonstigen Firmen, die die Autoren mit Rat und Material unterstützten.

Das Werk befindet sich auf dem neuesten Stand des Wissens, der Technik sowie der Gesetze, Verordnungen und Verträge. Zum besseren Verständnis wurde gelegentlich die geschichtliche Entwicklung aufgezeigt. Erstmalig wurden die Benennungen, Abkürzungen, Formelzeichen und graphischen Symbole verwendet, die für die Navigation in See- und Luftfahrt nach DIN 13 312 vorgesehen sind; bei Drucklegung dieses Buches lag das Druckmanuskript der Norm (Stand Mai 1982) vor, so daß die endgültige Fassung der Norm noch geringfügige Änderungen aufweisen kann.

Auf das umfangreiche Sachverzeichnis am Ende des Bandes wird besonders hingewiesen. Darin sind zur Erleichterung des Gebrauchs einige im Text verwendete Begriffe zusätzlich noch durch andere in der Praxis ebenfalls übliche Ausdrücke bezeichnet.

Das Buch soll in erster Linie der Bordpraxis in allen Fahrtbereichen dienen. Es wird aber auch an Land Nutzen bringen, insbesondere den Reederei-Inspektoren, den Mitarbeitern der Schiffahrtsbehörden und sonstigen Schiffahrtsinstitutionen, nicht zuletzt den Dozenten und Studenten an den nautischen Ausbildungsstätten.

Die Verfasser wissen, wie wenig freie Zeit die Nautiker heutzutage haben. Wenn sie trotzdem bitten, ihnen Verbesserungsvorschläge – möglichst formlos – mitzuteilen, so geschieht dies, um das Standardwerk der Schiffsführung immer vollkommener werden zu lassen (Anschriften der Herausgeber siehe Seite IV).

Bremerhaven und Hamburg,   Karl Terheyden   Gerhard Zickwolff
im März 1983

Inhaltsverzeichnis

1 Richtlinien für den Schiffsdienst 1

1.1 Grundsätze für den Brückenwachdienst 1
    1.1.1 Vorkehrungen für den Wachdienst 2
    1.1.2 Diensttüchtigkeit 2
    1.1.3 Schiffsführung 2
    1.1.4 Navigationsausrüstung 3
    1.1.5 Pflichten und Verantwortlichkeiten bei der Führung des Schiffes 3
          Wachdienst – Ausguck
    1.1.6 Fahren mit einem Lotsen an Bord 4
    1.1.7 Schutz der Meeresumwelt 4

1.2 Leitfaden für Offiziere, die selbständig Brückenwache gehen
    (Wachoffiziere) 4
    1.2.1 Allgemeines 5
    1.2.2 Wachübernahme 5
    1.2.3 Regelmäßige Kontrollen der nautischen Einrichtungen . . . 6
    1.2.4 Selbststeueranlage 6
    1.2.5 Elektronische Navigationshilfen 6
    1.2.6 Echolot 6
    1.2.7 Radar 6
    1.2.8 Fahren in Küstengewässern 7
    1.2.9 Verhalten bei guter Sicht 7
    1.2.10 Verhalten bei schlechter Sicht 7
    1.2.11 Benachrichtigung des Kapitäns 7
    1.2.12 Wachegehende Besatzungsmitglieder 8
    1.2.13 Schiff vor Anker 8

1.3 Richtlinien für den Wachdienst im Hafen 8
    1.3.1 Vorkehrungen für den Wachdienst 8
    1.3.2 Wachübernahme 9
    1.3.3 Durchführung der Wache 10

1.4 Weitere Hinweise und Empfehlungen für die Schiffsführung 10
    1.4.1 Was müssen der Kapitän und die Schiffsoffiziere bei Antritt
          eines neuen Bordkommandos über ihr Schiff zuerst wissen? . . 10
    1.4.2 Was ist vor dem Inseegehen zu beachten? 12
    1.4.3 Worauf ist bei Befehlsübermittlung zu achten? 13
    1.4.4 Was ist beim Fahren auf Revieren zu bedenken? 14
    1.4.5 Worauf ist während des Fahrens im Nebel besonders zu
          achten? 15
    1.4.6 Worauf ist beim Fahren im Eis zu achten? 15

1.4.7 Was hat man nach einem Zusammenstoß zu tun?	15
1.4.8 Was ist nach einer Strandung zu tun?	15
1.4.9 Worauf ist beim Ankern zu achten?	15
1.4.10 Was ist beim Manövrieren in flachen und engen Gewässern zu beachten?	15
1.4.11 Welche Maßnahmen sind bei schwerem Wetter zu ergreifen?	15
1.4.12 Worauf ist beim Laden und Löschen zu achten?	15
1.4.13 Was ist bei Probefahrten zu beachten?	15
Besatzung – Sicherheitseinrichtungen – Verschiedenes	
1.4.14 Worauf ist beim Docken eines Schiffes zu achten?	16
1.4.15 Worauf ist beim Anbordnehmen eines Lotsen zu achten?	17
1.4.16 In der Praxis übliche Grußpflicht durch Dippen der Flagge	17
1.5 Verordnung über die Sicherung der Seefahrt vom 15. 12. 1956	17
1.5.1 Sturm- und Gefahrmeldungen	17
1.5.2 Verhalten bei Eisgefahr	18
1.5.3 Navigation bei Seenotfällen, Such- und Rettungsaktionen	18
Handbuch SUCHE UND RETTUNG für Handelsschiffe – Standortmeldesysteme	
2 Gestalt der Erde	**20**
2.1 Das Geoid	20
2.2 Das Erdellipsoid	20
2.2.1 Bezugs- oder Referenzellipsoide	21
2.3 Die Erdkugel	22
2.3.1 Die Einheiten Seemeile und Knoten	22
2.4 Die geographischen Koordinaten	22
3 Seekarten und nautische Bücher	**24**
3.1 Beschreibung der Seekarte	24
3.1.1 Allgemeine Navigationskarten	24
3.1.2 Sonderkarten	25
3.2 Konstruktion der Seekarte	27
3.2.1 Die Verzerrungen in der Karte	27
Maßstab und Maßstabswahl	
3.2.2 Der Mercatorentwurf	28
3.2.3 Der stereographische Entwurf	31
3.2.4 Der gnomonische Entwurf (Großkreiskarte)	32
3.2.5 Der mittabstandstreue Entwurf (Quadratische Plattkarte)	34
3.2.6 Der Entwurf nach Gauß-Krüger	34
3.2.7 Das UTM-System	36
3.2.8 Gitter-Nord und die Richtungen in topographischen Karten und in Seekarten	37
3.3 Gebrauch und Behandlung der Seekarte	37
3.3.1 Zeichen und Abkürzungen in den Seekarten	40
3.3.2 Bemerkungen zu den deutschen Seekarten	40
3.4 Die deutschen Seebücher und anderen nautischen Veröffentlichungen	41
3.4.1 Seehandbücher	41
3.4.2 Ozeanhandbücher	42

3.4.3 Leuchtfeuerverzeichnis 42
3.4.4 Nautischer Funkdienst 43
3.4.5 Gezeitentafeln 43
3.4.6 Atlanten und Monatskarten 43
3.4.7 Nachrichten für Seefahrer 43
3.4.8 Bekanntmachungen für Seefahrer 44
3.4.9 Fachzeitschriften 44
3.4.10 Nautisches Jahrbuch 44
3.4.11 Verzeichnis „Minengefährdete Gebiete und abgesuchte
Wege" 44
3.4.12 Seewarndienst 44

3.5 Die Berichtigung der Seekarten und der nautischen Bücher 45

4 Terrestrische Navigation 48

4.1 Betonnung und Befeuerung 48
4.1.1 Allgemeines 48
4.1.2 Seezeichen 49
4.1.3 IALA-System „A" 50
Laterale Zeichen – Kardinale Zeichen – Andere Zeichen –
Sonderzeichen
4.1.4 Genfer Betonnungssystem 57
Betonnung des Fahrwassers (Lateralsystem) – Besondere
Schiffahrtszeichen – Betonnung von Untiefen und Wracks
im freien Seeraum (Kardinalsystem) – Sonstige Seezeichen
4.1.5 Betonnung ausländischer Gewässer 61
4.1.6 Befeuerung der Küstengewässer 62
Verwendung der Leuchtfeuer
4.1.7 Verkehrstrennungsgebiete und Sicherheitswege 65
4.1.8 Minengefährdete Gebiete und minenfreie (abgesuchte) Wege 67

4.2 Benennungen, Abkürzungen und Formelzeichen 67

4.3 Bestimmung des Kurses 69
4.3.1 Kursbeschickung 69
4.3.2 Absetzen eines zu steuernden Kurses in der Seekarte 71

4.4 Bestimmung der Fahrt des Schiffes 72
4.4.1 Handlog 74
4.4.2 Relingslog 74
4.4.3 Patentlog 75
Impellerlog
4.4.4 Hydrodynamische Fahrtmeßsysteme (Staudrucklog) 75
Stevenlog – Bodenlog – Fehler und Fehlerbeseitigung
4.4.5 Elektromagnetische Fahrtmeßsysteme (EM-Log) 78
Meßunsicherheiten des EM-Logs
4.4.6 Dopplerlog 82
Verfahrensprinzip des Dopplerlogs – Elektroakustische
Wandler (Schwinger) – Reichweite des Dopplerlogs – Fahrt-
und Distanzmessung – Fehler und Fehlerausschaltung
4.4.7 Zweikomponenten-Dopplerlog 90
4.4.8 Korrelationslog 91
4.4.9 Doppler-Docking-Navigationssystem 93

4.4.10	Doppler-Sonar-Navigationssystem	93
4.4.11	Fahrt- und Distanzsysteme als Bestandteil der Trägheitsnavigation	93
4.4.12	Fahrtbestimmung nach Schraubendrehzahl	93
4.4.13	Fahrtbestimmung an der gemessenen Meile	95
4.5	**Stromnavigation**	**97**
4.5.1	1. Stromaufgabe	97
4.5.2	2. Stromaufgabe	98
4.5.3	3. Stromaufgabe	99
4.5.4	Sonderfälle	99
4.5.5	Bestimmung der Beschickung für Strom (BS) mit Hilfe des Dopplerlogs	102
4.6	**Bestimmung der Wassertiefe**	**103**
4.6.1	Handlot	104
4.6.2	Mittel- und Tieflot	104
4.6.3	Echolote (hydroakustische Lote)	105
	Bedeutung wichtiger Kenngrößen eines Echolots – Meßfehler von Echoloten	
4.7	**Die Ermittlung der terrestrischen Standlinie**	**112**
4.7.1	Abstandsbestimmungen	112
4.7.2	Peilungen	116
4.7.3	Messen von Horizontalwinkeln	117
4.7.4	Lotungen	118
4.8	**Die Verwertung einzelner terrestrischer Standlinien zur Vermeidung von Gefahren**	**118**
4.9	**Die terrestrische Ortsbestimmung**	**119**
4.9.1	Ortsbestimmung mit Hilfe einer Landmarke	119
4.9.2	Ortsbestimmung mit Hilfe zweier Landmarken	121
4.9.3	Ortsbestimmung mit Hilfe dreier Landmarken	121
4.10	**Die terrestrische Besteckrechnung**	**124**
4.10.1	Benennungen, Abkürzungen und Formelzeichen	124
4.10.2	Allgemeines über die Lösungen der Aufgaben in der Navigation	125
4.10.3	Die Loxodrome und ihre Eigenschaften	126
4.10.4	Besteckrechnung nach dem Verfahren der Mittelbreite	127
	Erste Aufgabe der Besteckrechnung nach Mittelbreite – Zweite Aufgabe der Besteckrechnung nach Mittelbreite	
4.10.5	Besteckrechnung nach dem Verfahren der vergrößerten Breite	129
	Erste Aufgabe der Besteckrechnung nach vergrößerter Breite – Zweite Aufgabe der Besteckrechnung nach vergrößerter Breite	
4.10.6	Koppelnavigation	131
	Koppelkurs – Zeichnerisches Koppeln – Automatisches Koppeln	
4.10.7	Koppelfehler	135
4.11	**Treffpunktfahrten**	**136**

4.12 Segeln im Großkreis 138
    4.12.1 Das sphärische Dreieck 138
    4.12.2 Die Eigenschaften des Großkreises 139
           Wahl des Schiffsweges
    4.12.3 Großkreisrechnung und Mischsegeln 140
    4.12.4 Praxis des Segelns im Großkreis 144

4.13 Entfernungstabellen 146
    4.13.1 Allgemeine Entfernungstabellen 148
    4.13.2 Schiffswege im Nordatlantischen Ozean 165
    4.13.3 Empfohlene Schiffswege im Indischen Ozean 167

5 Wetter- und Meereskunde 169

5.1 Beobachtungen der meteorologischen Größen 169
    5.1.1 Messen der Temperatur und der Wärmemenge 169
    5.1.2 Messen der Lufttemperatur 170
    5.1.3 Messen der Wassertemperatur 171
    5.1.4 Messen des Luftdrucks 171
           Schiffsbarometer – Dosen- oder Aneroidbarometer – Barograph oder Luftdruckschreiber
    5.1.5 Messen der Luftfeuchtigkeit 174
           Psychrometer – Luft- und Feuchtigkeitsmessungen in den Laderäumen – Luft- und Feuchtigkeitsmessungen in großen Höhen
    5.1.6 Messen des Windes 176
    5.1.7 Messen des Höhenwindes 180

5.2 Beobachten von Windsee und Dünung 181
    5.2.1 Messen der Wellenlänge an Bord 182
    5.2.2 Messen der Wellenperiode an Bord 183
    5.2.3 Messen der Wellenhöhe an Bord 183

5.3 Bestimmen der Richtung und Stärke von Meeresströmungen . . . 186
    5.3.1 Feststellen von Stromversetzungen 186

5.4 Sonstige Wetterbeobachtungen 187
    5.4.1 Wolkenbeobachtungen 187
    5.4.2 Messen des Niederschlags 188
    5.4.3 Beobachten optischer und elektrischer Erscheinungen der Atmosphäre 188
    5.4.4 Sichtigkeitsbeobachtungen 189
    5.4.5 Meteorologische Beobachtungen mit Radar 189
    5.4.6 Weitere wetterkundliche Beobachtungen 189

5.5 Niederschrift und Weitergabe der beobachteten Werte 190
    5.5.1 Schiffstagebuch 190
    5.5.2 Meteorologisches Beobachtungsbuch 190
           Vollständiger Schiffsschlüssel FM 13-VII-SHIP
    5.5.3 Seeobsdienst 194
    5.5.4 Eismeldedienst 196

5.6 Erklärungen und Angaben aus der Wetterkunde 196
    5.6.1 Temperatur 196
    5.6.2 Luftdruck 197

5.6.3   Wasserdampf der Luft und Niederschläge 197
5.6.4   Wind und Windgesetze 197
5.6.5   Planetarisches Windsystem 198
5.6.6   Die wichtigsten periodischen Winde 198
5.6.7   Fallwinde 200
5.6.8   Luftwirbel und Wirbelwinde 200
5.6.9   Tropische Orkane 200
5.6.10 Winde und Stürme der gemäßigten Zone 206
5.6.11 Besondere Winde und Stürme 209

5.7   Erklärungen und Angaben aus der Meereskunde 209
5.7.1   Salzgehalt und Dichte des Meereswassers 209
5.7.2   Meeresströmungen 209
5.7.3   Bedeutung von Stromangaben in Karten 212
5.7.4   Eis des Meeres 212
5.7.5   Erforschung der Meere 212

5.8   Wetterberatung 214
5.8.1   Organisation des Wetterdienstes 214
5.8.2   Synoptische Wetterkarten 215
5.8.3   Höhenwetterkarten 216
5.8.4   Seewetterberichte des SWA Hamburg 221
5.8.5   Sturmwarnungen 223
5.8.6   Windsemaphore 223
5.8.7   Wetterschiffe 223
5.8.8   Orkanmeldungen 224
5.8.9   Eisnachrichtendienst 224

5.9   Meteorologische Navigation 225
5.9.1   Zeichnen von Bordwetterkarten 227
5.9.2   Wetterkarte nach Analysenfunk 229
5.9.3   Bildübertragung von Wetterkarten 231
5.9.4   Manövrieren in den Stürmen der gemäßigten Zonen 232
5.9.5   Wettervorhersage ohne Wetterbericht 234
5.9.6   Manövrieren in den tropischen Orkanen 237
        Orkanerkennung – Schiffsmanöver im Orkan – Regeln für
        das Abreiten eines Orkans
5.9.7   Fahrtverlust der Schiffe im Seegang 241
5.9.8   Manövrieren in eisgefährdeten Gebieten 242

6 Formelsammlung für die terrestrische Navigation 244

6.1   Allgemeine Erläuterungen 244
6.1.1   Alphabetisches Verzeichnis der in der Formelsammlung
        verwendeten Formelzeichen, Abkürzungen und Indizes . . . 245

6.2   Formeln für die terrestrische Navigation 247
6.2.1   Kursbeschickungen 247
6.2.2   Peilungsbeschickungen 247
6.2.3   Besteckrechnung nach Mittelbreite 248
6.2.4   Besteckrechnung nach vergrößerter Breite 248
6.2.5   Fahrt, Fahrtzeit und Distanz 249

6.2.6   Meilenfahrt 249
6.2.7   Fahrtbestimmung nach Schraubendrehzahl 249
6.2.8   Umrechnungsfaktoren 249
6.2.9   Terrestrische Standlinien 250
6.2.10 Besteckversetzung 250
6.2.11 Stromrechnungen 251
6.2.12 Großkreisrechnungen 252

Sachverzeichnis 254

Inhalt der Bände 1 B, 1 C, 2, 3 A und 3 B

Band 1 Navigation
       Teil B: Mathematik, Magnet- und Kreiselkompaß, sonstige Kreiselgeräte, Selbststeuer, Trägheitsnavigation, astronomische Navigation, Gezeitenkunde
       Teil C: Funkpeilwesen, Hyperbelnavigation, Radar, integrierte Navigation, Physik, Datenverarbeitung
Band 2 Schiffahrtsrecht und Manövrieren
Band 3 Seemannschaft und Schiffstechnik
       Teil A: Schiffssicherheit, Ladungswesen, Tankschiffahrt
       Teil B: Stabilität, Schiffstechnik, Sondergebiete

1 Richtlinien für den Schiffsdienst

Zweck aller Richtlinien für den Schiffsdienst ist die Gewährleistung und Förderung der Sicherheit und Leichtigkeit des Schiffsverkehrs, die Vermeidung von Gefahren und Schäden für Schiff, Besatzung und Ladung.

Das Internationale Übereinkommen von 1978 über Normen für die Ausbildung, die Erteilung von Befähigungszeugnissen und den Wachdienst von Seeleuten (International Convention on Standards of Training, Certification and Watchkeeping, 1978), im folgenden „STCW-Übereinkommen", enthält entsprechende Regeln und Normen. Aufgrund nationaler Gesetzgebung werden diese für alle Seefahrer rechtsverbindlich.

Allgemeine Pflichten des Kapitäns und der Schiffsoffiziere

Der *Kapitän* eines Schiffes muß großes seemännisches und nautisches Können besitzen, über gute Menschenkenntnis, ausgeprägtes Organisationstalent und die Fähigkeit zur Menschenführung verfügen. Er ist aufgrund gesetzlicher Bestimmungen persönlich verantwortlich für alles, was die Führung seines Schiffes, die Betreuung der Besatzung und Fahrgäste und die Behandlung der Ladung anbelangt. Ihm ist daher auf See gesetzlich die Anwendung aller Hilfsmittel und sogar Zwangsmittel erlaubt, die er für nötig hält, um allen Gefahren der Seefahrt zu begegnen [1]. Er muß jederzeit zur Überwachung seines Schiffes, insbesondere des nautischen Betriebes, bereit sein und darf deshalb nur im Notfalle regelmäßige Seewachtörns übernehmen.

Bei einer neu zusammengestellten Besatzung ist es Pflicht des Kapitäns, die ihm zugewiesenen nautischen Patentinhaber sorgfältig auf Berufskenntnisse, Zuverlässigkeit und Entschlußfreudigkeit zu beobachten. Hat er einen Überblick über diese Eigenschaften seiner Schiffsoffiziere gewonnen, so sollte er zur Förderung eines bewußten Verantwortungsgefühls die Selbständigkeit seiner Offiziere unterstützen.

Im folgenden sind die Normen des STCW-Übereinkommens z. T. wörtlich, z. T. sinngemäß wiedergegeben, soweit sie sich auf die nautische Schiffsführung beziehen. Für den technischen Schiffsbetrieb gelten entsprechende Grundsätze (Regel III/1 der Anlage zum STCW-Übereinkommen).

1.1 Grundsätze für den Brückenwachdienst

Der Kapitän eines jeden Schiffes ist verpflichtet, ausreichende Vorkehrungen für den Wachdienst zu treffen, damit eine sichere Brückenwache gewährleistet ist.

---

1 Siehe Bd. 2, Kap. 7.4.9.

Unter seiner allgemeinen Verantwortung sind die Wachoffiziere während ihrer Wache für die sichere Führung des Schiffes verantwortlich; ihre Aufgabe ist es vor allem, einen Zusammenstoß oder eine Strandung zu vermeiden.

Auf allen Schiffen sind insbesondere, aber nicht ausschließlich, folgende Grundsätze zu beachten:

1.1.1 Vorkehrungen für den Wachdienst

Die Zusammensetzung der Wache, einschließlich des/der erforderlichen Ausguckposten muß jederzeit so sein, daß diese den jeweilig herrschenden Umständen und Bedingungen entspricht. Wenn über die Zusammensetzung der Brückenwache entschieden wird, müssen u. a. folgende Gesichtspunkte berücksichtigt werden:

- Die Brücke darf nie unbesetzt sein,
- Wetterbedingungen, Sichtverhältnisse, ob Tageslicht oder Dunkelheit herrscht,
- gegenwärtige Gefahren für die Schiffahrt, die von dem Wachoffizier zusätzliche Handlungen erfordern könnten,
- die Betriebsbereitschaft und der Gebrauch von navigatorischen Hilfsmitteln wie Radar oder sonstige elektronische Geräte für die Ortsbestimmung und von anderen Hilfsmitteln, die für die sichere Führung des Schiffes eingesetzt werden können,
- Vorhandensein einer Selbststeueranlage,
- zusätzliche Anforderungen an die Wache, die sich aus besonderen betrieblichen Umständen ergeben können.

1.1.2 Diensttüchtigkeit

Die Einteilung zur Wache muß so erfolgen, daß die Leistungsfähigkeit der Wachgänger nicht durch Ermüdung beeinträchtigt wird. Aus diesem Grund muß die Einteilung der Wache so erfolgen, daß die erste Wache bei Reiseantritt wie auch die darauffolgenden Wachen mit Besatzungsmitgliedern besetzt wird, die ausgeruht und auch sonst diensttüchtig sind, wenn sie ihren Wachdienst antreten.

1.1.3 Schiffsführung

Die Schiffsführung hat folgende Maßnahmen vorzunehmen:

- Die beabsichtigte Reise muß rechtzeitig unter Berücksichtigung aller zur Verfügung stehender Informationen geplant und jeder festgelegte Kurs kontrolliert werden.
- Bei Wachübernahme müssen der gekoppelte oder wahre Schiffsort, die beabsichtigte Route, der Kurs und die Geschwindigkeit kontrolliert und bestätigt werden. Auf jeden die Schiffssicherheit gefährdenden Umstand, der während der bevorstehenden Wache auftreten kann, ist hinzuweisen.
- Während der Wache sind der gesteuerte Kurs, der Schiffsort und die Geschwindigkeit in regelmäßigen Abständen unter Verwendung jedes zur Verfügung stehenden navigatorischen Hilfsmittels zu kontrollieren, um sicherzustellen, daß der vorgesehene Kurs eingehalten wird.
- Die sichere Bedienung und der sichere Gebrauch der Sicherheitseinrichtungen und der nautischen Ausrüstung des Schiffes müssen gewährleistet sein, wobei die Wirkungsweise und Leistungsgrenzen dieser Einrichtungen berücksichtigt werden müssen.
- Kein Wachgänger darf während der Brückenwache Tätigkeiten verrichten, die die sichere Führung des Schiffes beeinträchtigen.

1.1.4   Navigationsausrüstung

Hierbei ist zu beachten:

- Der Wachoffizier hat die ihm zur Verfügung stehende Navigationsausrüstung so einzusetzen, daß er daraus den größtmöglichen Nutzen ziehen kann.
- Bei der Benutzung des Radargerätes hat der Wachoffizier zu berücksichtigen, daß die in den jeweils gültigen Regeln zur Verhütung von Zusammenstößen auf See (Seestraßenordnung) enthaltenen Bestimmungen über die Verwendung des Radargerätes stets eingehalten werden.
- Erforderlichenfalls darf der Wachoffizier nicht zögern, das Ruder, die Maschinen und die Schallsignalanlagen zu benutzen.

1.1.5   Pflichten und Verantwortlichkeiten bei der Führung des Schiffes

Wachdienst

- Der Wachoffizier muß seine Wache auf der Brücke gehen, die er unter keinen Umständen verlassen darf, bis er ordnungsgemäß abgelöst ist,
- ist trotz der Anwesenheit des Kapitäns auf der Brücke weiterhin für die sichere Führung des Schiffes verantwortlich, bis der Kapitän ihn ausdrücklich davon in Kenntnis setzt, daß er diese Verantwortung übernommen hat und dies gegenseitig so verstanden wird,
- muß den Kapitän unterrichten, wenn er im Zweifel ist, welche Maßnahmen im Interesse der Sicherheit zu ergreifen sind,
- darf die Wache nicht an den ablösenden Offizier übergeben, wenn er Grund zu der Annahme hat, daß dieser offensichtlich nicht in der Lage ist, seine Aufgaben ordnungsgemäß wahrzunehmen; in diesem Fall muß er den Kapitän entsprechend unterrichten.
- Bei der Übernahme der Wache durch den ablösenden Offizier hat sich dieser von der gekoppelten oder wahren Position des Schiffes zu überzeugen, die vorgesehene Route und Geschwindigkeit sowie den vorgesehenen Kurs zu bestätigen und etwaige Gefahren für die Schiffahrt zu berücksichtigen, mit deren Auftreten während seiner Wache zu rechnen ist.
- Über die während der Wache durchgeführten Bewegungen des Schiffes sowie die seine Führung betreffenden Maßnahmen sind ordnungsgemäße Aufzeichnungen zu führen.

Ausguck (siehe auch SeeStrO Regel 5 und UVV § 50)

Jedes Fahrzeug muß jederzeit durch Sehen und Hören sowie durch jedes andere verfügbare Mittel, das den gegebenen Umständen und Bedingungen entspricht, gehörigen Ausguck halten, der einen vollständigen Überblick über die Lage und die Möglichkeit der Gefahr eines Zusammenstoßes, einer Grundberührung oder anderer navigatorischer Gefährdungen gibt. Darüber hinaus gehört es zu den Aufgaben eines Ausgucks zu erkennen, ob sich Schiffe oder Luftfahrzeuge in Not befinden wie auch das Ausmachen von Schiffbrüchigen, Wracks und Wrackteilen. Unter Berücksichtigung dieser grundsätzlichen Forderungen ist weiterhin folgendes zu beachten:

- Derjenige, der den Ausguck geht, muß sich voll auf diese Aufgabe konzentrieren. Er darf nicht mit Arbeiten beschäftigt werden und auch von sich aus solche nicht ausführen, wenn dadurch die gebotene Aufmerksamkeit beeinträchtigt wird.
- Die Aufgaben des Ausguckmannes und des Rudergängers sind getrennt wahrzunehmen. Der Rudergänger darf nicht gleichzeitig als Ausguck eingesetzt werden,

ausgenommen auf kleinen Schiffen, wo vom Steuerstand aus eine unbehinderte Rundsicht gewährleistet ist, er selbst nicht nachtblind ist und keine anderen Beeinträchtigungen durch störende Elemente den Ausguck behindern.

- Der Wachoffizier kann bei Tage den Ausguck allein versehen, vorausgesetzt, daß dabei
  - •• jedesmal die Umstände sorgfältig eingeschätzt wurden und ohne jeden Zweifel festgestellt wurde, daß es ungefährlich ist, dies zu tun;
  - •• jedesmal die einschlägigen Faktoren voll berücksichtigt wurden; dazu gehören insbesondere, aber nicht ausschließlich:
    - Wetterlage,
    - Sichtverhältnisse,
    - Verkehrsdichte,
    - Nähe einer Gefahr für die Schiffahrt,
    - die erforderliche Aufmerksamkeit in einem Verkehrstrennungsgebiet oder in dessen Nähe;
  - •• jederzeit sofort Verstärkung auf die Brücke geholt werden kann, wenn eine Änderung der Umstände dies erforderlich macht.

1.1.6   Fahren mit einem Lotsen an Bord

Ungeachtet der Pflichten und Aufgaben eines Lotsen, befreit seine Anwesenheit den Kapitän oder den Wachoffizier nicht von der Verantwortung für die sichere Führung des Fahrzeugs. Kapitän und Lotse sollen die bevorstehenden Manöver absprechen. Der Lotse soll den Kapitän über die örtlichen Gegebenheiten und der Kapitän den Lotsen über die Eigenarten des Schiffes unterrichten. Kapitän und Wachoffizier arbeiten eng mit dem Lotsen zusammen und behalten die Position und die Bewegungen des Schiffes genau unter Kontrolle.

1.1.7   Schutz der Meeresumwelt

Der Kapitän und der Wachoffizier müssen sich der schwerwiegenden Auswirkungen einer betriebs- oder unfallbedingten Verschmutzung der Meeresumwelt bewußt sein; sie haben alle möglichen Vorsichtsmaßnahmen zu treffen, um eine solche Verschmutzung zu verhindern, insbesondere im Rahmen der einschlägigen internationalen Vorschriften und der Hafenordnungen.

1.2   Leitfaden für Offiziere, die selbständig Brückenwache gehen (Wachoffiziere)

Man beachte auch den von der Seeberufsgenossenschaft zu den Schiffssicherheitsvorschriften herausgegebenen *Leitfaden für Offiziere, die selbständig Brückenwache gehen* [2] und
Richtlinien für den Wachdienst auf Schiffen im Hafen und vor Anker.

Diese entsprechen den Grundsätzen der Regeln II/1, II/7 und II/8 der Anlage zum STCW-Übereinkommen.

Wesentliches hieraus ist im folgenden auszugsweise wiedergegeben:

---

2 Siehe „Handbuch für Brücke und Kartenhaus", DHI Nr. 2000.

1.2.1 Allgemeines

Der Wachoffizier ist Vertreter des Kapitäns und ist zu jeder Zeit in erster Linie verantwortlich für die sichere Führung des Fahrzeugs. Er muß stets die für die jeweilige Situation geltenden Regeln der Seestraßenordnung beachten.

Der Wachoffizier muß seine Wache auf der Brücke gehen[3]. Er darf diese unter keinen Umständen verlassen, ohne für einen gleichwertigen Ablöser gesorgt zu haben. Von besonderer Wichtigkeit ist, daß der Wachoffizier stets dafür sorgt, daß der Ausguck ordnungsgemäß besetzt ist. Wenn ein Wachoffizier zur Verrichtung erforderlicher navigatorischer Aufgaben kurzfristig einen Kartenraum aufsuchen muß, der von der Brücke getrennt ist, muß er sich vorher überzeugen, daß die Schiffssicherheit dadurch nicht gefährdet wird und der Ausguck während der Zeit seiner Abwesenheit von der Brücke ordnungsgemäß besetzt ist.

Wenn der Wachoffizier den Ausguck alleine versieht, darf er nicht zögern, Unterstützung auf die Brücke zu rufen. Wenn er, aus welchen Gründen auch immer, nicht in der Lage ist, seine ungeteilte Aufmerksamkeit dem Ausguck zu widmen, muß Unterstützung sofort verfügbar sein.

Der Wachoffizier soll nicht zögern, Maschinenmanöver zu fahren, falls es erforderlich ist. Grundsätzlich soll — soweit vorhersehbar — der Maschinenleitung rechtzeitig angekündigt werden, wenn Maschinenmanöver erforderlich werden. Er sollte stets insbesondere die Manövriereigenschaften des Schiffes einschließlich der Stoppstrecke berücksichtigen.

Der Wachoffizier soll im gegebenen Falle nicht zögern, Schallsignale in Übereinstimmung mit den entsprechenden Regeln zur Verhütung von Zusammenstößen auf See zu geben.

1.2.2 Wachübernahme

Ein Wachoffizier darf die Wache nicht an den ablösenden Wachoffizier übergeben, wenn er Grund zu der Annahme hat, daß der Ablöser sich in einem Zustand befindet, der ihn außerstande setzt, seine Aufgaben ordentlich zu versehen. Im Zweifelsfalle soll der Wachoffizier den Kapitän informieren. Der ablösende Wachoffizier muß sich davon überzeugen, daß die mit ihm wachegehenden anderen Besatzungsmitglieder in der Lage sind, ihre Aufgaben zu erfüllen und davon, daß sich ihre Augen bei Dunkelheit den Verhältnissen angepaßt haben.

Der ablösende Wachoffizier darf die Wache nicht übernehmen, bevor sich seine Augen den bestehenden Lichtverhältnissen vollständig angepaßt haben und er folgendes zu seiner Zufriedenheit kontrolliert hat:

- ständige Anordnungen und besondere Anweisungen seitens des Kapitäns hinsichtlich der Führung des Schiffes,
- Position, Kurs, Geschwindigkeit und Tiefgang des Fahrzeugs,
- gegenwärtige und zu erwartende Gezeitenverhältnisse, Strömungen, Wetterbedingungen, Sichtverhältnisse und die Auswirkungen dieser Faktoren auf Kurs und Geschwindigkeit,
- die navigatorischen Umstände, unter denen u. a. folgendes zu berücksichtigen ist:
  - Gebrauchsfertigkeit der nautischen und sicherheitstechnischen Einrichtungen, die während der Wache gebraucht werden oder gebraucht werden könnten,
  - Abweichungen des Kreisel- und Magnetkompasses,

---

3 Siehe auch UVV § 50.

•• das Vorhandensein und die Bewegung von Schiffen, die in Sicht sind, oder von solchen, von denen man weiß, daß sie in der Nähe sind,

•• Umstände und Gefahren, mit denen während seiner Wache zu rechnen ist,

•• die möglichen Auswirkungen von Krängung, Trimm, Dichte des Wassers und die Zunahme des Tiefgangs bei Flachwasserfahrt.

Wenn zur Zeit des Wachwechsels vom abzulösenden Wachoffizier ein Manöver oder eine andere Maßnahme zur Gefahrenabwendung eingeleitet ist, darf die Ablösung erst nach Beendigung solcher Manöver bzw. Maßnahmen erfolgen.

1.2.3   Regelmäßige Kontrollen der nautischen Einrichtungen

Der Wachoffizier muß regelmäßig kontrollieren und sicherstellen, daß

• der Rudergänger oder die Selbststeueranlage den richtigen Kurs steuert,

• für den Regelkompaß mindestens einmal während der Wache eine Deviationsbestimmung gemacht wird und, wenn möglich, auch nach jeder größeren Kursänderung. Der Regel- und der Kreiselkompaß sollen regelmäßig verglichen werden. Tochterkompasse müssen mit dem Mutterkompaß übereinstimmen;

• wenigstens einmal während einer Wache die Selbststeueranlage auf Handbetrieb umgeschaltet wird, um die Funktionstüchtigkeit in dieser Stellung zu prüfen,

• die Positionslaternen und Signalleuchten und jede andere navigatorische Einrichtung auf einwandfreies Funktionieren geprüft werden.

1.2.4   Selbststeueranlage (siehe auch UVV § 50)

Der Wachoffizier muß stets daran denken, daß der Einsatz eines Rudergängers und das Umstellen des Ruders auf Handbetrieb so rechtzeitig erfolgen muß, daß allen möglichen Gefahren sicher begegnet werden kann. Wenn ein Wachoffizier, der allein auf der Brücke ist, Sofortmaßnahmen einleiten muß, kann er seinen Pflichten als Ausguck nicht mehr hinreichend nachkommen. Hierdurch kann sich für ein automatisch gesteuertes Fahrzeug eine gefährliche Situation ergeben. Das Umschalten von Selbststeuerung auf Handbedienung und umgekehrt muß vom Wachoffizier selbst vorgenommen werden oder unter seiner Aufsicht erfolgen (SOLAS Kap. V, Regel 19).

1.2.5   Elektronische Navigationshilfen

Der Wachoffizier muß mit allen ihm zur Verfügung stehenden elektronischen Navigationshilfen vertraut sein, sie bedienen können und die Leistungen und Leistungsgrenzen dieser Geräte kennen.

1.2.6   Echolot

Das Echolot ist eine wertvolle Navigationshilfe. Es sollte immer, wenn es angebracht ist, benutzt werden.

1.2.7   Radar

Der Wachoffizier muß das Radargerät immer dann benutzen, wenn es angebracht erscheint, insbesondere dann, wenn die Sicht schlecht ist oder mit Sichtverschlechterung zu rechnen ist, und immer in stark befahrenen Gewässern, wobei die Leistungsgrenzen des Gerätes zu berücksichtigen sind.

Bei Gebrauch des Radargerätes soll vom Wachoffizier der geeignete Bereich gewählt werden, die Anzeige sorgfältig beobachtet und wirkungsvoll geplottet werden.

Der Wachoffizier soll das Gerät von Zeit zu Zeit auf andere Entfernungsbereiche schalten, um Echos so früh wie möglich zu erkennen und um zu vermeiden, daß kleine und schwache Echos seiner Aufmerksamkeit entgehen.

Der Wachoffizier soll rechtzeitig mit dem Plotten oder der systematischen Auswertung der Anzeige beginnen, wobei bedacht werden soll, daß durch Reduzierung der Geschwindigkeit gegebenenfalls Zeit gewonnen werden kann.

Wenn immer möglich, soll sich der Wachoffizier bei guter Sicht Radarpraxis aneignen.

1.2.8   Fahren in Küstengewässern

Es soll die Seekarte mit dem größten Maßstab für das jeweilige Seegebiet benutzt werden. Sie muß auf den neuesten Stand berichtigt sein. Es sollen häufig Ortsbestimmungen gemacht werden, wobei nach Möglichkeit nicht nur ein einziges Verfahren angewendet werden soll.

Der Wachoffizier muß alle infrage kommenden Seezeichen und Landmarken sicher identifizieren.

1.2.9   Verhalten bei guter Sicht

Der Wachoffizier soll regelmäßig genaue Kompaßpeilungen von sich nähernden Schiffen nehmen, um die Möglichkeit der Gefahr eines Zusammenstoßes rechtzeitig zu erkennen. Eine solche Gefahr kann auch dann bestehen, wenn sich die Peilung klar erkennbar ändert, insbesondere wenn man sich einem großen Schiff oder einem Schleppzug nähert oder ein Schiff in geringem Abstand passiert. Auch soll er rechtzeitig wirkungsvolle Maßnahmen in Übereinstimmung mit den anzuwendenden Regeln der Seestraßenordnung ergreifen und sich vergewissern, daß diese Maßnahmen zu dem erwarteten Erfolg führen.

1.2.10   Verhalten bei schlechter Sicht

Wenn die Sicht schlecht ist oder eine Sichtverschlechterung zu erwarten ist, ist es die erste Pflicht des Wachoffiziers, nach den Vorschriften der einschlägigen Regeln der Seestraßenordnung zu verfahren, insbesondere auch das Geben von Nebelsignalen, Fahren mit sicherer Geschwindigkeit, und dafür zu sorgen, daß sofortige Maschinenmanöver gefahren werden können.
Zusätzlich soll er

- den Kapitän unterrichten,
- Ausguck und Ruder besetzen und in stark befahrenen Gewässern das Ruder sofort auf Handbedienung umschalten,
- die Positionslaternen einschalten,
- das Radargerät einschalten und beobachten.

Es ist wichtig, daß der Wachoffizier die Manövriereigenschaften und die Stoppstrecke seines Schiffes in alle seine Überlegungen einbezieht.

1.2.11   Benachrichtigung des Kapitäns

Der Wachoffizier muß den Kapitän beim Eintreten folgender Situationen sofort verständigen:

- wenn es unsichtig wird oder Sichtverschlechterung zu erwarten ist,
- wenn die Verkehrslage oder Manöver anderer Schiffe zur Besorgnis Anlaß geben,
- wenn Schwierigkeiten bei der Einhaltung des Kurses auftreten,
- wenn zu einer bestimmten Zeit kein Land in Sicht kommt, Seezeichen oder Landmarken nicht gesichtet oder erwartete Tiefen nicht gelotet werden,

- wenn unerwartet Land, Seezeichen oder Landmarken in Sicht kommen oder nicht erwartete Tiefen gelotet werden,
- bei Ausfall der Maschinen, Ruderanlage oder wichtiger nautischer Geräte,
- wenn bei schwerem Wetter die Gefahr der Beschädigung des Schiffes und/oder der Ladung durch die See besteht,
- immer dann, wenn bei Eintritt unerwarteter Ereignisse oder in besonderen Situationen bei ihm Ungewißheit besteht.

Unbeschadet der Notwendigkeit, den Kapitän in den vorgenannten Fällen schnellstens zu unterrichten, soll der Wachoffizier nicht zögern, Sofortmaßnahmen zu veranlassen, wenn die Umstände dies im Interesse der Schiffssicherheit gebieten.

1.2.12   Wachegehende Besatzungsmitglieder

Der Wachoffizier soll den wachegehenden Besatzungsmitgliedern alle erforderlichen Anweisungen und Informationen geben, die eine sichere Wache einschließlich eines ordentlichen Ausgucks gewährleisten.

1.2.13   Schiff vor Anker

Wenn der Kapitän es für erforderlich hält, muß durchgehend Brückenwache weitergegangen werden. In jedem Fall und unter allen Umständen soll der Wachoffizier

- den Schiffsort in der am besten geeigneten Seekarte so schnell wie möglich festlegen und diesen in hinreichenden Zeitabständen kontrollieren. Wenn die Umstände es erlauben, sollen feste Seezeichen oder klar erkennbare Landmarken gepeilt werden, um festzustellen, ob das Schiff noch sicher an seinem Ankerplatz liegt;
- dafür sorgen, daß der Ausguck ordentlich besetzt ist,
- sicherstellen, daß regelmäßig Rundgänge über das Schiff gemacht werden,
- die Wetter- und Gezeiten- sowie Seegangsverhältnisse beobachten,
- den Kapitän unterrichten und selber alles Erforderliche tun, wenn der Anker nicht hält,
- sicherstellen, daß die Betriebsbereitschaft der Hauptmaschine und anderer Einrichtungen erhalten bleibt, wenn dies vom Kapitän angeordnet wurde,
- bei Sichtverschlechterung den Kapitän unterrichten und weiter nach den anzuwendenden Regeln der Seestraßenordnung verfahren,
- sicherstellen, daß das Fahrzeug zu jeder Zeit die erforderlichen Lichter und Signalkörper führt und die erforderlichen akustischen Signale gibt.

1.3   Richtlinien für den Wachdienst im Hafen

Diese Richtlinien gelten für Schiffe, die im Hafen unter normalen Bedingungen sicher festgemacht haben oder vor Anker liegen.

Für spezielle Schiffstypen oder besondere Arten von Ladungen können besondere Vorkehrungen erforderlich werden.

Die folgenden Grundregeln und Verhaltensweisen sollen von Reedern, Schiffsführern und Wachoffizieren beachtet werden.

1.3.1   Vorkehrungen für den Wachdienst

Unter folgenden Gesichtspunkten sind Vorkehrungen für die Wache im Hafen zu treffen:

- Sorge für die Sicherheit der Menschen und der Ladung, des Schiffes und Hafens,

- Beachtung von internationalen, nationalen und örtlichen Gesetzen und Bestimmungen und
- Aufrechterhaltung der Ordnung und des normalen Schiffsbetriebes.

Der Kapitän des Schiffes bestimmt die Zusammensetzung und die Dauer der Wache, und zwar unter Berücksichtigung der Art des Liegeplatzes, der Art des Schiffes und der für die Wache anstehenden Aufgaben.

Für die Wache ist stets ein nautischer Offizier verantwortlich.

Es müssen alle erforderlichen Einrichtungen und Geräte so zur Verfügung stehen, daß jedes Mitglied der Wachmannschaft seinen Wachdienst ordnungsgemäß versehen kann.

1.3.2 Wachübernahme

Der Wachoffizier darf seine Wache nicht an den ablösenden Offizier übergeben, wenn er annehmen muß, daß sich dieser anscheinend in einem Zustand befindet, der ihn hindert, seine Pflichten auf Wache ordnungsgemäß durchzuführen. In allen Zweifelsfällen muß der Wachoffizier den Kapitän den Umständen entsprechend verständigen.

Bei der Wachübergabe muß der ablösende Wachoffizier von seinem Vorgänger unterrichtet werden. Soweit erforderlich, ist hierfür insbesondere folgendes zu beachten:

- die Wassertiefe am Liegeplatz, der Tiefgang des Schiffes, Zeit und Höhe des Hoch- und Niedrigwassers; alle Angaben über die Verankerung und Vertäuung, die für die Sicherheit des Schiffes wichtig sind; der Bereitschaftszustand der Hauptmaschine und ihre Einsatzmöglichkeit im Notfall,
- alle Arbeiten, die an Bord verrichtet werden müssen, Art, Menge und Verteilung der Ladung, die geladen wurde oder sich noch an Bord befindet oder irgendwelche Ladungsreste, die nach dem Löschen an Bord verblieben sind,
- Peilung von Bilgen- und Ballasttanks,
- Lichter und Signale, die gesetzt sind,
- Anzahl der Besatzungsmitglieder, die an Bord sein müssen, und ob andere Personen an Bord sind,
- der Zustand der Feuerlöscheinrichtungen,
- besondere Bestimmungen des Hafens,
- generelle oder besondere Anweisungen des Kapitäns,
- mögliche Kommunikationswege zwischen Schiff und Land, um ggf. einen Notfall anzeigen zu können oder Hilfe herbeizurufen,
- alle anderen Umstände, die für die Sicherheit des Schiffes und den Schutz der Umwelt vor Verschmutzungen von Bedeutung sind.

Der übernehmende Wachoffizier muß sich davon überzeugen, daß

- das Schiff sicher vertäut oder verankert ist,
- die richtigen Lichter oder Signale gesetzt sind,
- Sicherheitsvorkehrungen und Feuerschutzbestimmungen eingehalten sind,
- er unterrichtet ist über die Art gefährlicher Ladung, die geladen oder gelöscht wird, und über die geeigneten Vorkehrungen im Falle eines Freiwerdens dieser Ladungen oder eines Feuers,
- das Schiff von außen her in keiner Weise gefährdet wird und daß es keinerlei Gefahr für andere Schiffe darstellt.

Wenn während der Wachübergabe wichtige Maßnahmen durchgeführt werden, sollten sie von dem übergebenden Wachoffizier zum Abschluß gebracht werden, soweit der Kapitän nicht anders bestimmt.

1.3.3 Durchführung der Wache

Der Wachoffizier muß

- selbst in angemessenen Abständen durch Rundgänge das Schiff überwachen,
- seine Aufmerksamkeit besonders richten auf:
  - •• Befestigung und Zustand des Landgangs, der Verankerung und Vertäuung, besonders beim Wechsel der Tide oder auf Liegeplätzen mit einem großen Tidenhub und, soweit notwendig, die Leinen oder den Anker entsprechend ausbringen,
  - •• den Tiefgang, die Bodenfreiheit und den Zustand des Schiffes während Ladungsarbeiten oder Ballastpumpen beobachten, um gefährliche Schlagseiten und Trimmlagen zu vermeiden,
  - •• Wetter und Seegang,
  - •• die Beachtung aller Bestimmungen, die sich auf Sicherheit und Feuerschutz richten,
  - •• den Wasserstand in Bilgen und Tanks,
  - •• den Aufenthalt aller Personen an Bord, besonders derjenigen, die sich in entlegenen oder abgeschlossenen Räumen aufhalten,
  - •• alle Lichter und Signale, die gezeigt werden,
- bei schlechtem Wetter oder bei Sturmwarnung alle Maßnahmen ergreifen, um das Schiff, die Besatzung und die Ladung zu schützen,
- alle Vorsichtsmaßnahmen ergreifen, um eine Verschmutzung der Umwelt durch sein Schiff zu verhindern,
- bei jedem Notfall, durch den die Sicherheit des Schiffes gefährdet wird, Alarm geben, den Kapitän verständigen und alle Maßnahmen ergreifen, um Schaden vom Schiff zu wenden und, soweit notwendig, Hilfe von Land oder von anderen Schiffen herbeizuholen,
- sich einen Überblick über die Stabilitätsverhältnisse des Schiffes verschaffen, so daß im Brandfall die Feuerwehr darüber unterrichtet werden kann, wieviel Wasser ohne Gefährdung der Stabilität in das Schiff gepumpt werden kann,
- Hilfeleistung veranlassen, wenn sich andere Schiffe oder Personen in Gefahr befinden,
- alle Vorsichtsmaßnahmen ergreifen, um Schäden durch die drehende Schiffsschraube zu verhindern,
- alle wichtigen Vorfälle, die das Schiff betreffen, in das Tagebuch aufnehmen.

1.4 Weitere Hinweise und Empfehlungen für die Schiffsführung

1.4.1 Was müssen der Kapitän und die Schiffsoffiziere bei Antritt eines neuen Bordkommandos über ihr Schiff zuerst wissen?

Welcher Reederei gehört das Schiff? Wie heißt der Heimathafen des Schiffes? Welches Unterscheidungssignal hat es?

Auf welcher Werft wurde es gebaut? Baujahr? Baumaterial?

Welche Klasse hat das Schiff?

Welche Abmessungen hat das Schiff? Größter und kleinster Tiefgang, um über See fahren zu können? Höhe der Masten über Wasser bei kleinstem Tiefgang?

Welchen Raumgehalt hat das Schiff? BRT/NRT (bzw. BRZ/NRZ)? Wie ist das Schiff vermessen (National, Suez, Panama)?

Welche Maschinen- und Kesselanlagen hat das Schiff?

Welche Leistung hat die Maschine?

Wie arbeitet die automatische Bedienung der Maschine von der Brücke aus? Wie werden Störungen angezeigt und weitergemeldet?

Wieviele Schrauben hat das Schiff? Sind sie rechts- oder linksgängig (Drehung bei Vorwärtsgang)? Welche Steuerwirkung erzeugen sie bei Vorwärts- und bei Rückwärtsgang?

Welche Geschwindigkeit erreicht das Schiff, beladen und leer, bei „Voraus Voll", „Voraus Halbe", „Voraus Langsam" und bei „Voraus so langsam wie möglich"? Siehe Kap. 4.4, Bestimmung der Fahrt des Schiffes.

Wie lang sind die Stoppstrecke und die Stoppzeit aus voller Fahrt mit „Rückwärts Voll" (Crash-Stop)? Wie groß ist die Kursabweichung durch die Steuerwirkung der Schraube dabei?

Wie groß ist der Durchmesser des Drehkreises aus voller Fahrt mit Hart-Ruderlage? Wie groß ist der Fahrtverlust dabei? Welche Wendegeschwindigkeit erreicht das Schiff dabei (ROT Rate-of-turn)?

Bei welcher Geschwindigkeit reagiert das Schiff noch auf das Ruder (Grenze der Steuerfähigkeit)?

Wie arbeitet die Ruderanlage (Rudermaschine, elektrische bzw. elektro-hydraulische Anlage)? Anzahl Sekunden von Hart- zu Hart-Ruderlage? Ist das Schiff mit einem Querstrahlruder ausgerüstet? Wie groß ist dessen Wirksamkeit?

Wie arbeitet das Ankerspill? (Jeder Nautiker muß das Ankerspill sicher bedienen können.)

Hat das Schiff Eisverstärkung? Welcher Art ist diese?

Welche Sicherheitseinrichtungen hat das Schiff? Schotte, Schottenschließvorrichtungen, Feuerlöscheinrichtungen, Feuermelder, Feuerlöschgeschirr, Pumpenanlagen, Rettungsboote, Rettungsinseln und -flöße?

Welche Laderäume sind vorhanden, und welche Abmessungen haben diese? Ladefähigkeit bei Schüttladung und Stückgut? Räume für Spezialgüter wie Kühlraum-, Tank-, Parcelladung, Container, Post, Gepäck? Länge und Breite der Lukenkränze?

Welches Ladegeschirr hat das Schiff? Anzahl und Tragfähigkeit der Ladebäume und Kräne? Anzahl und Art der Ladewinden?

Auf Tankern: Wieviel Ladeöl- und Nachlenzpumpen sind vorhanden, und wie groß ist deren Leistung? Wie groß sind die Durchmesser der Ladeöl- und Nachlenzleitungen und die maximale Lade- und Löschleistung?

Anzahl, Lage und Größe der Ballast-, Frischwasser-, Speisewasser- und Brennstofftanks?

Wieviel Ballast muß das Schiff haben, a) um im Hafen nicht zu kentern, b) um über See fahren zu können?

Welche Trimmlage ist auf See für das Schiff die günstigste?

Welche Erfahrungen liegen über die Stabilität vor?

Wie groß ist der Brennstoff-, Speisewasser- und Frischwasserverbrauch (Besatzung und Fahrgäste) pro Tag auf See und im Hafen?

Anzahl der Besatzungsmitglieder in den einzelnen Abteilungen?

Anzahl der Fahrgäste in den verschiedenen Klassen?

Wo sind die Schiffspapiere aufbewahrt? Sind sie vollständig und in Ordnung?

Welche Funkanlagen hat das Schiff (Telegrafiefunk, Sprechfunk, Frequenzen)? Reichweite bei Tage und bei Nacht?

Wie sind die Lautsprech- und gewöhnlichen Telefonanlagen für Bord- und Landbetrieb beschaffen?

Mit welchen navigatorischen Geräten und Anlagen ist das Schiff ausgerüstet? Welches sind die Fabrikate, Typen und Arbeitsweise folgender Geräte: Kreiselkompaß, Magnetkompaß, Selbststeuer, Radar, Funkpeiler, Loran, Decca, Echolot, Fahrtmeßanlage?

1.4.2 Was ist vor dem Inseegehen zu beachten?[4]

Haben Lotse und Schlepper rechtzeitig Bescheid bekommen?

Sind Hafenbehörden, Besatzung und Fahrgäste über die Abfahrtzeit des Schiffes unterrichtet?

Ist das Lotsengeschirr in Ordnung?

Ist die Ladung gut verstaut, und sind alle diesbezüglichen Vorschriften der See-BG, der SOLAS 1974 und der „Verordnung über gefährliche Seefrachtgüter" befolgt?

Ist die darüber vorgeschriebene Eintragung in das Schiffstagebuch gemacht worden?

Ist die Mannschaft vollzählig, gesund und nötigenfalls geimpft und die für Ruder und Ausguck bestimmte Decksmannschaft auf Farbenunterscheidungs-, Seh- und Hörvermögen untersucht? Sind die Seewachen eingeteilt?

Sind genügend Brennstoff, Wasser und Proviant an Bord?

Ist die Maschine klar? Hat sie die nötigen Informationen erhalten? (Zum Anfeuern von Wasserrohrkesseln kann man etwa 2 bis 3 Stunden rechnen; Motorschiffe benötigen für die Ingangsetzung ihrer Anlagen etwa 1 Stunde.)

Sind die Ladebäume eingeschwungen, niedergelegt und gelascht?

Sind die Luken seefest geschlossen? (Beim Schalken von Luken mit hölzernen Deckeln trockene, fichtene Keile, einen rechts, den anderen von links einschlagen und gut nachschlagen! Naß eingeschlagene Keile halten bei Seegang nicht!)

Seitenfenster, die während der Reise nicht zugänglich sind, sind mit ihren Blenden zu schließen und zu sichern, ehe das Schiff in See geht.

Sind die Rettungseinrichtungen, Boote, Ringe, Rettungsinseln, Rettungswesten, Signalkörper, Schotte, Schottenschließvorrichtungen, Feuerlöschapparate, Raketenapparate, Pumpen und Handruder in gutem Zustande und probiert? Siehe UVV und SOLAS 1974. Auch auf kleineren Schiffen muß das Rettungsboot so aufgestellt sein, daß es schnell zu Wasser gebracht werden kann.

Sind die Sicherheitsrollen ausgehängt, und ist die vorgeschriebene Anzahl geprüfter Rettungsboot- und Feuerschutzleute an Bord?

Ist die Stabilität des Schiffes für die ganze Reise ausreichend gesichert?

Sind Trimmdiagramme und Stabilitätsunterlagen an Bord?

Ist die nautische Ausrüstung der Schiffssicherheitsverordnung (SSV) entsprechend?

Sind die Hilfsmittel der terrestrischen und Funknavigation, wie Radar, Funkpeiler, Decca, Loran, Echolot, Kreiselkompaß, Magnetkompaß und Fahrtmesser in Ordnung und probiert?

Sind Notsender und Notantenne klar?

Sind alle vorgeschriebenen Tagebücher an Bord? (Schiffs-, Maschinen-, Unfall-, Deviations-, Funk- und Funkbeschickungstagebuch, Öltagebuch, Krankenbuch, Betäubungsmittelbuch.)

Sind alle vorgeschriebenen Zeugnisse an Bord? Siehe Bd. 2, Schiffspapiere, S. 146 ff.

Sind die Prüfplaketten und -marken für die nautischen Anlagen, Geräte und Instrumente noch gültig?

Sind die Magnetkompasse kompensiert?

Sind die Ersatzteilkästen für die verschiedenen nautischen Geräte auf vollzähligen Inhalt überprüft? Sind die Bedienungsvorschriften für die einzelnen Anlagen vorhanden?

---

4 Siehe „Schiffssicherheit" und „Ladungswesen" in Bd. 3A, Kap. 1 u. 2.

Welche Deviation ist bei den Magnetkompassen zu erwarten? An den Einfluß des längeren Liegens auf einem Kurs und von eisernen Piers, Elektromagnetkränen und der Ladung usw. denken! Bei Schiffen mit Kreiselkompaßanlage ist dafür zu sorgen, daß diese so früh in Betrieb gesetzt wird, daß der Kompaß bei der Abfahrt des Schiffes bereits auf rw Nord eingeschwungen ist.

Man versäume nicht, sich vom DHI Postkarten und das Formblatt „Nautischer Bericht" mitgeben zu lassen, um mit ihnen zur Richtighaltung der nautischen Veröffentlichungen beitragen zu können!

Bei Reisen in Gewässern, in denen öfter Kursänderungen und genaue Festlegungen des Schiffsortes notwendig sind, soll man vor Antritt der Reise in Ruhe an Hand der Seebücher und NfS alle zu steuernden Kurse in die Seekarte eintragen und alle anzustellenden Peilungen usw. dabei notieren.

Sind Fahrterlaubnisschein, Ausrüstungs-Sicherheitszeugnis und Funksicherheitszeugnis — auf Fahrgastschiffen (Schiffe mit mehr als 12 Fahrgästen) Sicherheitszeugnis —, ferner Klassenzertifikat, Meßbriefe und die übrigen Schiffspapiere an Bord? Scheine vor Ablauf rechtzeitig erneuern![5]

Ist der Tiefgang vorn und achtern abgelesen und in das Schiffstagebuch eingetragen?

Entspricht der Freibord den Vorschriften des Internationalen Freibordvertrages für die jeweilige Jahreszeit?

Sind Ruder und Kommandoelemente probiert? Ist ein Vermerk darüber im Schiffstagebuch eingetragen?

Vor Reisebeginn vorgeschriebene Tagebucheintragungen machen (siehe Bd. 2, Kap. 9).

Gehen die Schiffsuhren richtig? Welche Zeit zeigen sie an?

Sind die Positionslampen in Ordnung und die Ersatz- und Fahrtstörungslampen und die Tagessignalkörper klar?

Hat der Funkoffizier Anordnung erhalten, schon vor dem Auslaufen die nautischen Warnnachrichten und Wetterberichte der nächstliegenden Küstenfunkstellen aufzunehmen und sie zu melden?

Bei unsicherem Wetter studiere man schon einige Zeit vor dem Auslaufen täglich die jeweiligen Ozeanwetterkarten sowie die evtl. ausgegebenen Hafenwetterkarten und höre die Wetterberichte.

Ist das Schiff auf Überschmuggler und Schmuggelwaren untersucht?

Beim Ablegen vom Kai sorgfältig darauf achten, daß keine Leine oder sonstiges Tauwerk über Bord hängt, das in die Schraube kommen könnte!

Sind die Winden zum Verholen klar, und ist das Ankergeschirr in Ordnung?

Beim Ablegen müsssen die Anker zum sofortigen Fallen klar sein! Dampf bzw. Strom am Spill!

Vor dem Ablegen darauf achten, ob vor dem Bug oder hinter dem Heck kleinere Fahrzeuge oder andere Hindernisse liegen.

1.4.3   Worauf ist bei Befehlsübermittlung zu achten?

Für jedes Kommando und jede Befehlsübermittlung, besonders durch Hand-Funksprechgerät, Sprachrohr und Telefon, sind eine laute und deutliche Aussprache und kurze, aber klare Ausdrucksweise erforderlich. Die Worte müssen getrennt und

---

5 Siehe Bd. 2, Kap. 10. Alle Papiere zum Ausweis für Schiff, Besatzung und Ladung müssen sich immer an Bord befinden und so aufbewahrt werden, daß sie den Überwachungsorganen auch in Abwesenheit des Kapitäns vorgelegt werden können. Nichtbeachtung dieser Vorschrift kann zu Ordnungsstrafen führen.

richtig betont werden. Es dürfen weder ganze Silben noch einzelne Buchstaben verschluckt werden. Dialektaussprache ist zu vermeiden.

Alle Durchsagen und Kommandos wiederholen lassen!

1.4.4 Was ist beim Fahren auf Revieren zu bedenken?

Vor Beginn einer Revierfahrt muß jeder Kapitän und Offizier die Karte genau studieren und sich Notizen für die sichere Navigation machen.

Auf Revieren Anker klar zum Fallen halten!

Auf flachen und engen Gewässern immer an Sogwirkung denken und langsam fahren! Durch Sogwirkung können an Uferbauten Schäden entstehen, die Ersatzansprüche und Bestrafungen nach sich ziehen können. Auf flachem Wasser darf man auch deshalb nicht zu hohe Fahrt laufen, weil das Schiff dann schlechter steuert und sogar aus dem Ruder laufen kann.

Auf Revieren grundsätzlich rechts fahren, links überholen. Bei Begegnungsmanövern nicht zu früh und nicht zu dicht an das Stb-Ufer herangehen, da dabei das Heck angesaugt werden und das Schiff vor den Bug des Gegenkommers scheren kann.

Beim Fahren auf sehr schmalen Revieren müssen beim Überholen beide Schiffe ihre Fahrt mäßigen, evtl. muß das zu überholende Schiff sogar seine Maschine für die Zeit des Überholtwerdens stoppen. Das Passieren und Überholen darf aber nicht ausgeführt werden in Kurven oder in der Nähe von Fahrwasserhindernissen (Rammen, Baggern, Tauchern, Ankerliegern u. dgl.). Beim Fahren nach Leitfeuern unterrichte man sich vorher an Hand der Karte und des Leuchtfeuerverzeichnisses genau über Art und Lage der Warnsektoren!

In engen Revieren und in von Untiefen umlagerten Gewässern immer nur nach in der Seekarte abgesetzten Kursen steuern und nicht nach festen Punkten! (Zum Beispiel nicht „Tonne recht voraus halten!") Alle Feuerschiffe oder Großtonnen dabei in gutem Abstande klar an Backbord halten!

Darauf achten, daß die in Sicht kommenden Richtfeuer auch wirklich zusammengehören. Es kann vorkommen, daß sich eines der in Sicht befindlichen Feuer im Wasser spiegelt, so daß man glaubt, beide Feuer in Sicht zu haben, während eines der Feuer tatsächlich noch verdeckt ist.

In der Nähe anderer Schiffe jede Kursänderung durch Signale anzeigen!

Bei Tag und Nacht für guten Ausguck sorgen! Der Ausgucksmann darf zur Zeit des Ausgucks keine anderen Pflichten haben. Bei unsichtigem Wetter als Ausgucksmann nur einen erfahrenen Seemann nehmen und ihn so weit vorn auf dem Schiffe und so niedrig wie möglich postieren!

Auf einem Revier bei Nebel oder unsichtigem Wetter nie in der Nähe von Tonnen ankern!

Landradar-Beratung in Anspruch nehmen, wo solche zur Verfügung steht!

Der Gebrauch von Radar auf dem Revier entbindet nicht von einer genauen Befolgung der nationalen Sondervorschriften und der SeeStrO. Fahrzeuge im Radar-Schatten, Verwechslung von Ankerliegern mit Seezeichen auf dem Radarschirm u. a. bergen schwere Kollisionsgefahren in sich. Bei unsichtigem Wetter bietet der Gebrauch von Radar nur dann eine wirkliche Hilfe bei der Navigation, wenn der Radarschirm *ständig* von einem Nautiker beobachtet wird, der mit dem Revier und seiner Wiedergabe auf dem Schirm völlig vertraut ist und der dann seine Beobachtungen dem mit dem Revier ebenfalls völlig vertrauten Kapitän oder Lotsen laufend mitteilt. Während einer Radarfahrt auf einem Revier sollte der Entfernungsmaßstab auf dem Bildschirm im allgemeinen nicht geändert werden!

Landseitige Radarberatung entbindet nicht davon, das eigene Radar sorgfältig einzusetzen.

1.4.5   Worauf ist während des Fahrens im Nebel besonders zu achten?

Siehe Bd. 2, Kap. 1.3 (S. 17 ff.).

1.4.6   Worauf ist beim Fahren im Eis zu achten?

Siehe Bd. 2, Kap. 27.4.

1.4.7   Was hat man nach einem Zusammenstoß zu tun?

Siehe Bd. 2, Kap. 17 und 15.8(1).

1.4.8   Was ist nach einer Strandung zu tun?

Siehe Bd. 2, Kap. 15.8(2).

1.4.9   Worauf ist beim Ankern zu achten?

Siehe Bd. 2, Kap. 27.3.

1.4.10   Was ist beim Manövrieren in flachen und engen Gewässern zu beachten?

Siehe Bd. 2, Kap. 27.2.

1.4.11   Welche Maßnahmen sind bei schwerem Wetter zu ergreifen?

Siehe Bd. 2, Kap. 28.2 und 28.3.

1.4.12   Worauf ist beim Laden und Löschen zu achten?

Siehe Bd. 3, Ladungswesen, Schiffssicherheit.

1.4.13   Was ist bei Probefahrten zu beachten?

Beachte die „Grundsätze der SBG für die Sicherheit auf Seeschiffen bei Schiffsbewegungen vor der Probefahrt" vom Febr. 1952 und die „Richtlinien für Seeschiffe auf Probefahrt" vom Okt. 1966.

Besatzung

Die nautische Schiffsführung (Kapitän und Schiffsoffiziere) und die Maschinenbesatzung müssen der Schiffsbesetzungs- und Ausbildungsordnung entsprechen. Als Decksmannschaft ist eine Wache, bestehend aus Rudersmann, Ausguck und Hilfsmann, erforderlich; wird die Seegrenze überschritten, so sind zwei Deckswachen mitzugeben. Beträgt die Gesamtzahl der Teilnehmer mehr als 75 Personen, so muß außerdem eine Bootsbesatzung, bei mehr als 75 Personen auch ein Arzt an Bord sein.

Sicherheitseinrichtungen

Für alle an Bord Befindlichen müssen Rettungswesten, leicht greifbar untergebracht, an Bord sein. Ein Rettungsboot und Rettungsinseln müssen zum sofortigen Aussetzen klar sein. Zur Bedienung der Feuerlöschgeräte sind 2, und wenn mehr als 100 Personen an Bord sind, 4 Feuerschutzleute erforderlich. Arznei- und Verbandmittel müssen klarliegen.

Verschiedenes

Die nautische Ausrüstung, Flaggen und andere Signalmittel müssen vollständig sein. Die Funkstation muß auf Schiffen, für die eine Funkstelle vorgeschrieben ist, betriebsklar sein. Über die Stabilität des Schiffes soll ein Gutachten des Germanischen Lloyd vorliegen. Eine Liste der Teilnehmer, getrennt nach Schiffsbesatzung, Werftpersonal und Gästen, muß in doppelter Ausfertigung aufgestellt werden. Ein Exemplar davon muß sich an Bord befinden, das andere muß der zuständigen Bezirksverwaltung der See-BG vor der Probefahrt übergeben werden.

Man achte ferner darauf, daß genügend Brennstoff und Wasser an Bord sind, und überzeuge sich, wie weit die Ballast-, Frischwasser-, Kesselspeisewasser- und Öltanks gefüllt sind.

Die Schiffsleitung lasse sich die von der See-BG vorgeschriebenen Hebelarmkurven der statischen Stabilität aushändigen und erläutern.

Die See-BG ist über die Probefahrt rechtzeitig zu benachrichtigen.

Sehr zweckmäßig ist auch ein von der Werft zu lieferndes „Bordbuch", das alle wichtigen Daten über den Schiffs- und Maschinenbau, über die Abmessungen des Schiffes, über Tank-, Ballast- und Ladungsverhältnisse, über die möglichen Beladungen, über die Stabilität bei den verschiedensten Beladungen und in Ballast, über die Sicherheitseinrichtungen, über die Manövriereigenschaften usw. enthalten sollte.

Die Schiffsleitungen — Abteilungsleiter — sollten solch ein „Bordbuch" durch Eintragungen über wichtige Betriebserfahrungen ergänzen. Auf diese Weise werden bei Kommandowechsel dem Nachfolger gleich alle wichtigen Daten und Betriebserfahrungen zugänglich gemacht.

1.4.14 Worauf ist beim Docken eines Schiffes zu achten?

Beim Ein- und Ausdocken müssen die Schiffsoffiziere und eine genügende Anzahl von Besatzungsmitgliedern an Bord sein. Das Schiff muß so beladen sein, daß es genügende Stabilität hat (evtl. Tanks füllen) und auf ebenem Kiel liegt.

Im Dock darf die Belastung des Schiffes nicht ohne Einverständnis der Werft verändert werden.

Vor dem Eindocken Bilgen lenzen, alle Toiletten gut durchspülen und abschließen!

Beim Ein- und Ausdocken sind alle Bullaugen, Fenster, Schotten und Luken zu schließen.

Vor dem Ausdocken müssen entleerte Ballastwassertanks wieder gefüllt werden.

Wenn das Schiff im Dock liegt, sollten Kapitän, 1. Ingenieur und 1. Offizier eine Bodenbesichtigung vornehmen, dabei gemachte Beobachtungen notieren und mit der Werft besprechen.

Es ist darauf zu achten, daß das Schiff nicht an Stellen aufliegt, an denen Echolotschwinger o. ä. eingebaut sind.

Die Besatzung ist über Sicherheitsbestimmungen, Feuerverhütung, Zugang zum Schiff, sanitäre Einrichtungen an Land, besondere Vorschriften der Werft usw. eingehend zu unterrichten (auch durch schriftlichen Aushang).

Vor dem Fluten der Docks muß sich die Schiffsführung davon überzeugen, daß alle Außenbordsöffnungen im Unterwasserbereich ordnungsgemäß verschlossen sind.

Während der Arbeiten sind alle einschlägigen Vorschriften der UVV (z. B. über gefährliche Arbeiten und Räume) zu beachten!

1.4.15   Worauf ist beim Anbordnehmen eines Lotsen zu achten?

Rechtzeitig Lotsensignale setzen bzw. geben. Soweit möglich, Ansteuerungsmanöver über UKW absprechen.

Lotsenfahrzeug mit langsamer Fahrt ansteuern, dessen Manöver und Manöver anderer Schiffe sorgfältig beobachten (Ausweichregeln der SeeStrO!). Fahrt möglichst ohne Rückwärtsmanöver auf weniger als 2 kn reduzieren.

Lotsentreppe bzw. Lotsenlift an Leeseite bereitmachen, auf ordnungsgemäßen Zustand bzw. Funktion überprüfen. Rettungsring mit Leine bereitlegen. In manchen Häfen kommt der Lotse nur über das Fallreep an Bord; bei Seegang ist das Fallreep dann mit einem kräftigen Abweiser zu versehen, um ein Unterhaken des Lotsenbootes zu verhindern. Bei Lotsenwechsel ist eine lange Fangleine oder Greifleine zum Festhalten des Bootes auszubringen. Wurfleine zum Aufholen des Lotsengepäcks bereithalten.

Das An- und Vonbordgehen des Lotsen muß möglichst unter Aufsicht eines Schiffsoffiziers, mindestens aber eines erfahrenen Matrosen erfolgen (UVV § 75), der ggf. mit der Bedienung des Lotsenlifts vertraut ist. Sichere Befestigung der Lotsentreppe überprüfen!

1.4.16   In der Praxis übliche Grußpflicht durch Dippen der Flagge[6]

Eine solche besteht:

- für das Handelsschiff gegenüber dem Kriegsschiff oder einer Küstenbefestigung; fahren Kriegsschiffe im Geschwader, so wird nur das Flaggschiff gegrüßt, und nur dieses grüßt wieder;
- für das aus dem Hafen auslaufende Schiff gegenüber dem einlaufenden,
- für das auf der Ausreise befindliche Schiff gegenüber dem heimkehrenden,
- für das überholende Schiff gegenüber dem überholten,
- für das in Fahrt befindliche Schiff gegenüber dem stilliegenden.

Obwohl es nicht üblich und aus Sicherheitsgründen (wegen der Behinderung des Wachoffiziers) wohl auch nicht immer durchführbar ist, daß sich alle deutschen Schiffe in den von ihnen viel benutzten Gewässern grüßen, dürfte es doch als Ausdruck nautischer Kameradschaft notwendig sein, deutsche Schiffe in besonderen Fällen, z. B. nach gelungenen Rettungstaten, auf Probefahrt oder dort, wo man sie selten antrifft, durch Dippen der Flagge bzw. durch 3 lange Töne mit der Pfeife zu grüßen.

1.5   Verordnung über die Sicherung der Seefahrt[7] vom 15. 12. 1956

Die Verordnung enthält Vorschriften, die der Sicherheit der Schiffahrt dienen. Wichtige Bestimmungen sind im folgenden auszugsweise wiedergegeben.

1.5.1   Sturm- und Gefahrmeldungen

Im § 2 wird gesagt:

1. Ein Schiffsführer, der auf See eine unmittelbare Gefahr für die Schiffahrt (z. B. Eis, Wrack, Mine, Wirbelsturm) oder eine Windgeschwindigkeit von 50 kn

---

6 Siehe auch „Flaggenrechtsgesetz", BGBl. 1951, Teil I, S. 79, und HGB § 510.
7 BGBl. II, S. 1579, geändert durch die VO vom 7. 2. 1975 (BGBl. I, S. 473).

(25,7 m/s, Windstärke 10 nach der Beaufortskala) oder mehr feststellt, hat hiervon unverzüglich und mit allen zur Verfügung stehenden Nachrichtenmitteln die in der Nähe befindlichen Schiffe sowie den nächsterreichbaren Küstenplatz, bei Funkverbindung die nächste Küstenfunkstelle zu unterrichten.
2. Die Meldungen sind entweder in offener, möglichst englischer Sprache oder mit den Signalen des Internationalen Signalbuches abzugeben.

Diese Meldungen dienen auch als Grundlage für den **Seewarndienst.**

Alle Meldungen von unvorhergesehenen Störungen oder Änderungen von Seezeichen, von neu auf See angetroffenen gefährlichen Wracks, treibenden Minen und anderen Schiffahrtshindernissen werden von den einzelnen Ländern durch Funk verbreitet; alles Weitere siehe Kap. 3.4.12 und Naut. Funkdienst, Bd. I.

1.5.2   Verhalten bei Eisgefahr

In den §§ 3 und 4 wird dazu aufgeführt:

§ 3 Verhalten bei Eisgefahr
   Erhält ein Schiffsführer Kenntnis, daß sich auf oder nahe dem Kurse seines Schiffes Eisberge oder gefährliche Eismassen befinden, so hat er

   1. für einen gehörigen Ausguck zu sorgen,
   2. bei Nacht oder unsichtigem Wetter mit mäßiger Geschwindigkeit zu fahren oder den Kurs so zu ändern, daß das Schiff mit Sicherheit aus dem Gefahrenbereich gelangt.
   Ist ein Radargerät vorhanden, so ist es zu besetzen.

§ 4 Vorsichtsmaßnahmen auf dem Nordatlantischen Ozean
   Der Schiffsführer hat bei der Überquerung des Nordatlantischen Ozeans, soweit es die Umstände zulassen,
   1. . . .
   2. Gebiete, bei denen eine Gefährdung durch Eis besteht oder anzunehmen ist, zu meiden.
   3. . . .

Zu beachten sind hierbei auch die Bestimmungen der **Seestraßenordnung:**

Regel 19 Verhalten von Fahrzeugen bei verminderter Sicht
a) Diese Regel gilt für Fahrzeuge, die einander nicht in Sicht haben, wenn sie in oder in der Nähe eines Gebietes mit verminderter Sicht fahren.
*b) Jedes Fahrzeug muß mit **sicherer Geschwindigkeit** fahren, die den gegebenen Umständen und Bedingungen der verminderten Sicht angepaßt ist. Ein Maschinenfahrzeug muß seine Maschinen für ein sofortiges Manöver bereithalten.*
c) Jedes Fahrzeug muß bei der Befolgung der Regeln des Abschnitts I die gegebenen Umstände und Bedingungen der verminderten Sicht gehörig berücksichtigen[8].

1.5.3   Navigation bei Seenotfällen, Such- und Rettungsaktionen

In der Verordnung über die Sicherheit der Seefahrt heißt es dazu:

§ 5 Verhalten bei Seenotfällen
(1) Ein Schiffsführer, dem auf See gemeldet wird, daß Menschen sich in Seenot befinden, hat ihnen mit größter Geschwindigkeit zu Hilfe zu eilen und ihnen nach Möglichkeit hiervon Kenntnis zu geben.
(2) Ist ein Schiffsführer zur Hilfeleistung außerstande oder erweist sich die Hilfeleistung aufgrund besonderer Umstände als unzweckmäßig oder nicht erforderlich,

---

8 Regeln 4 bis 10 u. a., Ausguck, Kollisionsgefahr.

so hat er dies unter Angabe der Gründe in das Schiffstagebuch einzutragen; das gilt auch, wenn dem Schiffsführer von den in Not befindlichen Personen oder dem Führer eines Schiffes, das diese Personen erreicht hat, mitgeteilt wird, daß der Beistand seines Schiffes nicht mehr erforderlich ist.

Der Kapitän kann sich vor die Aufgabe gestellt sehen, einem in Seenot befindlichen Fahrzeug zu Hilfe eilen und/oder Such- und Rettungsmaßnahmen (SAR) durchführen zu müssen (siehe auch Kap. 4.11).

Handbuch SUCHE UND RETTUNG für Handelsschiffe (MERSAR)[9]

Dieses Handbuch ist die amtliche deutsche Fassung des „Merchant Ship Search and Rescue Manual" (MERSAR), das in internationaler Zusammenarbeit geschaffen wurde. Es wurde zuletzt überarbeitet auf der SAR-Konferenz in Hamburg 1979.

Das Handbuch gehört zur Pflichtausrüstung eines jeden Schiffes; Kapitän und Wachoffiziere müssen sich mit dem Inhalt vertraut machen. Es enthält insbesondere Hinweise für die Navigierung von Rettungsschiffen, für koordinierte Such- und Rettungsmaßnahmen, Suchkurse und andere wissenswerte Informationen.

Standortmeldesysteme

Standortmeldesysteme dienen dazu, im Seenotfall schnell und koordiniert Anweisungen an Hilfsschiffe geben zu können und deren Navigation zum Unfallort zu erleichtern. Einzelheiten über Standortmeldesysteme (z. B. AMVER) sind in der Veröffentlichung *„Standortmeldesysteme für Handelsschiffe"* (Merchant Ship Position-Reporting Systems) enthalten; siehe NF, Bd. I, Abschnitt I (Seenotfunk).

---

9 2. Aufl. 1980, Bussesche Verlagshandlung GmbH, Herford.

2 Gestalt der Erde

2.1 Das Geoid

Eine ideale Oberfläche der Erde ist eine Fläche, die mit dem mittleren, von Wind- und Gezeiteneinflüssen befreiten Meeresspiegel zusammenfällt und sich unter den Kontinenten fortsetzt. Sie schneidet überall die Schwerkraftrichtung senkrecht. Der von einer solchen Fläche begrenzte Körper heißt Geoid[1]. Seine Oberfläche ist danach eine Äquipotentialfläche des Schwerefeldes der Erde, das nicht mit einem radialsymmetrischen Gravitationsfeld verwechselt werden darf. Es entsteht vielmehr aus diesem durch Berücksichtigung des Einflusses der durch die Erdrotation verursachten Fliehkräfte und der ungleichmäßigen Dichte der Erdkruste. Die letztere bedingt eine unregelmäßige Oberfläche des Geoids, die mathematisch nicht genau zu erfassen ist. Man benutzt daher als Rechenfläche die Oberfläche eines dem Geoid weitgehend angenäherten Hilfskörpers.

2.2 Das Erdellipsoid

Der Äquatorumfang der Erde ist etwa 134,4 km länger als der Umfang über die Erdpole hinweg. Die Verkürzung des Polabstandes vom Äquator gegenüber dem Äquatorhalbmesser, ausgedrückt in Teilen des Äquatorhalbmessers, heißt *Abplattung*. Sie ist bei den genauen Distanzberechnungen auf der Erde und bei genauen Kartenkonstruktionen zu berücksichtigen. Man definiert zu diesem Zwecke als beste Annäherung an die Erdoberfläche ein Rotationsellipsoid, das der Abplattung der Erde Rechnung trägt. Es wird Erdellipsoid genannt.

Zur Kennzeichnung der Ellipsoide genügen die beiden Angaben

große Halbachse a,

Abplattung $\quad f = \dfrac{a-b}{a}$; $\ b$ kleine Halbachse.

Hieraus lassen sich noch andere Parameter ableiten.

Durch zahlreich anfallende Meßdaten und durch sich verfeinernde Meßmethoden werden die oben genannten Werte des Erdellipsoids immer sicherer bekannt; siehe Tab. 2.1

---

1 gaios (griech.), zur Erde gehörig.

Tabelle 2.1. Große Halbachse und Abplattung der wichtigsten Referenzellipsoide

Referenzellipsoid	a in m	f
Bessel[2]	6 377 397	1/299,15
International (Hayford)	6 378 388	1/297
Geodetic Reference System 1967 (GRS 67)	6 378 160	1/298,25
World Geodetic System 1972 (WGS 72)	6 378 135	1/298,26
Geodetic Reference System 1980 (GRS 80)	6 378 137	1/298,257

2.2.1   Bezugs- oder Referenzellipsoide

Das in einem Land für das Vermessungs- und Kartenwesen jeweils eingeführte Erdellipsoid wird Bezugs- oder Referenzellipsoid genannt. In der Tab. 2.1 sind die Werte der großen Halbachse und die Abplattung der wichtigsten Referenzellipsoide aufgeführt.

Es genügt nicht allein, ein Referenzellipsoid zu definieren. Man muß sich auch über seine Orientierung einigen, die erst den Bezug zwischen dem Erdkörper und dem Rotationsellipsoid herstellt. Diese findet ihren Ausdruck im sogenannten Datum (Abkürzung D). Es gibt für einen ausgewählten Festpunkt in der Natur die auf das betreffende Referenzellipsoid bezogenen geographischen Koordinaten an; siehe geographische Koordinaten auf der Kugel und auf dem Ellipsoid im Kap. 2.4.

Beispiel:
a) Potsdamer Datum   (PD)
   Ellipsoid: Bessel[2]
   Bezugspunkt: Helmert-Turm
   Koordinaten: 52° 22′ 53,954″ N
                  013° 04′ 01,153″ E

b) Europäisches Datum   (ED)
   Ellipsoid: International (Hayford)
   Bezugspunkt: Helmert-Turm
   Koordinaten: 52° 22′ 51,45″ N
                  013° 03′ 58,74″ E

Es kann auch das gleiche Bezugsellipsoid für verschiedene Daten zugrunde gelegt werden; so wird z. B. auch für das Tokyo-Datum das Besselsche Ellipsoid verwendet.

Das Potsdamer Datum wird von der Katasterverwaltung in der Bundesrepublik Deutschland für die Landesvermessung benutzt. Auf diesem System beruhen auch die Koordinaten unserer Sendestationen für die Funknavigation (Hi-Fix usw.). Das Europäische Datum liegt seit einiger Zeit den Seekarten des Deutschen Hydrographischen Instituts für den europäischen Küstenbereich zugrunde.

Das GRS 67 ist dem Australian Geodetic Datum und dem South American Datum 1969 zugrunde gelegt. Die Vereinigten Staaten von Nordamerika verwenden jetzt für die Satellitennavigation mit dem Navy Satellite System das WGS 72. Das GRS 67 und neuerdings das GRS 80 entsprechen den Empfehlungen der Internationalen Union für Geodäsie und Geophysik (IUGG). Siehe auch Tab. 2.1.

---

2 Bessel, Friedrich Wilhelm, 1784–1846, Geodät und Astronom in Königsberg.

2.3   Die Erdkugel

Für die Navigation kann mit noch hinreichender Genauigkeit die Kugelfläche, bestimmt aus dem ungefähren mittleren Erdumfang, zugrunde gelegt werden. Sie wird bei der Konstruktion der nachfolgend beschriebenen Kartenentwürfe benutzt. Aus der international festgelegten Länge der Seemeile[3] (siehe auch Kap. 2.3.1) mit dem Einheitenzeichen sm erhält man für die Erdkugel einen Großkreisumfang von 21 600 sm = 40 003,2 km.

Eine höhere Genauigkeit erzielt man mit einer Erdkugel, deren Halbmesser so bestimmt ist, daß sich ihre Oberfläche dem auf einem Referenzellipsoid abgegrenzten Vermessungs- oder Navigationsgebiet am besten anschmiegt (Schmiegungskugel).

2.3.1   Die Einheiten Seemeile und Knoten

Der Großkreisumfang der Erdkugel beträgt als Winkel

$$360° = 360 \cdot 60' = 21\,600'.$$

Die Bogenlänge für eine Bogenminute ist auf dem Großkreis gleich einer Seemeile. Für diese Längeneinheit[4] wurde international

$$1 \text{ sm} = 1852 \text{ m}$$

vereinbart. Daraus resultiert ein Radius r_E der zugehörigen Erdkugel von

$$r_E = \frac{21\,600 \text{ sm}}{2 \cdot \pi} = 3437,7468 \text{ sm} = 6\,366\,707 \text{ m}.$$

Der Zahlenwert jeder in der Längeneinheit Seemeile angegebene Großkreisdistanz auf dieser Kugelfläche stimmt daher mit dem Zahlenwert ihres in Winkelminuten des Gradmaßes ausgedrückten Zentriwinkels im Kugelmittelpunkt überein.

Für die Geschwindigkeitseinheit Knoten[5] mit dem Einheitenzeichen kn gilt dann

$$1 \text{ kn} = 1 \text{ sm/h} = 1852 \text{ m/h}.$$

2.4   Die geographischen Koordinaten

Geographische Breite φ und geographische Länge λ sind die Koordinaten eines Ortes auf der Erde. Sie werden als Winkel angegeben.

φ ist der Winkel im Mittelpunkt der Erdkugel zwischen der Äquatorebene und dem Radiusvektor nach diesem Ort. Er wird vom Äquator nach den Polen von 00° bis 90° gezählt und nördlich vom Äquator mit dem Zusatzzeichen N oder mit positivem Vorzeichen, südlich vom Äquator mit dem Zusatzzeichen S oder mit negativem Vorzeichen versehen.

λ ist der sphärische Winkel an den Polen zwischen dem Nullmeridian ($\lambda = 000°$) und dem Ortsmeridian. Er wird von 000° bis 180° (halbkreisig) vom Nullmeridian

---

3 Internationale Benennung: nautical mile; Einheitenzeichen NM.
4 In Großbritannien und in einigen anderen Ländern wurde bisher mit 1 sm = 1852,2 m gerechnet.
5 Englische Bezeichnung: knots; Einheitenzeichen kt.

aus nach Osten mit dem Zusatzzeichen E oder mit positivem Vorzeichen, nach Westen mit dem Zusatzzeichen W oder mit negativem Vorzeichen gezählt. Für bestimmte Anwendungen wird auch vollkreisig vom Nullmeridian aus positiv nach Westen durchgezählt.

Die Linien konstanter geographischer Breite auf der Erdoberfläche heißen Breitenparallele, die dazu senkrechten Linien konstanter geographischer Länge Meridiane. Auf der Erdkugel sind die Breitenparallele mit Ausnahme des Äquators Nebenkreise, die Meridiane und der Äquator aber Großkreise; siehe Kap. 4.12.2. Auf dem Erdellipsoid sind die Linien konstanter Breite wie auf der Erdkugel Kreise unterschiedlicher Größe, die Meridiane aber deckungsgleiche Ellipsen. Die in einem Punkt P errichtete Flächennormale (Senkrechte zur Tangentialebene im Punkt P) führt bei der Erdkugel durch den Erdmittelpunkt, bei dem Erdellipsoid aber nicht.

Wenn es auf hohe Genauigkeiten ankommt, muß man zwischen der astronomischen und der geodätischen Breite und Länge unterscheiden. Die astronomischen Koordinaten beziehen sich auf die physikalische Lotrichtung im Geländepunkt, die geodätischen Koordinaten auf die Richtung der dortigen Ellipsoidnormalen. Die Richtungen des Lotes und der Ellipsoidnormalen im gleichen Ort sind im allgemeinen um den Bruchteil einer Winkelminute voneinander verschieden.

3 Seekarten und nautische Bücher

3.1 Beschreibung der Seekarte

Seekarten sind „ein wissenschaftliches und nautisches Instrument für die Navigation, für das Auffinden von Fischgründen, für das Auslegen von Kabeln und ‚Pipelines' und für die Erforschung und Nutzung untermeerischer Lagerstätten. Sie sind notwendig, um Grenzlinien nach morphologischen Gesichtspunkten zu bestimmen. Sie sind auch die Grundlage für die Konstruktion von Basislinien, für die Bemessung der Hoheits-, Fischerei- und Festlandsockelgrenzen und für die Entwicklung von Verkehrstrennungsgebieten" (3. Seerechtskonferenz der Vereinten Nationen, 1974).

3.1.1 Allgemeine Navigationskarten

In Inhalt und Gestaltung sind Seekarten auf die Navigation ausgerichtet. Sie sind daher allgemein den sogenannten *thematischen Karten* zuzuordnen. Im Gegensatz zu den amtlichen topographischen (Land-)Kartenwerken sind die amtlichen Seekarten der einzelnen Nationen nicht einer starren Maßstabsfolge unterworfen. Maßstab und Format richten sich vielmehr nach den nautischen Gegebenheiten. So muß z. B. ein für die Navigation wichtiges Feuer noch innerhalb der Karte erscheinen, in der man es zum Absetzen des Kurses benötigt. Seekarten überlappen einander daher in den Randgebieten, während topographische Karten ohne Überlappung an den Rändern zusammenstoßen.

Weil auch entferntere wichtige Land- und Seemarken noch darzustellen sind und möglichst lange in einer Seekarte navigiert wird, führte das bei den Seekarten zu einem größeren Format als Landkarten allgemein haben. Aufgrund von internationalen Vereinbarungen soll zukünftig das DIN-Format A0 (841 mm × 1189 mm) nicht mehr überschritten werden.

Seekarten müssen als Grundlage für die Navigation stets den augenblicklich vorhandenen Stand aufweisen. Das gilt sowohl für die Örtlichkeit, also Küstenlinien, Tiefenangaben und andere Topographie, wie auch für Hilfsmittel der Navigation, insbesondere Feuerkennungen, Funknavigationsmittel und dergleichen. Seekarten sind daher ständig fortzuführen. Das geschieht, bevor sie an die Benutzer abgegeben werden, durch den herausgebenden hydrographischen Dienst oder durch die Vertriebsstellen und anschließend an Bord an Hand der *Nachrichten für Seefahrer.* Wegen des Zwanges zur Fortführung werden nur Auflagen mit verhältnismäßig kleiner Stückzahl gedruckt.

Von Ausnahmen abgesehen, werden den verschiedenen Arten von Seekarten folgende Maßstäbe zugeordnet:

- Ozeankarten   1 : 5 Mill.
- Übersichtskarten   1 : 1,6 Mill. bis 1 : 5 Mill.

- Segelkarten　　　　　　　　　1 : 300 000　bis　1 : 1,6 Mill.
- Küstenkarten　　　　　　　　 1 : 30 000　 bis　1 : 300 000
- Pläne und Sonderkarten　　1 : 30 000　 und größer

Diese Verwendung trifft heute in der alten Maßstabsabgrenzung meist nicht mehr zu. Die im deutschen Seekartenwerk geführten Karten werden heute in *allgemeine Navigationskarten* und *Sonderkarten* eingeteilt.

Enthalten Karten kleineren Maßstabs Gebiete, die auch in Karten größeren Maßstabes dargestellt sind, so sind deren Inhalte oft in diesen Kartenteilen stark generalisiert, d. h., es sind viele Einzelheiten nicht dargestellt. *Im Extremfalle ist das Feld in der Karte kleineren Maßstabes dort weiß gelassen. Es ist daher notwendig, stets in derjenigen Seekarte zu navigieren, die das entsprechende Gebiet im größten vorhandenen Maßstab darstellt. Die Begrenzung solcher großmaßstäbigen Karten ist farbig in den Karten kleineren Maßstabes eingezeichnet.*

Die verschiedenen Karten eines Seekartenwerkes zeigen meist ein sehr uneinheitliches Bild. Neben Karten, die noch in Schwarz das Bild der Strichzeichnung des alten Kupferstiches zeigen und in denen lediglich die Feuer durch eine Farbe gekennzeichnet sind, stehen vielfarbige Karten, die mit modernsten Techniken geschaffen wurden. Ursache für diese Vielfalt ist der Zwang, stets die neuesten Erkenntnisse in bezug auf Navigationshilfen in das Kartenwerk einzuarbeiten. Dabei müssen alle technischen Möglichkeiten genutzt werden. Das sind neben dem früher benutzten Kupferstich u. a. die Lithographie, die Zeichnung und Gravur auf Folie, die rechnergestützte Herstellung der Karte durch Lichtzeichnen. Der Aufwand für die „Laufendhaltung" verzögert die Umstellung des gesamten Kartenwerkes auf die jeweils neueste Technik. So steht in einem Kartenwerk die mit einem Lichtzeichenkopf durch einen numerisch gesteuerten Zeichentisch erstellte Karte neben einer, die noch das Bild des alten Kupferstiches zeigt.

Wegen des großen Aufwandes der Seekarten-Herstellung stellte eine Kommission des Internationalen Hydrographischen Büros Richtlinien für *Internationale Karten* kleineren Maßstabes auf. Der Grundgedanke dabei ist, daß jeweils nur ein hydrographischer Dienst die Originale herstellt und andere Dienste diese Karte dann faksimile nachdrucken können. Textinformationen, Titel, Namen usw. werden vorher in die jeweilige Sprache übertragen und ggf. für die eigene Schiffahrt wichtige Ergänzungen eingearbeitet. Dieses Kartenwerk umfaßt 19 Karten im Maßstab 1 : 10 Mill. und 60 im Maßstab 1 : 3,5 Mill. Hinzu kommen für das Gebiet der Nordsee noch eine Karte im Maßstab 1 : 1 500 000 und drei Karten im Maßstab 1 : 750 000. Richtlinien für Seekarten mittleren und großen Maßstabes werden von der Internationalen Hydrographischen Organisation aufgestellt.

3.1.2　Sonderkarten

Neben den Navigationskarten gibt es im Rahmen eines Seekartenwerkes Sonderkarten. Sie geben zusätzliche Hinweise und Hilfen oder dienen Sonderzwecken. Die Zahl und der Inhalt der Sonderkarten in jedem Seekartenwerk ist unterschiedlich. Im folgenden seien auf diejenigen des Deutschen Hydrographischen Instituts (DHI) hingewiesen:

- *Fischereikarten* enthalten besondere Angaben, die für die Fischerei wichtig sind, sie dienen aber auch der Navigation. Das Tiefenlinienbild und die Beschaffenheit des Seegrundes sind detaillierter dargestellt als bei anderen Seekarten; die Namen der Fanggründe werden genannt und die verschiedenen Fischereigrenzen sind eingetragen. Daneben gibt es Karten, welche die Navigationskarten nur ergänzen, ohne selbst zur Navigation geeignet zu sein. Sie zeigen z. B. bekannte Wracks oder Hakstellen in einem Gebiet.

- *Funkortungskarten* dienen der Ortsbestimmung mit Funknavigationsverfahren (Decca, Loran, Consol). Sie enthalten die entsprechenden Koordinatennetze. Während sie bei einigen Seekartenwerken als Sonderkarten neben den Navigationskarten bestehen, sind sie im Seekartenwerk des DHI voll in das Werk der Navigationskarten integriert, d. h., die Funkortungskarte ist gleichzeitig Navigationskarte.

- *Großkreiskarten* sind Karten in gnomonischer Projektion (siehe Kap. 3.2.4). Man nutzt sie zur Großkreissegelung und zur Ortung aufgrund von Funkpeilungen. Die Maßstäbe sind meistens klein, da die Großkreiskarten hauptsächlich die Ozeangebiete der Erde darstellen. Siehe auch „Praxis des Segelns im Großkreis" im Kap. 4.12.4.

- *Leerkarten* enthalten entweder nur das Kartennetz oder zusätzlich einige wenige Angaben, meist nur die Küstenlinien und die größeren Häfen. Sie dienen zur Eintragung aller Art und tragen im allgemeinen — sofern ihr Inhalt sich auf das Kartennetz beschränkt — nur eine Beschriftung der Breitenparallelen, während die Meridiane unbeschriftet bleiben. Der Benutzer kann dann die für seinen Fall in Frage kommenden jeweiligen Längenwerte eintragen. Siehe auch „Mercator-Netze" und „Mercatorial Plotting Sheets" für das zeichnerische Koppeln im Kap. 4.10.6.

- *Monatskarten* stellen unterteilt nach Kalendermonaten die mittleren Wind- und Strömungsverhältnisse auf den Ozeanen, die Nebelhäufigkeiten, das Eisvorkommen und dergleichen dar. Für die meistbefahrenen Schiffahrtswege sind Entfernungstabellen angegeben. Atlanten für Gezeitenströme ergänzen die Monatskarten in ausgewählten Gebieten. Das DHI gibt Monatskarten für den Nordatlantischen, den Südatlantischen und den Indischen Ozean sowie einen Atlas der Gezeitenströme für die Nordsee, den Kanal und die Britischen Gewässer heraus.

- *Radarkarten* sollen erkennen lassen, was von der in der Karte dargestellten Topographie als Radarbild sichtbar wird. Da das Radarbild aber vom jeweiligen Standort des Schiffes und — wenn auch in geringerem Maße — von der Höhe des Radarreflektors abhängt, sind diese Karten bislang nur vereinzelt herausgegeben worden. Sie werden dadurch ersetzt, daß man in den eigentlichen Seekarten die Objekte kennzeichnet oder hervorhebt, die sich im allgemeinen gut im Radarbild abzeichnen, oder daß man Fotografien von Radarbildern veröffentlicht.

- *Sonstige Sonderkarten* betreffen nicht eigentlich die Berufsschiffahrt. Für spezielle Zwecke gibt das DHI noch folgende Karten heraus:
  - *Seegrenzkarten* und die *Karte des Festlandsockels,* welche die innere und die seewärtige Begrenzung der Küstenmeere an den Küsten der Bundesrepublik Deutschland und die Abgrenzung des Festlandsockels ausweisen. Beide haben als topographische Grundlage das Bild der Schwarzplatte der entsprechenden Seekarten, so wie es zum Zeitpunkt der Erstellung der Karten vorlag. Seegrenzkarten sind zweifarbig, die Karte des Festlandsockels ist dreifarbig gestaltet.
  - *Übungskarten* sind Navigationskarten — zum Teil in vereinfachter Farbwiedergabe —, die auf ein bestimmtes Ausgabedatum festgeschrieben sind. Damit erübrigt sich, daß Übungsaufgaben in Lehrbüchern nach einer Fortführung der dazu gehörenden Seekarte neu gefaßt werden müssen.
  - *Sonderkarten für die Sportschiffahrt* kommen den besonderen Bedürfnissen der Sportschiffahrt entgegen. Sie haben ein kleineres Papierformat und Eintragungen, die für die Sportschiffahrt wissenswert sind, wie z.B. Jachthäfen, Anschlüsse für Strom, Wasser usw. Sie werden bei vielen hydrographischen Diensten (auch beim DHI) dadurch gewonnen, daß aus den Navigations-

karten Ausschnitte in kleinerem Format, aber gleichen Maßstabs hergestellt werden. Andere hydrographische Dienste verkleinern entsprechende Karten auf das für die Sportschiffahrt günstige Format oder erstellen ein besonderes Kartenwerk. Sonderkarten für die Sportschiffahrt werden nach einer Neuausgabe nicht oder nur in größeren Zeitabschnitten fortgeführt.

●● *Topographische Karten des Seegrundes* gibt das DHI in Form von Lichtpausen für die deutschen Küstengewässer der Nordsee heraus. Sie erstrecken sich von der Hochwasserlinie bis etwa zur 20-m-Tiefenlinie und zeigen im Maßstab 1:20 000 die Ergebnisse der jeweils neuesten Seevermessung wesentlich detaillierter als die entsprechenden Seekarten.

3.2 Konstruktion der Seekarte

Damit man jedem Ort auf der Erde eindeutig einen Ort in einer Karte zuordnen kann, sind die Netzlinien eines Koordinatensystems — z. B. die Netzlinien des geographischen Koordinatensystems (siehe auch Kap. 2.4) — auf der exakt definierten Bezugsfläche für die Erde (Erdellipsoid, Erdkugel) in eine Kartenebene abzubilden. Damit ist in ihr für die kartographische Darstellung ein geeignetes geometrisches Gerüst vorhanden. Eine solche Abbildung heißt Netzentwurf, Kartenentwurf oder kartographische Abbildung.

3.2.1 Die Verzerrungen in der Karte

Es ist grundsätzlich unmöglich, die gekrümmte Oberfläche der Erde (Erdellipsoid, Erdkugel) verzerrungsfrei (getreu) in einer Kartenebene darzustellen. Nur in Kartenplänen, in denen ein sehr kleines Gebiet der Erdoberfläche — z. B. das Gebiet einer Stadt oder eines Hafens — abgebildet ist, bleibt die durch die Erdkrümmung bei der Abbildung verursachte Verzerrung so gering, daß sie vernachlässigt werden kann.

Im allgemeinen ist die Verzerrung eines Kartenentwurfes orts- und richtungsabhängig.

Längentreue oder *Äquidistanz* besteht dort, wo Distanzen auf dem Erdkörper proportional zu ihren Kartenbildern sind. Längentreue ist nicht überall in einem Entwurf zu erreichen, sondern nur für ausgezeichnete Linien, wie z. B. das Äquatorbild im Mercatorentwurf.

Ein Kartenentwurf heißt *winkeltreu* oder *konform*, wenn der Winkel zwischen zwei sich schneidenden beliebigen Kurven auf der Erdoberfläche des Erdkörpers in der Karte als gleich großer Winkel zwischen den beiden Kurvenbildern erscheint.

Ein Kartenentwurf ist *flächentreu* oder *äquivalent*, wenn zwischen Flächen auf dem Erdkörper und deren Abbildungen in der Karte Proportionalität besteht.

Maßstab und Maßstabswahl

Der Maßstab M einer Abbildung ist das Verhältnis einer Längeneinheit in der Karte zur Anzahl der in der Realität entsprechenden Längeneinheiten.

Beispiel: In der Topographischen Karte des Maßstabes 1:25 000 (TK 25) entspricht 1 cm in der Karte 25 000 cm in der Natur. Daraus folgt für den Maßstab

$$M = \frac{1 \text{ cm}}{25\,000 \text{ cm}} = \frac{1}{25\,000} = 1:25\,000 \,.$$

Ganz allgemein ist der Maßstab in einer Karte sowohl orts- als auch richtungsabhängig. Bei einer winkeltreuen Karte ist er ortsabhängig und richtungsunabhängig. Weiteres siehe bei der Beschreibung der Kartenentwürfe in den folgenden Kapiteln.

Wegen der Lageabhängigkeit des Maßstabes bezieht man ihn in Karten in normaler Abbildung mit geographischem Netz auf die mittlere geographische Breite (Mittelbreite) des dargestellten Gebietes oder auf eine andere, besonders genannte Breite. Dieser Bezugsmaßstab heißt *Hauptmaßstab* und wird meist mit $M(\varphi_H)$ bezeichnet.

Bei der Darstellung geographischer Koordinaten in winkeltreuen Kartenentwürfen wird der Abstand zweier Kartenmeridiane mit dem Längenunterschied $\Delta\lambda = 1'$ in der geographischen Breite des Hauptmaßstabes als *Karteneinheit* (Formelzeichen K) bezeichnet; siehe auch Meridionalteil des Mercatorentwurfes im folgenden Kapitel.

3.2.2   Der Mercatorentwurf

Den Karten des internationalen Seekartenwerkes liegt mit wenigen Ausnahmen der Mercatorentwurf[1] zugrunde. Er ist winkeltreu. In ihm sind die Kartenmeridiane parallele Netzlinien, welche die geradlinig abgebildeten Breitenparallelen senkrecht schneiden. Die Loxodrome (siehe Kap. 4.10.3) wird als Gerade abgebildet.

Wegen dieser Eigenschaften lassen sich in der Mercatorkarte Kurse, Peilungen und Distanzen leicht messen und absetzen. Die Abbildungsgleichung der Breitenparallelen erhält man wie folgt: Das Linienelement des Breitenparallels der Erdkugel vom Radius r_E ist selbst breitenabhängig und $r_E \cdot \cos\varphi \cdot d\lambda$ groß. In der Mercatorabbildung wird wegen der Forderung nach parallel verlaufenden Meridianen dieses Element um $1/\cos\varphi$ auf $r_E \cdot d\lambda$ vergrößert; siehe Bild 3.1.

Das Linienelement eines Meridians ist $r_E \cdot d\varphi$. Die weitere Forderung nach Winkeltreue verlangt für seine Darstellung in der Karte eine gleichgroße Verzerrung wie die des Breitenparallelelementes um den Faktor $1/\cos\varphi$ auf $r_E \cdot (1/\cos\varphi) \cdot d\varphi$; siehe Bild 3.1.

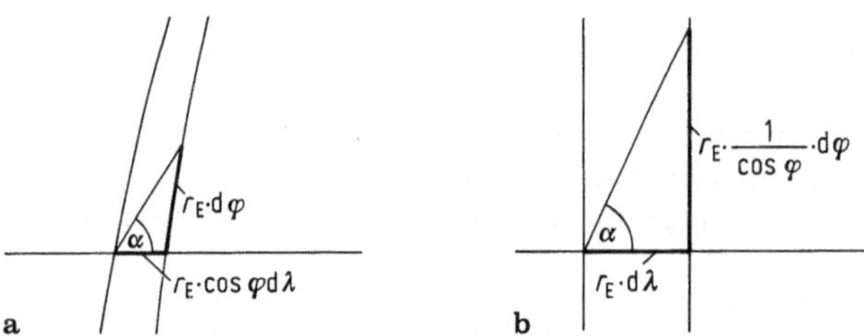

Bild 3.1. Differentielles Dreieck auf der Erdkugel (a) und im Mercatorentwurf (b)

Für das differentielle Dreieck gilt in beiden Fällen

$$\tan\alpha = \frac{d\varphi}{\cos\varphi \cdot d\lambda};$$

siehe auch die Kap. 4.10.3 bis 4.10.5.

Führt man wegen der längentreuen Darstellung des Äquators im Mercatorentwurf den für den Äquator $\varphi = 00°$ geltenden Maßstab $M(\varphi) = M(0)$ ein, so erhält man aus

$$M(0) \cdot r_E \cdot \frac{1}{\cos\varphi} \cdot d\varphi$$

---

1 Mercator, Gerhard, geb. 1512 in Rupelmonde, gest. 1594 in Duisburg, benutzte als erster diesen Entwurf zu einer großen „Weltkarte zum Gebrauch der Seefahrt", erschienen 1569 in Duisburg.

durch Integration dieses Meridianelementes den Äquatorabstand s des Breitenparallels der Breite φ im jeweiligen Mercatorentwurf, und zwar

$$s = M(0) \cdot r_E \cdot \int_0^{\varphi} \frac{1}{\cos \varphi} \cdot \mathrm{d}\varphi$$

und daraus

$$s = M(0) \cdot \frac{10\,800}{\pi} \cdot \ln \tan \left(\frac{\varphi}{2} + 45° \right) \cdot 1\,\mathrm{sm}, \tag{1}$$

falls $r_E = (10\,800/\pi)$ sm gesetzt wird.

Der Abstand zweier Meridiane mit dem Längenunterschied $\Delta\lambda = 1'$ ist auf dem Äquator dieser Erdkugel 1 sm groß. Der zugehörige Abstand in der Mercatorkarte heißt *Meridionalteil*. Das Meridionalteil ist gleich der Karteneinheit K des Mercatorentwurfes (siehe Kap. 3.2.1), weil dieser Abstand in der Mercatorkarte wegen der Parallelität der Meridiane auf allen Breitenparallelen gleich bleibt. Somit ist

$$K = M(0) \cdot 1\,\mathrm{sm} = M(0) \cdot 1852\,\mathrm{m}.$$

Teilt man die vorstehende Beziehung (1) durch diese Karteneinheit K, so erhält man die vergrößerte Breite Φ

$$\Phi = \frac{180 \cdot 60}{\pi} \cdot \ln \tan \left(\frac{\varphi}{2} + 45° \right) \tag{2}$$

und die vergrößerte Breitendifferenz nach

$$\Delta\Phi = \Phi_B - \Phi_A = \frac{180 \cdot 60}{\pi} \cdot \ln \frac{\tan \left(\dfrac{\varphi_B}{2} + 45° \right)}{\tan \left(\dfrac{\varphi_A}{2} + 45° \right)}. \tag{3}$$

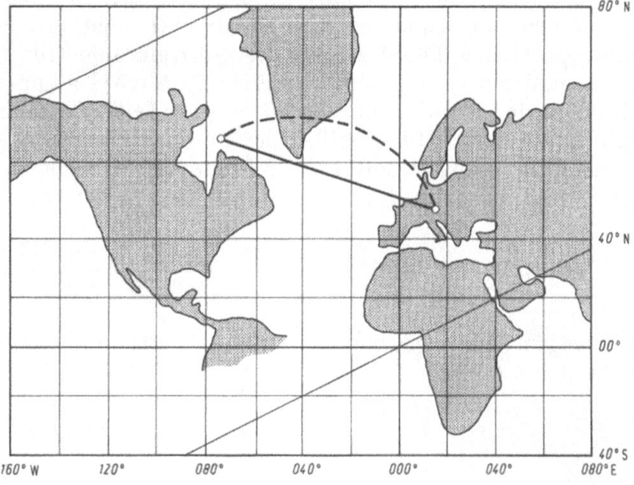

Bild 3.2. 20°-Netz einer Mercatorkarte mit loxodromischer (———) und orthodromischer (————) Verbindung zweier Orte, der Abbildung einer Loxodrome des KüG 065° und den Umrissen einiger Festländer

Φ ist das Verhältnis des Abstandes $K \cdot \Phi$ eines Breitenparallels vom Äquator in der jeweiligen Mercatorkarte (Seekarte) zum Meridionalteil K (siehe oben); $K \cdot \Delta\Phi$ ist der Abstandsunterschied zweier Breitenparallelen in dieser Karte.

In der höheren Geodäsie wird als Figur der Erde stets das Rotationsellipsoid zugrunde gelegt. Bei der Herstellung der Seekarten werden deshalb entsprechend erweiterte Formeln benutzt.

Konstruktion des Netzes der geographischen Koordinaten eines Mercatorentwurfes:

Beispiel: Es ist das 1°-Netz einer Seekarte (Mercatorkarte) für die Nordsee von 50° N bis 60° N und 005° W bis 010° E zu zeichnen. Das Meridionalteil (Karteneinheit) soll 0,75 mm groß sein.

Der Abstand des Längenunterschiedes von $\Delta\lambda = 1°$ in der Mercatorkarte ist 60 Meridionalteile $= 60 \cdot 0,75$ mm $= 45$ mm und die Kartenausdehnung in Richtung der Breitenparallelen somit $15 \cdot 45$ mm $= 675$ mm lang. Die 15 gleichen Teilabstände von je 45 mm trägt man auf den unteren Kartenrand ab und errichtet in den Teilpunkten die Senkrechten. Die Breitenabstände vom vorgegebenen Breitenparallel 50° N ergeben sich nach den vorstehenden Formeln (2) oder (3) oder nach der Tafel 5 der Nautischen Tafeln (NT) wie folgt:

φ	Φ	$\Delta\Phi = \Phi - 3474,5$	$K \cdot \Delta\Phi$ mm
50°	3474,5	0	0
51°	3568,8	94,3	70,7
52°	3665,2	190,7	143,0
53°	3763,8	289,3	217,0
54°	3864,6	390,1	292,6
.	.	.	.
.	.	.	.
.	.	.	.
60°	4527,4	1052,9	789,7

Man trägt $K \cdot \Delta\Phi$ (Abstandsunterschied zweier Breitenparallelen) auf den Randmeridianen von unten nach oben ab und zieht mit Hilfe der Teilpunkte die Breitenparallelen. Die Abstände der Winkelminuten für die Breitenskala der Karte erhält man mit genügender Genauigkeit durch Teilung der polwärts wachsenden Abstände des 1°-Intervalles in 60 gleiche Teile. Genauere Werte liefern die berechneten Abstände für das 30'- oder 20'-Intervall.

Der Hauptmaßstab soll auf die Breite 54° N bezogen werden. Weil die lineare Verzerrung polwärts um $1/\cos \varphi$ wächst, ist er in 54° N

$$M(54°) = M(0) \cdot \frac{1}{\cos 54°} = \frac{1}{2\,469\,333} \cdot \frac{1}{\cos 54°} = \frac{1}{1\,451\,438},$$

falls wegen der vorgegebenen Größe des Meridionalteiles der damit berechnete Maßstab am Äquator $M(0) = 0,75/(1852 \cdot 1000) = 1/2\,469\,333$ eingesetzt wird.

3.2.3 Der stereographische Entwurf[2]

Für die perspektivische Konstruktion des Netzlinienbildes im polständigen stereographischen[3] Entwurf liegt die Projektionsebene tangential an dem Pol einer Erdkugel. Das Projektionszentrum befindet sich im Gegenpol.

Die Meridianbilder erscheinen in der Projektionsebene als ein vom Berührungspol ausgehendes Strahlenbüschel; siehe Bild 3.3.

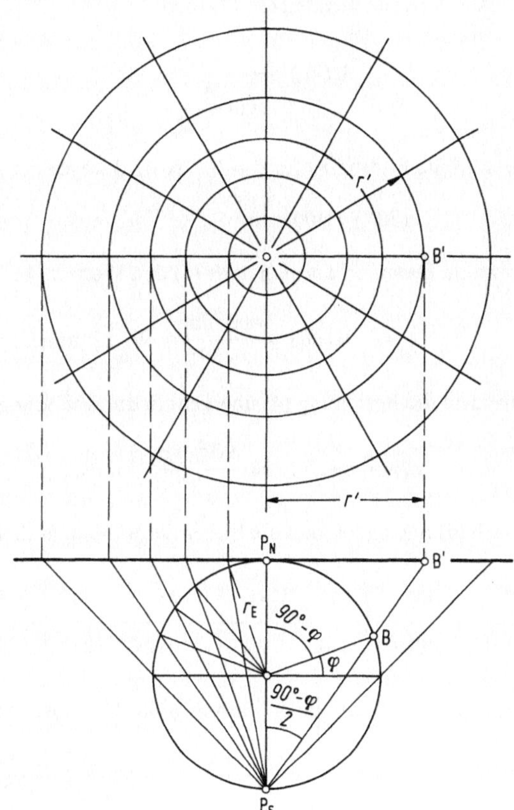

Bild 3.3. Abbildung einer Erdkugel auf eine Projektionsebene im polständigen stereographischen Entwurf

Die geographische Länge als sphärischer Winkel am Pol zwischen dem Nullmeridian und dem Ortsmeridian ist in der Projektionsebene ein gleichgroßer Winkel zwischen den Strahlen für den Nullmeridian und für den Ortsmeridian. Die Meridiane lassen sich daher leicht zeichnen.

Aus Bild 3.3 folgt, daß in der Projektionsebene die Breitenparallelen konzentrische Kreise um den Berührungspol vom Radius $r' = 2 \cdot r_E \cdot \tan(90° - \varphi)/2$ sind. Die maßstäbliche Übertragung in das Kartenblatt verlangt noch die Einführung des Hauptmaßstabes. Deshalb gilt in der Karte, wenn der Hauptmaßstab (φ_H) für eine vorgegebene Breite festgelegt ist,

$$r(\varphi) = 2 \cdot r_E \cdot M(\varphi_H) \cdot \tan \frac{90° - \varphi}{2}. \tag{4}$$

---

2 Zickwolff, G.: Vorzüge der stereographischen Projektion: die Karten Nr. 2812 und 2813 des Deutschen Hydrographischen Instituts. Der Seewart 1 (1980) H. 6.
3 stereoma (griech.), Firmament, Sternhimmel.

Der Hauptmaßstab ist auf den das Kartennetz begrenzenden Breitenparallel zu beziehen.

Beispiel: In einem quadratischen Kartenblatt von der Seitenlänge 850 mm ist das 5°-Netz der geographischen Koordinaten zwischen 30° N und dem Nordpol darzustellen.

Nach Zeichnung der vom Kartenpol in der Mitte des Kartenblattes ausgehenden Strahlen im Winkelabstand von 5° werden die Halbmesser für die Bilder der Breitenparallelen berechnet.

Aus der vorstehenden Gl. (4) folgt

$$2 \cdot r_E \cdot M(\varphi_H) = \frac{r(\varphi)}{\tan \dfrac{90° - \varphi}{2}} \cdot \tag{5}$$

Der größte Bildradius für $\varphi = 30°$ N wird wegen der Abmessungen des Kartenblattes

$$r(30°) = 400 \text{ mm}$$

gewählt. Damit erhält man nach (5) den Wert

$$2 \cdot r_E \cdot M(\varphi_H) = \frac{400 \text{ mm}}{\tan 30°} = 692,82 \text{ mm} \tag{5a}$$

mit dem die Beziehung (4) übergeht in die Abbildungsgleichung

$$r(\varphi) = 692,82 \cdot \tan \frac{90° - \varphi}{2} \cdot 1 \text{ mm}. \tag{6}$$

Nach (6) berechnet man die Bilder der Breitenparallelen wie folgt:

φ	30°	35°	40°	45°	50°	55°	...	85°	90° (Nordpol)
$r(\varphi)$	400,0	360,7	323,1	287,0	252,2	218,4	...	30,2	0,0 mm

Der Hauptmaßstab für die Bezugsbreite 30° N ist nach (5a)

$$M(30°) = \frac{692,82 \text{ mm}}{2 \cdot r_E} = \frac{692,82 \cdot \pi}{2 \cdot 180 \cdot 60 \cdot 1852 \cdot 1000} \approx \frac{1}{18\,379\,100}$$

für $r_E = (10\,800/\pi)$ sm.

Auch dieser Entwurf ist winkeltreu. Eine weitere ausgezeichnete Eigenschaft ist seine Kreistreue; alle Kreise auf der Erdkugel erscheinen als Kreise in dem Kartenentwurf. Im Kartenpol ist der Entwurf verzerrungsfrei. Von hier wächst die lineare Verzerrung auf Unendlich im Gegenpol an. Der stereographische Entwurf eignet sich für die Darstellung polnaher Gebiete und wegen seiner Winkel- und Kreistreue für Stern- und Wetterkarten; siehe Bilder 4.4 und 4.5 im Teilband 1 B.

3.2.4 Der gnomonische Entwurf (Großkreiskarte)

Im gnomonischen[4] Entwurf liegt das Projektionszentrum im Mittelpunkt der Erdkugel. Auch in diesem Entwurf gehen in der polständigen Lage der Projektions-

---

4 gnomon (griech.), rechtgehender Uhrzeiger.

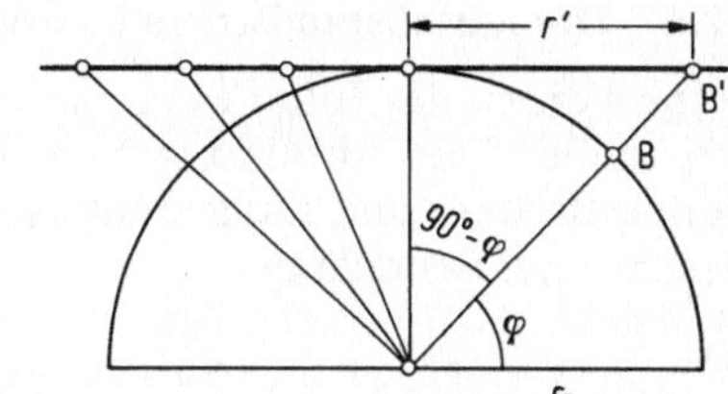

Bild 3.4. Abbildung einer Erdkugel auf eine Projektionsebene im polständigen gnomonischen Entwurf

ebene die Meridianbilder strahlenförmig vom Berührungspol aus, der von den konzentrischen Kreisbildern der Breitenparallelen umgeben wird; siehe Bild 3.5 a.

Aus Bild 3.4 folgt, daß die Halbmesser dieser Kreisbilder äquatorwärts rasch wachsen (und zwar auf Unendlich im Äquator) und mit der Abbildungsgleichung

$$r' = r_E \cdot \cot \varphi \qquad (7)$$

in die Projektionsebene zu übertragen sind. Nach der Einführung des Hauptmaßstabes erhält man nach (7) für die Übertragung in das Kartenblatt

$$r(\varphi) = M(\varphi_H) \cdot r_E \cdot \cot \varphi. \qquad (8)$$

Der Hauptmaßstab wird sich zweckmäßigerweise nach dem das Kartenblatt begrenzenden Breitenparallel richten.

Der gnomonische Entwurf ist weder winkel- noch flächentreu. Es werden aber in ihm alle Großkreise als gerade Linien dargestellt (siehe Bild 3.5), weil die Projektionsstrahlen für einen Großkreis alle in einer Ebene liegen.

Großkreiskarten gibt es für alle Ozeane. Aus ihnen lassen sich die Schnittpunkte der Großkreise mit den ausgewählten Meridianen für das Großkreissegeln entnehmen und in die Mercatorkarte übertragen. Auch werden Großkreiskarten als Funkortungskarten genutzt. Siehe auch die Kap. 3.1.2 und 4.12.4.

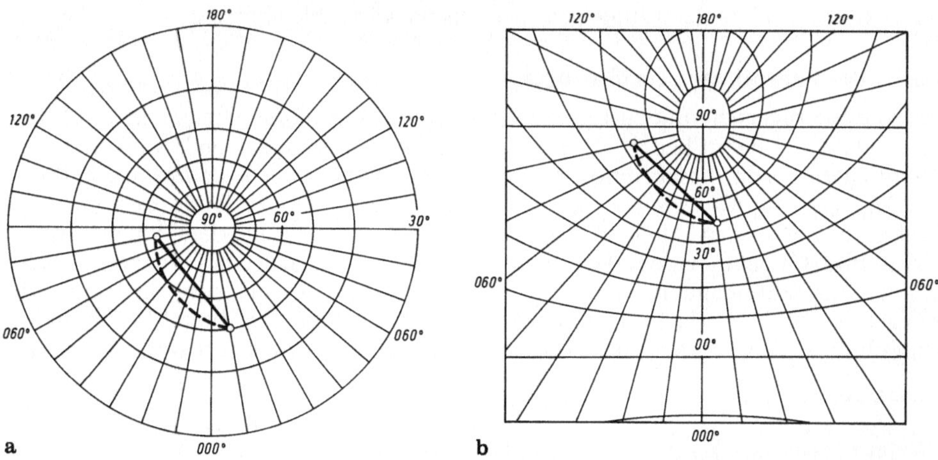

Bild 3.5. 10°-Netz im gnomonischen Entwurf in polständiger Lage (**a**) und in zwischenständiger Lage (**b**) mit orthodromischer (———) und loxodromischer (– – – –) Verbindung zweier Orte

3.2.5 Der mittabstandstreue Entwurf (Quadratische Plattkarte)

In ihr werden das Bild des Äquators und die parallelen Meridianbilder längentreu dargestellt. Die Abbildung von Breitenparallelen und Meridianen mit gleich großen Breiten- und Längenunterschieden ergibt ein Kartennetz mit quadratischen Maschen der Seitenlänge

$$s = M(\varphi_\mathrm{H}) \cdot r_\mathrm{E} \cdot \Delta\varphi = M(\varphi_\mathrm{H}) \cdot r_\mathrm{E} \cdot \Delta\lambda \tag{9}$$

mit $\Delta\varphi$ und $\Delta\lambda$ im Bogenmaß. Wegen der längentreuen Darstellung des Äquators wählt man ihn für den Hauptmaßstab.

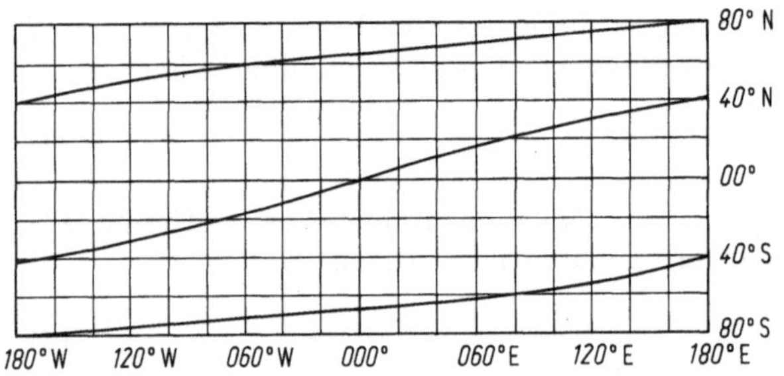

Bild 3.6. 20°-Netz einer Quadratischen Plattkarte mit der Darstellung einer Loxodrome des KüG 075°

Die Konstruktion des quadratischen Kartennetzes ist besonders einfach. Die Winkel- und Flächenverzerrungen sind in Äquatornähe gering. Die Quadratische Plattkarte[5] eignet sich daher recht gut für die kartographische Erfassung äquatornaher Gebiete und als Sternkarte des Sternhimmels beiderseits des Himmelsäquators; siehe z.B. die Sternkarte für Sterne zwischen 50° N und 50° S im Nautischen Jahrbuch.

Der Maßstab ist nur auf dem Äquator richtungsunabhängig. In Meridianrichtung ist der Maßstab überall gleich groß wie auf dem Äquator. Ansonsten wächst er mit größer werdenden Abweichungen von der Meridianrichtung und mit zunehmender Breite gemäß $1/\cos\varphi$. Wegen dieser Verzerrungen ist die Abbildung der Loxodrome nicht geradlinig, sondern stets polwärts gekrümmt; siehe Bild 3.6.

3.2.6 Der Entwurf nach Gauß-Krüger

Der Gauß-Krügersche Entwurf ist die winkeltreue Darstellung der Fläche des Erdellipsoids in einer Ebene[6]. Die rechtwinklig geradlinigen und winkeltreuen Koordinaten der in diesem Entwurf abgebildeten Punkte des Erdellipsoids heißen *Gauß-Krügersche Koordinaten*. Sie geben die metrischen Abstände der Kartenpunkte von der ausgewählten *Meridianachse* oder *Hochachse* und dem Äquator an.

Aus Bild 3.7 geht hervor, daß die Bestimmung der Lage eines Punktes durch rechtwinklig aufeinanderstehende Koordinaten ζ und η auf dem Erdellipsoid erfolgen kann. Die zugehörigen Koordinatenlinien sind die durch P führende Schnittlinie der zur Ebene des *Mittelmeridians* oder *Achsenmeridians* parallelen

---

5 Diesen Entwurf kannte schon Marinus von Tyrus um 100 v.Chr. Er war bis ins 16. Jahrhundert hinein die Grundlage der Navigationskarten.

6 Diese Abbildungsmethode wurde zum erstenmal von C. F. Gauß etwa um 1820 benutzt. Erst im Jahre 1912 veröffentlichte L. Krüger die gründlich überarbeitete Methode unter „Konforme Abbildung des Erdellipsoids in der Ebene", Potsdam; siehe auch Kap. 2.2.1.

Schnittebene und die dazu senkrechte *kürzeste Linie* durch P. — Die kürzeste
Linie oder *geodätische Linie* ist u. a. die kürzeste Verbindung zweier Punkte auf
dem Erdellipsoid; sie ist danach das gleiche, was auf einer Erdkugel die Groß-
kreisverbindung zweier Punkte ist.

Der ausgewählte Mittelmeridian wird auf der Hochachse des Entwurfs längentreu
dargestellt. Die Bilder der Linien aller Punkte, die in gleicher Entfernung vom
Mittelmeridian liegen, sind mit ihm gleich lang und daher in Linienrichtung um
$1/\cos \eta$ linear verzerrt. Man nennt sie *Hochlinien.* Dazu senkrecht stehen die Bilder
aller Linien, die in gleicher Entfernung vom Äquator liegen. Sie heißen *Rechtslinien.* Zur Erreichung der Winkeltreue werden sie ebenfalls in ihrer Linienrich-

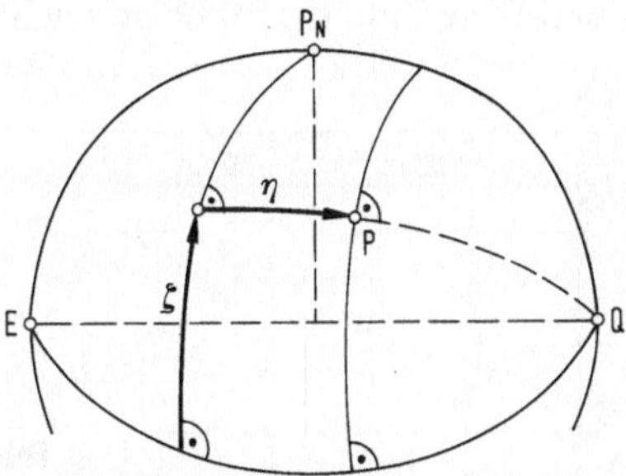

Bild 3.7. Vereinfachte Darstellung rechtwinkliger
Koordinaten auf dem Erdellipsoid

tung gemäß $1/\cos \eta$ linear verzerrt. Hoch- und Rechtslinien werden auch *Kilometerlinien* genannt. Das Gauß-Krügersche Kartennetz besteht aus rechtwinklig
aufeinanderstehenden vertikalen und horizontalen Kilometerlinien.

Man kann sich den Entwurf nach Gauß-Krüger mit rechtwinklig winkeltreuen
und ebenen Koordinaten gegenüber dem des Mercatorentwurfes um 90° gedreht
denken. Dabei entspricht die Koordinate ζ der geographischen Länge λ und die
Koordinate η der geographischen Breite φ. Somit sind unter Berücksichtigung der
Parameter[7] eines Referenzellipsoids die Abbildungsgleichungen[7] für ζ und η
analog denen des Mercatorentwurfes abzuleiten; siehe auch Kap. 3.2.2.

Die Winkeltreue bedingt eine nach allen Richtungen gleiche, aber vom Abstand η abhängige Längenverzerrung und hiervon abhängige Flächenverzerrung.
Wird der Abstand η auf dem Erdellipsoid entsprechend klein gehalten, so kann die
Abbildung nach Gauß-Krüger noch in etwa als längen- und flächentreu angesehen
werden. Zu diesem Zweck werden in den Karten nur schmale Gebiete beiderseits
des Mittelmeridians dargestellt. So wird z. B. im Gebiet der Bundesrepublik
Deutschland die Distanz 1 km im 50-Kilometer-Abstand von einem Mittelmeridian etwa 3 cm, im 100-Kilometer-Abstand etwa 12 cm vergrößert in der
Abbildungsebene dargestellt.

Im Jahre 1927 wurden daher diese konformen Koordinaten als Gauß-Krügersche Koordinaten für das damalige Deutsche Reich in Form von sechs Koordinatensystemen eingeführt, deren Hochachsen mit den Meridianen 006° E, 009° E,
012° E, 015° E, 018° E und 021° E zusammenfallen. Die Hochachsen werden
durch Kennziffern identifiziert, und zwar 2 für 006° E, 3 für 009° E, 4 für 012° E
usw. Der in jedem System zur Darstellung kommende Meridianstreifen ist $\Delta\lambda = 4°$

---

7 Siehe W. Großmann: Geodätische Rechnungen und Abbildungen in der Landesvermessung, Stuttgart 1964, und Jordan, Eggert, Kneissl: Handbuch der Vermessungskunde,
  Bd. IV, Stuttgart 1966.

groß. Somit erscheinen immer die beiden Randstreifen eines jeden Systems von $\Delta\lambda = 1°$ in zwei benachbarten Koordinatensystemen. Durch die Einführung der Gauß-Krügerschen Koordinaten wurden alle auf Grund von Aufmessungen vorgenommenen Kartierungen vereinheitlicht. Sie liegen in der Bundesrepublik Deutschland allen topographischen Karten der Maßstäbe größer als 1:1 000 000 der amtlichen Kartenwerke zugrunde und werden in den Karten nach *Hochwerten* (*X*-Werten) und *Rechtswerten* (*Y*-Werten) angegeben. Der Hochwert gibt an, wie groß der Abstand eines Kartenpunktes vom Äquator, der Rechtswert, wie groß der Abstand eines Punktes vom Mittelmeridian ist.

Da das Gebiet der Bundesrepublik Deutschland mehr als 5000 km vom Äquator entfernt liegt, werden die Hochwerte der Kilometerlinien (Rechtslinien) durch eine vierziffrige Zahl kenntlich gemacht; siehe Bild 3.8.

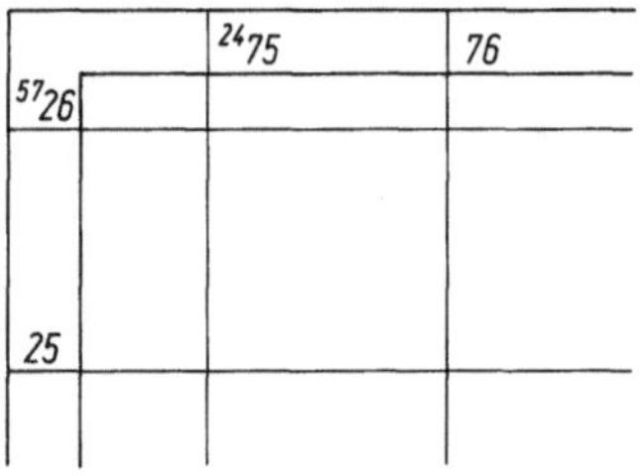

Bild 3.8. Vereinfachte Darstellung der Kennzeichnung der Kilometerlinien im Entwurf nach Gauß-Krüger

Um Mehrdeutigkeiten zu vermeiden, wird bei den Rechtswerten der Kilometerlinien (Hochlinien) die Kennziffer des Mittelmeridians vorangestellt. Die Hochachse (Meridianachse) erhält den Rechtswert 500; dadurch werden negative Rechtswerte vermieden und die Hochlinien der Karte ebenfalls durch 4 Ziffern gekennzeichnet. Es bedeutet z. B. der Rechtswert 3443, daß der Kartenpunkt 57 km westlich vom Mittelmeridian 009° E liegt. In den topographischen Karten der amtlichen Kartenwerke werden die vier Ziffern der den Kartenecken am nächsten liegenden Kilometerlinien und die Kilometerlinien der 100-Kilometer-Übergänge ausgedruckt, sonst erscheinen nur die beiden letzten Ziffern. Bei den vierstelligen Zahlen sind die ersten beiden hochgesetzt und kleiner gehalten; siehe auch Bild 3.8. Das geographische Gradnetz ist zusätzlich auf dem Kartenrahmen verzeichnet.

3.2.7 Das UTM-System

Das UTM-System[8] ist die Entwurfsgrundlage einiger internationaler und militärischer Kartenwerke (NATO usw.). Es kommt dem Entwurf nach Gauß-Krüger sehr nahe. Als Erdellipsoid ist das Referenzellipsoid der IUGG (siehe auch Kap. 2.2) gewählt.

Die Meridianstreifen gelten für den Längenunterschied von 6°. Die Streifenzonen werden fortlaufend in westl. Richtung gezählt, beginnend vom Mittelmeridian 177° W. Die einzelnen Meridianstreifen werden von 80° S bis 80° N in Feldern von je 8°-Breitenunterschied eingeteilt, die mit großen Buchstaben bezeichnet werden. Das Gebiet der Bundesrepublik Deutschland zwischen 48° N und 56° N liegt im Feld „32 U" (Mittelmeridian 9° E). Es gibt noch weitere Unterteilungen. Um die lineare Verzerrung im Bereich des Grenzstreifens klein zu

---

8 Universal Transversal Mercatorsystem.

halten, ist der Mittelmeridian nicht längentreu, sondern um den Faktor 0,9996 verjüngt dargestellt.

3.2.8 Gitter-Nord und die Richtungen in topographischen Karten und in Seekarten

Die geographische Nordrichtung (rwN) weicht in allen Punkten östlich und westlich vom Mittelmeridian (siehe Kap. 3.2.6) von der als *Gitter-Nord* (Grid North) bezeichneten Richtung der Hochlinien in den topographischen Karten um einen Winkel γ ab. Diesen Winkel nennt man Meridiankonvergenz. Die Meridiankonvergenz erhält in allen Punkten östlich vom Mittelmeridian (λ_M) das positive Vorzeichen und westlich vom Mittelmeridian das negative Vorzeichen[9]. Die Meridiankonvergenz wird vorzeichenrichtig in guter Näherung (Erdkugel) nach

$$\gamma/1' \approx \Delta\lambda/1' \cdot \sin\varphi \approx \frac{(Y/m) - 500\,000}{1852} \cdot \tan\varphi$$

berechnet, weil $\Delta\lambda = \lambda - \lambda_M$ und der Rechtswert Y in allen Kartenpunkten östlich vom Mittelmeridian positiv und westlich davon negativ ist. Die Meridiankonvergenz beträgt z. B. auf der geographischen Breite $53°\,N$ ($+53°$) im östl. Grenzmeridian des Gauß-Krüger-Entwurfes ($\Delta\lambda = +2° = +120'$, $Y - 500\,000$ m $\approx 633\,747$ m $- 500\,000$ m $\approx 133\,747$ m, $\gamma \approx +95,84'$).

Die unterschiedlichen Nordrichtungen in der Mercatorkarte (geogr. Nord) und den Karten nach Gauß-Krüger (Gitter-Nord) erfordern die Umrechnung der Richtungen (Kurse und Peilungen) beim Übergang von der einen Karte in die andere.

Nach dem vorher Gesagten erhält man den rwK aus dem Gittersteuerkurs (GSK) — dem Winkel zwischen Gitter-Nord und der Rechtvorausrichtung des Fahrzeuges — nach

rwK = GSK + γ,
rwP = GP   + γ (GP steht für Gitterpeilung)

und daraus im umgekehrten Falle

GSK = rwK − γ,
GP   = rwP − γ.

3.3 Gebrauch und Behandlung der Seekarte

Jedes Schiff muß mit allen für die bevorstehende Reise erforderlichen Seekarten ausgerüstet sein. Vor Antritt der Reise muß die Vollständigkeit der voraussichtlich benötigten Seekarten sorgfältig kontrolliert werden. Fehlende oder veraltete Seekarten sind sofort zu ersetzen. Bei einer unerwarteten Änderung der Reiseroute muß unverzüglich dafür gesorgt werden, notfalls auch mit ausländischen Seekarten, den Bestand aufzufüllen.

Neben der Schiffsleitung ist auch der Reeder für das Vorhandensein der erforderlichen Seekarten (und NfS) verantwortlich; das ergibt sich für ihn sowohl nach dem Handelsrecht wie nach öffentlichem Recht.

Man achte bei jeder Seekarte auf das Datum der letzten Berichtigung und berichtige sie gegebenenfalls vor dem Gebrauch anhand der NfS (siehe auch Kap. 3.5).

---

9 Es wird auch die entgegengesetzte Vorzeichenfestlegung verwendet.

Vor dem Gebrauch einer Seekarte lese man alle darin enthaltenen Anmerkungen und Hinweise.

Man achte darauf, daß immer nur eine Seekarte auf dem Kartentisch liegt, damit nicht beim Abgreifen von Distanzen versehentlich der Rand einer darunter liegenden Karte benutzt wird.

Beim Übergang von einer Seekarte in eine andere übertrage man stets den letzten Schiffsort sowohl nach Breite und Länge als auch gegebenenfalls nach Peilung und Abstand in die neue Karte. Dabei prüfe man (vor allem, wenn neben deutschen auch ausländische Seekarten benutzt werden), ob geographische Koordinatenunterschiede vorhanden sind.

Es ist darauf zu achten, für welchen Wasserstand (Bezugsebene) die Tiefenangaben gelten, und ob sie in Meter (alle deutschen Karten), Faden oder Fuß gegeben sind. Die Tiefenbezugsebene, d. h. der Wasserstand, auf den im Bereich der Küste die Tiefenangaben in der Seekarte (Kartentiefe) bezogen sind, heißt *Seekartennull*. Das Seekartennull ist in den einzelnen Ländern verschieden. In den meisten Fällen ist ein besonders niedriger Niedrigwasserstand gewählt, der jedoch bei außergewöhnlich niedrigen Wasserständen (Sonnen-/Mondfinsternis, meteorologischen Einflüssen) noch unterschritten werden kann; man muß unter solchen Umständen mit geringeren als in der Karte angegebenen Tiefen rechnen. Lotungen in Küstengebieten mit großem Tidenhub sind auf Kartennull zu beschicken, damit man sie mit den Kartentiefen vergleichen kann.

In Ozean- und Übersichtskarten erfolgen keine Angaben über die Tiefenbezugsflächen, in Küstenkarten ist unter „Bemerkungen" auf die Bezugsfläche hingewiesen (siehe auch Kap. 3.1.1).

Werden an Bord Unterschiede zwischen den Angaben der Seekarte und denen der Seebücher festgestellt, so sei man besonders kritisch und lege die für das Schiff ungünstigeren Angaben zugrunde.

Stromangaben, die man in einigen Seekarten findet, können nur einen groben Anhalt geben. In deutschen Seekarten sind deshalb im allgemeinen keine Angaben über Gezeitenstrom oder andere Strömungen enthalten. Diese sind den Seehandbüchern, Pilot Charts oder besonderen Stromatlanten zu entnehmen.

Man bedenke stets, daß eine Seekarte nur so gut und so genau sein kann wie das ihr zugrunde liegende Informationsmaterial. In wenig befahrenen Seegebieten und in Küstengewässern von Ländern mit wenig entwickelten hydrographischen Diensten fehlen häufig die notwendigen Informationen, so daß Fehler und Mängel erst nach langer Zeit entdeckt und berichtigt werden können. Stellt man an Bord Unstimmigkeiten, Fehler oder Lücken in den Seekarten an Ort und Stelle fest, so teile man dies dem Deutschen Hydrographischen Institut mit (siehe auch „Handbuch für Brücke und Kartenhaus": Freiwillige Mitarbeit der Seefahrer).

Es ist auch zu bedenken, daß sich vor allem in Küstengewässern mit Sand- und Schlickgrund die Tiefenverhältnisse unter dem Einfluß von Strom und Seegang ständig verändern, während in anderen Seegebieten Korallenriffe wachsen können oder plötzliche Veränderungen durch Erdbeben oder ähnliche Vorgänge möglich sind.

Man benutzte daher nur Karten neueren Datums, die ordnungsgemäß berichtigt sind und behelfe sich nie mit einer alten Karte, wenn eine neue Ausgabe von ihr erschienen ist. Man benutze von den vorhandenen Seekarten eines Gebietes immer die mit dem größten Maßstab, da sie die meisten Einzelheiten enthält und die hydrographischen Dienste der verschiedenen Länder bemüht sind, zunächst diese Karten auf dem neuesten Stand zu halten. Auf das Vorhandensein von Karten und Plänen in größerem Maßstab wird in deutschen Seekarten durch orange- oder violettfarbige Begrenzungslinien hingewiesen. Innerhalb dieser Gebiete werden nicht alle Einzelheiten (Seezeichen, Tiefen usw.) dargestellt, sondern nur in den angegebenen Karten und Plänen größeren Maßstabs.

Man arbeite nicht mit Handschuhen auf der Karte und schütze sie vor Nässe. Eine feucht gewordene Karte ist zu trocknen, bevor sie weggelegt wird. Naß gewordene Karten sollte man wegen einer etwaigen Verzerrung in Längs- und Querrichtung nachmessen. Auf den deutschen Seekarten sind die Abmessungen des inneren Kartenrandes in der linken unteren Ecke angegeben. Auf keinen Fall darf man in einer feuchten Seekarte radieren.

Außer bei Berichtigungen nach den NfS sollten keinerlei Eintragungen in die Seekarte mit Tinte, Kugelschreiber oder Filzstift gemacht werden. Man verwende nur Bleistifte mittlerer Härte (Nr. 2) und weiches Radiergummi (Plastik).

Unnötige Striche, Notizen oder Ausrechnungen gehören nicht in die Seekarte. Das Kartenbild muß klar und übersichtlich sein, damit auch der ablösende Wachoffizier, der Kapitän oder der Funker auf einen Blick den augenblicklichen Stand der Navigation erkennen kann. Peilungslinien ziehe man nur an den Stellen aus, wo voraussichtlich der Schiffsort liegen wird. Man verwende einheitliche Symbole für Positionsangaben und versehe jede mit der vierstellig zu schreibenden Uhrzeit und gegebenenfalls mit einem Hinweis auf die Ermittlung, z. B.: R (Radar), D (Decca), L (Loran), Ω (Omega), S (Satelliten), astr. (astronomisch), $\perp$ (Lotung). Beobachtete Orte sind durch einen Kreis zu kennzeichnen, Koppelorte nicht. Kurszahlen an Kurslinien sollten immer den Kurs über Grund (KüG) bedeuten.

Eintragungen in der Karte (Kurslinien, Peilungen, Schiffsorte usw.) dürfen erst dann ausradiert werden, wenn eine Nachprüfung der Navigation nicht mehr in Frage kommen kann.

Vor der Wiederbenutzung muß die Karte jedoch sauber sein, um Irrtümer zu vermeiden.

Distanzen mißt man mit dem Kartenzirkel (Stechzirkel), der immer schräg anzusetzen ist, um die Karte nicht zu zerstechen. Niemals Kreise (z. B. Feuerbereich) mit dem Kartenzirkel ziehen, sondern dafür normalen Bleistiftzirkel benutzen!

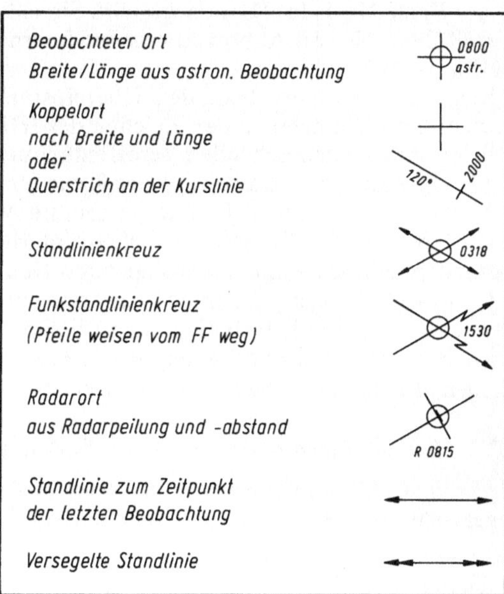

Bild 3.9. Graphische Symbole für den Gebrauch in der Seekarte (Beispiele)

Beim Absetzen von Kursen und Peilungen sollte das Kursdreieck immer nur am nächstgelegenen Meridian angelegt werden, nicht an farbigen senkrechten Linien in der Karte, die den Bereich anschließender Karten oder von Teilbereichskarten angeben. Vorsicht bei nahezu Nord-Süd verlaufenden Richtfeuerlinien bzw. Sektorgrenzen von Leuchtfeuern!

Nicht benutzte Seekarten müssen flachliegend, nur bei Platzmangel lose gerollt aufbewahrt werden. Sie sollten höchstens einmal gefalzt werden, mit Nummer und Gebietsbezeichnung auf der Rückseite versehen.

Zur Schonung der Kartenoberfläche sollten Kartengewichte zum Beschweren der ausgelegten Karte mit Filz- oder Gummibelag versehen sein.

Bei der Reisevorbereitung (passage planning) sollten bereits alle beabsichtigten Kurse und Kursänderungspunkte vollständig in die Karten für den nächsten Reiseabschnitt bzw. für die gesamte Reise eingezeichnet werden. Die Kurszahlen sollten von einer zweiten Person nachgesetzt und kontrolliert werden, wenn auch jeder Wachoffizier, der die Wache antritt, die Kurse für seine Wache nachsetzen muß. Beim Absetzen der Kurse ist besonders auf Gefahren und Hindernisse, die nahe der Kurslinie liegen, zu achten. Sie sollten, vor allem bei unauffälligem Karteneindruck, mit Rotstift eingekreist werden.

Übergangsstellen von einer Karte in die anschließende sollten deutlich markiert werden, desgleichen die Nutzungsbereiche von Leuchtfeuern („Feuerkreise", Abstand für „Feuer in der Kimm") [10].

Man bevorzuge für die Positionsbestimmung immer Landmarken gegenüber schwimmenden Seezeichen. Es kann nicht mit Sicherheit mit dem Ausliegen gerechnet werden. Außerdem können sie vertrieben sein, so daß sie nicht auf der in der Seekarte eingezeichneten Stelle liegen. Auch ist der Schwoiradius, vor allem bei Feuerschiffen und Superleuchttonnen mit ihren sehr langen Ketten, zu berücksichtigen.

3.3.1 Zeichen und Abkürzungen in den Seekarten

Die in deutschen Seekarten (und weitgehend ähnlich in ausländischen) verwendeten Zeichen und Abkürzungen sind vollständig mit deutscher und englischer Erklärung in der Karte Nr. 1 des DHI dargestellt. Sie entsprechen der Einteilung der Standard List of Symbols and Abbreviations des **Internationalen Hydrographischen Bureaus** (IHB).

Stehende Nummern bedeuten Übereinstimmung, rechtsliegende Nummern bedeuten Abweichungen zu den Zeichen des IHB. Anhand der Nummern ist ein Vergleich mit den entsprechenden Veröffentlichungen anderer Länder möglich.

Man lese auch die Hinweise in der Karte Nr. 1!

Maßgeblich ist immer die jeweils neueste Ausgabe der Karte Nr. 1! Im Zuge der angestrebten und z. T. schon erreichten internationalen Vereinheitlichung der Seekartendarstellung ist mit Änderungen und Neuerungen zu rechnen.

In britischen Seekarten findet man teilweise noch besondere Abkürzungen und Bezeichnungen, die jedoch allgemein verständlich sein dürften. Hat man häufig mit britischen Seekarten zu arbeiten, so sollte die Admiralty Chart No. 5011 angeschafft werden, die der deutschen Karte Nr. 1 entspricht.

3.3.2 Bemerkungen zu den deutschen Seekarten

Tiefen- und Höhenangaben sind in Meter in der Regel mit rechtsgeneigten Ziffern angegeben.

---

10 Siehe Kap. 4.7.1.

Tiefenangaben, die in rechtsliegenden, in Klammern gesetzten Zahlen neben einem Stein oder Felsen stehen, bezeichnen den Abstand des Steines oder des Felsens vom Kartennull (Wassertiefe).

Mit *Solltiefe* werden Wassertiefen unter Kartennull bezeichnet, die angestrebt werden.

Höhenangaben auf trockenfallenden Gebieten, z. B. Watten und Riffen, beziehen sich auf Kartennull und werden rechtsliegend gebracht und unterstrichen, z. B. $\underline{5}_6$, $\underline{12}$; sie werden zusätzlich in runde Klammern gesetzt, wenn sie neben Zeichen im Wasser stehen, z. B. $(\underline{5}_6)$, $(\underline{12})$.

Höhenangaben an Land beziehen sich an der deutschen Küste auf Normalnull (NN) der Landesaufnahme, das vom Mittelwasser des Pegels bei Amsterdam abgeleitet wurde. *Höhenangaben*, die sich auf Normalnull oder auf ein anderes Höhennull beziehen, aber neben dem Zeichen stehen, werden in runde Klammern gesetzt, z. B. (36).

Höhenangaben, die die Spitze eines Objekts (Turm usw.) über dem Erdboden bezeichnen, werden in runde Klammern gesetzt und mit einem waagerechten Strich versehen, z. B. ($\overline{124}$). Dasselbe gilt für Brückendurchfahrten usw.

Die *Bezugsflächen* für Tiefen- und Höhenangaben werden für die einzelnen Länder unter „Bemerkungen" in den Karten angegeben.

Als *geographischer Ort* eines Zeichens gilt der Mittelpunkt der Grundlinie oder die Mitte des Zeichens.

Feuerschiffe werden ohne Tagmarken und ohne Angaben des Farbanstrichs eingetragen. *Tonnen* und *feste Seezeichen* werden stets mit ihren Toppzeichen wiedergegeben. Die Farbe wird durch die entsprechende Abkürzung beim Zeichen angegeben, aber nur die schwarze Farbe wird in den Karten dargestellt.

Die *Aufschriften* werden durch stehende Blockschrift beim Zeichen angegeben.

Für die Navigation *wichtige Objekte* werden durch stehende Blockschrift hervorgehoben. *Gewässernamen* werden in links-(rückwärts-)liegender Schrift gegeben.

Untiefen, Bänke, Watten werden durch linksliegende Blockschrift hervorgehoben.

Die Karten enthalten nur die *Sommerbetonnung*. Die Winterbetonnung an den deutschen Küsten ist aus dem Heft „Winterbetonnung der deutschen Küstengewässer", herausgegeben vom DHI, zu ersehen.

3.4 Die deutschen Seebücher und anderen nautischen Veröffentlichungen[11]

Vor dem Gebrauch eines nautischen Buches studiere man stets sorgfältig auch das Vorwort und die Vorbemerkungen!

3.4.1 Seehandbücher

Seehandbücher[12] (Shb.) dienen zur Küstennavigation; sie bilden eine Ergänzung der Seekarten und bringen Angaben, die aus den Karten nicht oder nur unvollkommen zu ersehen sind.

11 Unter Nr. 2452 gibt das DHI das „*Verzeichnis der Nautischen Karten und Bücher und sonstigen Veröffentlichungen*" heraus.

12 Das älteste *deutsche* Seehandbuch ist das im 15. Jahrhundert entstandene sogenannte „Seebuch". Es enthält Segelanweisungen für die damalige hansische Schiffahrt.

Um 1544 erschien erstmalig ein gedrucktes Segelhandbuch mit Ansichten von Küsten, Landmarken und Kartenskizzen. (Vgl. A. Lang: *Cornelius Anthonisz.* Neues Archiv für Niedersachsen (1956) H. 5/6).

Im Anfang eines jeden Shb. findet man Übersichtskarten, aus denen man die Verlaufsrichtung der Küstenbeschreibung und die Grenzen der Kapitel entnehmen kann. Der erste Teil jedes Buches bringt Angaben über Schiffahrtsangelegenheiten allgemeiner Art sowie Angaben über die Regelung und Sicherung der Schiffahrt in den Ländern, deren Küsten das betreffende Shb. beschreibt. Anschließend werden die Naturverhältnisse des betreffenden Seegebietes beschrieben, um dem Nautiker einen Überblick vor allem über das Wetter und Klima, über die Gezeitenverhältnisse, die Strömungen und die Mißweisung zu geben. Der Hauptteil des Shb. beginnt mit einem Kapitel über allgemeine Informationen für die Schiffsführung sowie über Schiffswege und Entfernungen in dem jeweiligen Seegebiet. Jedes weitere Kapitel beginnt mit einer Übersichtskarte, aus der die Einteilung in Unterkapitel und die Seekarten des betreffenden Bereichs ersichtlich sind. Es folgen jeweils Beschreibungen der Küste, der Fahrwasser, Ankerplätze und Häfen mit den für eine sichere Navigation erforderlichen Angaben, die als Ergänzung zum Inhalt der Seekarten notwendig sind. Zur Erleichterung der terrestrischen Navigation enthalten die Shb. auch Abbildungen der Küste und einzelner Landmarken. Wenn erforderlich, geben auch Hafenpläne einen Überblick über Lage und Raumverhältnisse des Hafens.

Die Vielseitigkeit der deutschen Shb. ist hauptsächlich der Mitarbeit der Kapitäne und Schiffsoffiziere durch Hergabe von Hafen- und Fahrwasserberichten, Skizzen, photographischen Aufnahmen, meteorologischen und hydrographischen Beobachtungen usw. zu verdanken.

3.4.2 Ozeanhandbücher

Die Ozeanhandbücher dienen zur Navigation über See. Sie sollen die Wahl des jahreszeitlich günstigsten Reiseweges erleichtern und liegen z. Zt. für den Atlantischen und den Indischen Ozean vor. Der Darstellung der allgemeinen maritimen Naturverhältnisse und ausgewählten Beiträgen zur Schiffsführung folgt als das Kernstück dieser Bücher die Beschreibung der Schiffswege mit eingehenden Erläuterungen der besonderen Verhältnisse, die auf den einzelnen Wegen oder in dem betreffenden Reisegebiet angetroffen werden können.

Ähnlich wie die Shb. die Seekarten, sollen die Ozeanhandbücher die ozeanischen Monatskarten ergänzen.

3.4.3 Leuchtfeuerverzeichnis

Das Leuchtfeuerverzeichnis (Lfv.) wird in 14 Teilen für alle befahrenen Küsten herausgegeben. Die Grenzen der einzelnen Teile sind aus einer Übersichtskarte ersichtlich. Der *Hauptteil* jedes Teils enthält die Beschreibung der Leuchtfeuer, Feuerschiffe, Leuchttonnen, Feuerträger (als Tagmarken) und Nebelschallzeichen. Meßgeräte sowie Offshore-Anlagen sind nur insoweit aufgenommen, als sie für die dauernde Fahrwasserbezeichnung von Wichtigkeit sind.

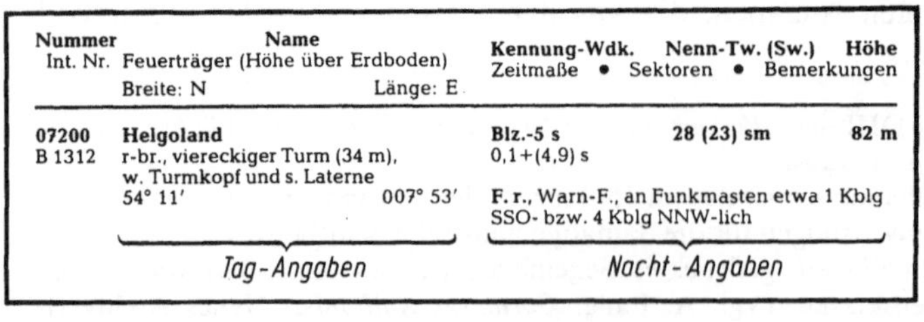

Nummer	Name	Kennung-Wdk. Nenn-Tw. (Sw.) Höhe
Int. Nr.	Feuerträger (Höhe über Erdboden)	Zeitmaße • Sektoren • Bemerkungen
	Breite: N Länge: E	
07200	Helgoland	Blz.-5 s 28 (23) sm 82 m
B 1312	r-br., viereckiger Turm (34 m), w. Turmkopf und s. Laterne	0,1+(4,9) s
	54° 11' 007° 53'	F. r., Warn-F., an Funkmasten etwa 1 Kblg SSO- bzw. 4 Kblg NNW-lich

Tag-Angaben   Nacht-Angaben

Bild 3.10. Angaben im Leuchtfeuerverzeichnis

Der Anhang enthält alle Angaben über ortsfeste Signalstellen und Signale aller Art, die für die Schiffahrt von Bedeutung sind. Schiffssignale sind im allgemeinen nicht angegeben, da sie in den betreffenden Seehandbüchern beschrieben werden.

3.4.4 Nautischer Funkdienst

Der Nautische Funkdienst (NF) bringt in vier Bänden alle für das Funkwesen auf See weltweit notwendigen Angaben:

- *Band I, Funkverkehr,* enthält die Küstenfunkstellen und ihre Sonderdienste sowie allgemeine Angaben über die Regelung des Funkverkehrs auf See.
- *Band II, Funkortung,* enthält die Funkfeuer, Angaben über Consolfunkfeuer, Racon, Decca und Loran sowie Anleitungen für deren Gebrauch.
- *Band III, Wetter- und Eisfunk,* enthält die Unterlagen für den Empfang und die Auswertung von Funkwetterberichten.
- *Band IV, Revierfunk,* liefert alle erforderlichen Revierfunkangaben einschließlich Radarberatung und Lotsendienst.

3.4.5 Gezeitentafeln

Die Gezeitentafeln (Gzt.) des DHI erscheinen seit langem und dienen zur Bestimmung von Hoch- und Niedrigwasserzeiten und von Wasserständen bei Hoch- und Niedrigwasser sowie für Zwischenzeiten.

Die deutschen Gzt. erscheinen jährlich als Band I für Europäische Gewässer und Band II für Außereuropäische Gewässer.

Für den Gebrauch der Sportschiffahrt usw. dienen als Auszug aus den Gezeitentafeln die *„Hoch- und Niedrigwasserzeiten für die Deutsche Bucht und deren Fluß-gebiete"* mit Sonderausgaben für die einzelnen Flußgebiete.

3.4.6 Atlanten und Monatskarten

Folgende Atlanten und Monatskarten werden vom DHI herausgegeben:

- Atlas der Gezeitenströme für die Nordsee, den Kanal und die Britischen Gewässer,
- Atlas der Eisverhältnisse der Deutschen Bucht und der westlichen Ostsee,
- Atlas der Eisverhältnisse im Nordatlantischen Ozean und Übersichtskarten der Eisverhältnisse des Nord- und Südpolargebietes,
- Eisbericht, werktäglich während der Eisperiode in der Nord- und Ostsee,
- Monatskarten für den Nordatlantischen Ozean, den Südatlantischen Ozean und für den Indischen Ozean; siehe Kap. 3.2.2.

3.4.7 Nachrichten für Seefahrer

Die Nachrichten für Seefahrer (NfS) erscheinen wöchentlich. An Bord eines jeden Schiffes müssen außer dem laufenden Jahrgang auch die beiden vorhergehenden Jahrgänge vorhanden sein.

Sie dienen in erster Linie der Berichtigung der nautischen Veröffentlichungen. In den NfS werden für die Schiffahrt wichtige Maßnahmen, Ereignisse und Veränderungen auf den Seeschiffahrtstraßen der Bundesrepublik Deutschland, auf der hohen See oder in den Hoheitsgewässern anderer Staaten bekanntgegeben. Insbesondere werden Nachrichten über Veränderungen in der Befeuerung und Betonnung der Küstengewässer, über Schiffahrtshindernisse und Gefahrenzonen im Küstengebiet und auf See sowie über Bekanntmachungen und Verordnungen von Behörden, soweit sie für die Schiffsführung von Bedeutung sind, veröffentlicht.

Fast alle schiffahrttreibenden Staaten geben Nachrichten für Seefahrer heraus. Diese heißen in

- der`DDR „Nautische Mitteilungen für Seefahrer",
- dem Vereinigten Königreich „Admiralty Notices to Mariners",
- den Vereinigten Staaten „Notice to Mariners",
- Frankreich „Avis aux Navigateurs",
- Italien „Avvisi ai Naviganti",
- den spanisch sprechenden Ländern „Avisos a los Navegantes",
- den Niederlanden „Berichten aan Zeevarenden",
- Dänemark „Efterretninger for Söfarende",
- Schweden „Underrättelser för Sjöfarande",
- Norwegen „Etterretninger for Sjöfarende",
- UdSSR *„ИЗВЕЩЕНИЯ МОРЕПЛАВАТЕЛЯМ"*.

3.4.8 Bekanntmachungen für Seefahrer

Die Bekanntmachungen für Seefahrer (BfS) erscheinen bei Bedarf. Sie werden von den deutschen Wasser- und Schiffahrtsämtern herausgegeben und an den amtlichen Aushangstellen für das betreffende Seegebiet, in dem die Aushangstelle liegt und für die angrenzenden Reviere und Gebiete zur Kenntnis gebracht. Maßnahmen oder Ereignisse größeren Umfanges oder überörtlicher Bedeutung werden als NfS veröffentlicht.

3.4.9 Fachzeitschriften

„Der Seewart", die nautische Zeitschrift für die deutsche Seeschiffahrt, enthält Aufsätze und Mitteilungen aus dem gesamten Fachspektrum des Nautikers. Sie besteht seit 1932 und wird gemeinsam vom Deutschen Hydrographischen Institut und vom Seewetteramt des Deutschen Wetterdienstes alle zwei Monate herausgegeben.

Die Deutsche Hydrographische Zeitschrift wird seit 1948 als Nachfolgerin der Annalen der Hydrographie und Maritimen Meteorologie vom DHI herausgegeben. Sie erscheint 6mal jährlich und dient der Veröffentlichung wissenschaftlicher Aufsätze aus dem Bereich der Meereskunde, aber auch des Erd- und Schiffsmagnetismus und der nautischen Technik.

3.4.10 Nautisches Jahrbuch

Das „Nautische Jahrbuch oder Ephemeriden und Tafeln" wird jährlich vom DHI herausgegeben und enthält alle astronomischen Daten, die der Nautiker für seine astronomischen Berechnungen braucht. Näheres siehe im Nautischen Jahrbuch unter Erklärung der Tafeln und Ephemeriden sowie in Bd. 1 B, Kap. 4.8.

3.4.11 Verzeichnis „Minengefährdete Gebiete und abgesuchte Wege"

Dieses Verzeichnis erscheint nicht mehr, auch werden Berichtigungen nicht mehr herausgegeben.

3.4.12 Seewarndienst

Nautische Warnnachrichten werden für den Bereich der Nordsee und Ostsee einschl. der Seeschiffahrtstraßen von den Küstenfunkstellen ausgestrahlt. Die Nachrichten enthalten Angaben über alle Gefahren, Behinderungen, Veränderungen und sonstige Umstände, die Einfluß auf die Schiffsführung haben können und deren unverzügliche Kenntnis für sie von wesentlicher Bedeutung ist. Der Seewarndienst liegt in den Händen des DHI, direkt zuständig ist die Seewarndienstzentrale in Cuxhaven.

Alles Weitere entnehme man dem NF Bd. I (Warnfunk)! Dort findet man auch alle Angaben über das weltweit koordinierte Warnfunksystem (WWNWS world wide navigational warning service), das 16 NAVAREAS umfaßt. Ein Leitfaden dazu wird vom International Hydrographic Bureau Monaco herausgegeben.

Für NAVAREA I (Nord-/Ostsee, N-Atlantik) ist das System NAVTEX entwickelt worden. Es handelt sich dabei um ein Funkfernschreibsystem, bei dem mit Hilfe eines automatischen Spezialempfängers nautische Warnnachrichten (Navigational Warnings) direkt auf der Brücke ausgedruckt werden.

3.5   Die Berichtigung der Seekarten und der nautischen Bücher[13]

Zur Berichtigung der Seekarten, Lfv. und Shb. dienen in erster Linie die *Nachrichten für Seefahrer* (NfS).

Die NfS sind aus Einzelmeldungen zusammengesetzt, die mit aller Sorgfalt gesichtet und bearbeitet werden, die aber nicht immer auf ihre Richtigkeit nachgeprüft werden können. Daher kann eine unbedingte Gewähr für die Richtigkeit und Genauigkeit in allen Punkten nicht übernommen werden.

Die Nautiker werden dringend ersucht, jede Wahrnehmung über Veränderungen und Störungen von *außerdeutschen* Seezeichen und Leuchtfeuern *sogleich* entweder *ihrer Reederei* oder dem DHI mitzuteilen. Angaben über Störungen *deutscher* Seezeichen sind an die zuständige Seezeichenbehörde zu geben.

In allen Mitteilungen müssen die Orte nach Breite und Länge oder durch Peilungen bestimmt sein. *Kurse* und *Peilungen* sind stets rechtweisend anzugeben.

Bei *Meldungen über abweichende Leuchtfeuerangaben* beachte man, daß die Kennung eines Feuers durch die Anordnung der Blitze, Blinke oder Unterbrechungen gegeben ist, während die Zeitmaße zuweilen, besonders aus größerem Abstande, von den Angaben des Lfv. abweichen können. Der Abstand vom Feuer zur Zeit der Beobachtung sowie die Augenhöhe des Beobachters müssen daher ebenfalls angegeben sein. Siehe auch Kap. 4.7.1.

Die bei den Vertriebsstellen des DHI gekauften deutschen Seekarten sind im allgemeinen bis zur zuletzt erschienenen Ausgabe der NfS handschriftlich berichtigt, und dies ist durch Stempelaufdruck kenntlich gemacht.

Alle an Bord befindlichen Karten und Shb. sind aber auch weiterhin an Hand der NfS sorgfältig auf dem laufenden zu halten.

Am zweckmäßigsten erfolgt dies auf folgende Weise: In einem Kartenberichtigungsbuch richtet man für jede an Bord befindliche Karte eine Spalte ein, die man mit der Nr. der Karte bezeichnet. Ebenso verfährt man mit den Shb. und Lfv. Nach den NfS werden die Nummern, die Bezug auf die an Bord befindlichen Seekarten und Bücher haben, in die betreffenden Spalten eingetragen. Die Kartennummern und Bücher sind am Fuße jeder Nachricht angeführt. Wichtige Nachrichten mache man durch Unterstreichen der Nummern kenntlich. Ist eine Karte oder ein Buch neu herausgegeben worden, so vermerke man dies ebenfalls auf dem Blatt und sorge baldigst für die Neuanschaffung. Bei der Berichtigung der Seekarten und Bücher beginne man mit der letzten — neuesten — Nummer bzw. Nachricht; man erspart sich dadurch viel Arbeit durch Vermeidung von Eintragungen von Nachrichten, die oft längst überholt oder aufgehoben sind. Die Berichtigung der Seekarten und

---

13 Siehe auch „Handbuch für Brücke und Kartenhaus", Abschnitt 2.8.

Bücher kann bei P- und T-Nachrichten (siehe im folgenden) durch Bleistiftnotizen und Zusetzen der Nummern der NfS geschehen. Nach erfolgter Berichtigung streiche man die Nummern in dem Buch durch. Noch besser als mit einem Kartenberichtigungsbuch arbeitet es sich mit einem Satz von Korrektionskarten, für den dann allerdings auch ein passender Karteikasten vorhanden sein muß. Bei diesem Verfahren wird für jede an Bord befindliche Seekarte eine Korrektionskarte angelegt, auf der ähnlich wie im Kartenberichtigungsbuch alle NfS-Nummern für die betreffende Seekarte notiert werden. Nach Ausführung der Berichtigung in der Seekarte wird die Nummer auf der Korrektionskarte abgehakt. Die Korrektionskarten haben den Vorteil, daß neue Karten ohne Schwierigkeiten eingeordnet werden können und daß die ganze Kartei jeweils nach den Bedürfnissen der nächsten Reise geordnet werden kann. Durch verschiedenfarbige Reiter auf den Korrektionskarten kann man sie zu Gruppen ordnen und kann dann jeweils die zunächst gebrauchten Seekarten mit Vorrang berichtigen.

Zur ordentlichen Berichtigung der Seekarten sind außer dem immer an Bord befindlichen Besteckmaterial noch etwas Zeichenmaterial, Radiermesser, Zeichenfedern, schwarze Tusche, Tintentod, Tipp-Ex fluid und evtl. Farbfilzstifte für die Sektoren der Feuer notwendig.

Die Lfv. sind durch die den NfS beigegebenen Deckblätter zu berichtigen. Diese enthalten auch Änderungen, die nicht durch die NfS bekanntgegeben werden. Zeitweilige Änderungen werden in einer besonderen Liste bekanntgemacht, die den NfS beiliegt (rotes Papier).

Die Berichtigung der Shb. erfolgt anhand der *„Berichtigungen zu den Seehandbüchern"* in den NfS. Etwa alle zwei Jahre wird ein neuer „Nachtrag" und gegebenenfalls eine „Ergänzung" herausgebracht.

Eine Berichtigung der Seekarten und Bücher ist nicht schwierig, wenn man diese *laufend* in Ordnung hält! Hat man ein Kartenberichtigungsbuch oder eine Kartei angelegt, so verwendet man mit Vorteil die den NfS alle drei Monate beigegebene, auf blauem Papier gedruckte „Liste der Berichtigungen deutscher Seekarten". Die in diesen Listen angegebenen NfS-Nummern müssen in den noch nicht nachberichtigten deutschen Seekarten vor Gebrauch ausgeführt werden, und zwar von dem auf den Karten mit Stempel angegebenen Berichtigungstage ab. Erforderlichenfalls sind hierbei noch vorhergehende Listen zu berücksichtigen. Es empfiehlt sich aus diesem Grunde, die Listen zu sammeln und aufzubewahren.

An Bord befindliche *fremde* Seekarten und Seebücher (siehe jährliche NfS-Ausgabe 1) werden ebenfalls auf dem laufenden gehalten, und zwar gewöhnlich an Hand der deutschen NfS.

Nachrichten, die bevorstehende Maßnahmen *ankündigen*, werden durch ein P — *Preliminary* — hinter der Nummer, Nachrichten, die einen vorübergehenden *zeitweiligen* Zustand melden, durch ein T — *Temporary* — hinter der Nummer kenntlich gemacht. Solche Nachrichten werden in den *deutschen Seekarten nicht* berichtigt, sie sind daher besonders zu beachten. Einmal monatlich liegt den NfS eine Liste bei, die alle noch gültigen P- und T-Nachrichten enthält.

Für den NF und SfK erscheinen monatlich Nachträge, die Ersatz- und Ergänzungsseiten, Deckblätter und handschriftlich zu machende Verbesserungen enthalten.

Da es auf langen Reisen kaum möglich ist, alle an Bord befindlichen Karten und Bücher vollständig auf dem laufenden zu halten, übernehmen die Vertriebsstellen des DHI gegen Gebühren die Berichtigung und bei entsprechendem Auftrag auch die laufende Erneuerung der Seekarten und Seebücher. Während der Reise muß der Nautiker dennoch die für die Reise notwendigen Karten und Bücher anhand der Nachrichten für Seefahrer laufend selbst berichtigen.

Die **freiwillige Mitarbeit** der Nautiker ist für die laufende Berichtigung und Ver-
vollkommnung der Seekarten und Seebücher unverzichtbar. Zur Erleichterung
dieser Mitarbeit stellt das DHI folgende Vordrucke kostenlos zur Verfügung:

- *Postkarten* für kurze Meldungen über Seezeichen, Schiffahrtshindernisse usw.,
- *Nautischer Bericht* für ausführliche Berichte über Häfen, deren Ansteuerung
  usw.,
- *Bericht über Reisewege* zur Auswertung für die Ozeanbücher usw.

Darüberhinaus sind Berichte über *außergewöhnliche Beobachtungen,* Meldungen
über *Echolotungen* unter Angabe von Datum, Uhrzeit, des genauen Schiffsortes,
von Kurs und Fahrt, Type des Lots, Meßbereich, Verstärkung, Tiefgang und unter
Hergabe des sorgfältig beschrifteten Lotstreifens sehr erwünscht.

Jeder freiwillige Mitarbeiter erhält für seine Einsendung zunächst ein Dankschrei-
ben. Verdiente Mitarbeiter werden mit Buchprämien und anderen Auszeichnungen
bedacht.

4 Terrestrische Navigation

Vorbemerkung. *Die letzte Verantwortung für die gesamte Navigation des Schiffes trägt grundsätzlich der Kapitän. Er kann sie im allgemeinen weder an einen seiner Offiziere noch an den Lotsen abgeben. Die Anwesenheit eines orts- und fahrwasserkundigen Lotsen befreit den Kapitän und die Offiziere nicht von der Pflicht, die Navigierung des Lotsen nachzuprüfen.*

4.1 Betonnung und Befeuerung

4.1.1 Allgemeines

Die Betonnung und Befeuerung der Küstengewässer wird derzeit noch nach unterschiedlichen Systemen durchgeführt. In vielen Staaten findet man ein Betonnungssystem vor, das den im Jahre 1936 in Genf international vereinbarten Richtlinien entspricht [1]. Jedoch können Küstengestaltung, Eigenart der Reviere, Klima, Überlieferung usw. die Art und Form der Seezeichen und die Befeuerung stark beeinflussen. Deshalb muß man sich vor dem Einlaufen in das betreffende Gewässer in der Seekarte, dem Lfv. und dem Shb. hierüber genau unterrichten.

Im Jahre 1976 hat der Internationale Verband der Seezeichenverwaltungen (IALA) [2] ein neues einheitliches Betonnungssystem entwickelt. Das Betonnungssystem „A" (rot an Bb.) wurde mit Zustimmung der IMCO (seit 1982: IMO, International Maritime Organisation) in Europa, in Australien, Afrika und Asien teilweise eingeführt. Parallel dazu wurde das Betonnungssystem „B" (rot an Stb.) vor allem für Amerika entwickelt; siehe Kap. 4.1.5 und Bild 4.0.

In den deutschen Küstengewässern ist die Umstellung der Betonnung vom bisherigen System (Grundsätze für die Bezeichnung der deutschen Küstengewässer, 1954) auf das IALA-System „A" im Jahre 1980 abgeschlossen worden.

Da in anderen Staaten im Laufe der nächsten Jahre eine Umstellung zu erwarten ist, muß damit gerechnet werden, daß man zeitweise besondere Verhältnisse vorfindet.

Die Schiffahrt wird über die Durchführung der Betonnungsänderung rechtzeitig durch die „Nachrichten für Seefahrer" (NfS) unterrichtet. In Gebieten, in denen eine Umstellung gerade stattfindet, ist mit besonderer Vorsicht zu navigieren, da bei der Umstellung nicht nur die Seezeichen selbst, sondern auch deren Positionen verändert werden können.

---

1 „Uniform System of Maritime Buoyage and Beaconage", League of Nations − Genf 1936. Siehe „Handbuch für Brücke und Kartenhaus", DHI, Nr. 2000.
2 International Association of Lighthouse Authorities.

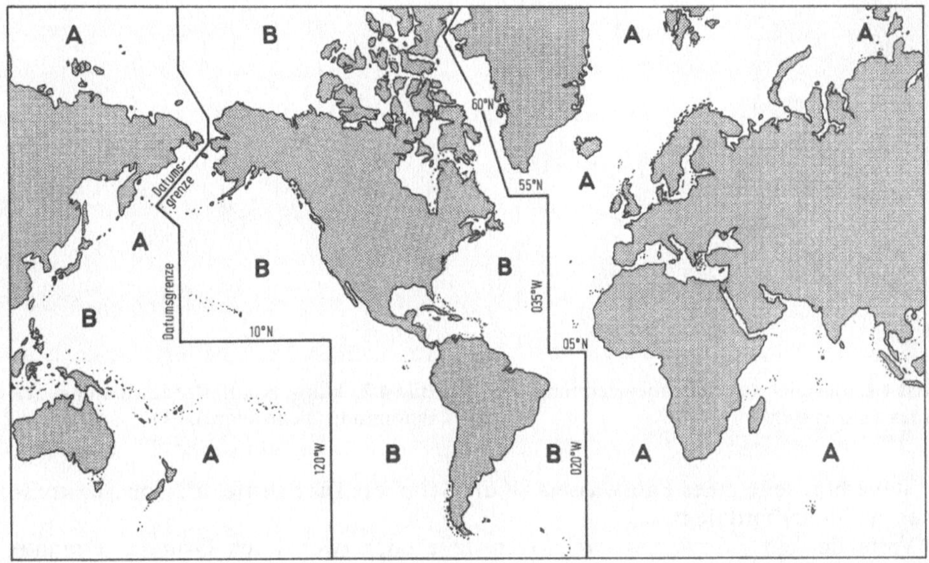

Bild 4.0

Im folgenden wird ein Überblick über das „Maritime Buoyage System" (IALA-System „A") sowie über das in vielen Staaten noch verwendete „Genfer System 1936" (Uniform System) gegeben, außerdem eine Übersicht über davon abweichende Betonnung in anderen Staaten.

Es kann hier nur der Stand zum Zeitpunkt der Drucklegung wiedergegeben werden, da sich viele Staaten derzeit noch nicht für die Einführung des IALA-Systems bzw. hinsichtlich einer Umstellung vom bisherigen System entschieden haben.

4.1.2 Seezeichen

Es werden Seezeichen („Schiffahrtszeichen" im Sinne der SeeSchStrO) verwendet:
- *feste Seezeichen:* Baken, Dalben (Pfahlgruppen), Stangen und Pricken,
- *schwimmende Seezeichen:* Tonnen (Baken-, Leucht-, Glocken-, Heul-, Spieren-, Spitz-, Stumpf-, Kugel- und Faß-Tonnen). Klotzbojen können an die Stelle von Spieren-, Spitz- und Stumpftonnen treten; sie haben die angenäherte Form dieser Seezeichen.

Zur Unterscheidung gleichartiger Seezeichen oder zu ihrer besonderen Kennzeichnung dienen Toppzeichen und Aufschriften. Man achte stets auf die Form des Seezeichens und nicht nur auf die Farbe. Diese kann durch Verwaschung, Vereisung oder Verschmutzung gelegentlich nicht erkennbar sein.

Man unterscheidet zwei Bezeichnungssysteme, eines für Fahrwasser und eines für Untiefen und Wracks (Gefahrenstellen).

Bei der *Fahrwasserbezeichnung* (System der Seitenbezeichnung oder Lateralsystem) geben die Seezeichen die Steuerbord- oder Backbordseite oder die Mitte des Fahrwassers an.

Fahrwasser ist jeder für Seeschiffe benutzbare Wasserweg, dessen Verlauf durch Seezeichen kenntlich gemacht oder beim Fehlen solcher durch Uferschutzbauten oder durch das Ufer zu erkennen ist.

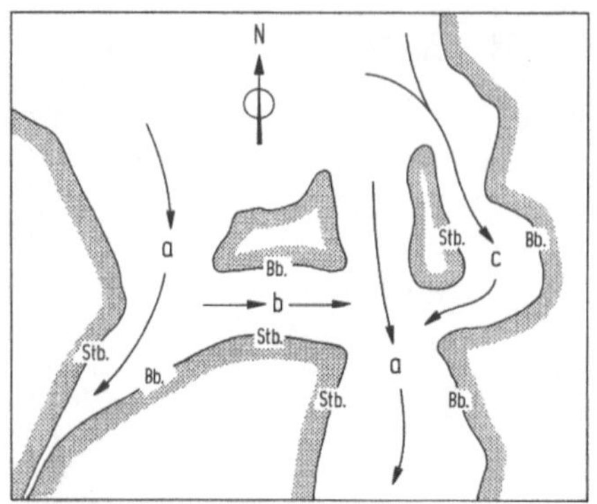

Bild 4.1. Beispiel der Seitenbezeichnung eines Fahrwassers

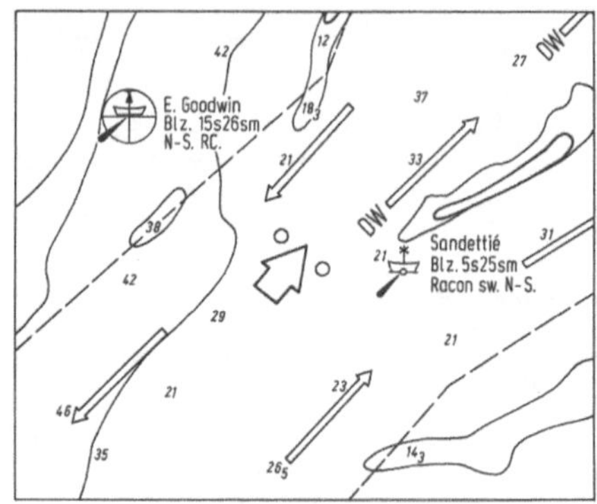

Bild 4.2. Hinweis auf Bezugsrichtung der Betonnung (siehe auch 3.3.1)

Steuerbordseite eines Fahrwassers ist die Seite, die für Schiffe, die von See kommen, an Steuerbord liegt.

Verbindet ein Fahrwasser zwei Meeresteile oder zwei durch Gründe getrennte Wasserflächen, so gilt als Steuerbordseite des Fahrwassers die Seite, die ein aus westlicher Richtung (einschließlich rwN und ausschließlich rwS) kommendes Schiff an Steuerbord hat.

Ist ein solches Fahrwasser derart gekrümmt, daß Zweifel auftreten können, so ist die am weitesten nördlich gelegene Einfahrt für das gesamte zusammenhängende Fahrwasser maßgeblich (s. Bild 4.1).

Diese Definition der Fahrwasserseite gilt in deutschen Gewässern gem. SeeSchStrO § 2 Abs. 2 Nr. 2. International wird die Steuerbord-Fahrwasserseite in bezug auf die Richtung des Hauptflutstromes und zusätzlich im Uhrzeigersinn um Landmassen herum definiert. Da dies dem nicht ortskundigen Seefahrer u. U. unbekannt oder nicht erkennbar sein kann, wird die Bezugsrichtung der Betonnung in den Seekarten angegeben (Bild 4.2).

Die Bezugsrichtung der Bezeichnung eines Fahrwassers ist dort von wesentlicher Bedeutung, wo ein solches Fahrwasser nur einseitig (z. B. durch Pricken) bezeichnet ist.

Nach dem System der Richtungsbezeichnung oder *Kardinalsystem* werden *Untiefen* und *Wracks* gekennzeichnet. Hierbei werden Baken- und Spierentonnen mit 2 Kegeln verwendet, deren Anordnung die Himmelsrichtung, in der die Tonne — von der Untiefe oder dem Wrack aus gesehen — liegt, anzeigt.

4.1.3 IALA-System „A"

Dieses System[3] besteht aus einer Kombination von lateralen (*seiten*bezeichnenden) und kardinalen (*richtungs*bezeichnenden) Seezeichen, die sowohl für die Fahrwasser als auch im freien Seeraum verwendet werden.

Laterale Zeichen werden zur Bezeichnung von Fahrwassern verwendet, kardinale Zeichen zur Bezeichnung von Gefahrenstellen wie Untiefen und Wracks. Außerdem gibt es Sonderzeichen zur Bezeichnung von besonderen Punkten oder Gebieten, deren Bedeutung aus den Seekarten oder anderen nautischen Veröffentlichungen entnommen werden muß.

---

3 Siehe auch „Handbuch für Brücke und Kartenhaus", DHI Nr. 2000, und Seeschiffahrtstraßen-Ordnung, Anlage I.

(1) Laterale Zeichen

Backbord-Seite des Fahrwassers		Steuerbord-Seite	
Farbe:	rot,	Farbe:	grün,
Form:	stumpf, Spiere, Leucht-Tn.,	Form:	konisch, Spiere, Leucht-Tn.,
Toppzeichen:	Zylinder rot,	Toppzeichen:	Kegel (Spitze oben) grün
Feuer:	rot,	Feuer:	grün,
Kennung:	beliebig,	Kennung:	beliebig,
Aufschrift: [4]	gerade Zahlen,	Aufschrift:	ungerade Zahlen,

von See beginnend bzw. nach festgelegter Richtung, evtl. mit angehängtem kleinen Buchstaben oder in Verbindung mit dem ggf. abgekürzten Namen des Fahrwassers.

Backbordseite

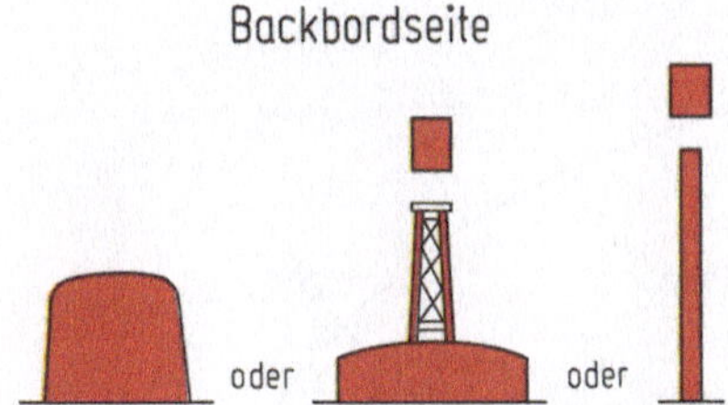

Farbe: rot

Form: stumpf oder Spiere

Toppzeichen (wenn erforderlich):
ein roter Zylinder

Feuer (wenn vorhanden):
Farbe: rot
Kennung: beliebig

Steuerbordseite

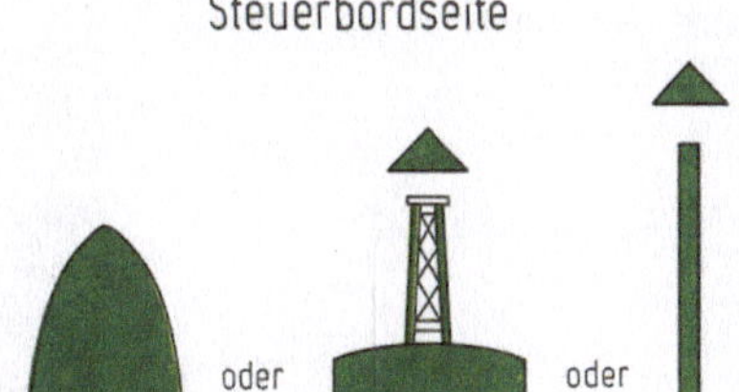

Farbe: grün

Form: konisch oder Spiere

Toppzeichen (wenn erforderlich):
ein grüner Kegel, Spitze nach oben

Feuer (wenn vorhanden):
Farbe: grün
Kennung: beliebig

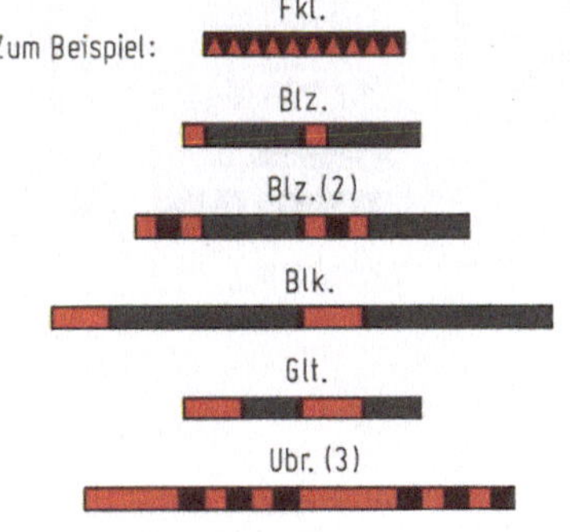

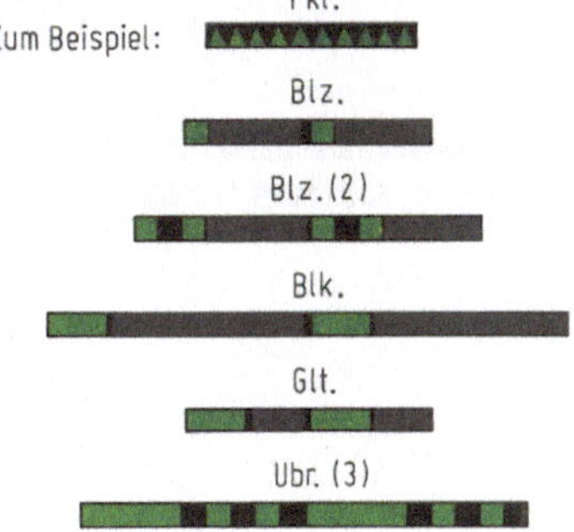

(2) Kardinale Zeichen

Die vier Quadranten (Nord, Ost, Süd, West) werden begrenzt durch die vom Bezugspunkt (Mitte der Gefahrenstelle) ausgehenden Richtungen NW und NE, NE und SE, SE und SW, SW und NW.

Das Zeichen wird mit Toppzeichen versehen, das aus zwei schwarzen Kegeln besteht, deren Anordnung sich nach dem Quadranten richtet, in dem es ausgelegt

---

4 Gemäß SeeSchStrO in deutschen Küstengewässern; in anderen Ländern evtl. abweichend!

ist. Es zeigt an, in welcher Richtung die günstigste (sichere) Passierseite liegt, bzw. daß das tiefste Wasser auf dieser Seite zu finden ist.

Kardinale Zeichen werden auch im Fahrwasser, also in Verbindung mit lateralen Zeichen verwendet, um Untiefen, Wracks oder andere Unterwasserhindernisse zu bezeichnen.

Farbe: schwarz-gelbe Farbkombinationen,
Form: Bake, Spiere, Leucht-Tn.,
Feuer: weiß,
Kennung: Funkelfeuer (Fkl.) oder schnelles Funkelfeuer (SFkl.),
Aufschrift: (wenn vorhanden) Angabe des Bezuges, evtl. Name des Hindernisses.

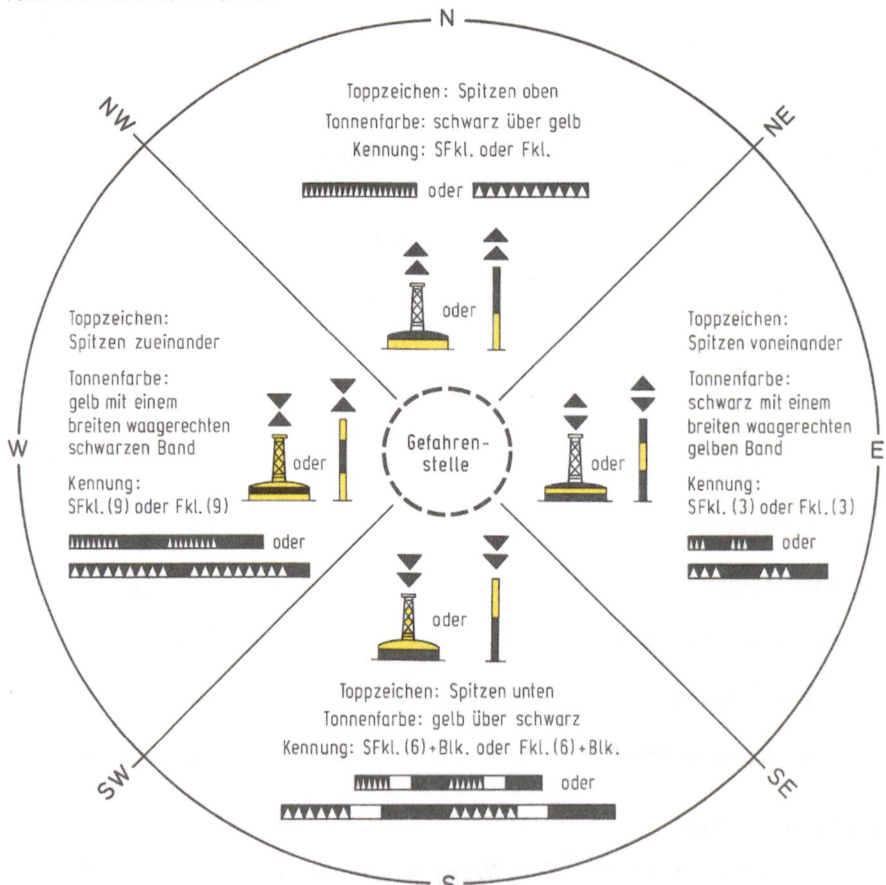

Merkregel für die Beziehung zwischen Toppzeichen (Quadrant) und Farbgebung der Tonne bzw. Feuerkennung:

„Die Farbe *schwarz* gibt die Richtung der *Spitzen* der Kegeltoppzeichen an"
(Bild 4.3).

„Die Anzahl der *Blitze* der Funkelkennung entspricht der Zahl auf dem Ziffern-
blatt der Uhr" (Bild 4.4).

Mit Hilfe dieser einfachen Merkregeln läßt sich die Lage des Seezeichens zur
Gefahrenstelle leicht bestimmen. Durch Sturm, Eis oder Kollision kann das Topp-
zeichen verloren gehen; so läßt sich aus der Farbgebung leicht auf das fehlénde
Toppzeichen und daraus auf den Quadranten schließen.

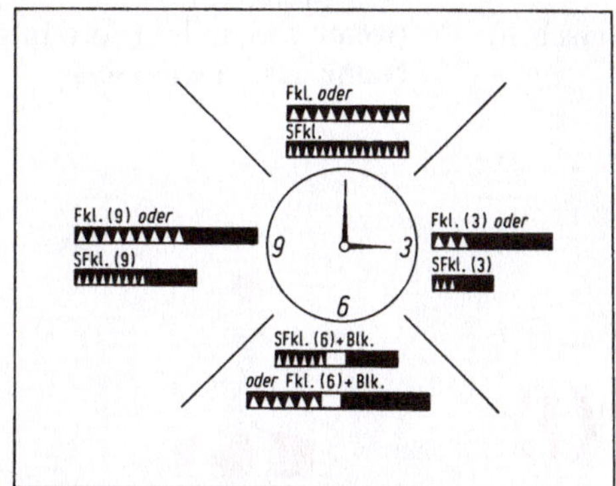

Bild 4.3. Toppzeichen und Farbgebung
von Gefahrentonnen

Bild 4.4. Feuerkennungen der Gefahrentonnen

(3)   Andere Zeichen

(3.1)   Einzelgefahrenzeichen. Gefahrenstelle von geringer Ausdehnung, um die
herum tiefes Wasser vorhanden ist und die an allen Seiten passiert werden kann.

Farbe: schwarz mit einem oder mehreren breiten waagerechten roten
              Bändern,
Form: Bake, Spiere, Leucht-Tn.,
Toppzeichen: zwei schwarze Bälle übereinander,
Feuer: weiß,
Kennung: Blitzgruppe (2), (Blz. (2)),
Aufschrift: (wenn vorhanden) Name der Gefahrenstelle.

(3.2) Mittefahrwasserzeichen. Zeichen zur Kennzeichnung des tiefen Fahrwassers bzw. von Mittellinien und Fahrwassermitten, auch als Ansteuerungstonnen (neben lateralen Zeichen).

Farbe: rot-weiß senkrecht gestreift,
Form: Kugel, Bake, Spiere, Leucht-Tn.,
Toppzeichen: roter Ball,
Feuer: weiß,
Kennung: Gleichtakt (Glt.) oder unterbrochen (Ubr.) oder Blink 10 s (Blk.)
                     oder Morse-„A",
Aufschrift: (wenn vorhanden) fortlaufende Buchstaben und/oder Zahlen, evtl.
                     Name des Fahrwassers.

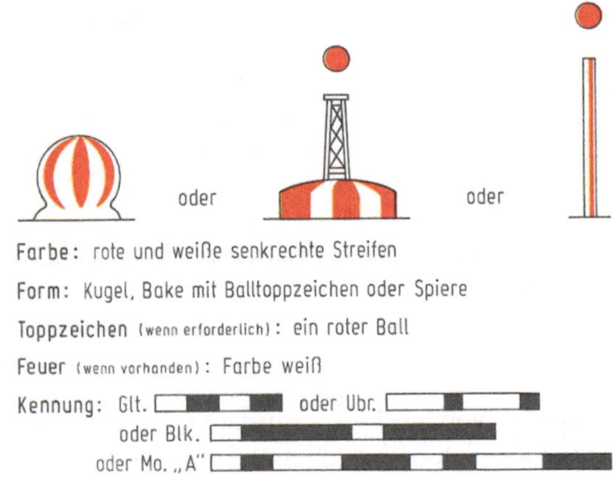

(3.3) Neue Gefahren. Neu entdeckte Gefahrenstellen, die noch nicht in nautischen Veröffentlichungen aufgeführt bzw. in den Seekarten eingetragen sind, werden durch gedoppelte Seezeichen gekennzeichnet. Es werden zwei in allen Merkmalen gleiche Zeichen ausgelegt, von denen eines mit *RACON* („D") ausgestattet sein kann. Das zweite Seezeichen wird eingezogen, sobald die neue Gefahr (Wrack, Fels, Untiefe) hinreichend bekannt sein muß.

(4) Sonderzeichen

Sonderzeichen dienen nicht in erster Linie der Navigation, sondern kennzeichnen ein besonderes Gebiet oder einen Punkt, z.B. Baggerschüttstellen, ozeanographische Datensammelstellen, militärische Übungsgebiete, Kabel- und Rohrleitungstrassen, Badestrände. Sie werden auch bei Verkehrstrennungsgebieten verwendet, wo die Verwendung der normalerweise für Schiffahrtswege benutzten Zeichen nicht möglich ist.

Die spezielle Bedeutung ist der Seekarte oder anderen nautischen Veröffentlichungen zu entnehmen, ggf. ist sie auch aus der Beschriftung des Zeichens zu erkennen.

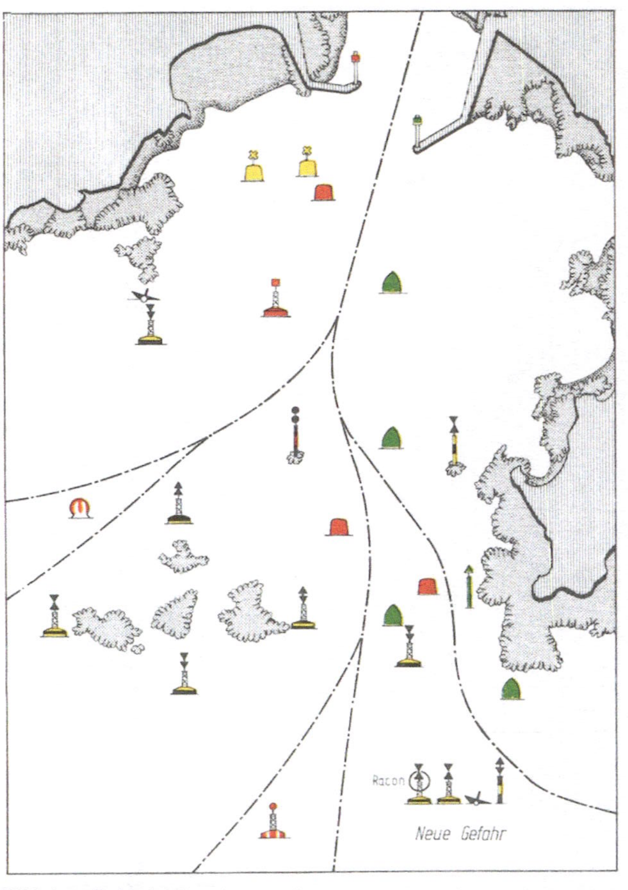

Bild 4.5. Beispiel für das Ausliegen von Seezeichen (IALA-System „A")

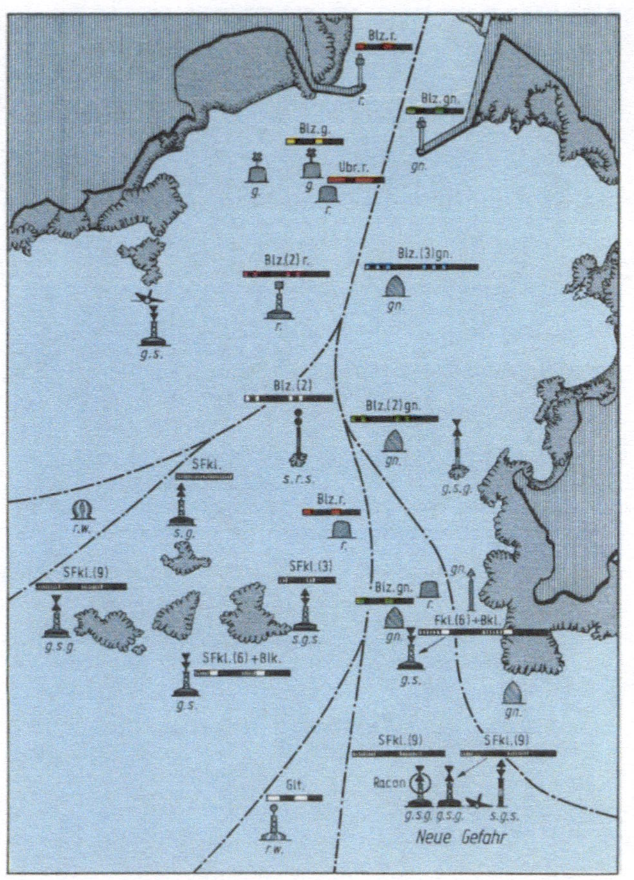

Bild 4.6. Beispiel für die Befeuerung von Seezeichen (IALA-System „A")

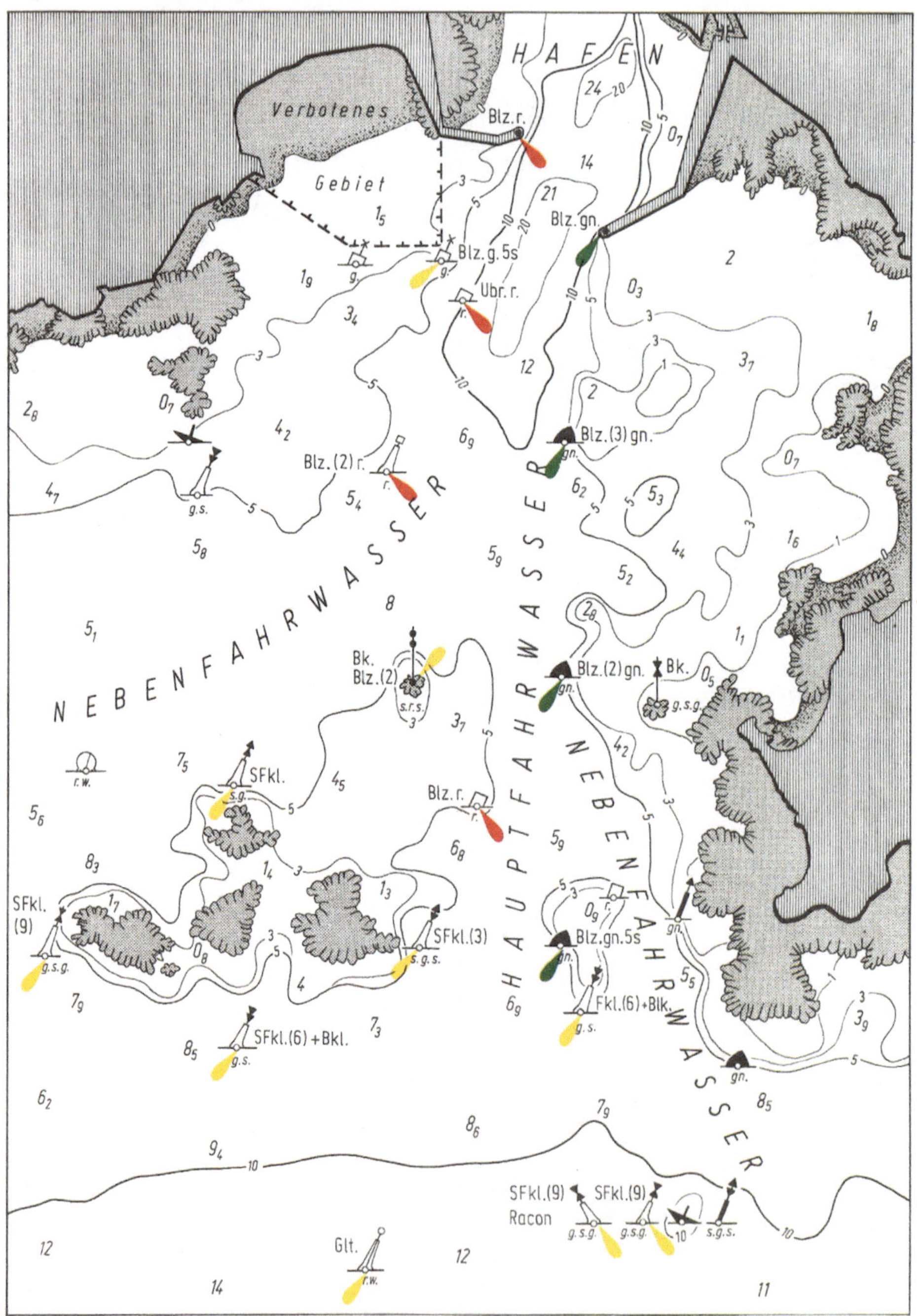

Bild 4.7. Beispiel für die Darstellung der Seezeichen (IALA-System „A") in der Seekarte

Farbe: gelb,
Form: beliebig (nicht mit Navigationszeichen verwechselbar),
Toppzeichen: (wenn vorhanden) gelbes ×,
Feuer: gelb (!),
Kennung: da gelbes Licht oft schwer von weißem zu unterscheiden ist, wird keine Kennung verwendet, die für kardinale, Einzelgefahr- und Mittefahrwasserzeichen vorgesehen sind, also nicht: Fkl./SFkl., Glt., Blz. (2), Ubr., Blk.; z. B.: Ubr. (2), Blz., Blz. (3),
Aufschrift: Bedeutung in schwarzer Schrift, z. B. Warn-G., Fisch, Kabel, Pipeline, Grenze.

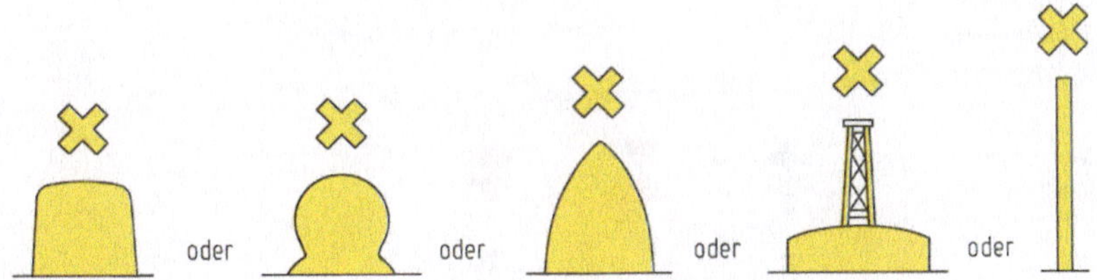

Neben den dargestellten schwimmenden Seezeichen werden für Watt- und Nebenfahrwasser, wo keine Tonnen ausgelegt werden können, feste Seezeichen verwendet. Feste Seezeichen sind Baken, Dalben, Pricken und Stangen mit und ohne Besen. Diese sind laterale Zeichen, die häufig nur *einseitig* aufgestellt werden (Prickenreihen im Watt). Baken, Dalben und Stangen haben in der Regel keinen Farbanstrich, können aber roten (an Bb-Seite) oder grünen Anstrich (an Stb-Seite) haben. Pricken sind naturgewachsene Bäume (Birken, Fichten), die oben abgeflacht sind. Vergleiche hierzu Bild 4.8 (feste Seezeichen).

4.1.4   Genfer Betonnungssystem

Da das *„Genfer Betonnungssystem"* (Uniform System, 1936) nach wie vor Grundlage der Betonnung in vielen Ländern ist, wird hier das Wesentliche des Systems kurz dargestellt. Dabei ist bewußt auf Ausnahmen verzichtet worden, die das System zuläßt und die in manchen Ländern anzutreffen sind.

Man informiere sich in jedem Falle anhand der Seekarte oder anhand des Seehandbuches über die Verhältnisse des zu befahrenden Gewässers!

Das Uniform-System besteht ebenfalls aus einem Lateral- und einem Kardinalsystem, für Fahrwasser bzw. für den freien Seeraum.

Betonnung des Fahrwassers (Lateralsystem)

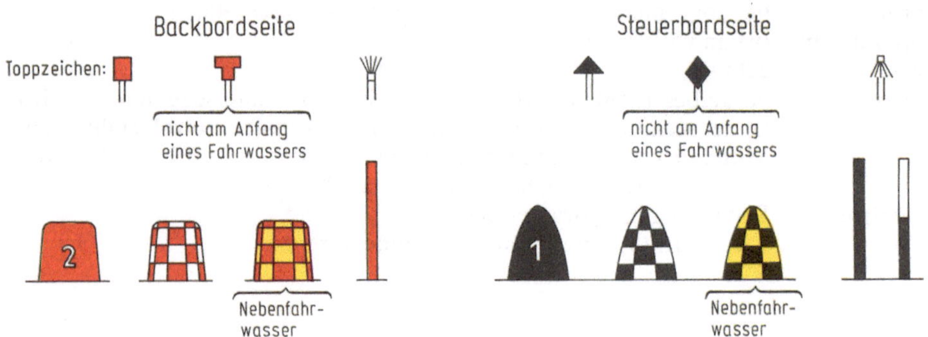

Mitte Fahrwasser

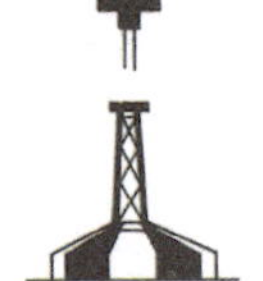
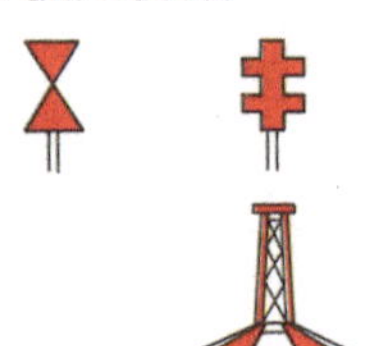

Mittelgrund

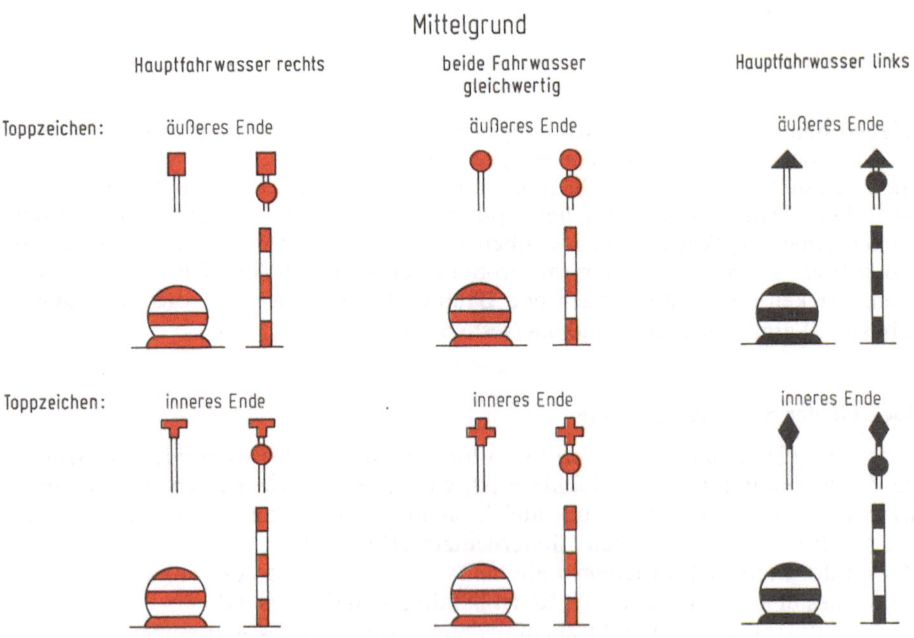

Besondere Schiffahrtszeichen

	einzeln liegende Gefahrenstellen	Ansteuerung

Toppzeichen:

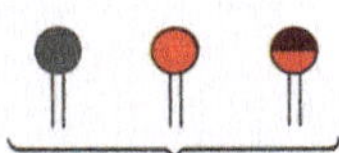 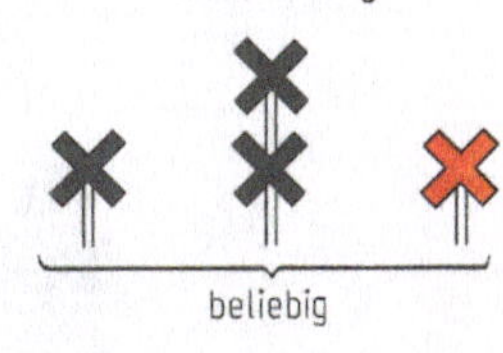

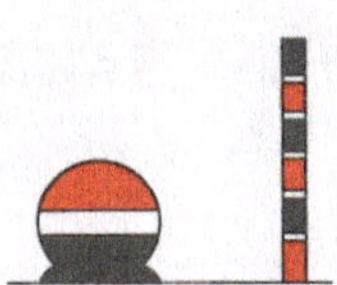 

	an Backbordseite	im Fahrwasser	an Steuerbordseite

Wracks

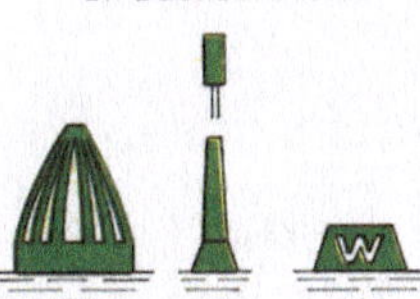

Feuer: grün   Blz.(2)   Glt., Ubr.   Blz.(3)

	an Backbordseite des Fahrwassers	im Fahrwasser	an Steuerbordseite des Fahrwassers

Kennzeichen
auf Wrackschiff
oder Wrack

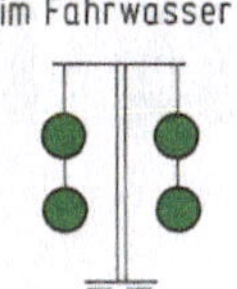 

Feuer: Farbe grün, Anzahl und Anordnung wie die Signalkörper

Betonnung von Untiefen und Wracks im freien Seeraum (Kardinalsystem)

Untiefen

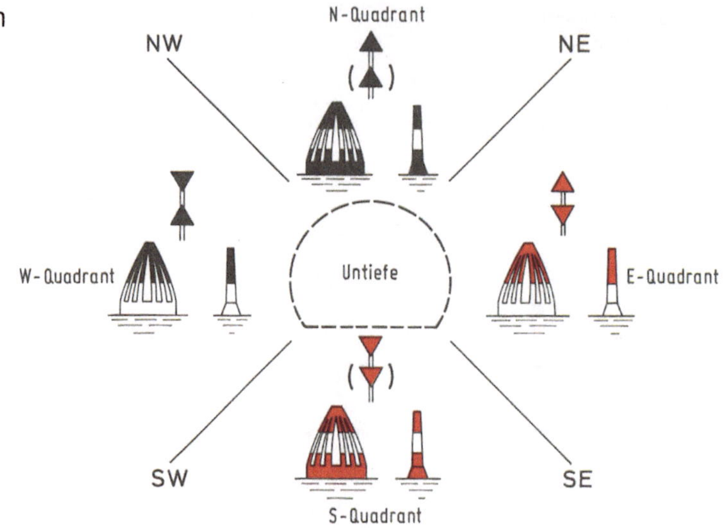

Feuer: N-Quadrant   weiß, ungerade Kennung
        E-Quadrant   rot,   ungerade Kennung
        S-Quadrant   rot,   gerade Kennung
        W-Quadrant   weiß, gerade Kennung

Toppzeichen: Im N- und im S-Quadranten findet man evtl. nur einen Kegel

Wracks

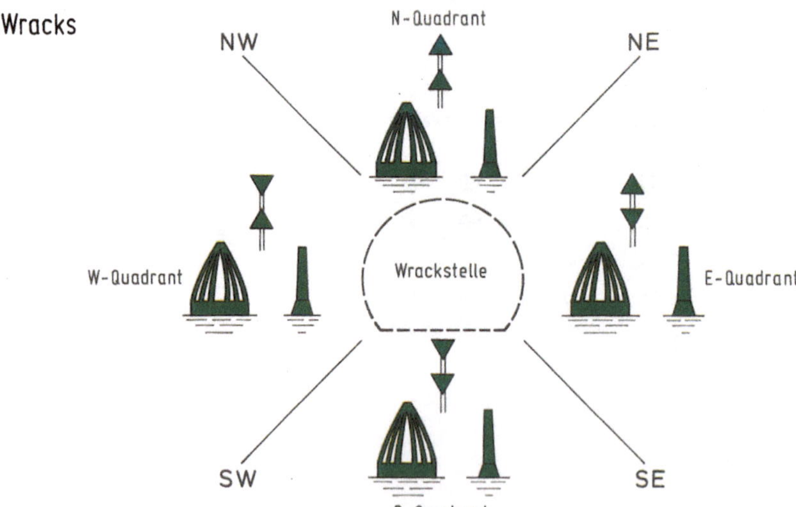

Es werden in der Regel nur die Zeichen im Ost- und im Westquadranten verwendet

Feuer: grün   W: Fkl.   E: Fkl. unt.

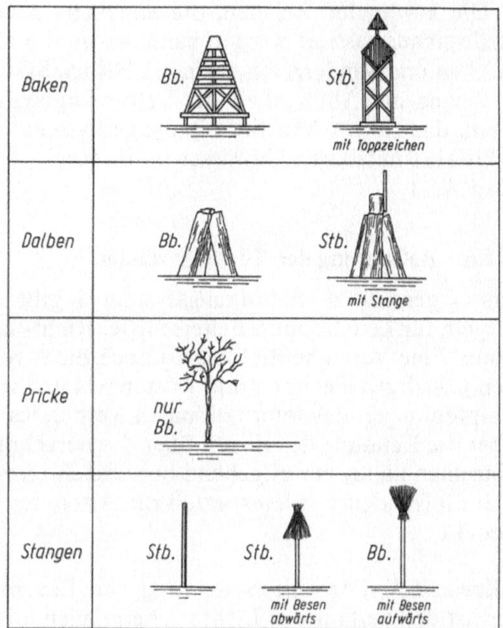

Bild 4.8. Feste Seezeichen

Sonstige Seezeichen

Für besondere Zwecke, z. B. Baggerschüttstelle, Sperrgebiet, (Quarantäne-)Anker-
platz usw. können Tonnen beliebiger Form und Farbe, ggf. befeuert, verwendet
werden. Sie sollen nur so gestaltet sein, daß sie nicht mit lateralen oder kardinalen
Seezeichen verwechselt werden können.

4.1.5 Betonnung ausländischer Gewässer [5]

Man informiere sich vor jedem Einlaufen in ausländische Gewässer in den betreffenden Seehandbüchern über die Besonderheiten der Betonnung und Befeuerung. Außerdem beachte man die NfS hinsichtlich der zu erwartenden Umstellung
der Betonnung auf das IALA-System.

Die Betonnungsumstellung nach dem System „A" (rot an Backbord) ist in Europa
bis auf Teile des Mittelmeeres und des Schwarzen Meeres abgeschlossen. Die Umstellung nach dem gleichen System ist auch in Australien, Neuseeland, Afrika und
einigen asiatischen Ländern fortgeschritten (1982).

Die Umstellung nach dem System „B" beginnt 1983 (Chile und Kanada voraussichtlich Anfang des Jahres und Japan Mitte 1983). Es wird in den Staaten Nord-
und Südamerikas sowie in Japan, der Republik Korea und den Philippinen eingeführt.

Der Unterschied der beiden Betonnungssysteme liegt in der entgegengesetzten
Farbgebung bei der Seitenbezeichnung der Fahrwasser (laterale Zeichen). Beim System „A" wird die rote Farbe an Backbord und beim System „B" an Steuerbord —
von See her gesehen — für den Anstrich und für die Feuerkennung der schwimmenden Schiffahrtszeichen verwendet.

---

5 Die Angaben beruhen auf Auskünften hydrographischer Dienste.

Die kardinalen Zeichen, die angeben, in welchem Quadranten eine Gefahrenstelle sicher passiert werden kann, sowie die Einzelgefahrzeichen, Mittefahrwasserzeichen und Sonderzeichen sind in beiden Systemen gleich.

Wegen der Ähnlichkeit der Betonnungssysteme „A" und „B" wurde ein Regelwerk, das „IALA Maritime Buoyage System" erstellt und weltweit die für die Seeschiffahrt nutzbaren Gewässer in die Regionen „A" und „B" aufgeteilt; siehe auch Kap. 4.1.1.

4.1.6 Befeuerung der Küstengewässer

Im Gegensatz zu Betonnungssystemen gibt es keine international einheitlichen Regeln für Leuchtfeuer, Feuerschiffe, Richt- und Sektorenfeuer und deren Verwendung. Eine Vereinheitlichung ist auch nicht vorgesehen, da die Voraussetzungen in den jeweiligen Revieren und Küstengebieten sehr unterschiedlich sind. Es existieren Empfehlungen des Internationalen Verbandes der Seezeichenverwaltungen (IALA) über die Kennung der Feuer, über die Berechnung von Tragweiten u. a., die von den einzelnen Ländern weitgehend berücksichtigt werden.

Im folgenden werden speziell die Arten der Befeuerung deutscher Gewässer dargestellt.

Allgemeines. Die Unterscheidung von Leuchtfeuern erfolgt durch ihre Kennung; das ist der Verlauf der Lichterscheinungen, die ein Leuchtfeuer kennzeichnen. Die Lichterscheinungen, die durch Verdunklungen oder Änderung der Stärke des weißen oder farbigen Lichtes entstehen, heißen Scheine, Blinke, Blitze.

Wiederkehr ist die Zeit vom Beginn einer bestimmten Taktkennung bis zum Wiederbeginn der nächsten gleichen Taktkennung.

Nach Kennungen unterscheidet man:

Festfeuer (F.) (Fixed light (F)): Ununterbrochene Lichterscheinung gleichbleibender Farbe und Lichtstärke.

Unterbrochenes Feuer (Ubr.) (Occulting light (Oc)): Weiße oder farbige Scheine zwischen Verdunkelungen, Schein länger als Dunkelpause.

Gleichtaktfeuer (Glt.) (Isophase light (Iso)): Weiße oder farbige Scheine abwechselnd mit Verdunkelungen gleicher Zeitdauer, Schein und Pause gleich lang.

Blitzfeuer (Blz.) (Short flashing light (Fl)): Weiße oder farbige Scheine von höchstens 1 s (international 2 s) Dauer aus relativ langer Dunkelheit, Schein kürzer als Pause.

Blinkfeuer (Blk.) (Long flashing light (LFl)): wie Blitzfeuer, aber Scheindauer mindestens 2 s.

Funkelfeuer (Fkl.) (Quick flashing light (Q)): Schnell aufeinanderfolgende weiße oder farbige Blitze, mindestens 50 Blitze je Minute; auch Fkl. unt., unterbrochenes Funkelfeuer (Interrupted quick flashing light (IQ)).

Schnelles Funkelfeuer (SFkl.) (Very quick flashing light (VQ)): wie Funkelfeuer, aber Blitzfrequenz mindestens 100/min.

Wechselfeuer (Wchs.) (Alternating light (Al)): Weiße oder farbige Scheine, wechselnd mit Scheinen einer anderen Farbe: das Feuer *wechselt* die Farbe. Wird in Deutschland nicht verwendet.

Mischfeuer (Mi.) (z. B. Fixed and short flashing light (F & Fl)): Verschiedene Kennungen miteinander *gemischt,* z. B. Festfeuer mit Blitzen oder Blinke aus schwachem Licht abwechselnd mit Scheinen. Wird in Deutschland nicht verwendet.

Morsefeuer (Mo.) (Morse code light (morse)); Kennung entsprechend Morsebuchstabe oder -zahl, z. B. Mo. (R).

Unterbrochene, Blitz-, Blink- und Funkelfeuer werden auch in Gruppen bis zu 4 Unterbrechungen, Blitzen usw. verwendet, z. B. Blitzgruppe 3 (Blz. (3)) (Group short flashing light (Fl (3))): jeweils 3 Blitze mit dazwischenliegender längerer Pause.

Lichtstärke eines Feuers wird in Candela (cd) gemessen. Rotfärbung bringt einen Verlust von etwa 80%, Grünfärbung von 90% der Helligkeit des weißen Lichtes.

Tragweite (Tw.) eines Feuers ist die Entfernung, in dem das Feuer einen eben noch deutlichen Lichteindruck im Auge des Beobachters hervorruft. Sie ist u. a. von der Lichtstärke des Feuers und dem Sichtigkeitsgrad (Sichtwert, Lichtdurchlässigkeit der Luft) abhängig. Im Lfv. ist die Nenntragweite eines Feuers angegeben, bezogen auf einen Sichtwert 0,74 (meteorologische Sichtweite von 10 sm am Tage bei einem Kontrastschwellenwert des Auges von $K' = 0,05$). Die je nach Sichtwert zu erwartende tatsächliche Tragweite läßt sich mit Hilfe der Tafel „Tragweite bei verschiedener meteorologischer Sichtweite" im Lfv. bestimmen.

Beispiel: Ein Feuer mit einer Nenntragweite von 25 sm wird bei leichtem Nebel (met. Sichtweite 500 bis 1000 m) nur 1,2 bis 2,2 sm weit sichtbar sein; das Feuer hat eine Lichtstärke von ca. 800 000 cd.

Sichtweite (Sw.) (geographische Sichtweite) eines Feuers ist die Entfernung, aus der man das Feuer eben noch über die Kimm hinweg sehen kann[6]. Die Sichtweite ist abhängig von der Höhe des Feuers über Wasser und der Augeshöhe des Beobachters, nicht von der Lichtstärke des Feuers oder der Sichtigkeit der Luft.

Feuerhöhe ist die Höhe der Lichtquelle über Wasser. An der deutschen Küste gilt als Feuerhöhe in Gewässern mit Gezeiten die Höhe über dem Wasserspiegel bei mittlerem Hochwasser, in der Ostsee bei mittlerem Wasserstand. Für die Feuer an fremden Küsten beachte man die besonderen Hinweise in den jeweiligen Leuchtfeuerverzeichnissen!

In den deutschen Lfv. wird in der rechten Spalte die Tragweite des Feuers in sm angegeben; nur wenn die Sichtweite des Feuers aufgrund seiner Höhe für 5 m Augenhöhe geringer als die Tragweite ist, wird neben der Tragweite auch die Sichtweite in Klammern angegeben.

Die Art des Feuerträgers ist im Lfv. durch verschiedenartigen Schriftsatz gekennzeichnet:

Festgegründete Feuer in **fetter Steilschrift,**
Feuerschiffe und Super-Leuchttonnen in **f e t t e r , g e s p e r r t e r S t e i l s c h r i f t ,**
Leuchttonnen in g e s p e r r t e r , g e w ö h n l i c h e r S t e i l s c h r i f t .

Verwendung der Leuchtfeuer

Für die Befeuerung einzelner Punkte innerhalb und außerhalb der Fahrwasser werden verwendet:

An den Hauptansteuerungs- und Hauptortungspunkten *Leuchttürme, Feuerschiffe* oder *Super-Leuchttonnen,* die in der Regel weißes Blink- oder Blitzfeuer zeigen.

Für die Befeuerung der Fahrwasser werden verwendet:

- *Leitfeuer,* d. h. Einzelfeuer, die durch Leit- und Warnsektoren ein Fahrwasser, eine Hafeneinfahrt oder einen freien Seeraum zwischen Untiefen bezeichnen. In der Regel zeigt der Leitsektor weißes Feuer, der Warnsektor an der Stb.-Seite des Fahrwassers (für einkommende Schiffe) grünes Feuer oder eine ungerade Anzahl weißer Blitze und der Warnsektor an der Bb.-Seite rotes Feuer oder eine gerade Anzahl weißer Blitze.

---

6 Siehe auch „Feuer in der Kimm", Kap. 4.7.1.

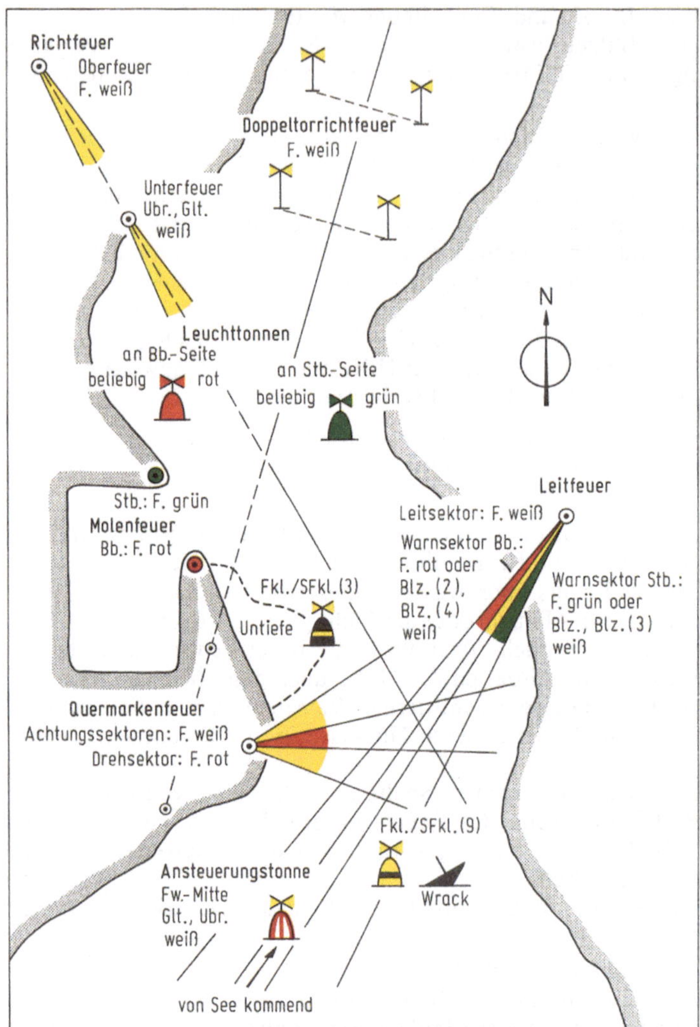

Bild 4.9. Beispiel der Befeuerung einer Seeschiffahrtstraße

- *Richtfeuer,* das sind Feuer, die zu zweien durch Deckpeilung oder zu mehreren durch Symmetriewirkung einen Kurs im Fahrwasser, durch eine Hafeneinfahrt oder im freien Seeraum zwischen Untiefen bezeichnen. Ober- und Unterfeuer sind oft gleichgängig; sie zeigen zur gleichen Zeit dieselbe Kennung. Bei Spiegelung eines der letzteren auf dem Eise oder stillem Wasser können dann aber Irrtümer entstehen.
  Dadurch, daß das Ober- oder das Unterfeuer auch als Leitfeuer verwendet wird, sind in größeren Revieren gleichzeitig die Achse und die seitlichen Grenzen des Fahrwassers gekennzeichnet.
- *Torfeuer,* das sind zwei Feuer gleicher Höhe, Lichtstärke und Kennung, die zu beiden Seiten der Fahrwasserachse gleichweit entfernt von ihr und genau einander gegenüber angeordnet sind.
- *Uferfeuer,* die den Verlauf einer Uferlinie kenntlich machen, z. B. im Nord-Ost-see-Kanal.

- *Quermarkenfeuer,* die durch weiße, rote und auch grüne Sektoren die Grenzen des nutzbaren Bereichs von Richt- und Leitfeuern bezeichnen.
- *Hafen- und Molenfeuer,* die die Stb.-Seite einer Hafeneinfahrt usw. durch grünes, die Bb.-Seite durch rotes Festfeuer kennzeichnen.
- *Leuchttonnen, Dalben mit Feuern* usw. zur Bezeichnung des Randes oder der Mitte des Fahrwassers (Lateralsystem) bzw. zur Bezeichnung von Gefahrenstellen (Kardinalsystem) oder von besonderen Punkten (siehe Kap. 4.1.3).

Reflektoren. Tonnen sind häufig mit retroreflektierendem Material beschichtet oder mit einem reflektierenden Anstrich versehen. Sie heben sich beim Anstrahlen mit dem Scheinwerfer deutlich von der Umgebung ab.

Ähnlichen Zwecken dienen *Radarreflektoren,* die es ermöglichen, die damit versehenen Tonnen usw. auf etwa die dreifache Entfernung auf dem Radarschirm auszumachen.

Fehlerquellen beim Ausmachen von Leuchtfeuern[7]. Da farbige Feuer eine geringere Tragweite als weiße haben, kann es vorkommen, daß bei großer Entfernung eine andere Kennung ausgemacht wird, als das Feuer tatsächlich hat. Bei großer Entfernung und diesigem Wetter haben zuweilen die weißen und bisweilen sogar auch die grünen Feuer ein rötliches Aussehen, so daß sie für rote Feuer gehalten werden. Manchmal können bei gewissen atmosphärischen Bedingungen grüne Feuer auch als weiße erscheinen. Bei Leuchttonnen kann eine erhebliche Verringerung der Sichtweite dadurch eintreten, daß sie durch Seegang, Strom und Winddruck stark überliegen.

Feuer, die aus schwachem Festfeuer heraus helle Blinke oder Blitze zeigen, sehen aus größerer Entfernung wie reine Blink- oder Blitzfeuer aus.

Die Dauer der Blitze oder Blinke erscheint aus größerer Entfernung oft geringer als in der Nähe.

Im Winter können die Laternenscheiben unbewachter Feuer durch Eisbildung beschlagen, so daß die Feuer auch in den farbigen Sektoren als weiße Feuer erscheinen.

Das genaue Messen oder Schätzen der Sichtweite auf See ist ziemlich schwierig. Auf Schiffen, die immer in derselben Fahrt beschäftigt sind, sollte das In- und Außersichtkommen eines Feuers unter Beifügung der meteorologischen Elemente (relative Fahrt, Wind usw.) jedesmal sorgfältig notiert werden. Dadurch wird recht wertvolles Material gewonnen!

Zum Ausmachen der Kennung eines Feuers verwende stets eine Stoppuhr!

Die Angaben über die Feuerkennung in den Seekarten sind häufig unvollständig, daher stets im Lfv. nachlesen, ebenso in dessen Vorwort die ausführlichen Hinweise auf die Benutzung der Leuchtfeuer in fremden Gewässern.

Luftfahrtfeuer. Feuer mit großer Lichtstärke und mitunter großer Feuerhöhe, die oft viel weiter sichtbar sein können als die für die Schiffahrt bestimmten Leuchtfeuer. Ihre Position ist jedoch oft nur angenähert bekannt, sie brennen teilweise nur kurze Zeit und werden plötzlich gelöscht. Da sie nicht von den Seezeichenbehörden betrieben und überwacht werden, können Standort, Farbe oder Kennung geändert werden, bevor die Schiffahrt unterrichtet worden ist.

4.1.7 Verkehrstrennungsgebiete und Sicherheitswege

Die guten Erfahrungen mit der Trennung des gegenläufigen Verkehrs auf den minenfreien Wegen als Kollisionsschutz haben zur Einrichtung von *Verkehrstren-*

---

7 Siehe auch „Handbuch für Brücke und Kartenhaus", Abschn. 4.7.

nungsgebieten geführt. Der Anfang wurde in der Straße von Dover gemacht, wo der ausgehende Verkehr auf die englische, der heimkehrende auf die französische Seite verwiesen wurde.

Sehr bald wurden an den Knotenpunkten des Seeverkehrs weitere Verkehrstrennungsgebiete im Englischen Kanal, in Nord- und Ostsee, an der Westküste Spanien/ Portugal, im Mittelmeer, Schwarzen Meer, an der Ost- und Westküste der USA usw. geschaffen.

Im Golf von Mexiko sind Sicherheitswege durch die *Gebiete mit Bohranlagen* eingerichtet worden, und in flachen Gewässern, z.B. der Nordsee, sind *Tiefwasserwege,* insbesondere für Tanker, geschaffen worden.

Vorschläge für die Einrichtung von Verkehrstrennungsgebieten und Tiefwasserwegen werden von der IMO (früher IMCO) geprüft und genehmigt. Eine Zusammenstellung dieser Gebiete und Wege wird jährlich in den NfS veröffentlicht.

Fachausdrücke für die von der IMO eingerichteten Verkehrstrennungsgebiete[8]:

Wegeführung (routeing) bezeichnet den Inbegriff aller Maßnahmen betreffs Schiffswege, die die Verringerung des Unfallrisikos zum Ziel haben; dazu gehören die Einrichtung von Verkehrstrennungsgebieten, von Verkehrswegen, Fahrwassern und Tiefwasserwegen.

Verkehrstrennungsgebiet (traffic separation scheme) ist ein Gebiet mit dichtem oder zusammenlaufendem Verkehr, in dem Verkehrsströme planmäßig getrennt werden.

Einbahnweg (traffic lane) ist ein begrenzter Streifen, in dem alle Schiffe in nahezu gleicher Richtung fahren müssen.

Trennzone oder *Trennlinie (separation zone* oder *separation line)* heißt die Zone oder Linie, die Verkehrsströme in entgegengesetzten oder nahezu entgegengesetzten Richtungen bzw. Einbahnwege von Küstenverkehrszonen voneinander trennt.

Küstenverkehrszone (inshore traffic zone) heißt das Gebiet zwischen der landseitigen Grenze eines Verkehrstrennungsgebiets und der Küste, das für den Küstenverkehr in beiden Richtungen bestimmt ist.

Kreisverkehr (roundabout) wird ein Verkehrstrennungsgebiet genannt, in dem der Verkehr entgegengesetzt dem Uhrzeigersinn um einen bestimmten Punkt oder eine bestimmte Zone herumläuft.

Precautionary Area (Vorsichtsgebiet) ist ein Gebiet, in dem Schiffe mit besonderer Vorsicht fahren müssen.

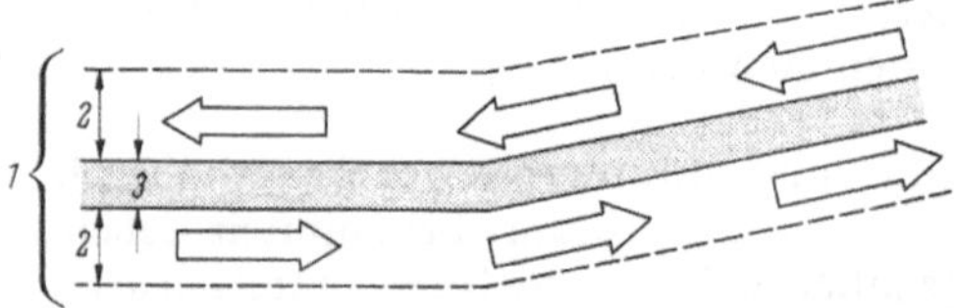

Bild 4.10. Eindruck von Verkehrstrennungssystemen in Seekarten (in rötlichbrauner Farbe).
1 Verkehrstrennungsgebiet; *2* Einbahnwege; *3* Trennzone

Die Benutzung der Sicherheitswege und Verkehrstrennungsgebiete ist nicht zwingend vorgeschrieben, wird aber dringend empfohlen. In jedem Fall ist Regel 10 der SeeStrO'72 zu beachten, d.h., die Fahrregeln der SeeStrO gelten; Schiffe auf einem Sicherheitsweg oder im Verkehrstrennungsgebiet haben dadurch keine Sonderrechte[9].

---

8 Siehe auch Kap. 3.3.1 und in „Handbuch für Brücke und Kartenhaus", S. 5.1.7 u. 5.1.12ff.
9 Siehe auch Bd. 2, Kap. 1.3.2.

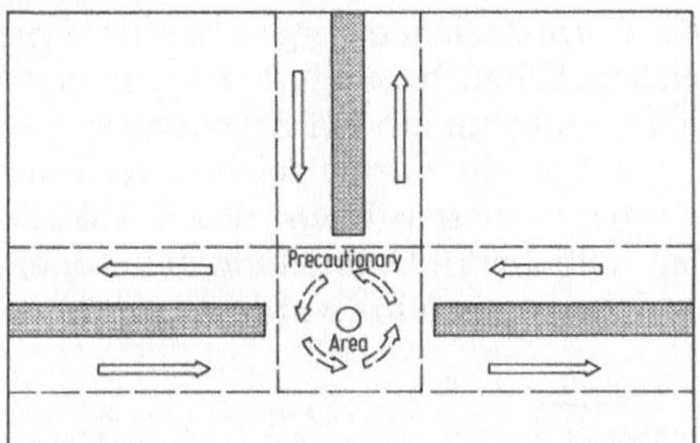

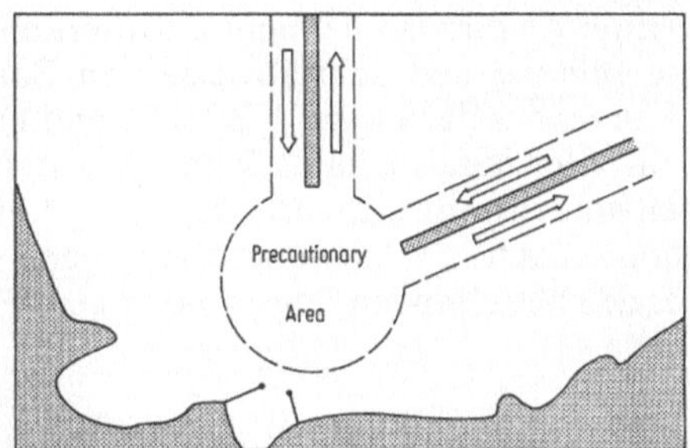

Bild 4.11. Vorsichtsgebiet (Precautionary Area) mit empfohlener Wegerichtung bei einer Abzweigung eines Verkehrstrennungsgebietes

Bild 4.12. Vorsichtsgebiet (Precautionary Area) bei einem Verkehrsbrennpunkt

Verkehrstrennnungsgebiete und Sicherheitswege können auch betonnt sein. Dabei können beide oder jeweils nur eine Seite des Einbahnweges durch Tonnen gekennzeichnet sein. Es werden sowohl laterale Zeichen nach dem IALA-System „A" als auch andere Seezeichen verwendet. Man informiere sich darüber genau anhand der Seekarte oder im Lfv.

4.1.8   Minengefährdete Gebiete und minenfreie (abgesuchte) Wege [10]

Bis etwa 1978 waren noch vom Zweiten Weltkrieg her viele europäische und außereuropäische Gewässer wegen möglicherweise noch funktionsfähiger Grund-(Magnet-)Minen als gefährlich anzusehen. Heute sind die derzeit abgesuchten „minenfreien" Wege als solche aufgehoben.

Die Veröffentlichung des DHI Nr. 2118 „Minengefährdete Gebiete und abgesuchte Wege" (Loseblatt-Band) sowie die englische Ausgabe NEMREDI (Danger Areas, Routes and Instructions) und die jährliche englische Notice to Mariners, No. 18, sind eingestellt worden. Soweit noch Gebiete als minengefährdet angesehen werden, sind diese in deutschen und englischen Seekarten als solche gekennzeichnet. Für die japanische Inlandsee gibt es besondere Seekarten (engl. No. S 532, S 2874, S 2875) „Charts of swept areas".

Da das Vorhandensein einzelner Ankertauminen, die sich von der Verankerung gelöst haben, nicht auszuschließen ist, sei auf § 2 der VO über die Sicherung der Seefahrt hingewiesen, der die Meldung einer solchen festgestellten Gefahr vorschreibt.

Ehemalige Minengebiete sollten nicht als Ankerplatz benutzt und bei Gewitter nicht befahren werden. Entsprechende Hinweise enthalten die Shb.

Selbstverständlich ist in Krisengebieten mit der Möglichkeit einer Verminung zu rechnen. Vor dem Befahren müssen alle Mittel eingesetzt werden, um genaue Informationen über den Zustand der Gewässer zu erhalten.

4.2   Benennungen, Abkürzungen und Formelzeichen [11]

Die Benennungen, Abkürzungen, Formelzeichen und graphischen Symbole sind in der Norm DIN 13312 enthalten.

---

10 Siehe auch „Handbuch für Brücke und Kartenhaus", Abschn. 6.2.
11 Siehe auch H. Junge: Größen, Benennungen und Zeichen in der Navigation. Reihe UP TO DATE, Nr. 19. Sozialwerk f. Seeleute e.V.

Eine Abkürzung ist nicht erforderlich, wo ein Formelzeichen vorgesehen ist. Für die Bildung und Schreibweise von Formelzeichen gelten bestimmte Regeln (vgl. „Einiges aus der Physik", Bd. 1 C, und DIN 1304 — Allgemeine Formelzeichen).

In Gleichungen sollen keine Abkürzungen, sondern nur Formelzeichen verwendet werden. Abweichend von dieser Norm kommen in diesem Buch jedoch Abkürzungen auch in Gleichungen vor, wenn dies der einfacheren Darstellung dient oder für den betreffenden Begriff noch kein Formelzeichen eingeführt wurde [12].

Zusammenstellung der wichtigsten Begriffe

Bezugsrichtungen, Kurse, Peilungen, Beschickungen

Benennung	Abkürzung	Formelzeichen
Nordrichtungen		
rechtweisend Nord (true north)	rwN	
mißweisend Nord (magnetic north)	mwN	
Magnetkompaß-Nord (compass north)	MgN	
Kreiselkompaß-Nord (gyro north)	KrN	
Kurse (Winkel, Gradzahl dreistellig zu schreiben)		
rechtweisender Kurs (true course, true heading)	rwK	α_{rw}
mißweisender Kurs (magnetic course)	mwK	α_{mw}, z'
Magnetkompaßkurs (compass course)	MgK	α_{Mg}, z
Steuerkompaßkurs (steering compass course)	StK	α_{St}
Regelkompaßkurs (standard compass course)	RgK	α_{Rg}
Peilkompaßkurs (bearing compass course)	PlK	α_{Pl}
Kreiselkompaßkurs (gyro course)	KrK	α_{Kr}
Kurs durchs Wasser (course to steer, c. steered)	KdW	α_W
Kurs über Grund (course over ground)	KüG	α_G
Kartenkurs (track)	KaK	
Koppelkurs über Grund (course to make good)	KüG$_k$	α_k
beobachteter Kurs über Grund (course made good)	KüG$_b$	α_b
Peilungen (Winkel, Gradzahl dreistellig zu schreiben)		
rechtweisende Peilung (true bearing)	rwP (rw↗)	
mißweisende Peilung (magnetic bearing)	mwP (mw↗)	
Magnetkompaßpeilung (compass bearing)	MgP (Mg↗)	
Kreiselkompaßpeilung (gyro bearing)	KrP (Kr↗)	
Seitenpeilung (relative bearing)	SP (S↗)	
Radar-Seitenpeilung (relative radar bearing)	RaSP	
Radar-Kreiselpeilung (radar bearing)	RaKrP	
abgelesene Funkseitenpeilung (relative radio bearing)		q
beschickte Funkseitenpeilung (corrected relative radio bearing)		p
rechtweisende Funkpeilung (true radio bearing), auch Funkazimut (FuAz)	rwFuP	
Beschickungen		
Magnetkompaßablenkung, -deviation (deviation)	Abl	δ_{Mg}
Mißweisung (variation)	Mw	

---

12 Vgl. Kap. 6.1 (Formelsammlung).

Benennung	Abkürzung	Formelzeichen
Beschickungen		
Kreisel-A, Kreisel-R (siehe auch Bd. 1 B, Kap. 2.2.5)	KrA, KrR	
Fahrtfehlerberichtigung (speed error correction)	Ff	δ_{Kr}
Magnetkompaßfehlweisung (compass error correction)	MgFw	
Kreiselkompaßfehlweisung (gyro error correction)	KrFw	
Beschickung für Wind (leeway correction)	BW	β_W
Beschickung für Strom (correction for current)	BS	β_{St}
Beschickung für Wind und Strom (leeway and current correction angle)	BWS	β
Funkbeschickung, Funkdeviation (radio deviation)		f
Loxodrombeschickung (conversion angle)		u
Stromaufgaben		
Fahrt durchs Wasser (speed through the water)	FdW	v_W
Betrag der Stromgeschwindigkeit (drift)	StG	v_{St}
Fahrt über Grund (speed over the ground)	FüG	v_G
Distanz durchs Wasser (distance to steam, steamed)	DdW	d_W
Betrag der Stromversetzung (drift distance)	DSt	d_{St}
Distanz über Grund (distance to make good, made good)	DüG	d_G
Stromrichtung (direction of current, set)	StR	

Es gelten die Vektorgleichungen $v_G = v_W + v_{St}$ und $d_G = d_W + d_{St}$.

4.3 Bestimmung des Kurses

4.3.1 Kursbeschickung

Der Orientierungswinkel zwischen Nordrichtung und Rechtvorausrichtung des Schiffes heißt Kurs. Er wird vollkreisig von 000° bis 360° gemessen.

Zur Festlegung der Nordrichtung dienen an Bord der Magnetkompaß und der Kreiselkompaß.

Der **Magnetkompaß** stellt sich am eisenfreien Ort in Richtung mißweisend Nord (mwN) ein, die mit der Richtung rechtweisend Nord (rwN) einen Winkel bildet, die Mißweisung (Mw). Diese ändert sich mit dem Ort und der Zeit. Die tägliche Schwankung der Mißweisung beträgt nur wenige Bogenminuten und wird in der Navigation nicht berücksichtigt. Auf einem eisernen Schiff wird der Magnetkompaß durch die Schiffspole aus der mw Nordrichtung um den Betrag der *Magnetkompaßablenkung* oder *-deviation* (Abl, δ_{Mg}) abgelenkt. Diese wird einer Ablenkungstabelle (Steuertafel) oder -kurve entnommen. *Magnetkompaßfehlweisung* (MgFw) ist die algebraische Summe aus Mißweisung und Ablenkung.

Hat das Schiff seitlichen Wind, dann erleidet es eine „Abtrift". Man findet die Größe der Abtrift durch Schätzung des Winkels zwischen dem Kielwasser und der Kielrichtung durch Achteraus-Peilung. Ist keine Strömung des Wassers vorhanden, so ist die Bewegungsrichtung *durchs Wasser* zugleich auch die Bewegungsrichtung *über Grund*. Ist eine Strömung vorhanden, deren Größe man nach Richtung (StR) und Geschwindigkeit (StG) kennt, so muß auch sie berücksichtigt werden (siehe 4.5), und man erhält erst dann den Kurs über Grund (KüG) und die Distanz über Grund (DüG), die der Koppelrechnung zugrunde gelegt werden. In der Regel findet man die genaue Stromversetzung aber erst nachträglich aus dem Vergleich des durch terrestrische oder astronomische Beobachtungen gefundenen Schiffsortes (O_b) mit dem Loggeort (O_l).

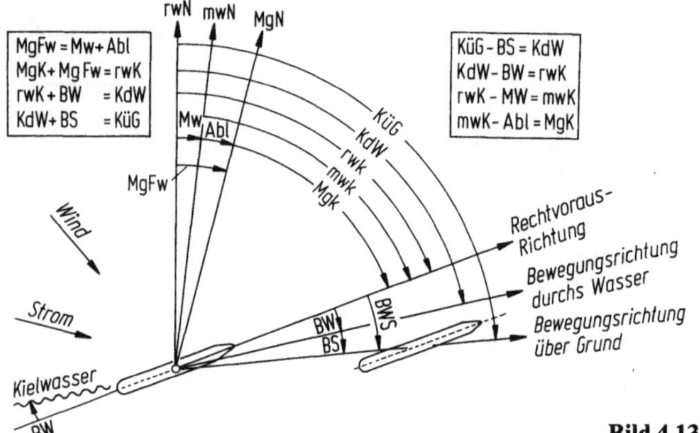

Bild 4.13. Kurse und Beschickungen

So ergeben sich für ein Schiff mit Magnetkompaß folgende Winkel (Bild 4.13):

Winkel zwischen	Benennung
Magnetkompaß-Nord und Rechtvorausrichtung (Schiffslängsachse)	Magnetkompaßkurs (MgK)
mw Nord und Magnetkompaß-Nord	Magnetkompaßablenkung (Abl)
mw Nord und Rechtvorausrichtung	mw Kurs (mwK)
rw Nord und mw Nord	Mißweisung (Mw)
rw Nord und Magnetkompaß-Nord	Magnetkompaßfehlweisung (MgFw)
rw Nord und Rechtvorausrichtung	rw Kurs (rwK)
Rechtvorausrichtung und Bewegungsrichtung durchs Wasser	Beschickung für Wind (BW)
Bewegungsrichtung durchs Wasser und Bewegungsrichtung über Grund	Beschickung für Strom (BS)
rw Nord und Bewegungsrichtung durchs Wasser	Kurs durchs Wasser (KdW)
rw Nord und Bewegungsrichtung über Grund	Kurs über Grund (KüG)

Man gebraucht in der Praxis die Bezeichnung Kurs sowohl für den Orientierungswinkel als auch für die Bewegungsrichtung des Schiffes. Die Kurs*linie* ist aber vom Kurs zu unterscheiden.

Mw, δ_{Mg} und MgFw bekommen das Zusatzzeichen E (Ost) oder das positive Vorzeichen, wenn der verbesserte (beschickte) Kurs rechts vom unverbesserten liegt; sie erhalten das Zusatzzeichen W (West) oder das negative Vorzeichen, wenn der verbesserte Kurs links vom unverbesserten liegt.

Die Beschickung für Wind (BW) ist positiv, wenn der Wind von Bb, negativ, wenn der Wind von Stb einkommt. Versetzt der Strom das Schiff nach Bb, dann ist die Strombeschickung (BS) negativ, versetzt er das Schiff nach Stb, dann ist sie positiv.

Positiv oder Ost bedeutet also beim Kursbeschicken ein Anbringen der Beschickung mit dem Uhrzeiger, negativ oder West ein Anbringen gegen den Uhrzeiger. Will man aus dem Kurs über Grund den rw oder den mw oder den Kompaßkurs ermitteln, so verfährt man umgekehrt.

Grundsatz für Beschickungen: *Vom Falschen zum Wahren mit richtigem Vorzeichen, vom Wahren zum Falschen mit entgegengesetztem Vorzeichen!*

Der **Kreiselkompaß** zeigt bei stilliegendem Schiff nach rw Nord, auf fahrendem Schiff wird das Nordende der Rose bei nördlichen Kursen nach West, auf süd-

| für | UZ | Wind | Strom[a] | | MgK | Abl | mwK | Mw | rwK | BW | KdW | BS | KüG | DdW | DüG | KrFw |
			StR	StG	KrK	Ff	—	KrA								MgFw
Magnet-kompaß	1200	320°	090°	5Kn	062°	−5°	057°	−12°	045°	+7°	052°	+5°	057°			−17°
Kreisel-kompaß	1200	320°	090°	5Kn	046°	−2°	—	+1°	045°	+7°	052°	+5°	057°			−1°

Beschickungen mit richtigem Vorzeichen anbringen (Kurs verbessern). ———▶

◀——— Beschickungen mit entgegengesetztem Vorzeichen anbringen (Ermittlung des Kompaßkurses)

Bild 4.14. Beispiel der Kursbeschickung (Tagebuchschema).

lichen Kursen nach Ost abgelenkt. Die Größe des „Fahrtfehlers" hängt von dem Kurs, der Fahrt und der geographischen Breite ab. Man entnimmt die Fahrtfehlerberichtigung (Ff) der NT 7[13].

Kreisel-A ist ein konstanter Fehler, der an Bord meistens mechanisch beseitigt wird und der deshalb für die Kursbeschickung nur selten in Frage kommt; siehe auch Bd. 1 B, Kap. 2.2.5.

4.3.2   Absetzen eines zu steuernden Kurses in der Seekarte

Das gegebene Schema verrät noch den Geist der Segelschiffszeit. Damals zwang der Wind häufig das Schiff, einen bestimmten Kompaßkurs „anzuliegen", der oft weitab lag vom gewünschten Kurs über Grund, und es war die Aufgabe des Navigators, diesen „anliegenden Kompaßkurs" zu einem rwK durchs Wasser bzw. über Grund zu beschicken. *Heute ist es durchweg umgekehrt.*

Der Kapitän legt eine bestimmte Kurslinie in der Seekarte fest, und es ist Aufgabe der Navigation, die zu steuernden Kompaßkurse so zu ermitteln, daß der Weg über Grund möglichst der gewünschten Kurslinie entspricht.

Da die Vorzeichen der Beschickung aber so definiert sind, daß sie den mit Fehlern behafteten Kompaßkurs berichtigen, hat sich das Kursschema im Sinne der Schreibweise vom Kompaßkurs links zum Kurs über Grund rechts in der ursprünglichen Form erhalten. Tagebuchvordrucke mit umgekehrter Reihenfolge (vom Kurs über Grund links zum Kompaßkurs rechts) findet man selten.

Man entnimmt also der Seekarte den *Kartenkurs* (KaK) — das ist der gewünschte Kurs über Grund (KüG) — indem man Abfahrts- und Zielort durch eine gerade Linie verbindet und am Kursdreieck den Winkel abliest, den diese Linie mit dem Meridian bildet (Bild 4.15).

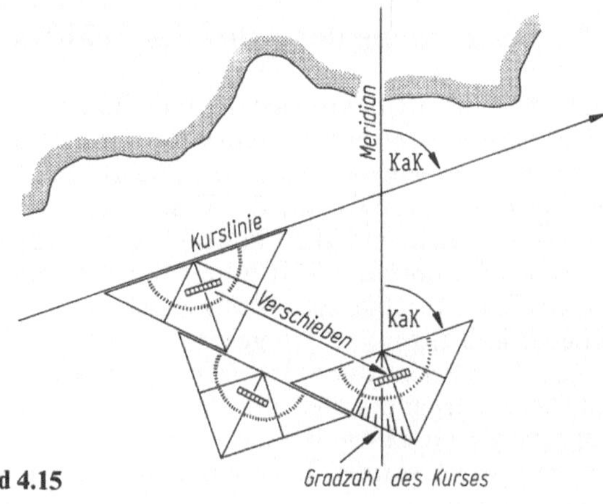

Bild 4.15

---

13 Siehe auch Kap. 6.2.1 (Formelsammlung).

Ist mit einer bekannten Strömung zu rechnen, so sucht man zuerst durch Zeichnung in der Seekarte oder auf einem Blatt Papier den Kurs durchs Wasser (siehe Kap. 4.5!). An ihn bringt man die geschätzte Beschickung für Wind (BW) an und erhält jetzt den rwK. Ist keine Strömung vorhanden und wird nicht mit Abtrift gerechnet, so sind KüG und rwK einander gleich.

Die dem Stromatlas oder der Gezeitentafel entnommene Strömung und die geschätzte Beschickung für Wind werden immer unsicher sein. Die dadurch hervorgerufene Versetzung muß durch häufige Ortsbestimmungen laufend kontrolliert werden.

Man entnimmt nun der Seekarte die für das betreffende Gebiet geltende Mißweisung. Es ist falsch, bei einem länger zu steuernden Kurs mit einer „mittleren" Mw zu rechnen. Bei Benutzung älterer Seekarten muß die jährliche Änderung der Mw berücksichtigt werden.

Durch Anbringen der Mw an den rwK erhält man den mwK. Mit dem mwK geht man in die Steuertafel ein und entnimmt ihr die Kompaßablenkung. Da die Steuertafeln meistens für Magnetkompaßkurse aufgestellt sind, ist zu prüfen, ob die mit dem MgK entnommene Abl auch für den mwK gilt. Wenn $\delta_{\mathrm{Mg}} < 6°$ und $\Delta\delta$ für $10°$ Kursänderung $< 2°$ ist, kann man das ohne weiteres annehmen.

Durch Anbringen der Abl an den mwK erhält man den am Kompaß zu steuernden Magnetkompaßkurs (MgK); siehe auch Bd. 1 B, Kap. 2.1.1, 2.1.3 und 4.14.5.

Bei Verwendung des *Kreiselkompasses* sind an den rwK die Fahrtfehlerberichtigung (Ff) und das etwa vorhandene Kreisel-A (KrA) anzubringen, um den am Kreiselkompaß zu steuernden Kreiselkompaßkurs (KrK) zu erhalten; siehe auch Bd. 1 B, Kap. 2.2.5 und 4.14.5.

Alle Beschickungen sind bei diesen umgekehrten Kursbeschickungen mit *umgekehrtem* Vorzeichen anzubringen, also gegen den Uhrzeiger, wenn positiv, und mit dem Uhrzeiger, wenn negativ.

Die einzuhaltenden Kurse sind vom Kapitän abzusetzen und schriftlich entweder in der Seekarte oder in einem Wachorderbuch niederzulegen. Auch wenn der Kurs vom WO abgesetzt wird, bleibt der Kapitän dafür verantwortlich. Jeder WO hat den abgesetzten Kurs nachzuprüfen und ist verpflichtet, irgendwelche Bedenken dem Kapitän sofort zu melden. Ein WO darf den angeordneten Kurs nicht ändern, ohne den Kapitän davon zu informieren, *es sei denn, daß eine unmittelbare Gefahr besteht.*

4.4 Bestimmung der Fahrt des Schiffes

Unter dem Begriff Fahrt versteht man die Geschwindigkeit des Schiffes.

Die Messung der Fahrt ist eines der Grundelemente der Navigation an Bord. Zur Verfolgung der eigenen Bahn (Koppeln) benötigt man die in einer vorgegebenen Zeit zurückgelegte Distanz. Zur Feststellung der Abdrift durch eine Strömung muß die eigene Geschwindigkeit bekannt sein. Beide Größen, Geschwindigkeit und Distanz, hängen über die Zeit miteinander zusammen. Bei konstanter Geschwindigkeit v ist der zurückgelegte Weg s gleich dem Produkt von Geschwindigkeit und gefahrener Zeit t; $s = v \cdot t$. Umgekehrt ergibt sich die Geschwindigkeit aus dem Quotienten der Strecke s und der dafür benötigten Zeit t; $v = s/t$. Ist die Geschwindigkeit nicht konstant, gelten die Beziehungen $s = \int v \cdot \mathrm{d}t$ bzw. $v = \mathrm{d}s/\mathrm{d}t$. Schließlich läßt sich die Geschwindigkeit auch aus der Beschleunigung a über die Beziehung $v = a \cdot t$ (bei konstanter Beschleunigung) oder $v = \int a \cdot \mathrm{d}t$ (bei variabler Beschleunigung) bestimmen; siehe auch Kap. 6.2.5 (Formelsammlung) und im Bd. 1 C, Kap. 5 (Physik).

In der Regel wird die Fahrt in Knoten (kn) gemessen, seltener in Kilometer je Stunde (km/h). Die vom Schiff zurückgelegte Strecke (Distanz) gibt man im allgemeinen in Seemeilen (sm), manchmal in nautischen Kabellängen (kbl) und bei bestimmten Meßverfahren in Sekunden-Knoten-Längen oder Meridiantertien (mtr) an. Siehe auch „Die Einheiten Seemeile und Knoten" im Kap. 2.3.1.

Die nautische Kabellänge und die Meridiantertie (Sekunden-Knoten-Länge) erhält man nach den Umrechnungen

$$1 \text{ kbl} = 10^{-1} \text{ sm} = 185{,}2 \text{ m}$$

und

$$1 \text{ mtr} = 1 \text{ s} \cdot 1 \text{ kn} = 1 \text{ s} \cdot 1 \frac{\text{sm}}{\text{h}} = 1 \text{ s} \cdot \frac{1852 \text{ m}}{3600 \text{ s}} = 0{,}51\overline{4} \text{ m.}$$

Demnach ist

$$1 \text{ sm} = 10 \text{ kbl} = 3600 \text{ mtr.}$$

Vgl. auch Tab. 4.2.

Die in der Seefahrt zur Fahrtmessung eingesetzten Verfahren lassen sich nach der gemessenen Größe gliedern. Die traditionellen Verfahren messen jeweils eine Strecke und die dafür benötigte Zeit und bestimmen entweder durch tatsächliche Rechnung oder durch geeignete Eichung des Meßgerätes die Geschwindigkeit.

Im Normalfall wird die Bewegung in Schiffslängsrichtung gemessen. Diese Beschränkung bedeutet, daß bei schräger Anströmung des Meßfühlers, sei es durch die Deviation bei Kurvenfahrt oder durch Windeinfluß jeweils nur die Komponente in Schiffslängsrichtung gemessen wird.

Fahrtmeßanlagen (Logs) sind:

- Handlog,
- Relingslog,
- Patentlog,
- hydrodynamische Fahrtmeßsysteme (Staudrucklog),
- elektromagnetische Fahrtmeßsysteme (EM-Log),
- elektroakustische Fahrtmeßsysteme (Dopplerlog und Korrelationslog) und
- Fahrt- und Distanzmeßsysteme als Bestandteil der Trägheitsnavigation.

Weit verbreitet ist auch die *Fahrtbestimmung aus der Umdrehungshäufigkeit der Schiffsschraube*. Dabei geht allerdings der lastabhängige Slip in die Messung ein; siehe auch „Fahrtbestimmung nach Schraubendrehzahl" im Kap. 4.4.12 und die Kap. 6.2.5 bis 6.2.8 der Formelsammlung.

Es ist zu unterscheiden zwischen der *Fahrt durchs Wasser* (FdW) und der *Fahrt über Grund* (FüG). Die meisten Fahrtmeßanlagen liefern die Fahrt durch das Wasser. Nur das Dopplerlog (Kap. 4.4.6) und die Trägheitsnavigationsanlage (Kap. 4.4.9 und im Bd. 1 B, Kap. 3) zeigen die Fahrt über Grund (und Distanz über Grund) an. Sonst bestimmt man die Fahrt über Grund aus der zwischen zwei beobachteten Standorten zurückgelegten Distanz und der dafür benötigten Zeit. Während die Navigation für ihre Belange eine möglichst zutreffende Messung der Bewegung des Schiffes über Grund wünscht, braucht die Schiffsführung für die Verhütung von Kollisionen Angaben über die Fahrt durch das Wasser. Bei strömenden Gewässern können hier merklich unterschiedliche Angaben mit entsprechenden Folgen für die Entscheidungen auftreten. Spezielle Anforderungen entstehen, wenn — wie beispielsweise beim Anlegen sehr großer Einheiten — zusätzlich zur Längsbewegung auch die Querbewegungen vorne und hinten gemessen werden sollen. Fahrtmessungen sind darüber hinaus erforderlich für andere Navigationsverfahren wie Satellitennavigator, Radaranlage im True-Motion-Betrieb, Kreiselkompaß zur Fahrtfehlerkompensation, in automatischen Koppelgeräten und bei integrierten Navigationssystemen.

4.4.1 Handlog

Es ist brauchbar für Geschwindigkeiten durchs Wasser von 3 bis 12 kn. Es besteht aus der Logleine mit Logscheit und Loguhr. Gemessen wird entweder die Länge der in einer bestimmten Zeit ausgelaufenen Leine oder die zum Auslaufen einer bestimmten Leinenlänge benötigte Zeit. Die zugehörige Zeitspanne der Messung ist durch die Loguhr festgelegt. Der Abstand der Markierungen (Knoten) in der Leine ist gleich der Distanz, die bei einer Geschwindigkeit von 1 kn in der Zeit der Messung zurückgelegt wird. Die Anzahl der während der Messung durchlaufenen Markierungen ist damit gleich der Fahrt in Knoten.

Beim *klassischen Handlog* beträgt die Laufzeit der Loguhr (Sanduhr) 14 Sekunden. Dementsprechend ist die Logleine durch Knoten im Abstand von 7 m $\approx$ 14 mtr markiert; als Ausgleich für das geringfügige Nachschleppen des Logscheits im Wasser rechnet man 1 mtr $\approx$ 0,50 m. Das Logscheit wird stets am Heck zu Wasser gebracht. Nach dem Auslaufen eines ca. 60 m langen Vorlaufs bis zur Nullmarke wird das Logglas in Betrieb gesetzt und die Anzahl der Markierungsknoten gezählt, die bis zum Ablauf der Uhr die Reling passieren. Die Anzahl der gezählten Markierungen entspricht der Fahrt durchs Wasser in Knoten.

Bei der *Stoppuhrmethode* besteht z. B. die Markierung der Logleine aus dem Vorlauf und (nach der Nullmarke) im Abstand von 30 m einer Endmarke; (30 m $\approx$ 60 mtr)[14]. Wenn die Nullmarke durch die Hand gleitet, wird die Stoppuhr gedrückt; wenn die Endmarke durchläuft, wird die Uhr gestoppt. Die Fahrt durchs Wasser ergibt sich dann aus folgender Tabelle:

Sekunden	20	15	13,3	12,0	11,0	10,0	9,2	8,6	8,0
Knoten	3	4	4½	5	5½	6	6½	7	7½

Sekunden	7,5	7,1	6,7	6,3	6,0	5,7	5,5	5,2	5,0
Knoten	8	8½	9	9½	10	10½	11	11½	12

4.4.2 Relingslog

Das Relingslog (Dutchman's Log) liefert bei Geschwindigkeiten unter 4 bis 5 kn genauere Werte als das Handlog. Es ist besonders zur Strombestimmung zu empfehlen, wenn das Schiff vor Anker liegt. Auch bei extrem reduzierter Nebel- oder Schlechtwetterfahrt ist die Methode selbst bei großen Schiffen anwendbar.

Man mißt eine möglichst lange gerade Strecke auf beiden Relingen in Meridiantertien ab und bestimmt die Zeit, die ein über Bord geworfenes Stück Holz braucht, um von der ersten bis zur zweiten Marke zu gelangen. Visiervorrichtungen an den Endpunkten der Strecke müssen senkrecht zur Reling sein (z. B. Vorderkante Aufbau, Achterkante Back oder ähnlich). Bei rauhem Wind sollte in Lee, bei größerer Windabdrift in Luv geloggt werden.

---

14 Auch hier rechnet man wegen des Nachschleppens des Logscheits 1 mtr $\approx$ 0,50 m.

Die Fahrt durchs Wasser bzw. die Stromgeschwindigkeit erhält man dann aus dem Quotienten der Meßstrecke und der dafür benötigten Zeit, wobei die Meßstrecke in Meridiantertien und die Zeit in Sekunden gemessen wird; vgl. Kap. 4.4.

Beispiel: Meßstrecke 150 mtr = 77,17 m, die Durchlaufzeit des Markierungskörpers beträgt 60 s. Es ist

$$\frac{150 \text{ mtr}}{60 \text{ s}} = 2,5 \text{ kn.}$$

Bei häufigem Gebrauch des Relingslog ist es zweckmäßig, eine Tabelle oder ein Diagramm anzufertigen.

4.4.3   Patentlog

Das Patentlog ist bis ca. 16 kn brauchbar. Die Fahrt des Schiffes wird indirekt aus der Drehzahl eines an einer bis ca. 110 m langen geflochtenen Leine nachgeschleppten Propellers ermittelt. Der Propeller muß sich außerhalb des Kielwassersogs befinden. Das an der Reling angebrachte Zählwerk ist in Seemeilen geeicht. Zwischen Leine und Zählwerk ist ein Schwungrad eingeschaltet, um Unregelmäßigkeiten in der Übertragung der Propellerumdrehungen auszugleichen.

Die Geschwindigkeit wird aus den z. B. stündlichen Ablesungen des Standes der Meilen auf dem Zählwerk ermittelt.

Die Genauigkeit des Patentlogs ist begrenzt. Bei mittleren Geschwindigkeiten und einwandfreiem Zustand des Propellers kann mit einem Fehler von etwa $\pm$ 5% gerechnet werden. Treibende Gegenstände, auch Tang und Seegras, können die Messung unbrauchbar machen. Die Zuverlässigkeit der Loggung sollte regelmäßig durch Vergleich mit anderweitig ermittelten Geschwindigkeitswerten kontrolliert werden. Eine gewisse Regulierung ist durch Veränderung der Leinenlänge möglich, wobei der Reibungswiderstand im Wasser entsprechend verändert wird.

Vor Manövern bzw. rechtzeitig vor dem Einlaufen ist das Log einzuholen. Dabei ist die eingeholte Leine gleich wieder auszustecken, um ein Vertörnen durch den noch drehenden Propeller zu vermeiden.

Impellerlog

Das Impellerlog leitet die Geschwindigkeit ähnlich dem Prinzip des Patentlogs aus den Umdrehungen eines dem Fahrtstrom ausgesetzten Propellers ab. Derartige Fahrtmeßanlagen werden heute fast nur noch in der Sportschiffahrt verwendet.

In der Großschiffahrt werden solche nach dem Prinzip eines Tachometers arbeitenden Anlagen mit einer Meßeinrichtung verwendet, die wie ein Bodenlog ausgefahren wird. Grenzschichteinflüsse wirken sich auf die Meßgenauigkeit aus.

4.4.4   Hydrodynamische Fahrtmeßsysteme (Staudrucklog)

Bei einem *Staudrucklog* nutzt man die Beziehung zwischen der Geschwindigkeit einer Strömung und dem von ihr hervorgerufenen Staudruck.

Durch geeignete Meßeinrichtungen wird der Druck gemessen, den die Fahrtströmung in Schiffslängsrichtung erzeugt. Dieser Gesamtdruck ist zunächst noch mit dem statischen (Tiefgangs-)Druck behaftet. Dieser wird durch Druckmeßeinrichtungen gemessen, die dem in Fahrtrichtung wirkenden dynamischen Druck nicht ausgesetzt sind. In einem Druckdifferenzmesser wird der Tiefgangsdruck ausgeglichen, so daß der Staudruck als Restdruck und eigentliche Meßgröße gemessen wird, aus der die Fahrt des Schiffes durchs Wasser und über ein Integrierwerk auch die zurückgelegte Distanz durchs Wasser bestimmt werden.

In der nach voraus gerichteten Meßdüse wird der bei Vorausfahrt v_{Wx} des Schiffes entstehende Gesamtdruck p_g der Fahrtströmung abgenommen, in der querab oder nach unten gerichteten Düse der statische Druck p_s. Der gesuchte dynamische Druck p_d entsteht an der Membrane des Druckdifferenzmessers. Es ist

$$p_g = p_d + p_s \quad \text{bzw.} \quad p_g - p_s = p_d.$$

Bei Vernachlässigung des Einflusses der Strömungsgrenzschicht an und in der Nähe des Schiffsrumpfes ist die Geschwindigkeit v_s des Fahrtstromes gleich der Vorausfahrt v_{Wx} des Schiffes. Dann gilt

$$p_d = \frac{\varrho}{2} \cdot v_s^2 = \frac{\varrho}{2} \cdot v_{Wx}^2 \quad (\varrho \text{ Dichte des Meerwassers})$$

und

$$v_{Wx} = \sqrt{\frac{2}{\varrho} \cdot p_d}.$$

Man unterscheidet zwischen *Stevenlog, Bodenlog* und kombinierten Systemen, die sich wesentlich nur durch die Anordnung der Meßeinrichtungen unterscheiden. Alle hydrodynamischen Fahrtmeßsysteme bestehen generell aus den folgenden Systemteilen:

- Hydraulikteil zur Meßwerterfassung, bestehend aus Meßdüsen und Druckdifferenzmesser,
- Fahrtteil zur Meßwertumformung des Staudrucks in die Fahrtgröße,
- Distanzteil zur Bestimmung der zurückgelegten Distanz durch zeitliche Integration der Fahrt und
- Übertragungs- und Anzeigeteil zur Fernübertragung der Fahrt- und Distanzwerte auf Anzeigegeräte auf der Brücke. (Fahrtteil und Druckdifferenzmesser sind unterhalb der Wasserlinie angeordnet.)

Vorteile des Stevenlogs gegenüber dem Bodenlog sind die Möglichkeit, auch bei Flachwasser eine Fahrtmessung zu ermöglichen, wenn das Bodenlog wegen der Gefahr der Beschädigung eingefahren werden muß, und die Unabhängigkeit von Grenzschichteinflüssen, da am Vorsteven ein eindeutiger Staupunkt zur Verfügung steht.

Nachteil des Stevenlogs gegenüber dem Bodenlog ist die Gefahr, daß bei Seegang durch das Arbeiten des Schiffes Druckzusammenbrüche auftreten können, welche die Fahrtmessung fehlerhaft oder unbrauchbar machen.

Um sich die Vorteile beider Systeme zunutze zu machen, gibt es kombinierte Systeme. Bei Flachwasser wird das Stevenlog, in tiefem Wasser und bei Seegang das Bodenlog eingesetzt.

Stevenlog

Beim Stevenlog wird der Gesamtdruck mit der am Vorsteven angeordneten Meßdüse bestimmt (Bild 4.16), die möglichst tief liegen muß, um ein Austauchen im Seegang zu vermeiden. Der statische Druck wird mit zwei seitlich an der Bordwand in gleicher Höhe angeordneten Meßdüsen bestimmt. Beide Drücke werden durch Rohrleitungen dem Druckdifferenzmesser zugeführt.

Bodenlog

Beim Bodenlog wird ein Meßrohr aus dem Schiffsboden senkrecht nach unten ausgefahren, an dem sich beide Meßdüsen für Gesamtdruck und statischen Druck

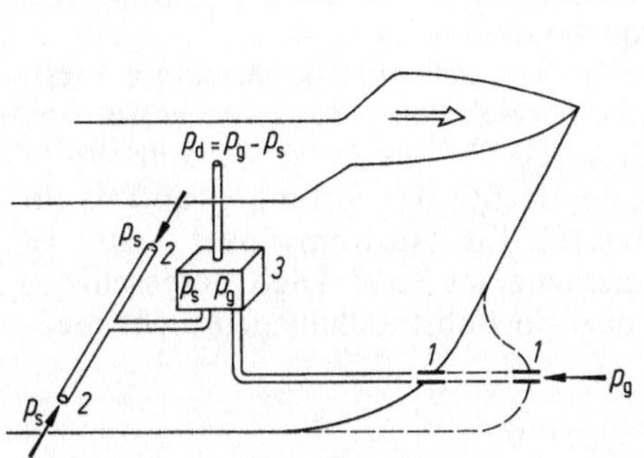

Bild 4.16. Stevenlog (Prinzip)

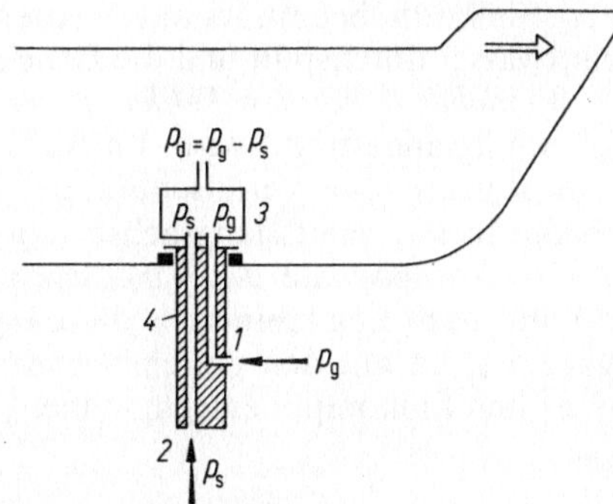

Bild 4.17. Bodenlog (Prinzip)

1 Meßdüse für Gesamtdruck p_g; *2* Meßdüse für statischen (Tiefgangs-)Druck p_s; *3* Druckdifferenzmesser; *4* ausgefahrenes Pitot-Rohr; p_d dynamischer (Stau-)Druck

befinden (Pitot-Rohr). Andere Ausführungen besitzen am auszufahrenden Meßrohr nur die Meßdüse für den Gesamtdruck, die Düse zur Bestimmung des statischen Drucks befindet sich dann am Schiffsboden. Um eine Beeinflussung durch die Strömungsgrenzschicht möglichst gering zu halten, muß die Meßdüse mindestens 60 bis 80 cm unter dem Schiffsboden liegen (Bild 4.17).

Fehler und Fehlerbeseitigung

Gerätefehler können bei mechanischen Übertragungen (Lagerreibung, Spiel), durch Leckagen oder auch in den elektronischen Komponenten auftreten. Daher ist eine sorgfältige Wartung anhand der Gerätedokumentation (Manual) wichtig. Zur Vermeidung von Schäden muß bei Frostgefahr (Werftliegezeit) das gesamte hydraulische System (Druckdifferenzelement und Rohrleitungen) entwässert werden.

Fehler infolge gestörter Strömungsverhältnisse am Schiffsrumpf, die durch Bewuchs oder durch die Rauhigkeit der Schiffshaut entstehen, sind nicht ganz zu vermeiden. Sie bewirken, daß in der Grenzschicht die Strömungen nicht der tatsächlichen Geschwindigkeit des Schiffes entsprechen. Die Ausdehnung der Grenzschicht ist abhängig von der Schiffsgröße und der Fahrt des Schiffes. Diese Fehler können bei hohen Geschwindigkeiten erheblich werden und sind nur durch Feststellen der Abweichung der Meßwerte von der auf einer Meßstrecke (siehe „Fahrtbestimmung an der gemessenen Meile" im Kap. 4.4.13) ermittelten wahren Schiffsgeschwindigkeit zu bestimmen. Man faßt die gewonnenen Meßfehler in einer Berichtigungstabelle zusammen und berichtigt danach die jeweiligen Ablesungen. Je nach Typ und Hersteller der Anlage können u. U. solche Meßfehler nach einem systemeigenen Verfahren durch Eichung ausgeschaltet werden. Die verbleibende Abweichung sollte 0,5 kn nicht überschreiten (Restfehler).

Zufällige Fehler durch Schiffsbewegungen im Seegang entstehen durch Druckschwankungen an den Meßdüsen. Durch diese Schwankungen ändert sich der angezeigte Fahrtwert laufend, wodurch die Ablesung schwierig und unsicher wird.

Die Fahrtströmung ist bei Seegang besonders stark von Luftbläschen durchsetzt, die im Druckdifferenzelement ein Luftpolster bilden können. Das hat eine falsche Druckübertragung und damit einen Meßfehler zur Folge. Deshalb ist die Anlage regelmäßig auf die Wirksamkeit der Entlüftungseinrichtung zu überprüfen. Zufällige Fehler können auch auftreten, wenn die Meßdüsen durch Verschmutzung in ihrer Funktion beeinträchtigt werden. Erforderlichenfalls muß die Anlage mit Druckwasser durchspült und die Düse gereinigt werden.

Bei Windabdrift können Fehler auftreten, wenn die nach voraus gerichtete Meßdüse schräg angeströmt wird. Im Anströmwinkelbereich von etwa $\pm 10°$ ergibt sich keine nennenswerte Verfälschung der Fahrtmessung. Bei größeren Winkeln ergibt sich die in die Schiffslängsachse fallende Komponente der Strömung und damit die Fahrtkomponente $v_{Wx} = v_W \cdot \cos \alpha$; (Bild 4.18). Für Anströmwinkel $> 20°$ ist die Fahrt nach Log kleiner als die Längskomponente der FdW. Die Quergeschwindigkeit v_{Wy} ist mit den üblichen hydrodynamischen Fahrtmeßanlagen nicht meßbar, es sind Einkomponentensysteme.

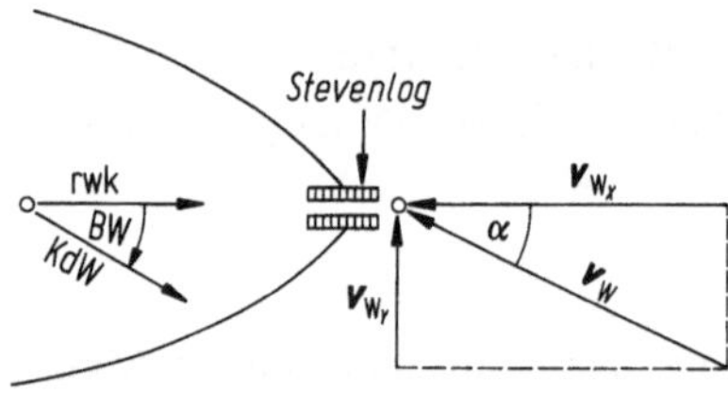

Bild 4.18. Schräganströmung des Stevenlogs

Meßunsicherheiten. Hydrodynamische Fahrtmeßanlagen haben bei einwandfreiem Wartungszustand und sorgfältiger Eichung noch etwa einen

Gerätefehler der Fahrt:	$\pm 0{,}1$ kn bei 2 kn bis 3 kn FdW,
Gerätefehler der Distanz:	$\pm 2\%$ bis $\pm 4\%$ bei geringer FdW und $\pm 1\%$ bei hoher FdW,
Restfehler der Fahrt nach Eichung:	$\pm 0{,}5$ kn und bei geringer FdW bis zu ± 1 kn,
Restfehler der Distanz nach Eichung:	$\pm 3\%$ bis $\pm 5\%$ bei geringer FdW und $\pm 1\%$ bei hoher FdW,
Meßbereich:	2 kn bis 25 kn.

4.4.5 Elektromagnetische Fahrtmeßsysteme (EM-Log)

Das Prinzip der Fahrtmessung beruht auf der elektromagnetischen Induktion.

Wird ein Medium (elektrisch leitend oder nicht leitend) mit der Geschwindigkeit v in einem magnetischen Feld der magnetischen Flußdichte B bewegt, so wird ein elektrisches Feld angeregt, das senkrecht zu beiden Größen steht. Die Stärke des elektrischen Feldes E ist gleich dem Produkt aus der Flußdichte B und der Geschwindigkeit v. In Vektorform lautet diese Beziehung

$$E = v \times B.$$

Die elektrische Feldstärke ergibt über eine Strecke in ihrer Richtung aufintegriert eine Momentanspannung u. Diese Spannung ist Meßgröße für die Geschwindigkeit und der elektrischen Feldstärke geschwindigkeitsproportional.

$$u = K \cdot v.$$

Darin ist K eine Anlagenkonstante.

In Bild 4.19 und Bild 4.20 sind die beiden typischen Formen des Meßfühlers (Auslegersonde und Flachsonde) dargestellt.

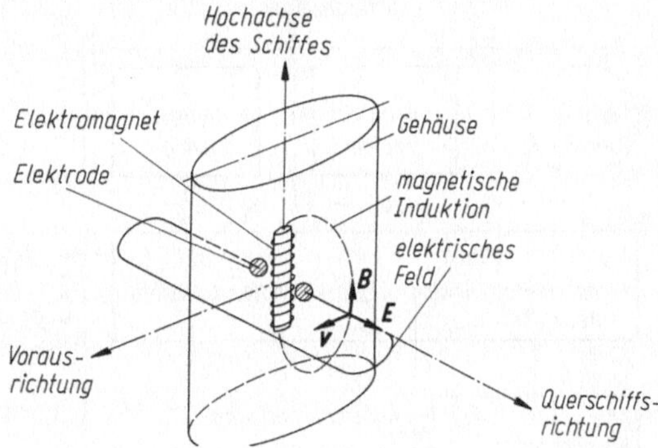

Bild 4.19. Prinzipieller Aufbau der Auslegersonde eines EM-Logs. Das Wasser strömt in Richtung $-v$

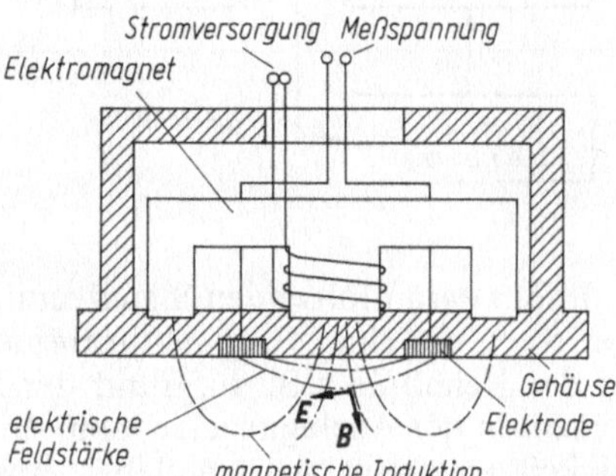

Bild 4.20. Prinzipieller Aufbau der Flachsonde eines EM-Logs. Die Bewegungsrichtung steht senkrecht auf der Papierebene

Das Magnetfeld wird durch einen Elektromagneten erzeugt, der mit einem Wechselstrom niedriger Frequenz (30 bis 50 Hz je nach Hersteller der Anlage) gespeist wird. Die Elektroden zum Abtasten der induzierten Spannung liegen in Querschiffsrichtung, die wirksame Komponente der magnetischen Induktion zeigt in Hochschiffsrichtung, damit wird die Längsschiffskomponente der Bewegung gemessen. Die gemessene Spannung ist der Strömungsgeschwindigkeit in unmittelbarer Umgebung der Sonde proportional. Die Auslegersonde umgeht dabei die Problematik der die Strömung beeinflussenden schiffshautnahen Grenzschicht. Wie dargestellt, ist die induzierte Spannung nur von der Geschwindigkeit, nicht aber von den chemischen oder physikalischen Eigenschaften des Mediums abhängig. Allerdings ist die mögliche Signalleistung von der Art des Mediums abhängig. Ein Einfluß auf das Ergebnis der Messung wird dadurch verhindert, daß als erste Stufe der Signalverarbeitung ein den Meßfühler nicht belastender Verstärker mit hochohmigem Eingang eingesetzt wird. Siehe Bild 4.21.

Neben der aus der zu messenden Bewegung herrührenden Spannung wird auch durch das Wechselfeld der Erregerspule eine Spannung induziert. Diese eilt allerdings der Meßspannung um 90° in der Phase nach. Der Demodulatorstufe wird deshalb eine der Erregerspannung phasengleiche Referenzspannung zugeführt. Damit wird die Gleichrichtung so gesteuert, daß nur das gewünschte phasengleiche Meßsignal durchkommt. Der Vergleich der Phasenlage von Referenz- und Meßspannung macht darüber hinaus erkennbar, ob eine Vor- oder eine Rückwärtsbewegung gemessen wird.

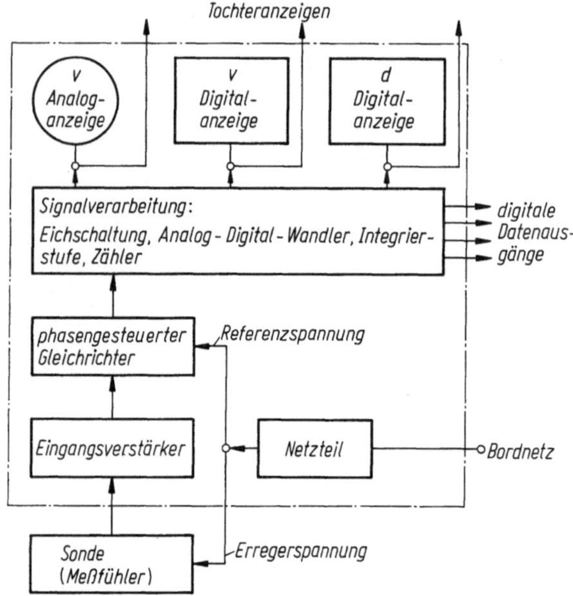

Bild 4.21. Prinzipieller Signalfluß bei einem elektromagnetischen Log (v Geschwindigkeit, d Distanz)

In der darauffolgenden Signalverarbeitung ist generell eine Eichmöglichkeit eingerichtet, die eine Nullpunktjustierung sowie den Ausgleich von Nichtlinearitäten in der Kennlinie z. B. aufgrund der Strömungsverhältnisse am Einbauort ermöglichen. In der Analoganzeige kann direkt die Spannung als Maß für die Geschwindigkeit angezeigt werden. Über einen geeigneten Analog-Digital-Wandler kann auch eine digitale Größe gewonnen und angezeigt werden. Zur Bestimmung der Distanz aus der Geschwindigkeit ist — wie schon dargestellt — eine Integration nötig. Mit dem so gewonnenen Signal wird ein Zähler angesteuert, der auch einen weiteren, ggf. rückstellbaren Zähler als Etmalsanzeige enthalten kann.

Für die Nutzung der gemessenen Geschwindigkeit und der Distanz in Tochteranzeigen oder anderen Navigationsanlagen stehen entsprechende Signalausgänge zur Verfügung.

Der *Meßsensor* wird in drei verschiedenen Versionen hergestellt:

- als Flachsonde, am Schiffsboden anliegend,
- als Auslegersonde von Hand oder elektrisch oder hydraulisch ausfahrbar und
- als nicht einziehbare Auslegersonde; siehe die Bilder 4.19 und 4.20.

Auslegersonden liegen, anders als die Flachsonden, außerhalb der Strömungsgrenzschicht an der Schiffshaut, die sich ja im Laufe von Reisen durch Bewuchs auch noch wesentlich ändert. Auslegersonden sind allerdings eher mechanischen Beschädigungen ausgesetzt und verbieten sich deshalb für bestimmte Betriebe. Bei Querbewegungen können sich darüber hinaus die Messung beeinflussende Wirbel bilden. Der Einbauort der Sonde sollte deshalb nach Möglichkeit unterm Boden im Betriebsdrehpunkt des Schiffes gewählt werden. Dieser Ort ist auch soweit von der Schraube entfernt, daß durch das der Schraube zuströmende Wasser keine Meßverfälschung mehr auftritt. Hier dürfte auch die Stampfbewegung sich in Grenzen halten, auf jeden Fall aber nicht die Gefahr bestehen, daß die Sonde beim Stampfen des Schiffes aus dem Wasser kommt. Nicht zuletzt muß darauf geachtet werden, daß die Auslegersonde auch von innen zugänglich ist, und Platz für die zur Wartung nötigen Montagearbeiten bleibt.

Besondere Aufmerksamkeit ist beim Betrieb eines Logs mit Auslegersonde ange-bracht. Bei einziehbaren Auslegern ist vor dem Einlaufen in flache Gewässer die Sonde einzuziehen, um eine Beschädigung zu vermeiden. Gleiches gilt vor einer Dockbenutzung. Hier ist auch besondere Aufmerksamkeit bei fest eingebauten Auslegersonden nötig. Bei einziehbaren Auslegern sollte die Möglichkeit der Rei-nigung von Zeit zu Zeit je nach Bewuchs genutzt werden. Der Sensor darf weder mit Farbe übermalt noch eingefettet werden. Zur Kontrolle der Genauigkeit der Loganzeige sollte nach Möglichkeit ein Logbuch geführt werden; vgl. auch Tab. 4.1.

Im Gegensatz zu den hydrodynamischen Fahrtmeßanlagen kann das EM-Log nicht nur Vorausfahrt, sondern auch begrenzt Rückwärtsfahrt des Schiffes messen.

Es gibt Ausführungen nach dem Zweikomponentenprinzip (Log-Driftmesser), die zusätzlich zur Längsschiffs- auch die Querschiffsbewegung registrieren und aus-werten können; vgl. Kap. 4.4.7. Unter dem Schiffsboden ausfahrbare Auslegerson-den können wie beim Bodenlog durch entsprechende Ausfahrlänge weitgehend aus dem Grenzschichtbereich herausgebracht werden, müssen aber beim Fahren in Flachwasser evtl. eingefahren werden. Im Schiffsboden eingebaute Flachsonden entnehmen die Information über die Geschwindigkeit direkt aus dem Grenz-schichtbereich, außerdem kann Bewuchs die Funktion beeinträchtigen.

Die Unterschiede zwischen den verschiedenen, auf dem Markt befindlichen An-lagentypen liegen vor allem in der baulichen Ausführung und Anordnung der Meßsonde und in technischen Details der Meßwertaufbereitung und -anzeige.

Alle Systeme bestehen generell aus den Systemteilen

- Meßsonde zur Erzeugung des Magnetfeldes und zur Abnahme fahrtproportiona-ler Spannung,
- Fahrtteil zur Wandlung der Sondenspannung zum Fahrtwert (es enthält einen Korrekturteil zur Fehlerkorrektur),
- Distanzteil (Fahrtintegrator) zur Berechnung der zurückgelegten Distanz und
- Fernübertragungs- und Anzeigeteil zur Übertragung der Werte Fahrt und Distanz auf die Brücke auf ein oder mehrere Tochtergeräte.

EM-Logs haben gegenüber hydrodynamischen Systemen den Vorteil, daß mit Ausnahme einer ausfahrbaren Meßsonde keine mechanischen Umformer und kein wartungsintensives hydraulisches System vorhanden sind. Zufällige Fehler durch Lufteintritt in die Rohrleitungen treten nicht auf. Die Meßgenauigkeit bei geringer Fahrt ist hoch, was vor allem bei Manövern von wesentlicher Bedeutung ist.

Zur *Kontrolle der Loganzeige* ist entweder

- die Wiederholung der Meilenfahrt oder
- die fortwährende Beobachtung der Distanzanzeige

und ihre statistische Auswertung einzusetzen. Die Meilenfahrt muß, um Einflüsse möglicher Strömungen auszuschalten, jeweils mit gleicher konstanter Geschwin-digkeit durchgeführt werden; siehe auch „Fahrtbestimmung an der gemessenen Meile" im Kap. 4.4.13. Bei solchen Eichfahrten ist darauf zu achten, daß die Mes-sungen nicht durch einen Flachwassereffekt verfälscht werden. Der Vergleich der Etmale nach Beobachtungen und nach Loganzeige über mehrere Reisen kann sowohl auf systematische Fehler als auch auf Änderungstendenzen des Fehlers mit dem Tiefgang oder mit der Zeit seit der letzten Bodenüberholung Hinweise liefern.

Meßunsicherheiten des EM-Logs

Die Meßfehler des EM-Logs bei der Fahrt durchs Wasser ist wesentlich von drei Punkten abhängig, nämlich von

- der Güte der Justierung des Gerätes während der Meßfahrten und damit von der Genauigkeit der Meßfahrten selbst,
- der Art und dem Einbau des Meßfühlers und
- der Stabilität der elektronischen Schaltung.

Die Genauigkeit der aus der Geschwindigkeit bestimmten zurückgelegten Distanz über Grund hängt darüber hinaus wesentlich von der richtigen Berücksichtigung von Strömungen ab. Leider sind die Meeres- und Gezeitenströmungen nicht so genau, wie für die Navigation wünschenswert, voraussagbar, zumal aktuelle Einflüsse des Wetters nicht in die langfristigen Vorhersagen eingehen können.

Die Meßfehler des bei der Meßfahrt justierten und geeichten Logs sind nicht konstant. Zum einen ändert sich die Charakteristik der elektronischen Schaltung. Allerdings ist diese Drift insbesondere dann, wenn Kompensationsmeßverfahren angewendet werden, in ihrer Fehlerwirkung gering gegenüber dem Fehler, der sich aus dem mit zunehmenden Bewuchs sich ändernden Strömungsverhältnissen ergibt. Tiefgangsabhängige Fehler der Loganzeige hat N. H. Babbedge[15] gemessen. Abweichungen in der Größenordnung von 1% bei einer Tiefgangsänderung von 1 m werden dort aufgezeigt.

Wegen der hohen Empfindlichkeit von EM-Logs tritt bei Stampfbewegungen des Schiffes — bei Zweikomponentensystemen (siehe auch Kap. 4.4.7) auch beim Rollen — eine schwankende Anzeige der Fahrt auf. Mit Hilfe elektrischer Dämpfungselemente kann dies auf ein Minimum reduziert werden. Der mit dem Fahrtgebiet veränderliche Salzgehalt hat praktisch keinen Einfluß auf die Meßgenauigkeit der Fahrtmessung.

Die von den Meßgeräteherstellern angegebenen Fehlergrenzen für die Geschwindigkeitsmessung durchs Wasser liegen bei etwa ±1%, bezogen auf den Maximalausschlag, d. h. bei einem Meßbereich von 25 kn eine Streuung der Messung von ±0,25 kn. Für die Distanzmessung gilt für das Meßgerät selbst die gleiche Genauigkeit. Wesentlicher als die Gerätegenauigkeit ist hier die Frage der zu berücksichtigenden Stromgeschwindigkeiten beim Übergang von der gemessenen Fahrt durchs Wasser zur interessierenden Distanz über Grund.

4.4.6 Dopplerlog

Dopplerlog (Dolog), Zweikomponenten-Dopplerlog, Korrelationslog, Doppler-Docking- und Doppler-Sonar-Navigationssysteme für die Schiffahrt sind elektroakustische Fahrtmeßsysteme. Dagegen arbeiten die Dopplerlogs für die Luftfahrt mit elektromagnetischen Wellen.

Verfahrensprinzip des Dopplerlogs

Bei diesem Fahrtmeßverfahren wird die zur Geschwindigkeit proportionale Frequenzverschiebung zwischen einem vom Fahrzeug abgestrahlten und dem wieder empfangenen akustischen Signal gemessen.

Allgemein bekannt ist die Erscheinung, daß der von einem Beobachter wahrgenommene Ton höher wird, wenn sich die Schallquelle auf ihn zubewegt. Der Ton wird tiefer, wenn sich die Quelle entfernt. Dieser von Doppler[16] beschriebene und nach ihm benannte Effekt tritt bei allen Ausbreitungsvorgängen in Wellenform auf, wenn sich Sender oder Empfänger relativ zum Ausbreitungsmedium bewe-

---

15 Babbedge, N. H.: Ship Speed Measurements and Navigation, Safety at Sea International.
16 Doppler, Christian, 1803−1853, österreichischer Physiker.

gen[17]. Dabei ist die Frequenzänderung Δf um so größer, je größer die Geschwindigkeit v von Sender oder Beobachter und je höher die verwendete Frequenz f ist. Ist die Geschwindigkeit v klein gegenüber der Ausbreitungsgeschwindigkeit des Signals c, dann gilt für die Dopplerfrequenzverschiebung

$$\Delta f = f \cdot \frac{v}{c}.$$

Genaugenommen ist bei diesem Effekt der Fall des gegenüber dem Medium bewegten Beobachters von dem Fall des gegen das Medium bewegten Senders zu unterscheiden. Die Anzahl der am ruhenden Beobachter in der Sekunde vorbeiziehenden Wellenzüge ist gleich der Senderfrequenz f. Bewegt sich nun der Beobachter selbst mit einer Geschwindigkeit v_B auf die Schallquelle zu, so passiert er in einer Sekunde eine Anzahl weiterer Wellenzüge. Diese Anzahl ist gleich der Frequenzverschiebung Δf, um die der wahrgenommene Ton höher ist. Sie ist gleich der Geschwindigkeit v_B geteilt durch die Wellenlänge λ; $\Delta f = v_B/\lambda$. Ersetzt man hierin die Wellenlänge λ aus der Wellenformel $\lambda = c/f$, so erhält man die oben angegebene Beziehung für die Frequenzverschiebung. Die Dopplerfrequenz selbst ist mit $f_D = f + \Delta f$

$$f_D = f \left(1 + \frac{v_B}{c} \right).$$

Prinzipiell anders liegt das Problem bei einer sich gegen das Ausbreitungsmedium mit der Geschwindigkeit v_S bewegenden Signalquelle. Hier verkürzt sich für einen Beobachter, der bei ruhender Signalquelle eine Wellenlänge λ beobachtet, diese Größe, denn während der Periodendauer T einer Wellenschwingung legt die Signalquelle eine Strecke s auf den Beobachter zu zurück. Jeder Wellenzug erscheint also um Δs verkürzt mit einer Wellenlänge

$$\lambda_D = \lambda - v_S \cdot T = \frac{c}{f} - \frac{v_S}{f} = \frac{c - v_S}{f}.$$

In diesem Fall ergibt sich damit die Dopplerfrequenz zu

$$f_D = \frac{c}{\lambda_D} = \frac{c}{\lambda - v_S \cdot T} = f \cdot \frac{1}{1 - \dfrac{v_S}{c}}.$$

Unter Nutzung der Reihenentwicklung

$$\frac{1}{1 - x} = 1 + x + x^2 + x^3 + \dots$$

erhält man für die Dopplerfrequenz

$$f_D = f \cdot \left(1 + \frac{v_S}{c} + \left(\frac{v_S}{c} \right)^2 + \left(\frac{v_S}{c} \right)^3 + \dots \right).$$

---

17 Vgl. im Bd. 1 C, Kap. 5 (Physik).

Ist die Geschwindigkeit der Signalquelle klein gegenüber der Ausbreitungsgeschwindigkeit des Signals, gilt also $v_S/c \ll 1$, dann können alle Glieder höherer Ordnung vernachlässigt werden und es gilt dann näherungsweise

$$f_D = f \cdot \left(1 + \frac{v_S}{c}\right).$$

Für die Dopplerfrequenzverschiebung Δf gilt dann wie im anderen Fall $\Delta f = f \cdot v/c$. Bei einer Sendergeschwindigkeit von 30 kn und einer Ausbreitungsgeschwindigkeit des Schalls im Seewasser von $c = 1500$ m/s beträgt der relative Fehler etwa $\pm 1‰$.

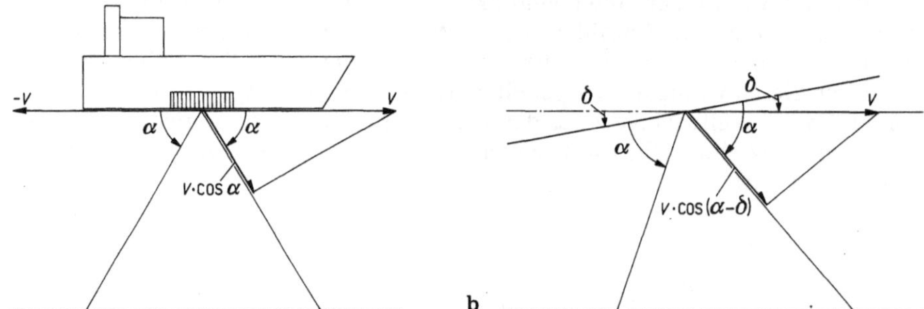

Bild 4.22. Prinzip des Dopplerlogs; **a** unvertrimmte und **b** vertrimmte Lage des Schiffes (Vertrimmungswinkel δ). Dargestellt ist die Zweistrahlanordnung (Janusanordnung; bei einfachen Ausführungen entfällt der nach achtern gerichtete Strahl)

An Bord wird von einer Schallquelle am Schiffsboden ein Signal abgestrahlt und nach Reflexion am Meeresboden oder im Wasser wieder durch einen Empfänger aufgenommen. Die Dopplerfrequenzverschiebung tritt hier zum einen beim Übergang des Signals vom mit der Schiffsgeschwindigkeit v bewegten Sender in das ruhende Ausbreitungsmedium Wasser auf und zum zweitenmal beim Übergang des reflektierten Signals vom ruhenden Ausbreitungsmedium Wasser auf das fahrende Schiff. Bei der Anordnung an Bord wird der Schallstrahl mit einem Abstrahlwinkel α, gemessen gegen den Schiffsboden, abgestrahlt (vgl. Bild 4.22). Die Komponente der Schiffsgeschwindigkeit in diese Richtung beträgt $v_D = v \cdot \cos \alpha$. Zwischen Schiffsgeschwindigkeit und Dopplerfrequenzverschiebung besteht damit insgesamt der Zusammenhang $\Delta f = 2 \cdot f \cdot (v_D/c) = 2 \cdot f \cdot (v \cdot \cos \alpha)/c$ oder aufgelöst nach der Schiffsgeschwindigkeit v

$$v = \frac{1}{2} \cdot \frac{\Delta f}{f} \cdot \frac{c}{\cos \alpha}.$$

Die Messung der Geschwindigkeit ist damit zurückgeführt auf die Messung einer Frequenzverschiebung. Für die Zuverlässigkeit der Messung ist hiernach die Konstanz der Anlagenfrequenz, die Kenntnis der Ausbreitungsgeschwindigkeit und die Erfassung des Abstrahlwinkels ausschlaggebend.

Elektroakustische Wandler (Schwinger)

Die Abstrahlung des Schallstrahls und der Empfang des reflektierten Strahls geschieht über elektroakustische Wandler, die elektrische Schwingungen in akusti-

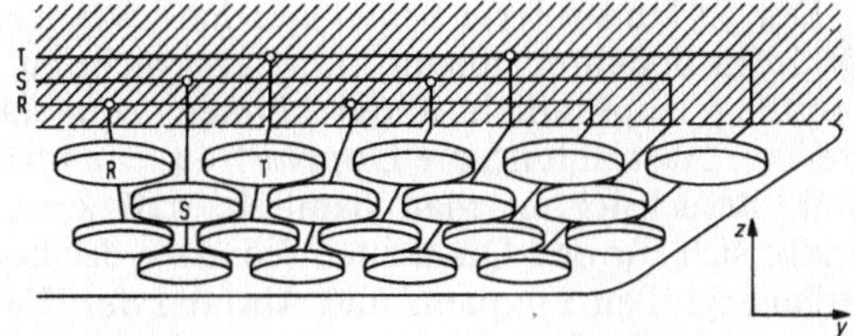

Bild 4.23. Anordnung der Schwinger-elemente in der phasengesteuerten ALPHA-Doppler-Schwinggruppe von KRUPP ATLAS-ELEKTRONIK, Bremen

sche umwandeln und umgekehrt (Schwinger). Die Richtung des Strahls ist dabei die Richtung der Senkrechten auf der Wandlerfläche (Flächennormale). Die Größe der Wandlerfläche im Verhältnis zur Wellenlänge bestimmt die Bündelung des Schallstrahles und die abgebbare Schalleistung. Bei diesen Wandlern ist die Richtung des Schallstrahls durch die Einbauneigung des Schwingers festgelegt und damit konstant.

Die Firma KRUPP ATLAS-ELEKTRONIK in Bremen setzt einen flach am Schiffsboden einzubauenden Schwinger aus einzelnen getrennt ansteuerbaren Wandlerelementen ein. Das Bild 4.23 zeigt einen solchen phasengesteuerten Wandler in perspektivischer Sicht von unten. R, S, T kennzeichnen die jeweils um 120° in der Phase gegeneinander versetzten Wechselspannungsversorgungen der einzelnen Wandlerelemente.

Bild 4.24 zeigt den Wandler im Schnitt. Herausgezeichnet sind drei Elemente-zeilen R, S, T, die jeweils um 120° phasenverschoben gespeist werden. Es bedeuten D Durchmesser eines Wandlerelements, a Abstand zweier Wandlerelemente in x-Richtung und $3a$ Abstand zweier Wandlerelemente in x-Richtung, die mit gleicher Phasenlage angesteuert werden.

Eingetragen sind auch die von den einzelnen Wandlerelementen ausgehenden Elementarwellen mit Kreisen konstanter Phasenlage. Man erkennt, daß aufgrund der Phasenverschiebung bei der Abstrahlung von den einzelnen Elementen die Wellenfront, die näherungsweise als Tangente an die Kreise gleicher Phase dargestellt werden kann, unter dem Winkel α von dem Schwinger abgestrahlt wird. Aus der Darstellung ergibt sich der Zusammenhang zwischen Wellenlänge λ und Abstrahlwinkel α zu

$$\cos\alpha = \frac{\lambda}{3 \cdot a}.$$

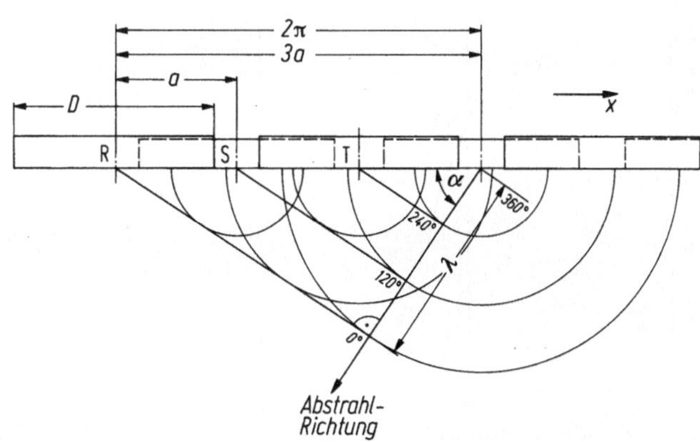

Bild 4.24. Geometrie der Abstrahlung bei einer phasengesteuerten Schwingergruppe

Der so konstruierte Schwinger hat zwei wesentliche Vorteile: Zum einen ist er flach im Boden eingebaut, führt also nicht zu Wirbelbildungen, die die Schallausbreitung empfindlich stören können, zum anderen wird durch diese phasengesteuerte Abstrahlung die Dopplerfrequenz unabhängig von der Schallgeschwindigkeit. Berücksichtigt man nämlich, daß $\lambda = c/f$ in der obigen Gleichung, dann ergibt sich für den Quotienten $(\cos \alpha)/c$ der konstante Wert $1/(3 \cdot a \cdot f)$, der nur die Anlagengrößen Frequenz und Abstand der Wandlerelemente enthält. Das bedeutet aber, daß die Dopplerfrequenzverschiebung bei diesem Schwingertyp nicht von der Ausbreitungsgeschwindigkeit abhängig ist.

Reichweite des Dopplerlogs

Die Reichweite des Dopplerverfahrens hängt ab von

- der abgestrahlten Leistung,
- der Bündelung des Schallstrahls,
- der Dämpfung auf dem Ausbreitungsweg,
- der Reflexionseigenschaft des Bezugsmediums (Meeresboden oder Wasservolumen je nach Betriebsart) und von
- der Qualität des Eingangsverstärkers.

Die Dämpfung ist dabei selbst stark frequenzabhängig.

Die Reflexion am Meeresboden bestimmt die zum Empfänger hin reflektierte Energiemenge; sie ist je nach Beschaffenheit des Bodens sehr unterschiedlich.

Reicht bei großer Wassertiefe die Reichweite des Systems nicht aus, so macht man sich den Volumennachhall (Volumen-Reverberation) zunutze, der durch Fremdkörper im Wasser — z. B. Schwebestoffe, Luftbläschen usw. — hervorgerufen wird. Durch diffuse Reflexion wird ein Teil der abgestrahlten Energie vom Empfänger aufgefangen und das empfangene Signal bezüglich seiner Dopplerfrequenzverschiebung gemessen; man mißt in diesem Fall die Fahrt gegen tiefere Wasserschichten.

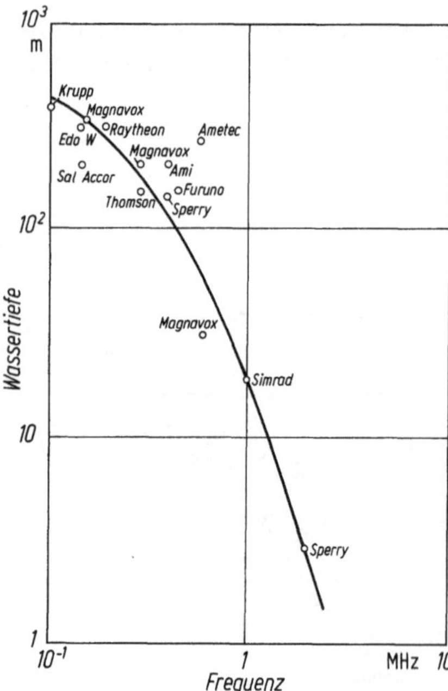

Bild 4.25. Abhängigkeit der Tiefenreichweite von der Frequenz lt. Herstellerangaben

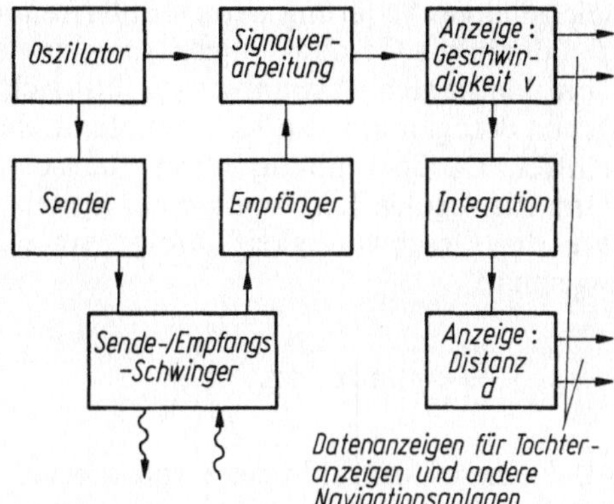

Bild 4.26. Prinzipieller Aufbau der Signal-verarbeitung bei einem Dopplerlog

Daten über die Reichweite der heute gebräuchlichen Dopplerlogs entnehme man der jeweiligen Dokumentation des Herstellers; siehe auch Bild 4.25.

Die Wahl der Frequenz stellt einen Kompromiß dar. Sie sollte einerseits niedrig sein, der geringen Dämpfung wegen, zum anderen aber nicht zu niedrig, da die Bündelung des Strahles Schwinger erfordert, deren lineare Abmessungen ein Mehrfaches der Wellenlänge sind.

Fahrt- und Distanzmessung

Eine *Fahrtmessung über Grund* (bottom track) ist wegen der Beschränkung der Reichweite der Schallwellen in vielen Fällen nicht möglich. In diesem Fall wird das aus einer vorgegebenen Wassertiefe zurückkehrende Signal (Volumennachhall) bezüglich seiner Dopplerfrequenzverschiebung gemessen. Die Umschaltung von der Messung der Fahrt über Grund auf Messung der *Fahrt durchs Wasser* (water track) erfolgt automatisch mit einer Präferenz für den Bodenkontakt. Aufwendige Systeme lassen in der Betriebsart „Fahrt durchs Wasser" die Messung gegen eine vorwählbare Wassertiefe zu; siehe auch im nächsten Kapitel.

Die Systeme arbeiten mit periodisch abgestrahlten Impulsen. Durch Messung des Echos innerhalb eines beschränkten Zeitintervalls (Zeitfenster) nach Abstrahlung des Impulses wird die Tiefe festgelegt, aus der das reflektierte Signal ausgewertet wird. Bei Messung des Bodenechos wird das „Fenster" automatisch der Tiefe des Bodens nachgeführt.

Der prinzipielle Aufbau der Signalverarbeitung beim Dopplerlog ist in Bild 4.26 dargestellt. Der zentrale Oszillator steuert sowohl die Senderstufe als auch die Auswertung. Das Signal wird nach Verstärkung als Impuls über den Schwinger abgestrahlt, das reflektierte Signal über den Empfänger wieder aufgenommen. Nach Demodulation steht ein der Geschwindigkeit proportionales Signal zur Verfügung. Durch die darauffolgende Integration wird daraus ein wegproportionales Signal, mit dem der Meilenzähler angesteuert werden kann. Für Tochteranzeigen und für andere Navigationsanlagen stehen Datenausgänge zur Verfügung.

Fehler und Fehlerausschaltung

Die *Konstanz der Anlagenfrequenz* ist eine Frage der Stabilität der elektronischen Schaltung. Zur Einschränkung der Änderung der Eigenschaften elektronischer Schaltungen (Driften) werden seitens der Hersteller zulässige Betriebsbedingungen angegeben. Eine Änderung der Frequenz bringt im vorliegenden Fall eine gleichsinnige Änderung der Dopplerfrequenzverschiebung mit sich. Der Quotient $\Delta f/f$, der in die Geschwindigkeitsmessung eingeht, bleibt davon unberührt.

Ein konstanter Abstrahlwinkel läßt sich allerdings auf einem Schiff nicht realisieren. Bezogen auf die Horizontale, ändert sich der Winkel mit dem Trimm des Schiffes. Darüber hinaus wirkt ebenso, allerdings sich periodisch ändernd, die Stampfbewegung. Die Analyse der Systemgleichung liefert für den relativen Fehler dv/v der Geschwindigkeit infolge einer Änderung $d\alpha$ des Abstrahlwinkels α in Bogenmaß

$$\frac{dv}{v} = \tan \alpha \cdot d\alpha.$$

Bei einem Abstrahlwinkel von $\alpha = 60°$ und einem Trimm von $\Delta\alpha = 1°$ ergibt sich der relative Fehler zu

$$\frac{\Delta v}{v} \approx 1{,}732 \cdot \frac{1°}{180°/\pi} \approx 0{,}03;$$

z.B. bei achterlichem Trimm von $5°$ wird die Geschwindigkeit um 15% zu hoch angezeigt, statt 20 kn also 23 kn.

Der *Fehler aufgrund von Vertrimmung oder Stampfbewegungen* läßt sich praktisch fast vollständig verhindern, wenn man in der Meßebene Signale symmetrisch in beide Richtungen abstrahlt. Im Fall der Messung der Geschwindigkeit in Längsschiffsrichtung bedeutet dies einen Strahl in Voraus- und einen in Achterausrichtung entsprechend den beiden Blickrichtungen des römischen Gottes Janus; siehe Bild 4.22 a und Bild 4.22 b. Bei nicht zu großer Vertrimmung ist dann die daraus resultierende Änderung der Dopplerfrequenzverschiebung für beide Strahlen gleich groß, allerdings unterschiedlich im Vorzeichen. Bei der Summierung beider Messungen heben sich die Abweichungen auf. Das Meßergebnis ist doppelt so groß wie bei einfacher Strahlenanordnung, nämlich

$$\Delta f_{\mathrm{J}} = 4 \cdot f \cdot \frac{v \cdot \cos \alpha}{c} \quad \text{oder} \quad v = \frac{1}{4} \cdot \frac{\Delta f_{\mathrm{J}}}{f} \cdot \frac{c}{\cos \alpha}$$

wobei Δf_{J} die Dopplerfrequenzverschiebung der Zweistrahlanordnung (Janusanordnung) bedeutet.

Bild 4.27 zeigt den Einfluß der Vertrimmung auf den Meßfehler bei einer Janusanordnung; aufgetragen ist der relative Fehler F über dem Trimmwinkel δ.

Der *Einfluß der Ausbreitungsgeschwindigkeit* des Schalls im Seewasser ist wesentlich von der Temperatur T und vom Salzgehalt S abhängig. Die mittlere Schallgeschwindigkeit in Seewasser, wie sie beispielsweise auch den Skalen der Echolote

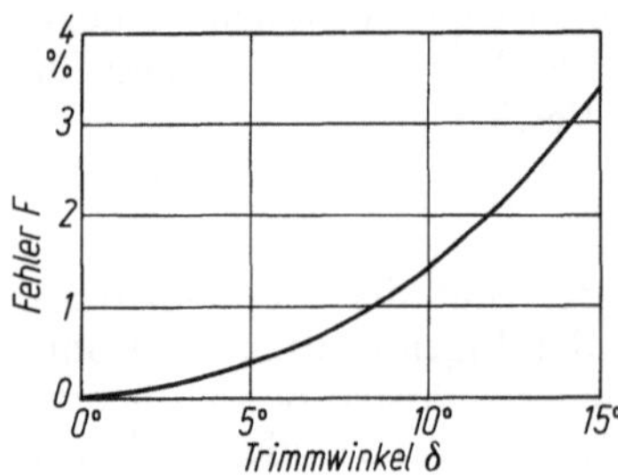

Bild 4.27. Einfluß der Vertrimmung auf den Meßfehler bei einer Janusanordnung

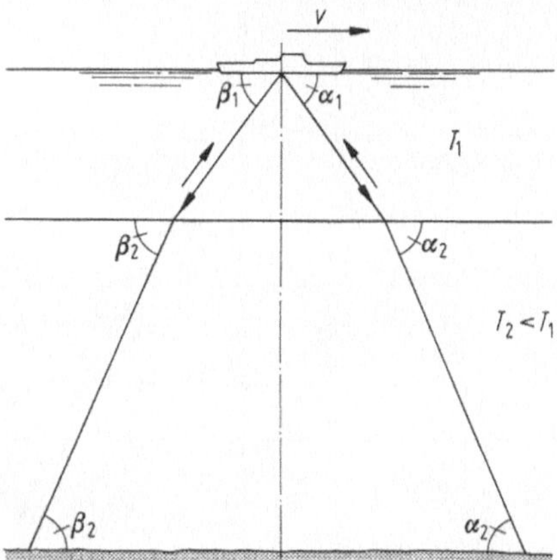

Bild 4.28. Schallbrechung an einer Grenzschicht zwischen zwei Zonen unterschiedlicher Temperatur

zugrunde liegt, ist $c = 1500$ m/s. Für die Geschwindigkeitsänderung dc gelten näherungsweise bezüglich

der Wassertemperaturänderung dT

$$dc \Big/ \frac{m}{s} \approx 3{,}6 \cdot dT / \,^\circ\mathrm{C},$$

der Salzgehaltänderung dS

$$dc \Big/ \frac{m}{s} \approx 1{,}2 \cdot dS / \permil,$$

der Druckänderung dp

$$dc \Big/ \frac{m}{s} \approx 0{,}2 \cdot dp / \mathrm{bar}; \quad 1\,\mathrm{bar} = 10^5 \, \frac{\mathrm{N}}{\mathrm{m}^2}.$$

Eine Temperaturänderung von $5\,^\circ\mathrm{C}$ bringt damit schon eine Änderung der Schallgeschwindigkeit von $\approx 18\,\dfrac{m}{s} \cong 1{,}2\%$ mit sich, die einen genauso großen relativen Fehler in der Geschwindigkeitsmessung zur Folge hat. Einige Hersteller bauen zur Berücksichtigung des Temperatureinflusses temperaturempfindliche Schaltelemente in den Schwinger ein, die in der nachfolgenden Schaltung eine Temperaturkompensation ermöglichen.

Der *Einfluß der horizontalen Schichtung des Meerwassers* ist ohne Einfluß auf die Messung, wie im folgenden nachgewiesen wird.

Das Meerwasser ist kein homogener Körper, vielmehr ändern sich Temperatur, Salzgehalt und selbstverständlich der Druck mit der Wassertiefe. Das bedeutet, daß die Ausbreitungsgeschwindigkeit nicht konstant ist. Der vom Sender abgestrahlte Schall wird beim Durchgang durch eine Trennschicht (siehe Bild 4.28) nach den Gesetzen der Brechung im Medium mit der höheren Ausbreitungsgeschwindigkeit zum Lot hin gebrochen. Der reflektierte Strahl macht allerdings die umgekehrte Brechung durch, so daß er in der oberen Schicht wiederum mit der genau zur Abstrahlung entgegengesetzten Richtung auf den Empfänger auftrifft.

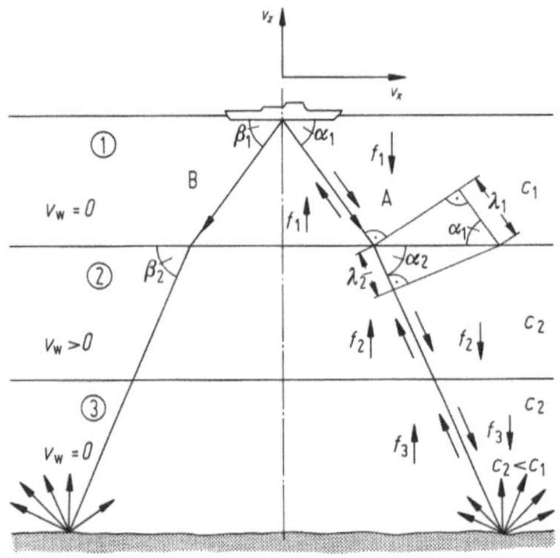

Bild 4.29. Beeinflussung des Schalls durch horizontale Schichtung des Ausbreitungsmediums (v_w Stromgeschwindigkeit im Wasser, c_1 Schallgeschwindigkeit in der Schicht 1, f_1 Frequenz in der Schicht 1 usw.)

Eine *horizontale Strömung (strömende Schicht)* zwischen Schiff und der Bezugsfläche für die Messung (z. B. Meeresboden) beeinflußt die Messung, bezogen auf den Meeresboden, nicht. Zwar tritt beim Übergang des Signals vom Bereich ① (siehe Bild 4.29) in den Bereich ② ein Dopplereffekt aufgrund der Relativbewegungen der beiden Schichten auf. Er wird aber in der nächsten Übergangszone vom Bereich ② nach Bereich ③ wieder aufgehoben, da im Bereich ③ wiederum keine Strömung vorhanden ist. Treibt in einem anderen Fall ein Schiff ohne Fahrt durchs Wasser mit der Strömung mit, so tritt der die Fahrt über Grund kennzeichnende Dopplereffekt zwischen dem strömenden Wasser und dem Meeresboden auf.

Der *Restfehler* wird durch Korrekturvorkehrungen, die teilweise automatisch arbeiten, auf ± 1% der Fahrt reduziert. Die technischen Lösungen der Fehlerkorrektur sind je nach Anlagetyp sehr unterschiedlich. Es wird daher auf die Dokumentation der Loganlage verwiesen.

4.4.7 Zweikomponenten-Dopplerlog

Bei diesem System wird das Janusverfahren (siehe Bild 4.22) sowohl in Längsschiffsrichtung (voraus und achteraus) als auch Querschiffsrichtung (Bb. und Stb.)

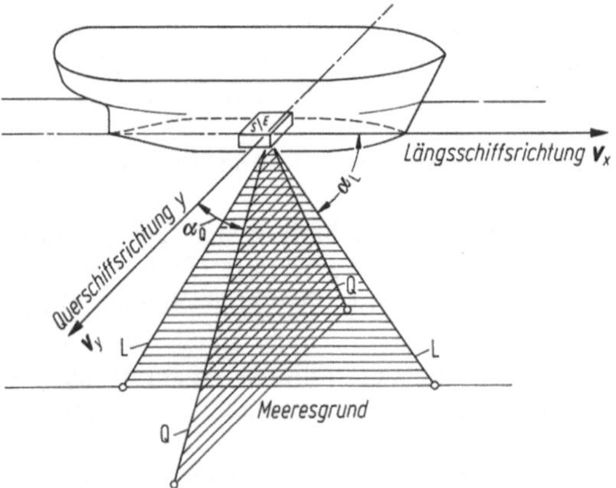

Bild 4.30. Prinzip der Schallabstrahlung beim Zweikomponenten-Dopplerlog (L längsgerichtete Abstrahlung, Q quergerichtete Abstrahlung, α Abstrahlwinkel)

angewendet. Es werden somit sowohl die Voraus- bzw. Achterausfahrt als auch die Quergeschwindigkeiten nach Bb. bzw. Stb. über Grund gemessen; siehe auch Kap. 4.5.5. Durch die Janusanordnung der Schwinger bleiben sowohl Stampf- als auch Rollbewegungen ohne nennenswerten Einfluß auf die Meßgenauigkeit. Bild 4.30 zeigt das Prinzip der Schallabstrahlung beim Zweikomponenten-Dopplerlog.

4.4.8 Korrelationslog

Das Korrelationslog ist wie das Dopplerlog ein elektroakustisches Fahrtmeßsystem. Bei ihm wird der zeitliche Versatz zweier Echoverläufe, die von einem nach unten strahlenden Schallschwinger angeregt und über zwei in Meßrichtung hintereinanderliegende Empfangsschwinger wieder aufgenommen werden, gemessen. Am Empfangsschwinger wird ein Schallsignal registriert, wie es sich aus der Überlagerung der verschiedenen reflektierten Wellen ergibt. Bewegt sich das Schiff, so ändert sich das Echo charakteristisch in der Amplitude. Über die Zeit aufgetragen ergibt sich ein Echogramm wie im Beispiel im Bild 4.31 dargestellt. Erhöht man die Geschwindigkeit des Fahrzeuges, so wird das Echogramm enger, bei Verlangsamung wird es weiter. Beim Korrelationslog werden nun in Meßrichtung mindestens zwei Empfangsschwinger angebracht. Liegen beide, wie im Bild 4.32 (Prinzipdarstellung) zu sehen ist, vor dem Sendeschwinger, dann wird offensichtlich ein zum Zeitpunkt t_0 abgestrahltes Schallsignal nach einer von der Wassertiefe z abhängenden Laufzeit t nach Reflexion bei R den vorderen Empfänger zuerst erreichen.

Für den hinteren Empfänger tritt ein vergleichbares Schallsignal dann auf, wenn der Weg vom Sender zum Empfänger gleich lang wie im ersten Fall ist. Setzt man für diese Betrachtung voraus, daß die Wassertiefe sehr viel größer als der relevante Abstand der Empfänger ist, dann können näherungsweise alle hier betrachteten Schallwege als zueinander parallel angesehen werden.

Bild 4.32 zeigt vier Positionen des Schwingers während der Bewegung. s bezeichnet den Weg des sich bewegenden Fahrzeuges während der Laufzeit des Schallsignals vom Sender S über den reflektierenden Punkt R zum Empfangsschwinger E_2. Zur Verdeutlichung wurde diese Strecke s im Verhältnis zum Schallweg stark vergrößert dargestellt. Tatsächlich verlaufen alle eingezeichneten Schallwege parallel. Gestrichelt sind die Positionen des Schwingers eingezeichnet, für die die Länge des Schallweges vom Sende- zum Empfangsschwinger E_1 gleich dem erstgenannten Weg sind.

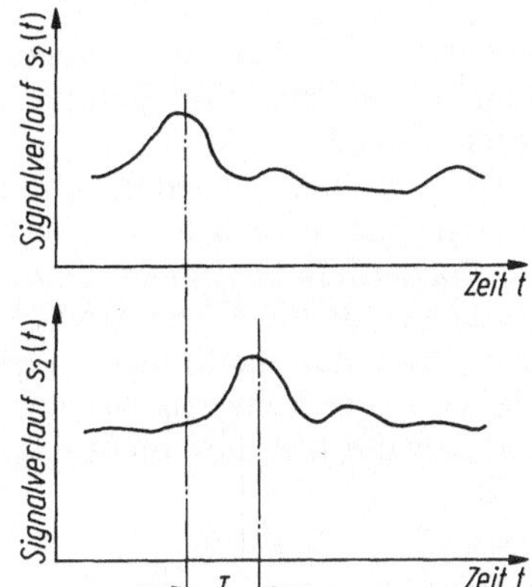

Bild 4.31. Signalverläufe $s_1(t)$ am Empfangsschwinger E_1 und $s_2(t)$ am Empfangsschwinger E_2 als Funktion der Zeit (T zeitlicher Abstand der beiden Signalverläufe)

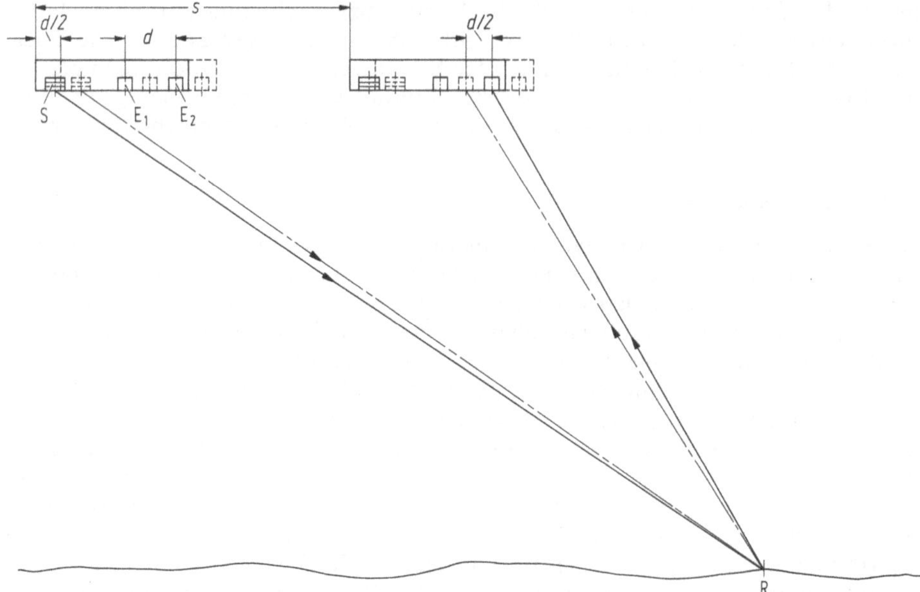

Bild 4.32. Prinzip des Korrelationslogs

Bewegt man die ganze Anordnung um den halben Abstand der Empfänger in Meßrichtung, dann ist offensichtlich die Bahnlänge des Schallsignals vom Sender zum Empfänger E_1 genauso lang wie im ersten Fall zwischen Sender und Empfänger E_2. Bei einer Geschwindigkeit des Fahrzeuges v wird für die Strecke $d/2$ die Zeit $T = d/(2 \cdot v)$ benötigt. Umgekehrt kann also aus der Messung des zeitlichen Versatzes der Echogramme die Geschwindigkeit des Fahrzeuges gewonnen werden; vgl. auch Bild 4.31. Allerdings sind die beiden Signalverläufe $s_1(t)$ und $s_2(t)$ nicht identisch, sondern nur ähnlich. Der Grad der inneren Verwandtschaft zweier Zeitfunktionen wird als Korrelation — genauer Kreuzkorrelation — bezeichnet.

Für zwei Signalverläufe $s_1(t)$ und $s_2(t)$ wird die Korrelationsfunktion durch das Integral

$$\frac{1}{2\tau} \cdot \int_{-\tau}^{+\tau} s_1(t) \cdot s_2(t + T) \cdot \mathrm{d}t$$

beschrieben, wobei τ den Integrationszeitraum für die Zeit t bezeichnet. Das Maximum dieser Funktion liefert den gewünschten zeitlichen Versatz der vergleichbaren Signale.

Das Verfahren arbeitet, um eine Trennung von Sende- und Empfangssignal zu ermöglichen, im Pulsbetrieb. Es kann gleichzeitig mit der Messung der Fahrt auch die Wassertiefe feststellen. Dabei kann die letztere Messung auch dazu dienen, die Pulslänge für die Geschwindigkeitsmessung der Wassertiefe anzupassen und den Empfänger nur für Signale empfindlich zu machen, die aus einem vorgegebenen Tiefenbereich kommen. Wie das Dopplerlog hat auch dieses Verfahren den Vorteil, daß die Messung nicht durch die Grenzschicht an der Schiffshülle verfälscht wird.

Das von der Firma Jungner hergestellte Log SAL ACCOR arbeitet nach dem Korrelationsprinzip. Die Anlage arbeitet mit einem zweigeteilten Schwinger, dessen Elemente etwa 35 mm Abstand voneinander haben. Bei der Betriebsfrequenz kann bis zu einer Wassertiefe von 200 m noch sicher bodenbezogen (bottom-track) gemessen werden. Die Mindestwassertiefe zur Messung beträgt 0,5 m. In tieferem Wasser wird automatisch auf Volumennachhall (water-track) umgeschaltet. Firmenangaben weisen auf eine Meßgenauigkeit von ± 0,1 kn hin. Die Sonde für die oben genannte Anlage kann durch ein Seeventil unmittelbar zur Pflege zugänglich gehalten werden.

4.4.9 Doppler-Docking-Navigationssystem

Dieses System stellt eine spezielle, über die reine Bestimmung der Schiffsgeschwindigkeit hinausgehende Entwicklung dar. Es handelt sich grundsätzlich um ein Zweikomponentensystem, das zusätzlich zur Voraus- und Achterausgeschwindigkeit die Quergeschwindigkeiten am Bug und am Heck getrennt ausweist. Das wird entweder durch ein zusätzliches Querschiffsmeßsystem am Heck bewirkt oder durch Berechnung der Bug- und Heckkomponenten mittels Messung der Wendegeschwindigkeit; ROT (**Rate Of Turn**).

Doppler-Docking-Navigationssysteme sind vor allem beim Manövrieren außergewöhnlich großer Schiffe in engen Gewässern sehr wertvoll, da das System in der Lage ist, minimale Bewegungen, die unter der physischen Wahrnehmungsschwelle des Menschen liegen, sofort qualitativ und quantitativ anzuzeigen. Siehe auch „Integrierte Navigation", Bd. 1 C, Kap. 4.

4.4.10 Doppler-Sonar-Navigationssystem

Das Doppler-Sonar-Navigationssystem ermöglicht eine automatische Koppelortung. Längs- und Quergeschwindigkeiten bzw. die entsprechenden Distanzen und der Kreiselkompaßkurs werden einem Prozeßrechner zugeführt. Ausgehend von einem eingegebenen Abfahrtsort, berechnet der Rechner daraus laufend den augenblicklichen Koppelort des Schiffes. Vgl. „Integrierte Navigation", Bd. 1 C, Kap. 4.

4.4.11 Fahrt- und Distanzsysteme als Bestandteil der Trägheitsnavigation

Das aufwendigste Distanz- und Fahrtmeßverfahren ist Bestandteil der Trägheitsnavigation. Dort wird die Beschleunigung gemessen und zur Geschwindigkeit und Distanz aufintegriert. Vgl. „Trägheitsnavigation" im Bd. 1 B, Kap. 3.

4.4.12 Fahrtbestimmung nach Schraubendrehzahl [18]

Auf Schiffen, die nicht mit einer zuverlässigen Fahrtmeßanlage ausgerüstet sind, wird die Fahrt durchs Wasser gewöhnlich aus der Umdrehungzahl der Schraube bestimmt, für die bei der Probefahrt die entsprechenden Geschwindigkeiten festgestellt werden. Diese Werte müssen als *Fahrttabelle* auf der Brücke vorhanden sein.

Bei Mehrschraubenschiffen sollten auch Unterlagen vorhanden sein, die gültige Werte bei Benutzung nur einer Schraube liefern.

Die Bestimmung der Fahrt aus der Schraubendrehzahl kann auf folgende Weise erfolgen:

Man bestimmt aus der Schraubensteigung und der Zahl der Umdrehungen je Minute die theoretische Fahrt, oder aus der Schraubensteigung und der Zahl der während einer Stunde gemachten Umdrehungen die abgelaufenen „Schrauben-

---

[18] Siehe auch 6.2.7 (Formelsammlung).

meilen". Hiervon subtrahiert man den Verlust durch Slip, dessen Größe in Prozent der theoretischen Fahrt aus den Probefahrtergebnissen oder aus Erfahrung bekannt ist.

Bestimmung des Slips. Slip bedeutet Schlupf. Man meint damit den Verlust an Weg oder an Geschwindigkeit. Dieser Verlust ist dem Vortriebsmittel „Propeller" eigentümlich.

Der Slip wird meist in Prozent angegeben und wird erhalten, indem man die Differenz aus theoretischer Geschwindigkeit und wahrer Geschwindigkeit durch die theoretische Geschwindigkeit dividiert. Für den Slip (s) gilt somit

$$s = \frac{H \cdot n - v}{H \cdot n} \cdot 100\% \ .$$

Hierin bedeuten

H die Propeller- oder Schraubensteigung (sie ist der Maschinenbeschreibung jederzeit zu entnehmen),
v die Schiffsgeschwindigkeit und
n die Drehzahl des Propellers.

H wird z. B. in m, v in m/min, n in min^{-1} eingesetzt.

Der mit Hilfe der vorstehenden Überlegung ermittelte Slip ist der scheinbare. Allein dieser ist an Bord zu messen.

Der wahre oder tatsächliche Propellerslip kann nur in einer Versuchsanstalt festgestellt werden. In dieser wird ein Modellpropeller, der dem großen Schiffspropeller geometrisch ähnlich ist, in freier Fahrt ohne störenden Schiffskörper durch das Wasser geführt.

Dennoch sind die Messungen des scheinbaren Slips an Bord für Schiffbauer und Propellerkonstrukteure wertvoll, weil für die verschiedenen Beladungszustände und Schiffsgeschwindigkeiten ein fester mathematischer Zusammenhang zwischen dem scheinbaren und dem tatsächlichen Slip besteht.

Beispiel 1: Ein Schiff legt bei ruhigem Wetter in stromlosem Wasser 10 sm in 50 min zurück. Die Maschine macht 70 Umdrehungen in der Minute. Die Steigung der Schraube beträgt 6 m. Wie groß ist der scheinbare Slip in Prozent?

$$v \text{ zu ermitteln aus 10 sm in 50 min} \Rightarrow 10 \text{ sm} \cdot \frac{60}{50 \text{ min}} = 12 \text{ kn,}$$

$$12 \text{ kn} = 12 \cdot \frac{1852 \text{ m}}{60 \text{ min}} = 370{,}4 \ \frac{\text{m}}{\text{min}} \ ,$$

$$s = \frac{6 \cdot 70 - 370{,}4}{6 \cdot 70} \cdot 100\% = 11{,}8\%.$$

Beispiel 2: Bei schwerem Wetter legte man im Etmal 112 sm, nach Schraubendrehzahl aber 182 Schraubenmeilen zurück; der Wind war im Mittel 30° von Stb. vorn Stärke 10, hohe See und Dünung, Tiefgang $V \ldots H \ldots$

$$s = \frac{182 - 112}{182} \cdot 100\% = 38{,}5\%.$$

An Stelle einer Fahrttabelle verwendet man auf vielen Schiffen Fahrtkurvenblätter für die verschiedenen Tiefgänge.

Die Werte der Fahrttabelle sind bei jeder Gelegenheit nachzuprüfen und zu vervollständigen. Alle Werte sind wesentlich abhängig vom Seegang, Wind, Wassertiefe, Tiefgang, Trimm, Bewuchs des Schiffsbodens u. a.

Tabelle 4.1. Auszug aus der Fahrttabelle eines Schiffes (Schraubensteigung 10 450 mm)

Anzahl der Umdrehungen in der Minute	Schraubenmeilen	Schiffsgeschwindigkeit in Knoten	Slip %	Tiefgang[a]			Art der Geschwindigkeitsermittlung	Bemerkungen
				bei Abfahrt	bei Ankunft	im Mittel		
30	10,15	9,5	6,4	$V = 30\,\text{ft}\,06\,\text{in.}$ $H = 30\,\text{ft}\,06\,\text{in.}$	$V = 24\,\text{ft}\,09\,\text{in.}$ $H = 28\,\text{ft}\,00\,\text{in.}$	$V = 27\,\text{ft}\,08\,\text{in.}$ $H = 29\,\text{ft}\,03\,\text{in.}$	Astronomische Beobachtungen und Landpeilungen	Gegen Ende der Reise bei schönem Wetter und ruhiger See sind bei 79 bis 80 Umdrehungen 23,3 bis 23,5 Knoten zu rechnen
35	11,84	11,0	7,1					
40	13,54	13,0	4,0					
45	15,23	14,5	4,8					
50	16,92	16,0	5,4					
55	18,62	17,5	6,0					
60	20,31	19,0	6,4					
65	22,00	20,0	9,1					
70	23,69	21,0	11,3					
75	25,39	22,0	13,3					
80	27,08	23,0	15,0					

[a] V Tiefgang vorne und H Tiefgang hinten.

Die Nachprüfung und Ergänzung der Fahrttabelle kann durch Fahrtbestimmung an der *gemessenen Meile* erfolgen. Es ist darauf zu achten, daß während der Meßfahrt die georderte Schraubendrehzahl genau eingehalten und das Schiff mit möglichst wenig Ruderlage genau auf Kurs gehalten wird.

4.4.13 Fahrtbestimmung an der gemessenen Meile

Segelhandbücher und Seekarten geben Aufschluß, wo solche „abgesteckten Meilen" vorhanden sind. Man halte genau den vorgeschriebenen Kurs, der senkrecht zu den Deckpeilungsrichtungen der Landmarken liegen soll. Auf gutes Steuern achten! Genügend Anlauf nehmen! Strecke hin *und* zurück laufen, um Einfluß von Wind und Strom auszuschalten.

FdW ist dann das arithmetische Mittel aus den beiden gefundenen Werten[19]. Es ist falsch, einfach den doppelten Weg durch die Summe der Zeiten für Hin- und Rückfahrt zu dividieren.

Ist die durchlaufene Strecke x sm lang, so ist FüG in kn gleich $x \cdot 3600$ durch Sekundenzahl.

Zur Bestimmung von FdW des Schiffes bei Probefahrten wendet man meistens diese Methode an. Tiefgang vorn und hinten und Richtung und Stärke des Windes notieren! Möglichst stromloses und tiefes Fahrwasser wählen! Ist der Strom bekannt, so läßt sich aus FüG und dem Strom ebenfalls FdW finden (siehe Kap. 4.5). Gebiete mit stark änderndem Strom sind für Meßfahrten ungeeignet.

Beispiel: Eine bekannte Entfernung von 2,3 sm läuft man hin in 14 min 20 s = 860 s, zurück in 17 min 10 s = 1030 s ab.

$$\text{FüG}_1 = \frac{2,3 \cdot 3600}{860}\,\text{kn} \approx 9,6\,\text{kn}, \qquad \text{FüG}_2 = \frac{2,3 \cdot 3600}{1030}\,\text{kn} \approx 8,0\,\text{kn},$$

$$\text{FdW} \approx \frac{9,6 + 8,0}{2}\,\text{kn} = 8,8\,\text{kn}.$$

---

19 Siehe auch 6.2.6 (Formelsammlung).

Sind keine Deckpeilungsmarken vorhanden, so wählt man einen Kurs, der möglichst parallel zur Verbindungslinie der beiden Peilobjekte verläuft, und läßt auf diesem Kurs beide Objekte in die gleiche Kompaß- oder Seitenpeilung einwandern.

Tabelle 4.2. Umrechnung von Knoten in Meter je Minute und umgekehrt

Die Umrechnung von Knoten in Meter je Minute und umgekehrt erfolgt nach

$$1 \text{ kn} = 30{,}8\bar{6} \text{ m/min} \quad \text{und} \quad 1 \text{ m/min} = 32{,}3974 \cdot 10^{-3} \text{ kn}.$$

Siehe weitere Umrechnungsfaktoren im Kap. 6.2.8 der Formelsammlung.

Kno-ten	Minuten													
	1	2	3	4	5	6	7	8	9	10	15	20	25	30
5	154	309	463	617	772	926	1080	1235	1389	1543	2315	3087	3859	4630
6	185	370	556	741	926	1111	1296	1482	1667	1852	2778	3704	4630	5556
7	216	432	648	864	1080	1296	1512	1728	1945	2161	3241	4321	5401	6482
8	247	494	741	988	1235	1482	1729	1976	2222	2469	3704	4939	6174	7408
9	278	556	833	1111	1389	1667	1945	2222	2500	2778	4167	5556	6945	8334
10	309	617	926	1235	1543	1852	2161	2470	2778	3087	4630	6173	7716	9260
11	340	679	1019	1358	1698	2037	2377	2716	3056	3395	5093	6791	8489	10186
12	370	741	1111	1482	1852	2222	2592	2964	3334	3704	5556	7408	9260	11112
13	401	803	1204	1605	2006	2408	2809	3210	3611	4013	6019	8025	10031	12038
14	432	864	1296	1729	2161	2593	3025	3458	3890	4321	6482	8643	10804	12964
15	463	926	1389	1852	2315	2778	3241	3704	4167	4630	6945	9260	11575	13890
16	493	988	1482	1976	2369	2963	3456	3952	4445	4939	4408	9877	12346	14816
17	524	1049	1574	2098	2624	3148	3672	4196	4720	5247	7871	10494	13118	15742
18	556	1111	1667	2222	2778	3334	3890	4444	5000	5556	8334	11112	13891	16668
19	586	1173	1760	2346	2932	3520	4106	4692	5278	5865	8798	11730	14662	17594
20	617	1235	1852	2470	3087	3704	4321	4940	5557	6173	9260	12347	15434	18520
21	648	1296	1945	2592	3241	3890	4538	5184	5832	6482	9723	12964	16205	19446
22	679	1358	2037	2716	3395	4074	4753	5432	6111	6791	10186	13581	16976	20372
23	710	1420	2130	2840	3550	4260	4970	5680	6390	7099	10650	14200	17750	21298
24	741	1482	2222	2964	3704	4445	5186	5928	6669	7408	11112	14816	18520	22224
25	772	1544	2315	3088	3858	4630	5402	6176	6948	7717	11576	15435	19293	23150
26	803	1605	2408	3210	4013	4815	5618	6420	7223	8025	12038	16051	20064	24076
27	833	1667	2500	3334	4167	5000	5833	6668	7501	8334	12501	16668	20835	25002
28	864	1729	2593	3458	4321	5186	6050	6916	7780	8643	12964	17285	21606	25928
29	895	1790	2685	3580	4476	5370	6265	7160	8055	8951	13422	17902	22378	26854
30	926	1852	2778	3704	4630	5556	6482	7408	8334	9260	13890	18520	23150	27780
31	956	1914	2871	3828	4784	5741	6697	7656	8612	9569	14353	19137	23921	28706
32	986	1976	2964	3952	4938	5926	6912	7904	8890	9878	14816	19754	24692	29632
33	1017	2037	3056	4074	5093	6111	7128	8148	9165	10186	15279	20372	25464	30558
34	1048	2098	3148	4196	5248	6296	7344	8392	9440	10494	15742	20988	26236	31484
35	1080	2160	3241	4320	5402	6482	7562	8640	9720	10803	16205	21607	27009	32410

Beispiel: Ein Schiff, das 12 kn läuft, legt in 9 min 3334 m zurück.

Tabelle 4.3

km	sm	km	sm	sm	km	sm	km
1	0,540	6	3,240	1	1,852	6	11,112
2	1,080	7	3,780	2	3,704	7	12,964
3	1,620	8	4,320	3	5,556	8	14,816
4	2,160	9	4,860	4	7,408	9	16,668
5	2,700	10	5,400	5	9,260	10	18,520

4.5 Stromnavigation

Vorbemerkung. In der Nähe der Küste löst man alle Stromaufgaben am besten durch Zeichnung eines *Stromdreiecks* in der Seekarte. Je nach Kartenmaßstab zeichnet man das Stromdreieck entweder für eine Stunde oder für mehrere Stunden. Zu kleine Zeichnungen ergeben zu ungenaue Ergebnisse. Mit einem elektronischen Taschenrechner lassen sich die Aufgaben auch rechnerisch lösen; siehe dazu Kap. 6.2.11 (Formelsammlung). Durch Zeichnung in der Karte kommen die navigatorischen Verhältnisse am Ort besser zum Bewußtsein. Auf hoher See löst man Stromaufgaben am besten rechnerisch oder durch Zeichnung auf Papier in geeignetem Maßstab.

Auf Schiffen, die regelmäßig dieselben Strecken befahren, notiere man beständig unter Angabe von Zeit und Ort der Beobachtung: Wind, Wetter, erwartete Strömung und tatsächlich beobachtete Besteckversetzung. Im Laufe der Zeit wird man so wertvolles Material erhalten, das einem gestattet, die einzelnen Faktoren ziemlich genau in Rechnung zu stellen.

4.5.1 1. Stromaufgabe

Gegeben: Der Weg durchs Wasser (KdW, FdW) und der Strom nach Richtung und Stärke.

Gesucht: Kurs und Fahrt über Grund (KüG, FüG).

Beispiel: Ein Schiff steuert rwK 035° mit 8 kn FdW. Der Strom setzt nach rw 120° mit 3 kn. Welches sind Kurs und Fahrt über Grund?

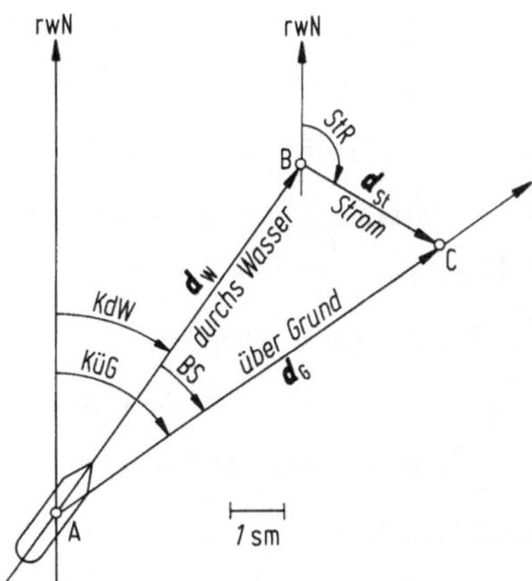

Bild 4.33. Stromdreieck (1. Stromaufgabe)

Lösung durch Zeichnung (Bild 4.33): Man zeichnet den Weg durchs Wasser als Vektor d_W (aus FdW und KdW, z.B. für 1 Stunde) in die Karte, vom Abfahrtsort A ausgehend ($\overrightarrow{AB}$), und trägt in B den Stromvektor d_{St} (Stromversetzung für dieselbe Zeit) an ($\overrightarrow{BC}$). $\overrightarrow{AC}$ ist dann der Weg über Grund; d_G (KüG 055°, FüG 8,8 kn).

Lösung durch Rechnung[20]: Man koppelt (siehe auch Kap. 4.10.4) den Weg durchs Wasser und die Stromversetzung

Weg durchs Wasser	rw 035°	8 sm	$\Rightarrow$ (6,6 sm N, 4,6 sm E)
Stromversetzung	rw 120°	3 sm	$\Rightarrow$ (1,5 sm S, 2,6 sm E)

Weg über Grund	rw 055°	8,8 sm	$\Leftarrow$ (5,1 sm N, 7,2 sm E)

4.5.2   2. Stromaufgabe

Gegeben: Der Strom nach Richtung und Stärke, die Fahrt des Schiffes durchs Wasser und der beabsichtigte Kurs über Grund (Koppelkurs über Grund).

Gesucht: Kurs durchs Wasser, Fahrt über Grund (KdW, FüG) und die Zeitdauer der Segelung).

Beispiel: Ein Schiff will rw 120° 40 sm über Grund zurücklegen. Der Strom setzt nach rw 230° mit 2 kn. Die Fahrt des Schiffes durchs Wasser ist 6 kn. Welches sind Kurs durchs Wasser und Distanz durchs Wasser, Fahrt über Grund (KdW, DdW, FüG) und Zeit, die zum Zurücklegen der 40 sm über Grund benötigt wird?

Lösung durch Zeichnung (Bild 4.34): Man setzt den beabsichtigten KüG in der Karte ab und trägt im Abfahrtsort A den Stromvektor d_{St} (z.B. für 1 Stunde) an ($\overrightarrow{AC}$). Mit FdW bestimmt man die Länge des Vektors d_W (6 sm für 1 Stunde) und schlägt um C einen Kreisbogen mit diesem Radius, der den abgesetzten Weg über Grund in B schneidet. $\overrightarrow{CB}$ ist der Vektor d_W (KdW 102°, FdW 6 kn), $\overrightarrow{AB}$ ist der Vektor d_G (KüG 120°, FüG 5 kn).

Zeitdauer der Segelung $\dfrac{40 \text{ sm}}{5 \text{ kn}} = 8$ h.

Distanz durchs Wasser   6 kn · 8 h = 48 sm.

Lösung durch Rechnung: siehe Kap. 6.2.11 (Formelsammlung; 2. Stromaufgabe).

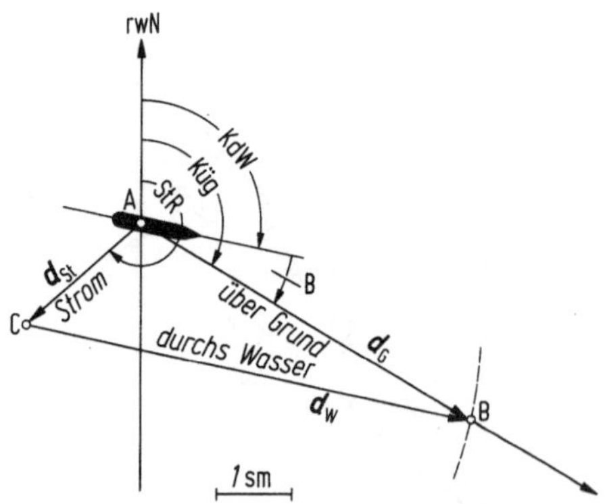

Bild 4.34. Stromdreieck (2. Stromaufgabe)

---

20 Siehe auch Kap. 6.2.3 und Kap. 6.2.11 (Formelsammlung; 1. Stromaufgabe).

4.5.3 3. Stromaufgabe

Gegeben: Der Weg über Grund (KüG, FüG) und der Weg durchs Wasser (KdW, FdW).

Gesucht: Richtung und Stärke des Stromes (Besteckversetzung).

Beispiel: Ein Schiff legt in der Stunde über Grund rw 055° 8,8 sm, durchs Wasser rw 035° 8 sm zurück. Welches ist Richtung und Stärke des Stromes (StR, StG)?

Lösung durch Zeichnung (vgl. Bild 4.34): Man setzt den Weg durchs Wasser als Vektor d_W ($\overrightarrow{AB}$) und den Weg über Grund als Vektor d_G ($\overrightarrow{AC}$) vom Abfahrtsort ab. Da C dann der Ort ist, an dem sich das Schiff nach einer Stunde wirklich befindet (O_b), ist $\overrightarrow{BC}$ der Stromvektor d_{St} (StR 120°, StG 3,0 kn).

Lösung durch Rechnung: Man koppelt den Weg über Grund und den entgegengesetzten Weg durchs Wasser

Weg über Grund	rw 055° 8,8 sm $\Rightarrow$	(5,1 sm N, 7,2 sm E)
entgegengesetzter		
Weg durchs Wasser	rw 215° 8,0 sm $\Rightarrow$	(6,6 sm S, 4,6 sm W)

Strom	rw 120° 3,0 sm $\Leftarrow$	(1,5 sm S, 2,6 sm E)

Bei der täglichen Besteckrechnung sieht man den Unterschied zwischen dem durch astronomische Beobachtung gefundenen Ort (O_b) und dem nach Loggerechnung bestimmten Ort (O_l) vielfach als Stromversetzung an. Das ist aber nur dann richtig, wenn man als „gesteuerte Kurse und Distanzen" die Kurse und Distanzen durchs Wasser (KdW und DdW) gekoppelt hat. Die Besteckversetzung (BV) wird entweder der Karte entnommen oder berechnet.

Beispiel:

nach Loggerechn. $\varphi_l = 51° 05'\,N$ $\lambda_l = 010° 58'\,W$
nach Beobachtung $\varphi_b = 51° 15'\,N$ $\lambda_b = 010° 50'\,W$

$\Delta\varphi = \quad 10'\,N$ $\Delta\lambda = \quad 08'\,E$ $b = +10\,sm$ $l = +8\,sm$
$a = +5,0\,sm$
$\approx BV\ 027°\ \ 11\,sm$

4.5.4 Sonderfälle

• Gesucht: Der Weg über Grund, durch zweimaliges Peilen desselben Objektes.

Beispiel: Ein Schiff steuert mit 12 kn FdW den KdW 108°, 22 sm (1 h 50 min) und man peilt jetzt ein Feuer F in rwP 024°. Nach weiteren 13 sm (1 h 05 min) peilt man F in rwP 348°. Welches sind KüG, FüG und Strom (StR, StG)?

Lösung (vgl. Bild 4.35): Man trägt den KdW vom Abfahrtsort A aus in die Karte ein und markiert darauf die Loggeorte $O_{l,1}$ und $O_{l,2}$ für die Zeitpunkte der 1. und der 2. Peilung des Punktes F. Dann zieht man eine beliebige Hilfslinie von A aus, welche die 1. Peilstandlinie (I) in X schneidet. Die Parallele zur Verbindungslinie $\overline{XO_{l,1}}$ durch $O_{l,2}$ schneidet die Hilfslinie in Y. Die Parallele I' zur 1. Peilstandlinie schneidet die 2. Peilstandlinie (II) in B, dem beobachteten Schiffsort (O_b) zur Zeit der 2. Peilung.

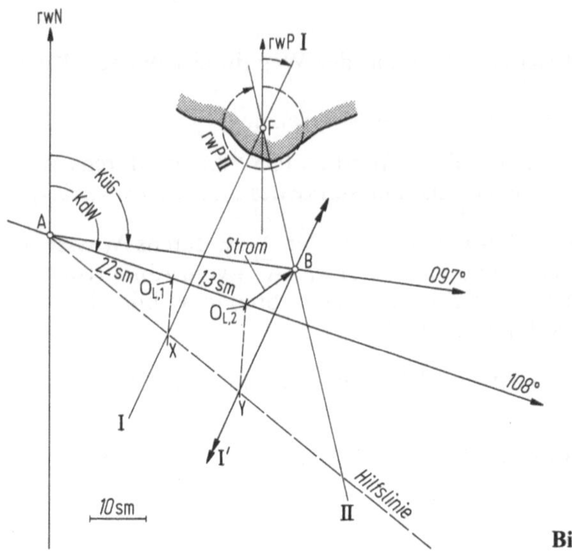

Bild 4.35

Dann ist $\overrightarrow{AB}$ der Weg über Grund (KüG, DüG) und $\overrightarrow{O_{1,2}B}$ der Stromvektor (StR, DSt) für die Gesamtzeit zwischen A und B. Man erhält somit KüG 097°, FüG 14,6 kn (42,5 sm in 2 h 55 min) und für den Strom StR rw 055°, StG 3,25 kn (9,5 sm in 2 h 55 min).

- Gesucht: Der Kurs über Grund, aus drei Peilungen desselben Objektes in gleichen Zeitabständen oder nach gleichen Loggedistanzen (DdW).

Beispiel: Man peilt F in rwP 070°, nach 20 min peilt man F in rwP 045° und nach weiteren 20 min in rwP 010°.

Lösung (vgl. Bild 4.36): Man trägt die drei Peilstandlinien in die Karte ein und nimmt einen beliebigen Punkt C auf der mittleren Peilstandlinie an. Parallele zur 1. und zur 3. Peilstandlinie durch C bestimmen die Punkte A und B auf diesen

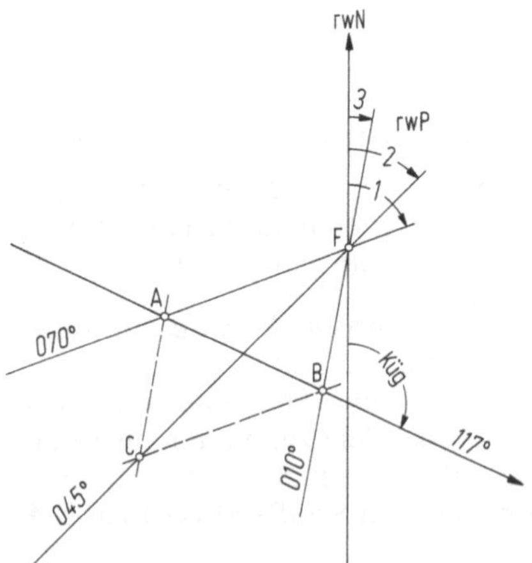

Bild 4.36

Standlinien. AB bestimmt dann die *Richtung* KüG (aber *nicht* die *Distanz* über Grund); KüG 257°.

Hat man bei einer dieser Peilungen zugleich auch den Abstand von F bestimmt, so kann man auch die Distanz über Grund und den Strom finden. Hat man z.B. beim Insichtkommen von F den Abstand $\overline{AF}$ bestimmt, so zieht man durch A eine Parallele zur 3. Peilstandlinie, die die 2. Peilstandlinie in C schneidet. Zieht man dann durch C eine Parallele zur 1. Peilstandlinie, so ist ihr Schnittpunkt B mit der 3. Peilstandlinie der Schiffsort (O_b) zur Zeit der 3. Peilung und AB ist dann die Distanz über Grund (DüG) für die Gesamtzeit zwischen 1. und 3. Peilung. Den Strom bestimmt man nach Kap. 4.5.3 (3. Stromaufgabe).

- Gesucht: Der Kurs über Grund, aus drei Peilungen desselben Objektes bei gleichen Peilungsunterschieden.

Beispiel: Man peilt F in rwP 292°, nach 30 min in rwP 313° und nach weiteren 18 min in rwP 334° (Peilungsunterschied jeweils 21°). Welchen KüG erhält man aus den Peilungen?

Die Peilungsunterschiede sollten nicht kleiner als 15° sein!

Lösung (vgl. Bild 4.37): Man trägt auf der ersten und auf der letzten Peilstandlinie von F aus nach einem beliebigen Maßstab Stücke (z.B. in sm) ab, die den Zwischenzeiten proportional sind: 30 min : 18 min = 5 : 3, z.B. $\overline{FA}$ 5 sm, $\overline{FB}$ 3 sm. Die Verbindungslinie der Endpunkte A und B dieser Strecken gibt den Kurs über Grund (aber nicht die Distanz über Grund!). KüG 257°.

Kennt man den Abstand $\overline{FA}$, so kann man den Schiffsort B (O_b) und damit auch die Distanz über Grund und den Strom finden.

$\overline{FB}$ wird erhalten aus dem Produkt $\overline{FA}$ und der Loggedistanz (DdW) zwischen 2. und 3. Peilung, dividiert durch die Loggedistanz zwischen 1. und 2. Peilung oder aus dem Produkt $\overline{FA}$ und der Zeitdauer der Segelung zwischen 2. und 3. Peilung, dividiert durch die Zeitdauer der Segelung zwischen 1. und 2. Peilung.

Im Beispiel sei $\overline{FA}$ 16 sm, dann ist

$$\overline{FB} = \frac{16\ \text{sm} \cdot 18}{30} = 9{,}6\ \text{sm}.$$

- Gesucht: Der Kurs über Grund, aus drei Peilungen desselben Objektes zu beliebigen Zeiten.

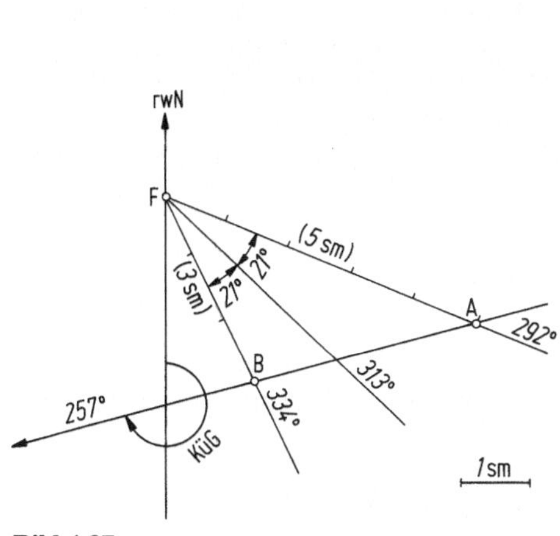

Bild 4.37

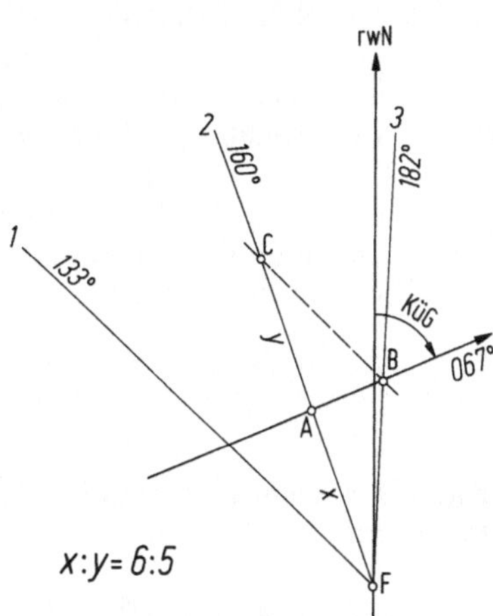

Bild 4.38

Beispiel: Man peilt F in rwP 133°, nach 30 min in rwP 160° und nach weiteren 25 min in rwP 182°. Welcher KüG ergibt sich daraus?

Lösung (vgl. Bild 4.38): Die Zwischenzeit zwischen der 1. und 2. Peilung sei x min, zwischen der 2. und 3. Peilung y min. Man trägt von F aus auf der mittleren Peilstandlinie in beliebigem Maßstab die Strecken $\overline{FA} = x$ und $\overline{AC} = y$ ab. Hier ist $x : y = 30\ \text{min} : 25\ \text{min} = 6 : 5$, also $\overline{FA}$ ist z. B. 6 sm, $\overline{AC}$ 5 sm. Dann legt man durch C eine Parallele zum 1. Peilstrahl, die den letzten Peilstrahl in B schneidet. $\overrightarrow{AB}$ bestimmt dann die Richtung KüG (nicht DüG).

Voraussetzung ist bei allen diesen Aufgaben, daß Kurs und Fahrt (KdW, FdW) während der Versegelung nicht geändert und genau eingehalten werden.

4.5.5 Bestimmung der Beschickung für Strom (BS) mit Hilfe des Dopplerlogs

Steht an Bord ein Zweikomponenten-Dopplerlog (siehe 4.4.7) zur Verfügung, so läßt sich damit leicht die Beschickung für Strom und damit der Kurs über Grund jederzeit bestimmen.

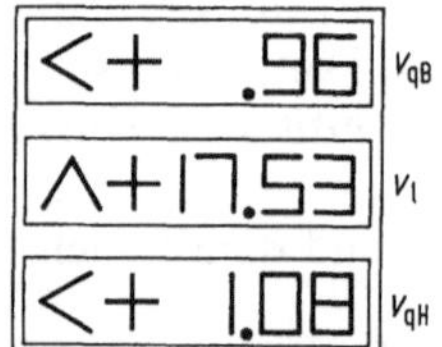

Bild 4.39. DOLOG-Anzeige

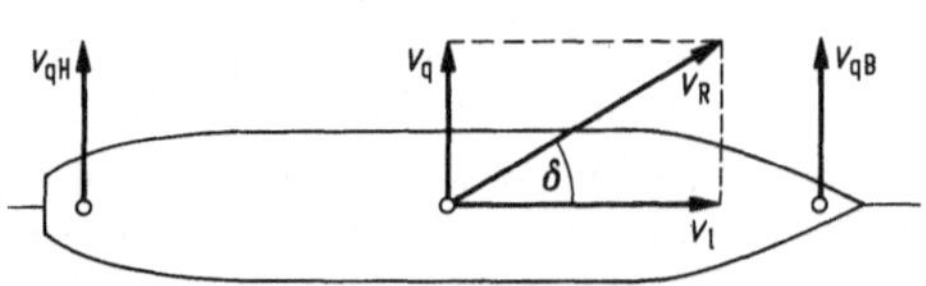

Bild 4.40

Genau genommen erhält man allerdings nicht nur die Beschickung für Strom (BS), sondern die Beschickung für Wind *und* Strom (BWS); die Beschickung für Wind (BW) muß geschätzt und entsprechend von BWS subtrahiert werden, um BS zu erhalten.

Das Zweikomponenten-Dopplerlog (DOLOG) liefert laufende Anzeigen für die Längsgeschwindigkeit über Grund (v_l) sowie die Quergeschwindigkeiten über Grund am Bug und am Heck (v_{qB}, v_{qH}).

Bei konstantem Kurs ohne Wind- und Stromeinfluß und ohne Gierbewegung müssen v_{qB} und v_{qH} Null sein. Wird das Schiff infolge von Wind oder Strom seitlich zur Schiffslängsachse versetzt, so müssen v_{qB} und v_{qH} gleich groß sein. Durch geringe Gierbewegungen verändern sich die Werte von v_{qB} und v_{qH} ständig leicht.

Bild 4.39 zeigt eine DOLOG-Anzeige; danach hat das Schiff eine Längsgeschwindigkeit (v_l) zu 17,5 kn voraus, eine Quergeschwindigkeit nach Bb. am Bug (v_{qB}) zu 0,96 kn und am Heck (v_{qH}) zu 1,08 kn.

Aus Bild 4.40 geht hervor:

$$v_q = \frac{v_{qB} + v_{qH}}{2}, \quad \tan \delta = \frac{v_q}{v_l}.$$

Mit hinreichender Genauigkeit läßt sich der Winkel δ bestimmen, soweit er nicht größer als 10° wird. Setzt man δ in Bogenmaß ($\hat{\delta}$), so ist

$$\hat{\delta} \approx \tan \hat{\delta}, \quad \hat{\delta} = \frac{\pi \cdot \delta/1°}{180} \approx \frac{1}{57,3} \cdot \delta/1°.$$

Den Winkel δ erhält man somit nach

$$\delta/1^\circ \approx \frac{v_\mathrm{q}}{v_\mathrm{l}} \cdot 57,3 \approx \frac{v_\mathrm{q}}{v_\mathrm{l}} \cdot 60.$$

Für unser Beispiel (Bild 4.39) ergibt sich folgende Rechnung:

$$v_\mathrm{q} = \frac{(0,96 + 1,08)\ \mathrm{kn}}{2} = 1,02\ \mathrm{kn}\ \text{nach Bb. (also Strom von Stb.),}$$

so daß bei Windstille die Beschickung für Strom (β_S)

$$\beta_\mathrm{S} \approx -\frac{1,02 \cdot 60}{17,5} \cdot 1^\circ = -3,5^\circ.$$

Mit hinreichender Genauigkeit läßt sich damit der Kurs über Grund bestimmen, andererseits stellt $-\beta_\mathrm{S}$ auch näherungsweise den erforderlichen Vorhaltewinkel nach Stb. dar, um einen gewünschten Kurs über Grund einzuhalten.

Der besondere Vorteil liegt darin, daß jederzeit auch bei wechselnden Strom- (und Wind-)Einflüssen schnell der erforderliche Vorhaltewinkel bestimmt werden kann.

4.6 Bestimmung der Wassertiefe

Die Kenntnis der verfügbaren Wassertiefe und die Ortung von Unterwasserhindernissen sind neben dem Kurs und der Fahrt des Schiffes von großer Bedeutung für eine sichere Navigation.

Der Messung der vertikalen Distanz zu einem Unterwasserobjekt (Meeresboden, Riff, Wrack) dienen Vertikallote; der Ortung nach Richtung und Distanz dienen hydroakustische Horizontallote. Letztere stehen in der Regel auf Frachtschiffen nicht zur Verfügung, so daß eine Unterwasserortung nicht möglich ist. Horizontallote werden bei der Fischerei eingesetzt.

Mit Hilfe von Einrichtungen zur Tiefenmessung ist es möglich, in tiefenmäßig vermessenen Seegebieten den Standort des Schiffes zu bestimmen bzw. zusätzliche Informationen dazu zu erhalten.

Die Tiefenangaben in den Seekarten beziehen sich im allgemeinen auf einen niedrigen Wasserstand. Die Tiefenbezugsebene ist von den einzelnen Nationen verschieden gewählt worden und in jeder Seekarte ausdrücklich vermerkt. In den deutschen Gewässern beziehen sich die Tiefenangaben der Ostseekarten auf einen mittleren Wasserstand, der Nordseekarten auf *mittleres Springniedrigwasser* (vgl. Bd. 1 B, Kap. 5). Von allen zu anderer Zeit gemachten Lotungen ist deshalb ein Betrag abzuziehen, um sie für Niedrigwasser geltend zu erhalten (Lotungsbeschickung). Der Abzug ist abhängig von der Größe des Tidenhubs (TH). Im allgemeinen gelten angenähert folgende Werte:

bei Hochwasser ist der Abzug gleich dem ganzen TH,

1 Stunde   vor oder nach Hochwasser ist der Abzug gleich $^9\!/_{10}$ TH,
2 Stunden vor oder nach Hochwasser ist der Abzug gleich $^3\!/_4$ TH,
3 Stunden vor oder nach Hochwasser ist der Abzug gleich $^1\!/_2$ TH,
4 Stunden vor oder nach Hochwasser ist der Abzug gleich $^1\!/_4$ TH,
5 Stunden vor oder nach Hochwasser ist der Abzug gleich $^1\!/_{10}$ TH,
6 Stunden vor oder nach Hochwasser ist der Abzug gleich 0.

Zur genauen Berechnung der Lotungsbeschickung verwende man die in den deutschen Gezeitentafeln enthaltenen Tidenkurven, Tafeln und Karten.

In den deutschen Seekarten sind die Tiefen ausschließlich in Meter angegeben, daher sollte auch der *Tiefgang des Schiffes in Meter bzw. Dezimeter* abgelesen werden. Die englischen Seekarten geben die Tiefen auch noch in Faden, in Spezialkarten häufig in Fuß!

Umrechnung von „Meter in Faden" und „Faden in Meter" sieht NT 37.

Achtung! Steine können im flachen Wasser auch bei an sich ausreichenden Wassertiefen zu gefährlichen Grundberührungen führen! Mit solchen, von der Vermessung nicht erfaßten Steinen ist überall zu rechnen, wo die Seekarte unreinen Grund oder Steine angibt. In Schärengewässern besteht nur für die in den Seekarten durch Kurslinien bezeichneten Schiffswege Gewähr für reinen Grund.

Bemerkt sei, daß man an dem „Absacken" des Hecks, auf manchen Schiffen des Bugs, oder der schlechteren Steuerfähigkeit bei höherer Fahrt sofort merken kann, daß man sich im flachen Wasser befindet und also entsprechend vorsichtig navigieren muß.

Geräte zur Messung der Wassertiefe sind:

- Handlot,
- Mittel- und Tieflot und
- Echolote (hydroakustische Lote).

Alle Schiffe in allen Fahrtgebieten müssen mit einem Handlot ausgerüstet sein, außerhalb der Watt- und Küstenfahrt auch mit einem Echolot.

4.6.1 Handlot

Das *Handlot* besteht aus einem Lotkörper von 3 bis 5 kg und einer 35 bis 45 m langen Leine aus ungeteertem Hanf. Die Markierung der Leine erfolgt alle 2 m mit farbigen Stoffstreifen und alle 10 m mit gelochten Lederstreifen:

    schwarz bei 2, 12, 22 ... m
    weiß   bei 4, 14, 24 ... m
    rot   bei 6, 16, 26 ... m
    gelb   bei 8, 18, 28 ... m

Lederstreifen mit 1 Loch bei 10 m, 2 Löchern bei 20 m usw.

Der Lotkörper besitzt unten eine Aushöhlung zur Aufnahme der „Lotspeise" (meist Talg) zur Sammlung einer Grundprobe. Durch Vergleich der aufgenommenen Grundprobe — Sand, Schlick, Kies — mit den Angaben der Seekarte (siehe Kap. 3.3.1) erhält man zusätzliche Information über den Standort.

Das Loten mit dem Handlot ist nur bei geringer Fahrt des Schiffes und geringen Wassertiefen möglich. Das Lot ist an Luvseite soweit wie möglich voraus zu werfen, damit die Leine im Augenblick der Grundberührung senkrecht steht. Verwendet wird das Handlot überwiegend zum Ausloten eines unbekannten Ankerplatzes vom Arbeitsboot aus oder bei Grundberührung. Wenn das Schiff vor Anker liegt, kann das Handlot ein gutes Mittel sein, um das Treiben vor Anker zu erkennen.

4.6.2 Mittel- und Tieflot

Mittel- und Tieflote findet man heute kaum mehr, da die Messung größerer Wassertiefen nur mit dem Echolot zuverlässig erfolgen kann. Sie werden hier nur der Vollständigkeit halber aufgeführt:

Mittellot: Es ist ein Lot in der Art des Handlots mit einem Lotkörper von 8 bis 10 kg und einer 60 bis 100 m langen Leine.

Tieflot: Die Thomsonsche Lotmaschine bestimmt die Wassertiefe nach dem Boyle-Mariotteschen Gesetz. Man mißt dabei die Wassertiefe nach dem Wasserdruck, der jeweils am Meeresgrund herrscht (bis etwa 200 m). Zu diesem Zweck versenkt man mit dem Lot von 15 bis 25 kg eine oben geschlossene Glasröhre, die innen mit einem roten Belag von chromsaurem Silber versehen ist. Dieser Belag wird durch das im Seewasser enthaltene Salz, soweit das Wasser in die Röhre eindringt, gelb gefärbt. Aus der Höhe der Entfärbung findet man an einem beigegebenen Maßstab die Wassertiefe in Meter oder Faden.

Am meisten werden die Lotungen durch das falsche Abstoppen bei hoher Fahrt gefälscht. Daneben haben auf das Lotergebnis Einfluß: Großer Temperaturunterschied des Oberflächen- und Tiefenwassers, verschiedene Dichte des Meerwassers, falsch abgebrochene Spitze des Lotrohres und ungewöhnlicher Luftdruck. Zur Behebung des letzten Fehlers gibt es Lotmaßstäbe, die eine Tiefenablesung für vier verschiedene Luftdruckwerte gestatten.

Elektrolot: Ein besonderes Verfahren zur Messung der Wassertiefe ist das heute nicht mehr gebräuchliche Elektrolot. Die Messung beruht auf der gleichförmigen Sinkgeschwindigkeit eines Körpers im Wasser. Der stromlinienförmige Körper sinkt mit einer Geschwindigkeit von 2 m/s. Beim Auftreffen auf den Grund explodiert ein eingebauter Knallsatz. Der Knall wird mit einem am Schiffsboden angebrachten Mikrofon aufgenommen. Aus der gestoppten Zeit vom Auftreffen des Lotkörpers auf der Wasseroberfläche bis zum Hören des Knalls läßt sich dann die Wassertiefe berechnen: Wassertiefe in Meter gleich Zeit in Sekunden mal 2 m/s. Die Schallaufzeit vom Grund zum Mikrofon wird dabei vernachlässigt.

4.6.3 Echolote (hydroakustische Lote)[21]

Beim Echolot werden Schallwellen zur Bestimmung der Wassertiefe verwendet. Schall pflanzt sich im Wasser mit etwa der fünffachen Geschwindigkeit gegenüber der in der Luft fort.

Die Bestimmung der Wassertiefe beruht auf der Messung der Zeit, die ein am Schiffsboden ausgesandter Schallimpuls zum Meeresgrund und zurück benötigt. Die Schallgeschwindigkeit im Wasser beträgt etwa 1500 m/s. Da der Schall die Strecke Schiffsboden bis Meeresgrund hin und zurück durchlaufen muß, benötigt er dazu bei 750 m Wassertiefe 1 s. Dementsprechend sind es bei 75 m Wassertiefe $\frac{1}{10}$ s und bei 7,5 m nur noch $\frac{1}{100}$ s.

Gemessen wird grundsätzlich die Tiefe unter dem Kiel. Die Wassertiefe erhält man durch Addition der Tiefe des Echolotwandlers (T_{EI}); dabei ist je nach Anordnung der Meßstelle der Trimm zu berücksichtigen.

Die angezeigte Tiefe T_A (Bild 4.41) ergibt sich durch die Messung der Laufzeit eines Schallimpulses vom Sender S zum Reflexionspunkt R am Grund und zurück zum Empfänger E nach

$$T_A = \sqrt{\left(\frac{c_0 \cdot t}{2}\right)^2 - \left(\frac{b}{2}\right)^2},$$

dabei ist:

T_A Anzeigetiefe,
c_0 mittlere Schallgeschwindigkeit im Wasser (1500 m/s),
t Laufzeit des Schalls,
b Basisabstand Sender bis Empfänger.

---

21 Den ersten bordbrauchbaren Apparat schuf 1912 Dr. h. c. A. Behm (1880 – 1952).

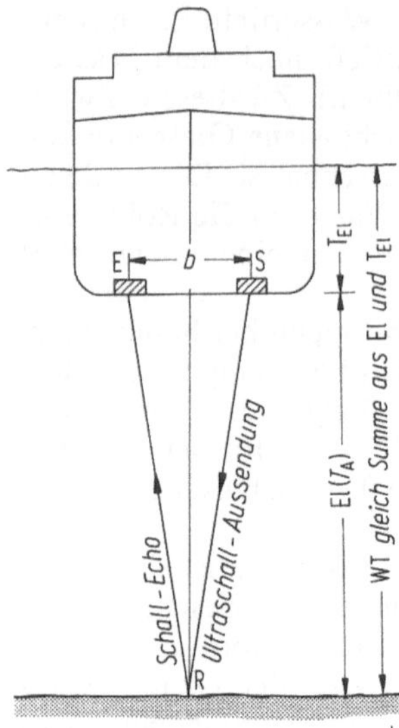

Bild 4.41. Prinzip der Echolotung. S Sender; E Empfänger

Da in der Regel $b < 1$ m, kann bei Wassertiefen $T_A \gg b$ mit genügender Genauigkeit die Näherung benutzt werden

$$T_A \approx \frac{c_0 \cdot t}{2}.$$

Bei einigen Echolotanlagen werden Sender und Empfänger in einem gemeinsamen Bauteil vereinigt, so daß $b = 0$ ist.

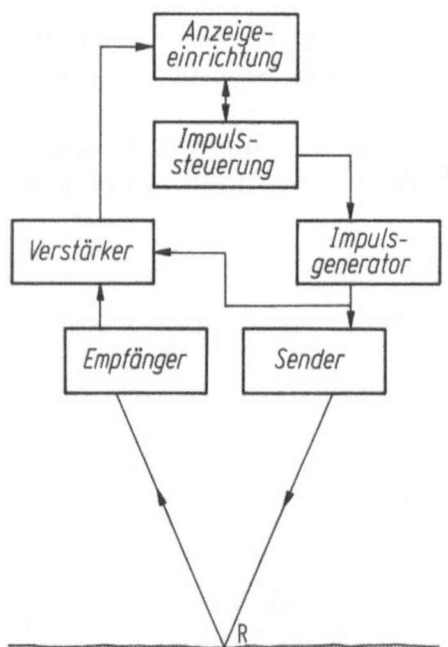

Bild 4.42. Funktionsblöcke des Echolotes

Echolotanlagen bestehen aus folgenden Systemteilen:

- Impulsgenerator,
- Sendeschwinger (Schallsender),
- Empfängerschwinger (Schallempfänger),
- Verstärker,
- Anzeigeeinrichtung.
- *Impulsgenerator* zur Erzeugung der Energie für den Sende-Impuls: Es werden überwiegend Stoßgeneratoren verwendet, die bei einfachem Aufbau betriebssicher sind. Nachteilig ist die starke Dämpfung der entstehenden Impulse. In modernen Anlagen findet man elektronische Impulsgeneratoren, die ungedämpfte Rechteckimpulse wählbarer Impulsdauer mit hoher Impulsleistung liefern.
  Angesteuert wird der Impulsgenerator durch die mit der Anzeigeeinrichtung gekoppelte Impulssteuerung.
- *Sendeschwinger* (Wandler) zur Wandlung des elektrischen Impulses in einen Ultraschallimpuls und zur Abstrahlung der Schallenergie ins Wasser: Verwendet werden Magnetostriktions- und piezoelektrische Systeme. Der Schwinger wird bündig im Schiffsboden eingebaut, die Abstrahlfläche darf nicht mit Farbe überstrichen werden!
- *Empfängerschwinger* zur Wandlung des Echo-Schallimpulses in ein elektrisches Signal: Empfänger arbeiten in der Regel nach demselben Funktionsprinzip wie der Sender, magnetostriktiv bzw. piezoelektrisch.
  Sender und Empfänger werden entweder als getrennte Bauteile querschiffs angeordnet im Schiffsboden oder als eine kombinierte Einheit mittschiffs, in der Regel im vorderen Teil des Schiffes eingebaut.
- *Verstärker* zur Verstärkung des ankommenden Echosignals: Der Verstärkungsgrad wird am Bedienungsteil der Anzeigeeinrichtung geregelt. Dabei ist die Verstärkung so zu wählen, daß ein eindeutiges Echo angezeigt wird. Durch Doppel- oder Mehrfachreflexion des Schallimpulses zwischen Schiffsboden und Meeresgrund erscheinen sonst die Doppel- bzw. Mehrfachechos ebenfalls.
- *Anzeigeeinrichtung* zur Anzeige der gemessenen Tiefe: In der Regel wird der Meßwert als Rotlichtanzeige abgelesen, parallel dazu auch als Digitalanzeige oder als Echogramm (Echograph). In Sonderausführungen erfolgt die Darstellung der Messung auf einer Kathodenstrahlröhre, z. B. bei der Fischlupe.
  - •• Bei der *Rotlichtanzeige* befindet sich eine Glimmlampe hinter einem Schlitz in einer rotierenden Scheibe. Der Antrieb erfolgt durch einen sehr gleichmäßig laufenden Antriebsmotor. Jeweils beim Durchgang der Lampe durch den Nullpunkt der Tiefenskala wird über einen Nockenschalter die Impulssteuerung betätigt und der Schallimpuls abgestrahlt.
    Bis zum Eintreffen des Echosignals bewegt sich die Lampenposition weiter. Das elektrische Echosignal wird der Lampe zugeführt und bringt sie kurzzeitig zum Aufleuchten. Der Meßwert kann an der Tiefenskala abgelesen werden.
  - •• Beim *Echographen* wird ein Transportband vom Antriebsmotor angetrieben, an dem eine Schreibfeder befestigt ist. Das Echosignal wird der Feder über eine Gleitschiene zugeführt. Als Registrierpapier wird elektrosensitives Material verwendet; z. B. durch Funkenübersprung wird eine Markierung auf dem Papier erzeugt. Zur genauen Eichung wird auch das Nullsignal markiert. Bei einigen Anlagen läßt sich der Schiffstiefgang durch entsprechende Verschiebung der Nullinie berücksichtigen, so daß die Wassertiefe anstelle der Tiefe unter Kiel abgelesen werden kann.
    Die Echoaufzeichnung ermöglicht nicht nur die Ablesung der augenblicklichen Tiefe, sondern zeigt auch das Bodenprofil des zurückgelegten Weges.

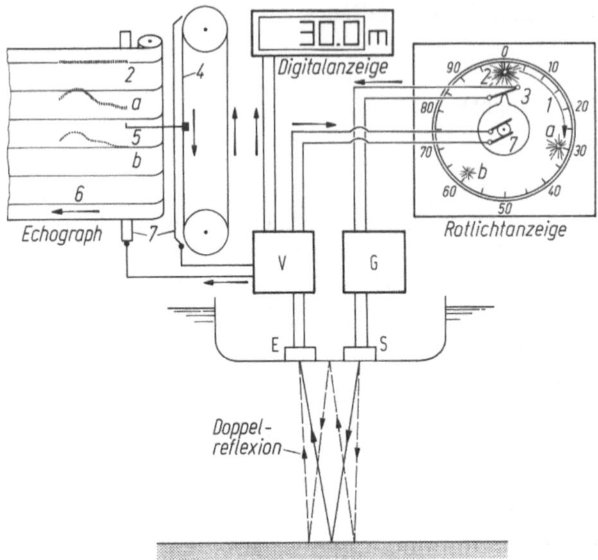

Bild 4.43. Anzeigeeinrichtungen von Echoloten.
G Impulsgenerator; V Verstärker; S Sendeschwinger; E Empfängerschwinger;
1 rotierende Scheibe; *2* Anzeigelampe (Nullsignal); *3* Nockenschalter zur Impulssteuerung;
4 Transportband; *5* Schreibfeder; *6* Schreibpapier; *7* Echosignalzuführung;
a Bodenecho (30 m); *b* Echo nach Doppelreflexion

Aus der Form und dem Auftreten von Mehrfachechos kann auf die Beschaffenheit des Grundes (Fels, Sand, Schlick) geschlossen werden. Einen weiteren, besonders für die Fischerei wichtigen Vorteil bieten Anlagen mit Schwarz-Grau-Aufzeichnung der Bodenechos. Damit lassen sich Fischschwärme in Bodennähe auf dem Echogramm erkennen. Über die Auswertung von Echogrammen geben die Hersteller-Dokumentationen Auskunft.

●● Bei der *Digitalanzeige* wird das Echosignal direkt als elektronische Ziffernanzeige ausgegeben. Durch die Impulssteuerung wird eine elektronische Zeitmessung ausgelöst, die unabhängig von einer mechanischen Zeitmessung bei Rotlichtanzeige bzw. Echograph arbeitet.
Es ist ein Nachteil dieser Anzeigeart, daß keine Unterscheidung zwischen Nutz- und Störechosignalen möglich ist. Durch eine „Korrelationslogik" werden verschiedene Echos aus einem Meßzyklus verglichen und das stärkste angezeigt, das in der Regel das Bodenecho darstellt.

●● Bei der *Fischlupe* erhält man eine sehr differenzierte Anzeige — auch einer Vielzahl von unmittelbar aufeinander folgenden Echos — auf einer Kathodenstrahlröhre. Auf dem Bildschirm bewegt sich der Leuchtpunkt senkrecht von oben nach unten, die Geschwindigkeit entspricht dem gewählten Meßbereich. Beim Eintreffen eines Echosignals wird der Leuchtpunkt waagerecht ausgelenkt. Die Ablesung der Tiefe erfolgt über eine Skala auf dem Bildschirm. Durch Erhöhung der senkrechten Ablenkgeschwindigkeit läßt sich für einen wählbaren Tiefenbereich eine Art Lupenwirkung erzielen.

Alle Anlagentypen arbeiten nach demselben physikalisch-technischen Prinzip, unterscheiden sich aber in der technischen Ausführung und in der Bedienung sowie in ihren Kenngrößen und Einsatzbereichen.

Man informiere sich deshalb eingehend über die jeweils vorhandene Anlage anhand der Dokumentation (Manual) des Herstellers!

Bedeutung wichtiger Kenngrößen eines Echolots

- *Schallfrequenz:* Die Frequenz der abgestrahlten Schallschwingungen. Echolote arbeiten mit Ultraschall, d. h. mit Frequenzen jenseits der Hörfähigkeit des menschlichen Ohres. Bei Navigationsecholoten liegt die Frequenz allgemein bei 20 bis 50 kHz.
Durch die Schallfrequenz werden
  - • die Richtwirkung (Bündelung des abgestrahlten Schallimpulses) und u. a.
  - • die Reichweite aufgrund der frequenzabhängigen Dämpfung der Schallwellen im Wasser
  bestimmt.

Die Richtwirkung der Schallaussendung ist von Bedeutung, um zu verhindern, daß Echos von einem größeren Bereich des Meeresgrundes oder z. B. von den Seitenwänden eines Hafenbeckens reflektiert und aufgefangen werden, wodurch die Anzeige falsch bzw. schwer identifizierbar wird. Bei der praktisch erreichbaren Bündelung des Schallimpulses ergibt sich ein Schallkegel (Bild 4.44a und b).

Das Echolot registriert stets die höchsten Erhebungen (als oberste Echospur beim Echographen). Berge auf dem Meeresgrund werden daher in ihrer Höhe richtig wiedergegeben, steile Täler dagegen oft stark abgeflacht. Je größer die Richtwirkung, je enger der Schallkegel also ist, desto besser kann man in steile Täler hineinloten. Abgesehen von der Vermessungsarbeit ist aber in der nautischen Praxis das Erkennen der richtigen Höhe von Erhebungen viel wichtiger als die unverzerrte Darstellung von Tälern. Man verzichtet deshalb auf extrem hohe Richtschärfe, auch weil diese beim unvermeidlichen Rollen nachteilig wäre.

Die Reichweite des Echolots wird neben der Impulsleistung durch die Schallfrequenz bestimmt. Für jeden Meßbereich läßt sich eine optimale Arbeitsfrequenz für minimale Sendeleistung festlegen. Bei Navigationsloten mit verschiedenen Meßbereichen wird die Frequenz nach dem größten Meßbereich festgelegt, oder es werden für verschiedene Meßbereiche verschiedene Frequenzen benutzt. Letzteres Verfahren wird vor allem bei Vermessungsloten angewandt, bei denen in der Regel höhere Frequenzen verwendet werden.

Durch die bei modernen Navigationsloten gegebene Impulsleistung beträgt die Reichweite (meßbare Tiefe) bis zu 1000 m.

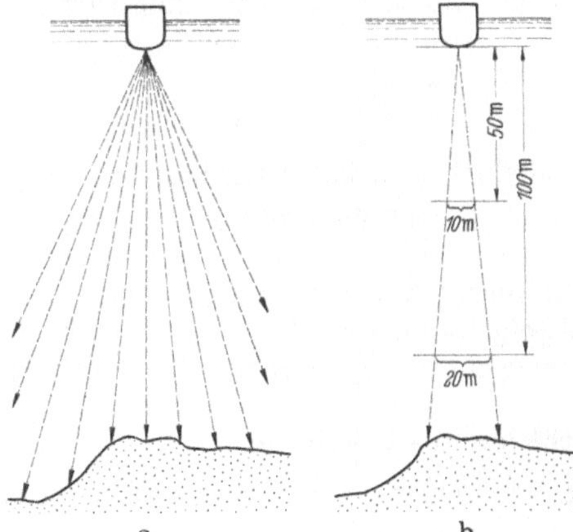

Bild 4.44. **a** ungerichtete Abstrahlung (niedrige Frequenz), Echoanzeigen von mehreren Stellen des Meeresbodens. **b** gerichtete Abstrahlung (hohe Frequenz), Echoanzeigen nur von einer kleinen Fläche senkrecht unter dem Schiff

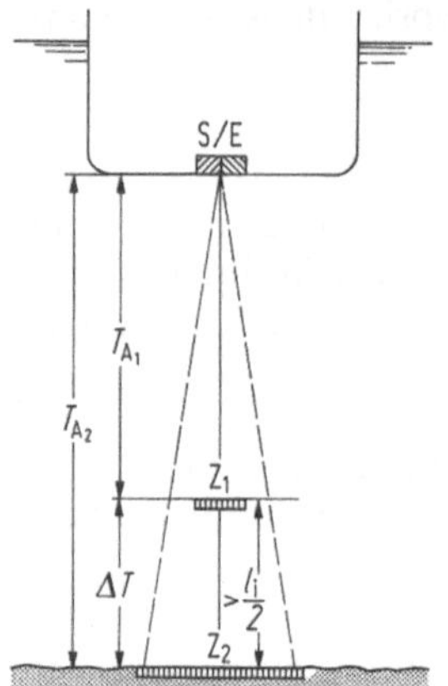

Bild 4.45. Tiefenauflösung.
Z_1, Z_2 Ziele in verschiedener Tiefe; T_{A_1}, T_{A_2} Meßtiefen der Ziele

- *Impulsdauer:* Die Zeit, während der Schallenergie abgestrahlt wird. Durch sie ergibt sich die Impulslänge l_i, die wesentlich die Tiefenauflösung bestimmt (Bild 4.45). Tiefenauflösung ist die Eigenschaft eines Echolots, zwei gleichzeitig vom Schallkegel erfaßte Ziele getrennt anzuzeigen.
Eine getrennte Zielanzeige erfolgt, wenn

$$\Delta T = T_{A_2} - T_{A_1} > \frac{l_i}{2}.$$

Der vertikale Abstand der Ziele muß also größer sein als die halbe Impulslänge. Andernfalls werden beide Ziele als ein Ziel angezeigt bzw. nur das erste Ziel Z_1.

Die Mindesttiefe unter dem Schwinger muß größer sein als die Impulslänge (Nahauflösung).

Die Impulsdauer beträgt bei Meßbereichen < 50 m z. B. 0,2 ms, die Tiefenauflösung ist dabei 0,15 m, die Nahauflösung 0,3 m. Bei größeren Meßbereichen kann die Impulsdauer 1,0 ms betragen, Tiefenauflösung dabei 0,75 m, Nahauflösung 1,5 m.

- *Impulsfolgefrequenz:* Die Anzahl der ausgesandten Impulse, geteilt durch die Zeit (z. B. die Anzahl der ausgesandten Impulse je Sekunde). Sie ist abhängig vom gewählten Meßbereich bzw. der jeweils größten Meßtiefe. Die Impulsfolgefrequenz f_i wird bestimmt nach

$$f_i = \frac{c_0}{2\,T_M};$$

dabei ist c_0 Schallgeschwindigkeit im Wasser (1500 m/s),
$\quad\quad\quad T_M$ größte Meßtiefe des Meßbereichs.

Für den Meßbereich 0 bis 1000 m ergibt sich danach $f_i = 0,75$ Hz, das entspricht 45 Impulsen bzw. Lotungen in der Minute. Bei kleinen Meßbereichen ist die Impulsfolgefrequenz so hoch, daß durch die schnelle Lotungsfolge bei der Rotlichtanzeige eine nahezu stehende Anzeige erfolgt.

Meßfehler von Echoloten

Der Meßfehler ist von mehreren Faktoren abhängig; von wesentlicher Bedeutung sind dabei folgende:

- die veränderliche Schallgeschwindigkeit im Wasser,
- ungenaue Zeitmessung.

Die Schallgeschwindigkeit im Wasser wird durch Temperatur, Dichte, Salzgehalt, hydrostatischen Druck und andere Inhomogenitäten beeinflußt. Bei 20 °C und 18‰ Salzgehalt beträgt sie annähernd 1500 m/s. Die meisten Navigationsecholote sind auf diesen Wert geeicht. Die Schallgeschwindigkeit kann zwischen ca. 1400 und ca. 1550 m/s schwanken, das kann jedoch an Bord weder erkannt noch können Messungen entsprechend berichtigt werden. Der Meßfehler kann aber praktisch vernachlässigt werden, da er erst bei größeren Tiefen eine nennenswerte Größe erreichen kann.

Die Genauigkeit der Messung steht und fällt mit der Genauigkeit der Zeitmessung. Diese erfolgt mit Ausnahme der Digitalanzeige durch den Antriebsmotor der Anzeigeeinrichtung. Bei modernen Loten wird die Laufgeschwindigkeit elektronisch geregelt, wodurch eine hohe Genauigkeit erreicht wird. Bei rein mechanisch geregeltem Motor muß die Laufgeschwindigkeit in regelmäßigen Abständen entsprechend der Bedienungs- und Wartungsanleitung kontrolliert und erforderlichenfalls eingeregelt werden. Bei modernen Anlagen kann von einer Meßunsicherheit von 0,001 s ausgegangen werden, das entspricht einem Meßfehler der Wassertiefe von bis zu 0,75 m. Bei elektronisch geregelten Anlagen beträgt der Meßfehler weniger als 0,1 m.

Weitere Ursachen von unsicheren Anzeigen können folgende sein:
- stark abfallender Meeresgrund,
- Rollbewegungen des Schiffes.

Bei stark abfallendem Meeresgrund wird infolge des Öffnungswinkels α des Schallkegels nicht die Tiefe $\overline{KA}$ (Bild 4.46) gemessen, sondern die kürzeste Distanz $(\overline{KB})$ im Erfassungsbereich wird als Tiefe angezeigt. Bei Neigungswinkeln $\gamma < 10°$ kann der Fehler vernachlässigt werden, bei steilem Grund wird immer eine geringere Tiefe angezeigt als tatsächlich vorhanden.

Als Folge von Rollbewegungen des Schiffes entstehen streuende Anzeigen durch die wechselnde Schrägmessung zum Meeresgrund. Die Ablesungen sind dann zu mitteln.

Bei extrem starkem Arbeiten des Schiffes im Seegang kann es vorkommen, daß das Wasser unter dem Vorschiff mit Luftblasen durchsetzt ist. Dabei treten Refle-

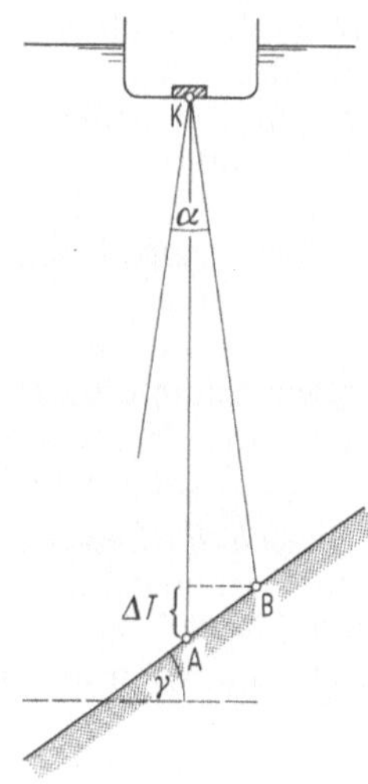

Bild 4.46. Echolotung bei stark abfallendem Grund

xionen an den Blasen auf, die eine sichere Lotung unmöglich machen. Derselbe Effekt tritt ein, wenn das Schiff in geringer Wassertiefe mit rückwärts drehender Schraube Fahrt zurück macht.

4.7   Die Ermittlung der terrestrischen Standlinie

Vorbemerkung: Laut § 520 des HGB ist jeden Tag wenigstens einmal mit allen Mitteln zu versuchen, den genauen Schiffsort festzustellen. Auch vor jeder Kursänderung sollte der Schiffsort bestimmt werden.

Standlinie. Die Lage eines Punktes in einer Fläche wird durch den Schnitt zweier Linien bestimmt. Diese Linien heißen „geometrische Örter" des Punktes. Der Schiffsort auf der Erdoberfläche wird ebenfalls als Schnitt zweier geometrischer Örter gefunden. Man nennt in der Nautik diese geometrischen Örter „Standlinien". Je nachdem sich die Standlinie aus der Beobachtung eines irdischen Gegenstandes, eines Funksenders oder eines Gestirns ergibt, unterscheidet man terrestrische, Funk- und astronomische Standlinien. Durch *eine* Beobachtung *allein* erhält man *nie* den Schiffsort, sondern immer nur *eine Standlinie,* auf der das Schiff sich befinden muß. Terrestrische Standlinien erhält man vornehmlich durch Abstandsbestimmungen, durch Peilungen, durch Messen von Horizontalwinkeln und durch Lotungen.

4.7.1   Abstandsbestimmungen

Die durch eine Abstandsbestimmung erhaltene Standlinie ist ein Kreis, den man mit dem gefundenen Abstand als Halbmesser um die betreffende Landmarke beschreibt. Die hauptsächlichsten Abstandsbestimmungen sind

● *Schätzung:* Durch Schätzung sind nur am Tage, bei geringer Entfernung, bei richtiger Beurteilung des Zustandes der Luft und bei großer Übung einigermaßen zuverlässige Resultate zu erwarten. Unbedingter Verlaß ist auf Schätzung niemals! Grobe Fehler in der Abstandsschätzung sind meistens die Folge einer außergewöhnlichen terrestrischen Strahlenbrechung. Zuweilen sieht man das normalerweise hinter der Kimm befindliche Land infolge der Strahlenbrechung in vertikaler Richtung so vergrößert, daß man sich dichter an das Land heran schätzt als man in Wirklichkeit ist. Umgekehrt kann aber auch Land, das vor der Kimm liegt, infolge der Strahlenbrechung flacher erscheinen oder sogar unsichtbar werden, so daß man sich weiter nach See hinaus schätzt als man in Wirklichkeit ist. Man soll daher in der Nähe des Landes Temperaturmessungen von Luft und Wasser vornehmen und besonders vorsichtig sein, wenn dabei erhebliche Unterschiede auftreten.

Infolge Luftspiegelung vermutet man in der Küstenfahrt zuweilen Land dort, wo keines vorhanden ist. Luftspiegelungen treten vorwiegend an den Küsten stark erhitzter Sandwüsten auf. Geringfügige Spiegelungen sind fast an jedem schönen, ruhigen Sommermorgen zu beobachten. Ist das Wasser wärmer als die Luft, so erscheint die Kimm mitunter wellig, zerhackt oder hin- und herwogend. Diese Erscheinung tritt auf dem Wasser meistens im Winter morgens und abends auf.

● *Luftschall:* Die Fortpflanzungsgeschwindigkeit des Schalles in der Luft bei + 10 °C ist ungefähr 340 m/s, bei 0 °C etwa 330 m/s und bei + 20 °C etwa 350 m/s. Diese Werte kann man gelegentlich zur Bestimmung des Abstandes von einem anderen fahrenden Schiff verwenden. Bei ruhiger Luft und Nebel oder in dunkler Nacht gibt zuweilen das Echo eine wertvolle Warnung vor unsichtbarem, hohem Land oder Eisbergen. Der Abstand ist dabei ungefähr Anzahl der Sekunden zwischen Abgabe des Signals und Hören des Echos dividiert durch 11 gleich Anzahl der Seemeilen Abstand.

Abstandsbestimmungen durch Luftschall sind sehr unzuverlässig; ihre Ergebnisse werden durch den Wind stark beeinflußt.

Verfahren, bei denen eine Abstandsbestimmung durch Verwertung der unterschiedlichen Ausbreitungsgeschwindigkeit von Luft- und Unterwasserschall bzw. durch Vergleich mit Funksignalen durchgeführt wurde, werden heute nicht mehr verwendet.

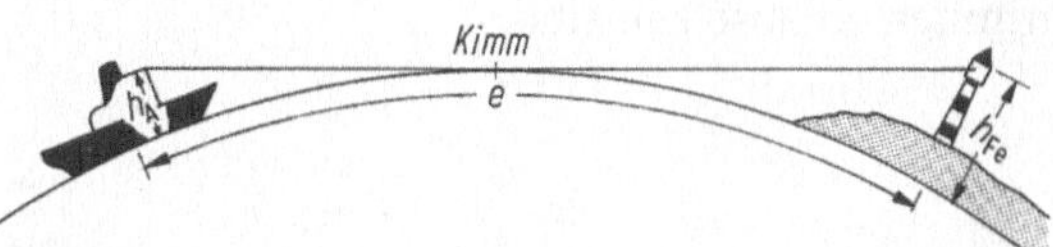

Bild 4.47. Feuer in der Kimm.
e Entfernung; h_A Augeshöhe; h_{Fe} Feuerhöhe

● *Leuchtfeuer in der Kimm:* Die geographische Sichtweite oder den Abstand (e) eines in der Kimm in Sicht kommenden Leuchtfeuers erhält man in Seemeilen angenähert nach $e \approx 2{,}075 \cdot (\sqrt{h_{Fe}} + \sqrt{h_A})$, wobei die Feuerhöhe ($h_{Fe}$) und die Augeshöhe (Abkürzung Ah, Formelzeichen h_A) in Meter einzusetzen sind. Bei dieser Beobachtung spielen die von der Beschaffenheit der Atmosphäre abhängige Tragweite des Feuers sowie die durch etwaigen Gezeitenhub veränderte Objekthöhe eine Rolle, so daß die nach diesem Verfahren ermittelten Abstände nur als Annäherungswerte zu betrachten sind. Durch Luftspiegelungen bei anomalen Luftschichtungen in der Nähe von Land (z. B. Kaltluftpolster mit darüber lagernder Warmluft) kann die Sichtweite eines Gegenstandes wesentlich größer werden, als nach Formel berechnet wird. Für die Leuchtfeuer der deutschen Küste im Tidegebiet gilt als Feuerhöhe die Höhe der Lichtquelle über dem gewöhnlichen Hochwasser, sonst über dem mittleren Wasserstand.

Im Gegensatz zu anderen Höhenangaben (Gezeiten) ist hier die Wasserfläche bei gewöhnlichem Hochwasser als Bezugsebene gewählt worden. Der berechnete Abstand ist nur dann richtig, wenn gerade Hochwasser herrscht. Zu jeder anderen Zeit ist der tatsächliche Abstand größer als der berechnete, außer wenn man die Höhe der Gezeit berücksichtigt. Zu jeder Nicht-Hochwasserzeit ist die Höhe des Feuers über der augenblicklichen Wasserfläche größer als die Feuerhöhe lt. Lfv. also ist die geographische Sichtweite größer. Bei einem Bezug auf Seekartennull (siehe Kap. 3.3) wäre der tatsächliche Abstand fast immer geringer als der berechnete. Die Wahl des Höhenbezugs auf Hochwasser ist somit ein Sicherheitsfaktor.

Die Feuerhöhe ist stets einem neuen Lfv. (siehe Kap. 3.4.3) zu entnehmen; sie ist z. T. auch in den Seekarten angegeben. Im Lfv. und in den Seekarten wird die Nenntragweite in sm gegeben; nur wenn die Sichtweite aus 5 m Augeshöhe (Ah) geringer ist als die Nenntragweite, ist diese Sichtweite zusätzlich (in Klammern) angegeben. Eine Tafel zur Berechnung des Abstandes von einem Feuer in der Kimm bei mittlerer Strahlenbrechung findet man vorn in jedem Lfv. und in der NT 9. Benutzt man die im Lfv. und in den Seekarten verzeichnete Sichtweite für 5 m Ah, so berichtigt man sie folgendermaßen:

Tabelle 4.4

Ah in m	3	4	5	6	7	8	9	10	12
Ber. in sm	− 1,1	− 0,5	0	+ 0,4	+ 0,8	+ 1,2	+ 1,5	+ 2,0	+ 2,6
Ah in m	14	16	18	20	22	24	26	28	30
Ber. in sm	+ 3,2	+ 3,7	+ 4,2	+ 4,7	+ 5,1	+ 5,6	+ 6,0	+ 6,4	+ 6,8

• *Höhenwinkelmessung* (Objektfuß über der Kimm): Den Abstand (e) in Seemeilen von einem Objekt (z. B. Turm) bekannter Höhe erhält man durch Messung des Höhenwinkels angenähert nach

$$e \approx \frac{13}{7} \cdot \frac{h_{Ob}}{n},$$

wobei die Höhe des Objektes h_{Ob} in Meter und der Höhenwinkel n in Winkelminuten einzusetzen sind.

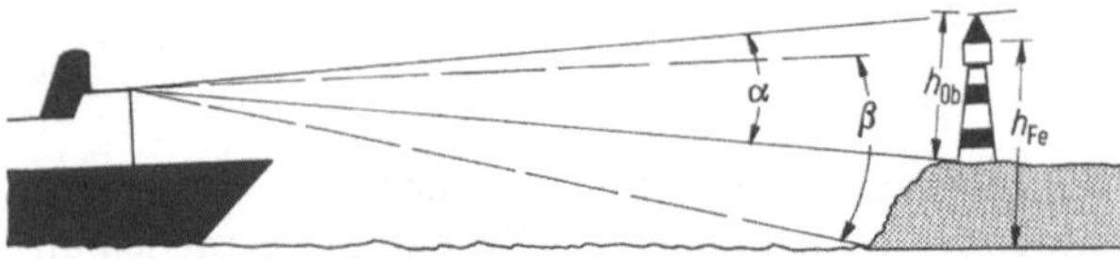

Bild 4.48. Höhenwinkelmessung.
h_{Ob} Objekthöhe; h_{Fe} Feuerhöhe

Es ist zu beachten, daß hierfür die Höhe des Objektes selbst (h_{Ob}) aus der linken Spalte des Lfv. entnommen wird, also der Abstand des höchsten Punktes vom Erdboden. Bei der Winkelmessung treten Schwierigkeiten auf, wenn der Fußpunkt des Gebäudes nicht erkennbar ist (z. B. durch Buschwerk verdeckt). Gemessen werden muß der Winkel α (Bild 4.48). Es ist falsch, „ersatzweise" den Winkel β zwischen Feuer (Laterne) und Wasserlinie an der Küste zu messen (h_{Fe}) und mit der Feuerhöhe über Wasser zu rechnen. Beide Meßpunkte sind schwer zu definieren, außerdem wäre das Ergebnis auch nur um die Hochwasserzeit herum hinreichend genau (siehe „Feuer in der Kimm"). Ganz falsch ist es, den Winkel zwischen höchstem Punkt des Bauwerks und Wasserlinie zu messen, da dieses Maß nicht dem Lfv. zu entnehmen ist.

Beispiel: Höhe des Turmes 35 m, gemessener Höhenwinkel 26′.

$$e \approx \frac{13}{7} \cdot \frac{35}{26} = 2,5; \text{ Abstand etwa 2,5 sm (auch aus NT 10).}$$

• *Höhenwinkelmessung* (Objektfuß hinter der Kimm): Den Abstand (e) erhält man hierfür in Seemeilen angenähert nach der Zahlenwertgleichung

$$e \approx \sqrt{3,71\,(h_{Ob} - h_A) + (n_K - k)^2} - (n_K - k),$$

wobei h_{Ob} Höhe des Objektes in Meter,
      h_A Augeshöhe in Meter,
      n_K gemessener Höhenwinkel in Winkelminuten zwischen Objektspitze und Kimm,
      k mittlere Kimmtiefe (in Winkelminuten).

Auch diese Abstandsbestimmung ist infolge der terrestrischen Strahlenbrechung ziemlich unsicher. Es ist darauf zu achten, daß der Kimmabstand über der *wirklichen* Kimm und nicht über einer Strandkimm gemessen wird. Ist man im Zweifel darüber, so ist der Standpunkt tiefer zu wählen, so daß der Strand durch die Kimm verdeckt wird. Ist aber die Entfernung groß und überragt die Bergspitze die Kimm nur wenig, so ist es praktisch, die Ah groß zu wählen, weil dadurch der Umriß des Berges in der Regel deutlicher hervortritt. Bei kleinen Kimmabständen empfiehlt sich hier die Messung vor- und rückwärts.

Beispiel: Man mißt den Kimmabstand der höchsten Bergspitze der Insel Amsterdam (Höhe 841 m) aus 5 m Ah zu 1° 43,0′.

$$e \approx \sqrt{3{,}71\,(841-5) + (103-4)^2} - (103-4),$$

$$\approx \sqrt{3101{,}56 + 9801} - 99,$$

$$\approx 113{,}6 - 99 = 14{,}6,$$

Abstand etwa 14,6 sm.

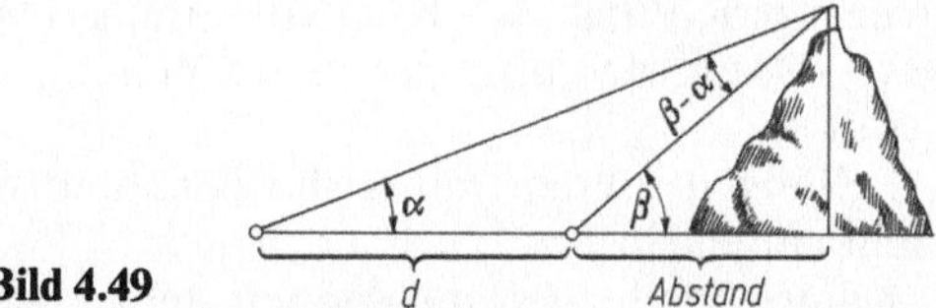

Bild 4.49

● *Zweimalige Höhenwinkelmessung bei unbekannter Objekthöhe:* Zuweilen hat der Nautiker gute Gelegenheit, den Höhenwinkel eines Berges oder Turmes usw. zu messen, dessen Höhe ihm aber unbekannt ist. In diesem Falle findet man den Abstand, indem man auf das Objekt zu oder von ihm ab steuert, dabei zwei Höhenwinkel in angemessenen Zwischenräumen mißt und die zwischen beiden Winkelmessungen abgelaufene Strecke genau bestimmt. Ist α der kleinere, β der größere Höhenwinkel und d die dazwischen versegelte Distanz, so ist beim Messen des größeren Höhenwinkels

$$e = d \cdot \sin \alpha \cdot \cos \beta \cdot \operatorname{cosec}(\beta - \alpha).$$

Beispiel: Man mißt die Höhe der Dachkante eines Hauses über einem Küstenrand zu 1° 0,5′. Die Höhe der Dachkante über dem Meeresspiegel ist unbekannt. Nach 11,5 min Fahrt auf die Küste zu mit 8,5 kn mißt man die Höhe zu 1° 53′.

$$d = 8{,}5 \text{ kn} \cdot \frac{11{,}5}{60}\, \text{h} = 1{,}63 \text{ sm},$$

$$e = 1{,}63 \text{ sm} \cdot \sin 1°\,05′ \cdot \cos 1°\,53′ \cdot \frac{1}{\sin 0°\,48′} \approx 2{,}2 \text{ sm}.$$

Bei größeren Entfernungen von dem Objekt, dessen Fuß sich dann hinter der Kimm befindet, darf man die Ah und die von ihr abhängige Kimmtiefe k (NT 26) nicht außer acht lassen. Man muß dann nach folgender Formel rechnen:

$$e \approx \frac{d\left(\alpha - k + \dfrac{d}{2}\right)}{\beta - (d + \alpha)};$$

e und d in sm, α, β und k in Bogenminuten.

Beispiel: Man mißt von See aus den Höhenwinkel des Ätna zu 1° 28′, segelt 38 sm recht auf den Berg zu und mißt dann den Höhenwinkel zu 5° 15′; Ah 9,8 m, also k = 5,5′ (NT 26).

$$e \approx \frac{38\,(88 - 5{,}5 + 19)}{315 - (38 + 88)} = \frac{3857}{189}; \text{ Abstand etwa 20,4 sm.}$$

4.7.2 Peilungen

• *Optische Peilungen:* Die durch Peilung erhaltene Standlinie ist eine Gerade[22] durch das gepeilte Objekt. Die Peilung wird um so genauer, je *näher* der gepeilte Gegenstand dem Schiffe ist. Die genauesten Peilungen sind *Deckpeilungen,* da sie ohne Kompaß vorgenommen werden. *Kompaßpeilungen* werden entweder an der Rose des Peilkompasses oder an der Peilscheibe unter gleichzeitiger Feststellung des anliegenden Kompaßkurses abgelesen.

Peilung ist der Winkel zwischen einer Bezugsrichtung und der Richtung zum Peilobjekt.

Bezugsrichtung der Kompaßpeilung (MgP, KrP) ist die Kompaß-Nord-Richtung. Bezugsrichtung der Seitenpeilung (SP) ist die Rechtvorausrichtung des Schiffes.

Peilungen sollten immer die Richtung *vom* Schiff *zum* Peilobjekt angeben und nicht umgekehrt!

Kompaßpeilungen müssen vor dem Eintragen der Peilung bzw. Peilstandlinie in die Seekarte zu rechtweisenden Peilungen (rwP) beschickt werden.

Beispiel für die Beschickung einer Seitenpeilung (SP) zur rechtweisenden Peilung (rwP):

<table>
<tr><td colspan="2">Magnetkompaß</td><td></td><td colspan="2">Kreiselkompaß</td></tr>
<tr><td>SP</td><td>030°</td><td></td><td>SP</td><td>245°</td></tr>
<tr><td>+ MgK</td><td>210°</td><td></td><td>+ KrK</td><td>185°</td></tr>
<tr><td>MgP</td><td>240°</td><td>} MgFw = Mw + Abl</td><td>KrP</td><td>070°</td><td>} KrFw = KrA + Ff</td></tr>
<tr><td>+ MgFw</td><td>− 10°</td><td>gelten für MgK</td><td>+ KrFw</td><td>+ 2°</td><td>gelten für den KrK</td></tr>
<tr><td>rwP</td><td>230°</td><td></td><td>rwP</td><td>072°</td></tr>
</table>

Siehe Bild 4.50 und im Bd. 1 B die Kap. 2.1.2, 2.1.3, 2.2.5 und Kap. 4.14.5.

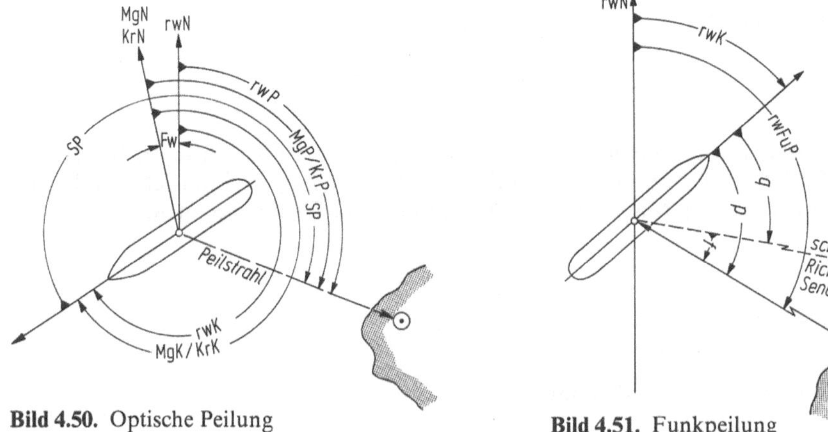

Bild 4.50. Optische Peilung   **Bild 4.51.** Funkpeilung

---

22 Streng genommen ist die Standlinie ein Teil eines größten Kreises. Bis auf Entfernungen von 20 sm (in niedrigen Breiten bis etwa 30 sm) fällt aber jeder Großkreis annähernd mit der Loxodrome zusammen, so daß man alle optischen Peilungslinien als Gerade in die Seekarte einzeichnen kann.

• *Funkpeilungen:* Funkpeilungen von Funkfeuern, die nicht zu weit vom Schiffsort entfernt sind, werden wie optische Peilungen in der Seekarte ausgewertet. Funkpeilungen sind zunächst immer Seitenpeilungen, da der Winkel zwischen der Rechtvorausrichtung und der Richtung, aus der die Funkwelle am Schiff eintrifft, gemessen wird. Infolge von Rückstrahlungen ergibt sich die *Funkbeschickung f,* der Winkel zwischen der tatsächlichen und der scheinbaren Einfallsrichtung der Funkwelle.

Siehe hierzu im Bd. 1 C, Kap. 1 (Funkpeilwesen).

Bei Abständen zwischen Schiff und gepeiltem Funkfeuer, bei denen man vernachlässigen kann, daß sich die Funkwelle auf einem Großkreis ausbreitet, wird die rechtweisende Funkpeilung (rwFuP) wie in folgendem Beispiel bestimmt (vgl. Bild 4.51):

abgelesene Funkseitenpeilung	q	051°
Funkbeschickung	$+f$	+ 5°
beschickte Funkseitenpeilung	p	056°
rw Kurs im Augenblick der Peilung	+ rwK	045°
rechtweisende Funkpeilung	rwFuP	101°

Bei größerem Längenunterschied zwischen Schiff und Funkfeuer muß die *Loxodrombeschickung u* berücksichtigt werden; siehe auch Einleitung im NF Bd. II „Peilungsbeschickungen" im Kap. 6.2.2 (Formelsammlung) und „Funkpeilwesen" im Bd. 1 C, Kap. 1.

4.7.3 Messen von Horizontalwinkeln

Die mit dem Sextanten durch Messen eines Horizontalwinkels erhaltene Standlinie ist ein Kreisbogen, der den gemessenen Winkel als Peripheriewinkel und die Strecke zwischen den beiden Objekten als Sehne faßt. Den Mittelpunkt dieses Kreises findet man: 1. wenn der gemessene Winkel spitz ist, indem man das Komplement dieses Winkels an den beiden Endpunkten der Sehne nach der Seite des Schiffes hin anträgt; 2. wenn der gemessene Winkel stumpf ist, indem man den Überschuß über 90° an den beiden Endpunkten der Sehne nach der entgegengesetzten Seite hin anträgt. Der Schnittpunkt der beiden freien Schenkel ist der gesuchte Mittelpunkt (Bild 4.52).

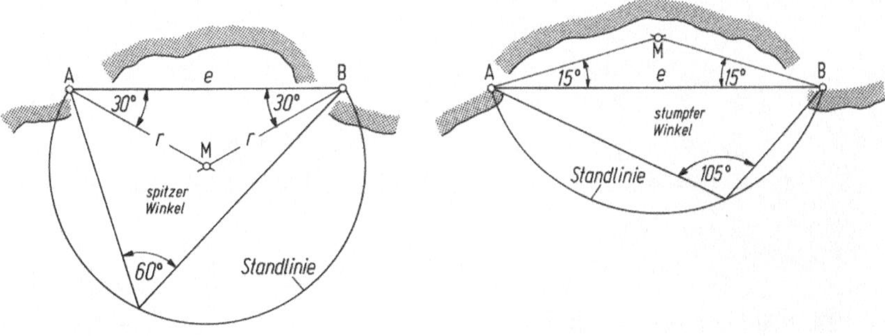

Bild 4.52. Horizontalwinkel

Ist *e* die Entfernung zwischen den beiden beobachteten Objekten A und B und *w* der gemessene Horizontalwinkel, so ist der Radius *r* des dazugehörigen Kreises $r = e/(2 \cdot \sin w)$. Diese Multiplikation kann leicht mit der Gradtafel (NT 3) ausgeführt werden. Unter dem Winkel *w* gehe man mit *e*/2 in die *a*-Spalte und entnehme der *d*-Spalte den Radius *r*. Beschreibt man um A und B Kreise mit *r*, so ist ein Schnittpunkt dieser Kreise der Mittelpunkt des Horizontalwinkelkreises.

Wenn die beiden Objekte nicht gleich hoch liegen, so ist darauf zu achten, daß der Sextant horizontal gehalten wird, so daß die beiden Objekte im Instrument übereinander erscheinen. Wenn ein Objekt *sehr nahe* liegt, so soll man das *entfernte* Objekt *direkt* anvisieren.

4.7.4 Lotungen

Durch eine Lotung erhält man als Standlinie eine Linie, die alle Punkte mit der gemessenen Wassertiefe untereinander verbindet. *Eine Lotung allein ist nie zuverlässig!* Bei einer Reihenlotung ist die Standlinie eine Gerade, parallel oder nahezu parallel (Strom!) zur Kurslinie. Die auf dem Papierstreifen aufgetragenen Entfernungen zwischen den Lotungen müssen *„Distanz über Grund"* sein. Lotungen haben für die Schiffsortbestimmung im allgemeinen nur Zweck, wo regelmäßig ansteigender oder abfallender Meeresboden vorhanden ist. Im Tidengebiet sind Lotungen immer auf Kartennull zu beschicken.

4.8 Die Verwertung einzelner terrestrischer Standlinien zur Vermeidung von Gefahren

Im folgenden sind einige Beispiele gegeben, wie einzelne terrestrische Standlinien verwertet werden können.

- *Peilungslinien* (Bild 4.53): Einer Flachküste sind Bänke vorgelagert. Um den Hafen A anzusteuern, nähere man sich der Küste auf einem Kurs (KüG), der nicht größer als rw 200° ist. Die Gefahrenzone wird von den Peilungslinien rw 200° und rw 225° eingeschlossen.
- *Abstand durch Höhenwinkel* (vertikaler Gefahrenwinkel): Beim Umfahren einer Landecke will man von den vorgelagerten Klippen 0,5 sm abbleiben (Bild 4.54). Die Entfernung der Klippen von einem 75 m hohen Leuchtturm ist 1 sm.

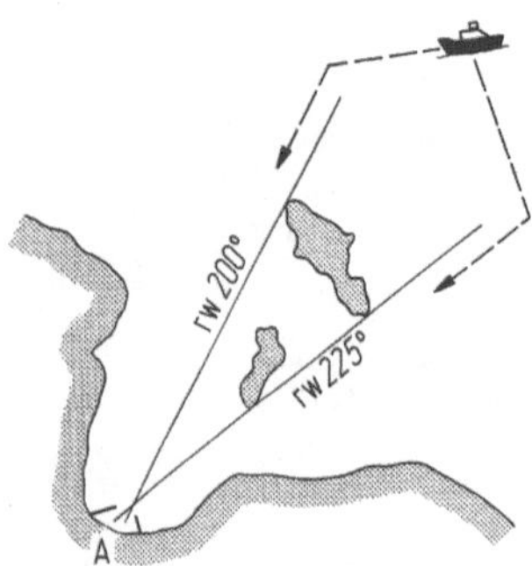

Bild 4.53. Peilungslinien zur Begrenzung einer Gefahrenzone

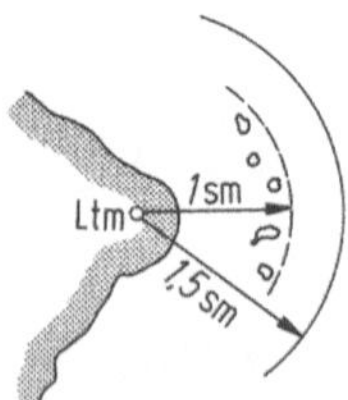

Bild 4.54. Gefahrenlinie durch Höhenwinkel

Man erhält den Gefahrenwinkel (w) in Winkelminuten angenähert nach

$$w \approx \frac{13}{7} \cdot \frac{\text{Höhe des Leuchtturms}}{\text{gewünschter Abstand}},$$

wobei die Turmhöhe in Meter und der Abstand in sm einzusetzen sind.

$$w \approx \frac{13}{7} \cdot \frac{75}{1,5} \approx 93; \text{ Gefahrenwinkel etwa } 93' = 1° \, 33'.$$

Man mißt während der Umsegelung in kurzen Abständen den Höhenwinkel des Leuchtturms. Er darf nicht größer als 1° 33′ werden, wenn man im beabsichtigten Abstand von 1,5 sm vom Leuchtturm bleiben will.

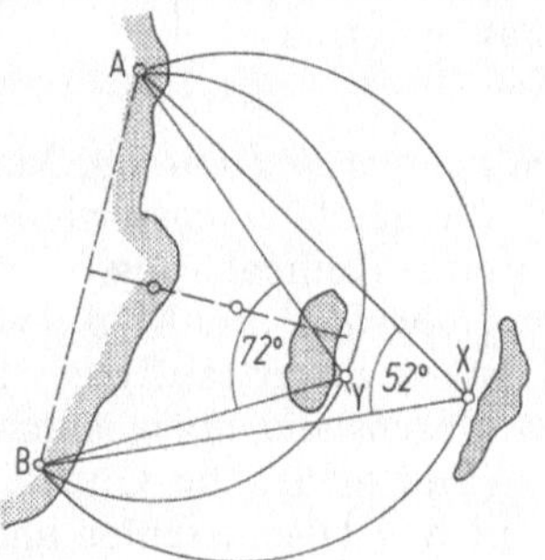

Bild 4.55. Gefahrenlinien durch Horizontalwinkel

- *Horizontalwinkel* (horizontaler Gefahrenwinkel): Einer Küste sind zwei Untiefen vorgelagert (Bild 4.55), die nicht durch Seezeichen kenntlich gemacht sind. Man will zwischen den Untiefen passieren. An der Küste befinden sich zwei Landmarken A und B.
Man wählt zwei geeignete, im tiefen Fahrwasser gelegene Punkte X und Y und verbindet sie jeweils mit A und B. So findet man die Winkel AXB zu 52° und AYB zu 72°. Der Horizontalwinkel zwischen A und B wird laufend mit dem Sextanten kontrolliert; er darf nicht größer als 72° und nicht kleiner als 52° werden. Man bleibt damit außerhalb des Kreises, der den Winkel 72° als Peripheriewinkel über der Sehne $\overline{AB}$ einschließt, und innerhalb des Kreises mit dem Peripheriewinkel 52°.

4.9 Die terrestrische Ortsbestimmung

Der Schnitt zweier Standlinien ergibt immer den Schiffsort, und zwar um so genauer, je näher an 90° sie sich schneiden. Je weniger Zeit zwischen der Ermittlung der beiden Standlinien liegt, um so genauer wird das Resultat sein. Von den angeführten Methoden sind also diejenigen die besten, bei denen beide Standlinien gleichzeitig oder unmittelbar hintereinander gefunden werden. Man mache es sich zur Regel, jedesmal die Uhrzeit bei dem ermittelten Schiffsort zu notieren!

4.9.1 Ortsbestimmung mit Hilfe *einer* Landmarke

- *Peilung und Abstand:* Man lege die Peilung durch das Objekt und trage darauf die Entfernung ab. Bequeme Ortsbestimmung: „Peilung" und „Feuer in der Kimm" bzw. „Peilung" und „Höhenwinkel".

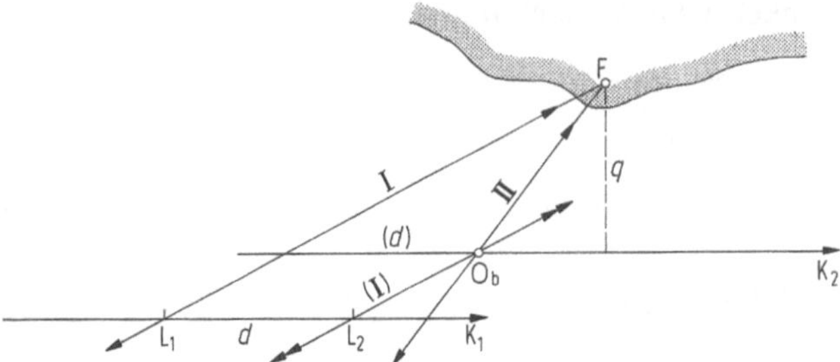

Bild 4.56. Doppelpeilung.
K_1 Kurslinie nach Koppelrechnung; L_1, L_2 Hilfspunkte; I 1. Peilstandlinie, II 2. Peilstandlinie; d abgelaufene Distanz zwischen 1. und 2. Plg.; (I) versegelte 1. Peilstandlinie; O_b (beobachteter) Schiffsort zur Zeit der 2. Peilung; K_2 wirkliche Kurslinie; q zu erwartender Passierabstand

- *Peilung und Lotung:* Man lege die Peilung durch das Objekt und suche auf ihr die gelotete Wassertiefe auf. Gute Ortsbestimmung: Peilung in Verbindung mit einer Reihenlotung.
- *Doppelpeilung:* Man peilt ein Landobjekt, fährt dann eine genau gemessene Distanz weiter (auf gutes Steuern achten, Kurs nicht ändern!) und peilt denselben Gegenstand noch einmal. Lösung am besten durch Zeichnung in der Seekarte (Bild 4.56). Die Genauigkeit dieser Ortsbestimmung ist wegen der unvermeidlichen Distanzfehler und Nichtberücksichtigung von etwa vorhandenem Strom gering!
Wenn bei Beibehaltung von Kurs und Fahrt $\beta = 2\,\alpha$, dann ist in B der Abstand $e = d$ und der zu erwartende Querabstand $q = d \cdot \sin \beta$.
  - •• *Vierstrichpeilung (Sonderfall der Doppelpeilung):* Peilt man das Objekt in der Seitenpeilung 45° und dann 90° zum KüG, so ist die Zwischensegelung gleich dem Querabstand. Die Distanz d zwischen den Seitenpeilungen 26½° und 45° ist gleich dem *zu erwartenden* Querabstand e, diejenige zwischen 63½° und 90° gleich dem halben Querabstand.

Wenn unbekannter *mit*laufender Strom vorhanden ist, wird der wahre Abstand vom Peilobjekt *größer* sein als der gefundene; wenn aber *Gegen*strom läuft, dann ist

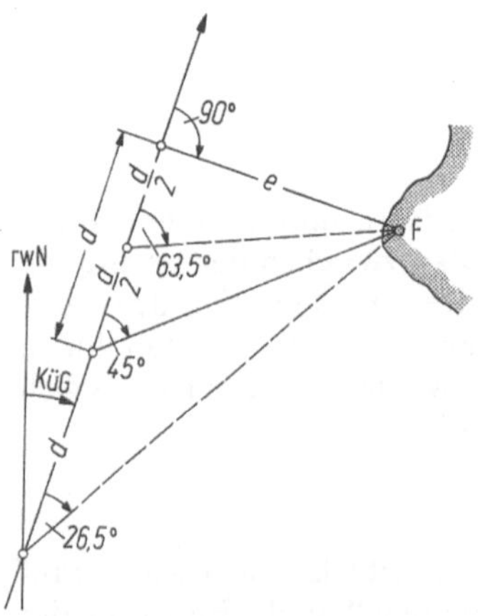

Bild 4.57. Vierstrichpeilung

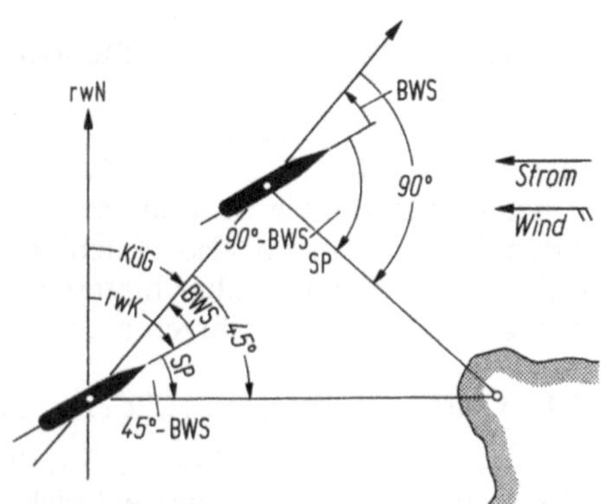

Bild 4.58

der wahre Abstand *kleiner* als der gefundene. Je kleiner die Fahrt des Schiffes, je stärker der Strom, je länger die Zwischenzeit zwischen den beiden Peilungen und je größer der Abstand von den Peilobjekten, desto größer ist der durch unbekannten Strom verursachte Fehler im Ergebnis (Bild 4.57).

Muß man, um einen in der Karte festgelegten „Weg über Grund" einhalten zu können, für Strom oder Wind „vorhalten", so ist der „Vorhaltewinkel" bei der Einstellung der Peilvorrichtung für die beabsichtigte Peilung zu berücksichtigen. Der Vorhaltewinkel ist von der beabsichtigten Seitenpeilung *abzuziehen*, wenn *auf das Peilobjekt zu* vorgehalten wird; es ist *zuzuzählen*, wenn *vom Peilobjekt ab* vorgehalten wird (Bild 4.58).

Hierbei muß die Seitenpeilung *halb*kreisig, von recht voraus nach Stb. oder nach Bb. gezählt werden.

4.9.2 Ortsbestimmung mit Hilfe *zweier* Landmarken

- *Kreuzpeilung:* Man peile zwei Landmarken gleichzeitig. Der Schnittpunkt der beiden Peilungslinien ist der Schiffsort. Die Ortsbestimmung ist um so genauer, je näher an 90° sich die beiden Peilungslinien schneiden. Zur Kontrolle der Kreuzpeilung kann man den Horizontalwinkel zwischen den beiden Peilobjekten messen. Die sich daraus ergebende Standlinie (Kreisbogen) muß durch den Schnittpunkt der beiden Peilungslinien gehen. An einer Küste, deren Peilungsmarken einem teilweise fremd sind, peile man eine in Sicht kommende unbekannte Marke zugleich mit zwei bekannten Marken. Auf diese Weise (Einpeilen eines Objektes) wird man die neue Marke in der Seekarte leicht eindeutig bestimmen können.
Hat man mehrere Möglichkeiten, Kreuzpeilungen anzustellen, so wähle man zur Ortsbestimmung immer die dem Schiffe *zunächst* liegenden Objekte. (Dasselbe gilt auch für die Doppelpeilungen.)
- *Abgestumpfte Doppelpeilung:* Man peilt ein Objekt, bevor es außer Sicht kommt, segelt dann eine genau zu messende Distanz und peilt dann ein zweites Objekt, nachdem dieses in Sicht gekommen ist. Nur im Notfalle anwenden, wenn beide Gegenstände nicht gleichzeitig sichtbar sind! Das Verfahren ist das gleiche wie bei der gewöhnlichen Doppelpeilung. Man muß dabei immer mit einer unbekannten Stromversetzung rechnen!
- *Peilung und Horizontalwinkel:* Dieses Verfahren ist einer Kreuzpeilung vorzuziehen, wenn der Winkel zwischen den beiden Peilungen stark von 90° abweicht. Man peile den *näher* gelegenen Gegenstand. Den gemessenen Winkel trage man in einem beliebigen Punkte an die Peilungslinie an und ziehe durch den entfernteren Gegenstand eine Parallele zum freien Schenkel dieses Winkels. Deren Schnittpunkt mit der Peilungslinie ist der Schiffsort.
- *Horizontalwinkel und Abstand:* Dann anzuwenden, wenn die Kompaßablenkung unsicher oder das Peilen aus irgendeinem Grunde nicht möglich ist.
- *Zwei Abstände:* Der Schnittpunkt der beiden Standlinien (Kreise) ist der Schiffsort.

4.9.3 Ortsbestimmung mit Hilfe *dreier* Landmarken

- *Gleichzeitiges Peilen von drei geeigneten Objekten:* Man peile die drei Landmarken gleichzeitig oder *unmittelbar* nacheinander. Die Peilungslinien sollten sich in einem Punkte schneiden. Je länger die Zwischenzeit zwischen den einzelnen Peilungen und je größer dabei die Fahrt des Schiffes ist, desto unsicherer wird der Schiffsort. Je entfernter ein gepeiltes Objekt liegt, desto mehr wirkt sich ein Peilfehler aus. Ein einziger Schnittpunkt der drei Peilstrahlen ist nur dann ein

Beweis für die Richtigkeit der Peilungen (oder der angewandten Fehlweisung), wenn das Schiff nicht auf oder in der Nähe der Peripherie des Kreises steht, der sich durch die 3 Peilobjekte zeichnen läßt.

In Gebieten unsicherer Mißweisung oder bei nicht genau bekannter Kompaßablenkung sollte man zu Ortsbestimmungen, wenn irgend möglich, *immer* drei Objekte peilen. Ergibt sich dabei ein größeres Fehlerdreieck, so berechnet man aus den 3 Kompaßpeilungen die zwei Horizontalwinkel und sucht dann den Schiffsort, wie weiter unten angegeben. Dabei erhält man zugleich die *richtige* Fehlweisung bzw. den konstanten Peilfehler. Das Fehlerdreieck allein sagt nichts darüber aus, wo der genaue Schiffsort liegt. Aber wenn alle 3 Peilungen um *denselben Betrag* falsch sind (Anwendung falscher Mw oder Abl), so liegt der *Schiffsort S außerhalb* des Fehlerdreiecks, wenn das Schiff *außerhalb* des Dreiecks (Bild 4.59) steht. Die Winkelsumme der Peilungsunterschiede ist dann *kleiner* als 180°. Steht das Schiff *innerhalb* des Fehlerdreiecks (Bild 4.60), so liegt der *Schiffsort innerhalb* des Fehlerdreiecks. Die Winkelsumme der Peilungsunterschiede ist dann *größer* als 180°.

1. Beispiel: Auf einem Schiff, das den MgK 042° (*Fw* −10°) steuerte, peilte man a. K. 3 Landobjekte: A zu 208°, B zu 157° und C zu 100°. Man berechnete daraus die rwP 198°, 147° und 90°. Diese ergaben das schraffierte Fehlerdreieck in Bild 4.59. Nun wertete man die Peilungsunterschiede 51° und 57° als Horizontalwinkelmessungen aus und fand so den richtigen Schiffsort S, der *außerhalb* des Fehlerdreiecks liegt, da 51° +57° *kleiner* als 180° ist. Aus der Karte entnimmt man: $\overrightarrow{SA}$ rw 191°; gepeiltes $\overrightarrow{SA}$ 208°, also die Fehlweisung −17° und nicht, wie angenommen, −10°.

2. Beispiel: Auf einem vor Anker liegenden Schiff peilte man A zu rw 255°, B zu rw 352°, C zu rw 104°. Diese rw Peilungen ergaben das schraffierte Fehlerdreieck in Bild 4.60. Nun wertete man die Peilungsunterschiede 97° und 112° als Horizontalwinkelmessungen aus und fand so den beobachteten Schiffsort S, der *innerhalb* des Fehlerdreiecks liegt, da 97° +112° >180°. Man findet, daß alle Peilungen um −12° falsch waren.

- *Gleichzeitiges Horizontalwinkelmessen zwischen drei geeigneten Objekten (Aufgabe der vier Punkte):* Statt die drei Landmarken zu *peilen*, mißt man den Horizontalwinkel zwischen je zweien von ihnen. Dies ist das beste Verfahren zur genauen Ortsbestimmung (z. B. Bestimmung des Ankerplatzes usw.), da es den Beobachter vollständig unabhängig vom Kompaß macht.

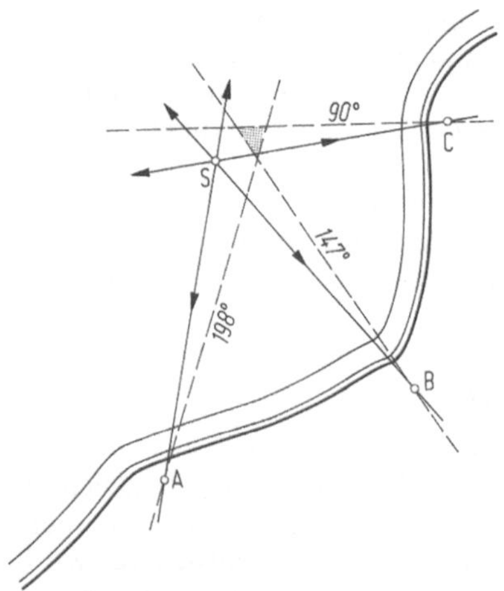

Bild 4.59

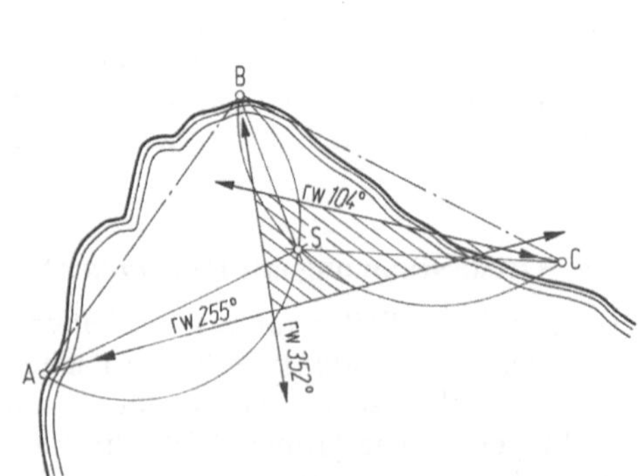

Bild 4.60

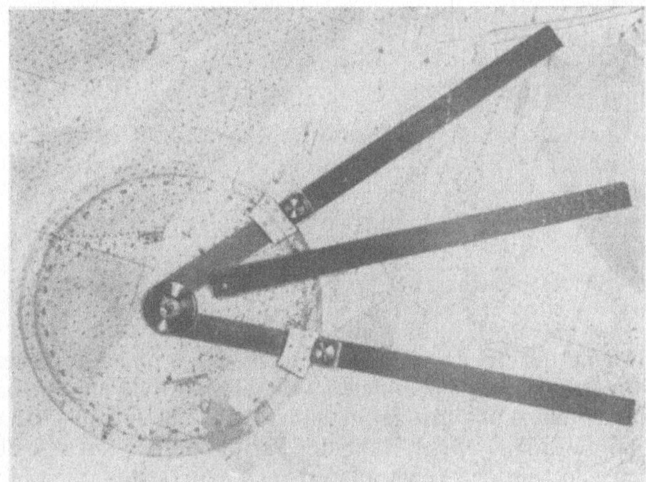

Bild 4.61. Doppelwinkelmesser

Zur schnellen und guten Lösung dieser Aufgabe benutzt man mit Vorteil *Doppelwinkelmesser*. Bild 4.61 zeigt einen *Dreiarm-Transporteur* auf einer Seekarte. Der mittlere Arm steht fest, während die beiden seitlichen Arme entsprechend den beiden gemessenen Horizontalwinkeln eingestellt werden. Das Gerät wird dann auf der Seekarte so lange bewegt, bis die Kanten der Arme die 3 Meßobjekte berühren. Der Mittelpunkt des Transporteurs ist dann der Schiffsort, der durch Eindrücken einer Nadel markiert wird.

In Ermangelung solcher Hilfsmittel nimmt man ein Stückchen Pauspapier, auf das man die Winkel an einen gemeinsamen Schenkel von einem Punkte aus mit einem Kursdreieck aufträgt. Man legt das Pauspapier dann so auf die Karte, daß der gemeinsame Schenkel der beiden gemessenen Winkel durch die mittlere Landmarke geht, und verschiebt das Ganze so lange, bis die beiden anderen Schenkel durch die beiden seitlichen Landmarken gehen. Man kann die Lösung aber auch durch Konstruktion in der Karte finden (siehe auch Kap. 4.7.3).

Diese schnelle Schiffsortbestimmung kann in kurzen Abständen wiederholt werden, so daß dadurch auch Schlüsse auf eine etwaige Abdrift oder Stromversetzung ermöglicht werden. Ein nachträgliches Ablesen der gemessenen Winkel gestattet es, die Peilergebnisse in das Tagebuch bzw. in das Peilbuch einzutragen.

Will man die zwei Horizontalwinkel aus 3 Peilungen *berechnen*, so nimmt man am besten *Kompaß*-Peilungen, weil dann geringe Abweichungen vom Kurse kaum etwas ausmachen, während bei *Seiten*peilungen jede Kursabweichung mit dem vollen Betrage den Horizontalwinkel fälscht.

Beispiel: Man mißt den Horizontalwinkel zwischen den Küstenpunkten A und B zu 104° und zwischen B und C zu 60°. Dann steht das Schiff in O. Die Konstruktion ergibt sich aus Bild 4.62.

Einfacher noch ist die folgende Konstruktion: Trage nur im mittleren Punkte B die Winkel 14° und 30° an (Bild 4.63) und errichte in A und C Lote auf $\overline{BA}$ und $\overline{BC}$. Verbinde die Schnittpunkte S und S′ dieser Lote mit den freien Schenkeln der angetragenen Winkel durch eine Gerade SS′. Der Fußpunkt O des von B auf diese Gerade gefällten Lotes ist der Schiffsort.

Über die Brauchbarkeit der gewählten Objekte zu einer solchen Ortsbestimmung entscheidet ein einfacher Satz: Die Orte liegen um so günstiger, je näher die

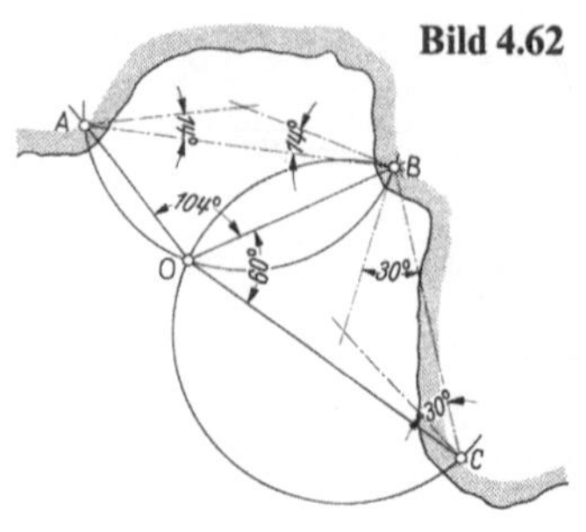

Bild 4.62

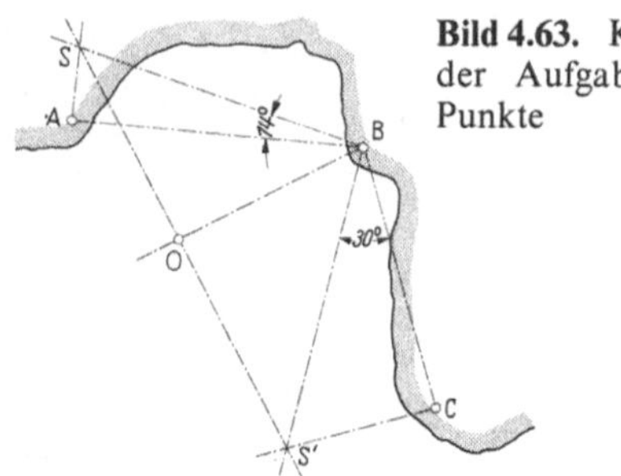

Bild 4.63. Konstruktion der Aufgabe der vier Punkte

Summe der über den beiden Strecken $\overline{AB}$ und $\overline{BC}$ gemessenen Winkel plus dem von den Strecken gebildeten Winkel ($\not\prec$ ABC) an 90° oder 270° liegt. Die Orte liegen um so ungünstiger, je näher diese Summe an 180° oder 360° liegt. Befindet sich das Schiff in der Nähe der Peripherie des Kreises, der durch die 3 Landmarken gelegt werden kann, so muß noch eine Landmarke *gepeilt* werden.

4.10 Die terrestrische Besteckrechnung

4.10.1 Benennungen, Abkürzungen und Formelzeichen

Die in der terrestrischen Besteckrechnung benutzten Formeln sind fast immer Größengleichungen oder zugeschnittene Größengleichungen und gelten im letzteren Falle für die Erdkugel mit einem Großkreisumfang von 21 600 sm; siehe Kap. 2.3.

Im folgenden werden die Benennungen, Abkürzungen, Formelzeichen und graphischen Symbole nach DIN 13 312 angewendet[23], von denen einige hier genannt werden.

Als Abfahrtsort (Abkürzung A) bezeichnet man den Abfahrtsort, als Bestimmungsort (Abkürzung B) den Bestimmungsort einer Reise oder eines Reiseabschnittes; die zugehörigen geographischen Koordinaten (siehe auch Kap. 2.4) sind φ_A; λ_A and φ_B; λ_B.

Koppelort (Koordinaten φ_k; λ_k) heißt der von einem bekannten Ort ausgehende, durch Zeichnung oder Rechnung unter Berücksichtigung aller vorhersehbaren Einflüsse — einschließlich des Stromes — ermittelte Ort des Schiffes. Er wurde früher Besteckort genannt.

Bezugs- oder Referenzort (Koordinaten φ_r; λ_r) nennt man den angenommenen Ort bei speziellen Auswertungsverfahren.

Der Breitenunterschied (Formelzeichen $\Delta\varphi$) wird in Gradmaß[24] angegeben und ist Differenz der geographischen Breiten zweier Orte.

Die Breitendistanz (Formelzeichen b) wird in Seemeilen angegeben und ist die Distanz auf einem Meridian zwischen den Breitenparallelen zweier Orte.

Der Längenunterschied (Formelzeichen $\Delta\lambda$) wird in Gradmaß[24] angegeben und ist die Differenz der geographischen Längen zweier Orte.

---

23 Siehe auch H. Junge: Größen, Benennungen und Zeichen in der Navigation. Weiterbildung an Bord, Nr. 19. Sozialwerk für Seeleute e.V. (Seamen's Welfare).
24 Einheitenzeichen Grad (°) mit seinen sexagesimalen Teilen Minute (′) und Sekunde (″). Bei Rechnungen mit dem TR verwendet man besser das dezimale Gradmaß; z.B. $21°42′21,6″ = 21,706°$.

Die Äquatormeridiandistanz (Formelzeichen *l*) wird in Seemeilen angegeben und ist die Distanz zwischen zwei Ortsmeridianen auf dem Äquator.

Die loxodromische Distanz (Formelzeichen d oder d_{Lox}) wird in Seemeilen angegeben und ist die Entfernung zwischen zwei Orten auf einer Loxodrome.

Die Großkreisdistanz, auch orthodromische Distanz genannt (Formelzeichen d oder d_{GK}), ist die (kürzeste) Entfernung zwischen zwei Orten auf einem Großkreis.

Die Abweitung (Formelzeichen *a*) ist die Distanz zwischen zwei Meridianen auf einem Breitenparallel. Man gewinnt sie nach

$$a = l \cdot \cos \varphi .$$

Liegen die Orte A und B auf verschiedenen Breiten, so gilt

$$a = \int_A^B \cos \varphi \cdot \mathrm{d}l,$$

und *a* bezeichnet die auf einer Loxodrome zwischen A und B gutgemachte Distanz in östlicher oder westlicher Richtung.

Der loxodromische Kurs (Formelzeichen α_{Lox}) ist der Winkel zwischen rwN und der Loxodrome von A nach B.

Der Großkreisanfangskurs (Abkürzung AK) ist der Winkel zwischen rwN und dem nach B gerichteten Großkreis. Der Großkreisendkurs (Abkürzung EK) ist der Winkel zwischen rwN und dem von A aus über B hinausführenden Großkreis.

4.10.2 Allgemeines über die Lösungen der Aufgaben in der Navigation

Im Bd. 1 dieses Handbuches, der umfassend der Navigation gewidmet ist, werden viele Navigationsgeräte vorgestellt. Optische, mechanische, funktechnische und elektronische Geräte liefern Meßdaten, die nach Aufbereitung als Argumente bei den Rechnungen der Navigationsaufgaben dienen. Bis zur jüngsten Zeit wurden diese Rechnungen mit Hilfe von Logarithmentafeln, sonstigen Rechentafeln, Nomogrammsammlungen und anderen Hilfsmitteln gelöst.

Die Leistungsfähigkeit der heutigen elektronischen Taschenrechner und Kleinrechner erlaubt die rasche Lösung solcher Rechnungen, ohne in Tafelwerken suchen und blättern zu müssen. Schon die manuelle Rechnung auf einem Taschenrechner birgt weniger Fehlermöglichkeiten als die herkömmliche Art der Rechnung. Den größten Nutzen erzielt ein programmierter Taschenrechner. Ist das Programm einmal erstellt und im Taschenrechner gespeichert, sind alle Aufgaben mit hoher Rechengenauigkeit einfach, schnell und sicher zu lösen. Auch ist das Aufstellen der Programme nicht schwierig, wie ein Blick auf alle in der Navigation verwendeten Formeln zeigt; sie sind für die manuelle Rechnung auf einem Taschenrechner und für das evtl. Formulieren der Programme im Kap. 6 der Bände 1 A und 1 B sowie im Kap. 7 des Bandes 1 C in für den Rechner sachgerechter Schreibweise gesammelt. Siehe auch Kleinrechner im Bd. 1 B, Kap. 4.9.1. Nur die Höhen einiger Gestirne der Beispiele im Kap. 4.15 des Bandes 1 B sind nach der Semiversus-Formel — siehe Formel (16) im Kapitel 4.7 dieses Teilbandes — mit Hilfe der „Tafel zur Berechnung der Höhe" (Tafel 17 der Nautischen Tafeln) logarithmisch berechnet worden. Bisher wurden in der nautischen Praxis die Rechnungen zur astronomischen Ortsbestimmung meistens logarithmisch ausgeführt.

4.10.3 Die Loxodrome und ihre Eigenschaften

Ein Schiff bewegt sich in einer Loxodrome[25] auf der Erdoberfläche fort, wenn der Kurs während der Segelung konstant gehalten wird. Diese Linie heißt deshalb auch Kursgleiche. Sie ist eine Kurve auf der Erdoberfläche, die alle Meridiane unter gleichem Winkel schneidet; siehe Bild 4.64 a.

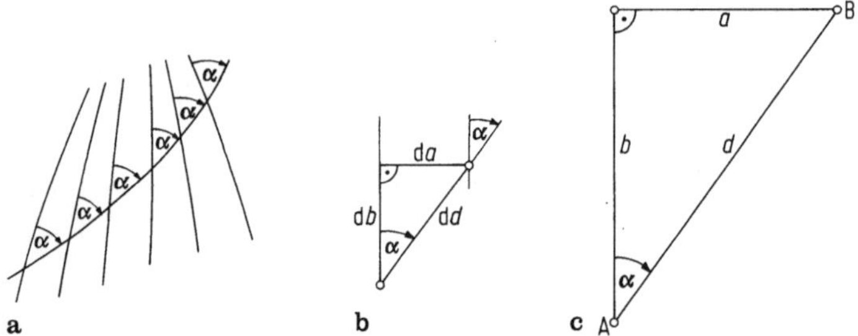

Bild 4.64 a–c. Die Loxodrome $\alpha = \alpha_{\text{Lox}} = \text{const}$ auf der Erdkugel

Für sehr kleine Distanzen kann die Erdoberfläche als eben betrachtet werden, und zur Berechnung kann ein infinitesimales, ebenes, rechtwinkliges Dreieck (Bild 4.64 b) dienen. Es ergibt sich

$$\mathrm{d}a = \sin \alpha \cdot \mathrm{d}d \quad (a \text{ Abweitung}),$$

$$\mathrm{d}b = \cos \alpha \cdot \mathrm{d}d \quad (b \text{ Breitendistanz}).$$

In allen solchen infinitesimalen Dreiecken längs der Loxodrome ist α konstant; beim Integrieren über ein endliches Stück der Loxodrome lassen sich also $\sin \alpha$ und $\cos \alpha$ vorziehen:

$$a = \sin \alpha \cdot \int_{A}^{B} \mathrm{d}d = \sin \alpha \cdot d_{\text{AB}},$$

$$b = \cos \alpha \cdot \int_{A}^{B} \mathrm{d}d = \cos \alpha \cdot d_{\text{AB}}.$$

Das loxodromische Merkdreieck (Bild 4.64 c) spiegelt diese einfachen Beziehungen wieder, es kommt aber in der Natur nicht vor.

Breitendistanz b und Äquatormeridiandistanz l sind die zu den Winkeln $\Delta\varphi$ (Breitenunterschied) und $\Delta\lambda$ (Längenunterschied) gehörenden Bogenstücke von Großkreisen auf der Erdkugel vom Radius r_{E}. Die Abweitung a ist das zu $\Delta\lambda$ gehörende Bogenstück eines Breitenparallels mit dem Radius $r(\varphi) = r_{\text{E}} \cdot \cos \varphi$. Setzt man $\Delta\varphi$ und $\Delta\lambda$ in Bogenmaß, so ist

$$b = r_{\text{E}} \cdot \Delta\varphi \qquad \Rightarrow \quad \mathrm{d}b = r_{\text{E}} \cdot \mathrm{d}\varphi,$$

$$l = r_{\text{E}} \cdot \Delta\lambda \qquad \Rightarrow \quad \mathrm{d}l = r_{\text{E}} \cdot \mathrm{d}\lambda,$$

$$a = r_{\text{E}} \cdot \cos \varphi \cdot \Delta\lambda \Rightarrow \quad \mathrm{d}a = r_{\text{E}} \cdot \cos \varphi \cdot \mathrm{d}\lambda.$$

---

25 loxos (griech.), schräg, schief; dromos (griech.), Bahn, Verlauf.

Von Bild 4.64 b ausgehend, ergibt sich

$$\mathrm{d}a = \tan\alpha \cdot r_\mathrm{E} \cdot \mathrm{d}b \,,$$

$$r_\mathrm{E} \cdot \cos\varphi \cdot \mathrm{d}\lambda = \tan\alpha \cdot r_\mathrm{E} \cdot \mathrm{d}\varphi \,,$$

$$\mathrm{d}\lambda = \tan\alpha \cdot \frac{\mathrm{d}\varphi}{\cos\varphi} \,,$$

$$\int_A^B \mathrm{d}\lambda = \tan\alpha \cdot \int_A^B \frac{\mathrm{d}\varphi}{\cos\varphi} \,.$$

Durch Integration von A nach B und nach Übergang von Bogenmaß in Gradmaß folgt hieraus die Gleichung der Loxodrome (siehe auch Kap. 3.2.2)

$$\lambda_\mathrm{B} - \lambda_\mathrm{A} = \frac{180}{\pi} \cdot \tan\alpha \cdot \left[\ln\tan\left(\frac{\varphi_\mathrm{B}}{2} + 45°\right) - \ln\tan\left(\frac{\varphi_\mathrm{A}}{2} + 45°\right) \right] \cdot 1° \,.$$

Die Gleichung der Loxodrome läßt folgende Eigenschaften erkennen:
- Die Loxodrome geht für $\alpha = 000°$ und für $\alpha = 180°$ in einen Meridian und für $\alpha = 090°$ und für $\alpha = 270°$ in einen Breitenparallel über.
- Bei vorgegebenem Abfahrtsort und konstantem quadrantalem Kurs (α') $00° < \alpha' < 90°$ nähert sich die Loxodrome unter monotonen Umläufen asymptotisch den beiden Erdpolen.

4.10.4   Besteckrechnung nach dem Verfahren der Mittelbreite

Aus dem loxodromischen Merkdreieck (Bild 4.64 c), das vielfach auch „wahres Kursdreieck"[26] genannt wird, liest man folgende Beziehungen ab:

$$b = d \cdot \cos\alpha \tag{1 a}$$

bzw.

$$d = \left| b \cdot \frac{1}{\cos\alpha} \right| \,, \tag{1 b}$$

$$a = d \cdot \sin\alpha \tag{2 a}$$

bzw.

$$d = \left| a \cdot \frac{1}{\sin\alpha} \right| \,, \tag{2 b}$$

$$\tan\alpha = \frac{a}{b} \,. \tag{3}$$

Hierin ist

$$a = \int_A^B \cos\varphi \cdot \mathrm{d}l \,.$$

Bliebe man auf einem Breitenparallel, wäre einfach $a = l \cdot \cos\varphi$. Allgemein ist aber bei der Integration die Änderug von φ auf dem Wege von A nach B zu be-

---

26 Man sollte die Bezeichnung vermeiden, weil dieses Dreieck in der Natur nicht vorkommt.

rücksichtigen. Die exakte Lösung ist im Kap. 4.10.5 angegeben. Als Näherungslösung kann man jedoch einfacher mit der mittleren Breite $\varphi_m = (\varphi_A + \varphi_B)/2$ rechnen und hat

$$a \approx l \cdot \cos \varphi_m \tag{4a}$$

bzw.

$$l \approx a \cdot \frac{1}{\cos \varphi_m} = d \cdot \sin \alpha \cdot \frac{1}{\cos \varphi_m}. \tag{4b}$$

Mit den Formeln (1a) bis (4b) lassen sich beide Aufgaben der Besteckrechnung mit dem Taschenrechner oder mit der Gradtafel der Nautischen Tafeln (NT 3) rasch und einfach lösen.

Wird ein Taschenrechner benutzt, so werden die Breitendistanz b und die Abweitung a am besten über die Koordinatentransformation

$$\mathrm{REC}\,(b;\,a) \iff \mathrm{POL}\,(d;\,\alpha)$$

ermittelt; siehe auch Kap. 6.2.3 und 6.2.12 (Formelsammlung).

Wenn eine Beschickung für Wind und Strom (BWS) in den Formeln (1a) bis (4b) berücksichtigt werden muß, so gilt $\alpha = \alpha_{\mathrm{Lox}} = \alpha_G$.

Das Verfahren der Mittelbreite ist auf niedrigen und mittleren geographischen Breiten bei loxodromischen Distanzen bis etwa 600 sm ausreichend genau, wenn der Betrag des Breitenunterschieds kleiner als 5° bleibt. Bei einem größeren Breitenunterschiedsbetrag und auf hohen geographischen Breiten rechnet man nach dem Verfahren der vergrößerten Breite; siehe Kap. 4.10.5.

Erste Aufgabe der Besteckrechnung nach Mittelbreite

Sie dient dem Aufmachen des Bestecks. Demnach sind *Abfahrtsort, Kurs* und *Distanz* gegeben und der *erreichte Ort* gesucht. Nach den Gleichungen (1a) und (2a) im vorstehenden Kapitel sind die Breitendistanz und die Abweitung zu berechnen. Dann werden die Mittelbreite und nach der Beziehung (4b) die Äquatormeridiandistanz ermittelt. Wegen der zahlenmäßigen Übereinstimmung von b und l mit $\Delta\varphi$ und $\Delta\lambda$ erhält man den Koppelort durch

$$\varphi_k = \varphi_A + \Delta\varphi \quad \text{und} \quad \lambda_k = \lambda_A + \Delta\lambda$$

Beispiel: Man verläßt am 14. März um 10.30 BZ den Abfahrtsort $\varphi_A = 54°11'\,\mathrm{N}$ und $\lambda_A = 007°53'\,\mathrm{E}$ (Helgoland). Es wird der KüG 316° mit 15 kn Fahrt gesteuert. Welchen Koppelort hat man um 18.54 BZ erreicht? (BZ und FZ stehen für Bordzeit und Fahrzeit.)

BZ	10.30 Uhr	$\varphi_A = 54°11,0'\,\mathrm{N}$	$\lambda_A = 007°53,0'\,\mathrm{E}$	KüG 316°	$d = 126,0\,\mathrm{sm}$
FZ	8 24	$\Delta\varphi = 1°30,6'\,\mathrm{N}$	$\Delta\lambda = 2°32,4'\,\mathrm{W}$	$b = +90,6\,\mathrm{sm}$	$a = -87,5\,\mathrm{sm}$
Bz	18.54 Uhr	$\varphi_k = 55°41,6'\,\mathrm{N}$	$\lambda_k = 005°20,6'\,\mathrm{E}$	$\varphi_m = 54°56,3'$	$l = -152,4\,\mathrm{sm}$

Zweite Aufgabe der Besteckrechnung nach Mittelbreite

Sie entspricht dem Absetzen des Schiffsweges in der Seekarte. Hiernach sind *Abfahrtsort* und *Bestimmungsort* gegeben und *Kurs* und *Distanz* gesucht. Es sind der Breiten- und Längenunterschied zwischen Abfahrts- und Bestimmungsort zu bilden. Hiermit sind auch die Breitendistanz und die Äquatormeridiandistanz bekannt. Dann werden die Mittelbreite und mit ihr die Abweitung nach Gleichung (4a) sowie der loxodromische Kurs nach der Formel (3) berechnet. Die

Distanz ist mit der Beziehung (1 b) zu ermitteln. Bei quadrantalen Kursen (α') $85° < \alpha' < 90°$ erhält man die Distanz genauer nach (2 b).

Beispiel: Es sind Kurs und Distanz von $\varphi_A = 24°06'\,S$ und $\lambda_A = 043°32'\,W$ nach $\varphi_B = 28°12'\,S$ und $\lambda_B = 045°46'\,W$ an der brasilianischen Küste zu bestimmen.

$$\varphi_A = 24°06,0'\,S \qquad \lambda_A = 043°32,0'\,W$$
$$\varphi_B = 28°12,0'\,S \qquad \lambda_B = 045°46,0'\,W$$

$\Delta\varphi = \;\;4°06,0'\,S$	$\Delta\lambda = \;\;2°14,0'\,W$	$b = -246,0\ \text{sm}$	$l = -134,0\ \text{sm}$
		$\varphi_m = 26°09,0'\,S$	$a = -120,3\ \text{sm}$
$\Delta\varphi = \varphi_B - \varphi_A$	$\Delta\lambda = \lambda_B - \lambda_A$	$\text{KüG}\;\;206,1°$	$d = \;\;\;\;273,8\ \text{sm}$
		$(\text{S}\;26°\;\text{W})$	

4.10.5 Besteckrechnung nach dem Verfahren der vergrößerten Breite

Die nach dem Verfahren der Mittelbreite berechneten Werte sind bei großem Breitenunterschied und in hohen geographischen Breiten zu ungenau. Daher wird in solchen Fällen die Besteckrechnung nach Formeln durchgeführt, die durch exakte Integration erhalten werden; vgl. Kap. 4.10.3 und Kap. 3.2.2.

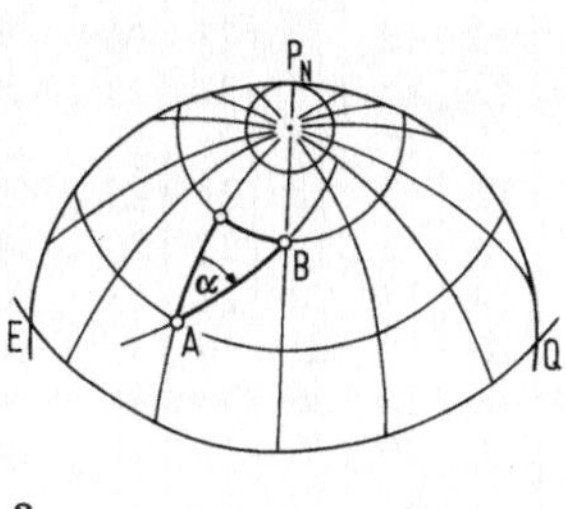
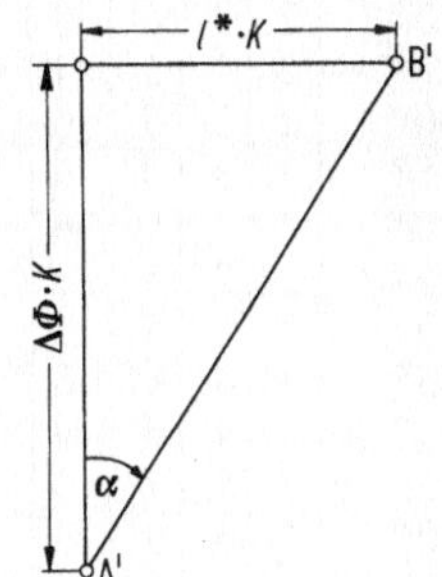

Bild 4.65. Das loxodromische Dreieck (a) auf der Erde und das vergrößerte Kursdreieck (b) in der Mercatorkarte; $\alpha = \alpha_{\text{Lox}} = \text{const}$

Das *vergrößerte Kursdreieck* (Bild 4.65 b) ist die Darstellung des loxodromischen Dreiecks auf der Erde (Bild 4.65 a) in der Mercatorkarte. Die Katheten dieses rechtwinkligen, ebenen Dreiecks (vgl. Bild 4.65 b) sind der Breitenabstand $\Delta\Phi \cdot K$ der beiden geographischen Breiten des Abfahrts- und Endortes in der Karte und der Meridianabstand $l^* \cdot K$ der beiden Kartenmeridiane durch A' und B'. Im vergrößerten Kursdreieck gilt demnach

$$\tan\alpha_{\text{Lox}} = \frac{l^* \cdot K}{\Delta\Phi \cdot K} = \frac{l^*}{\Delta\Phi}, \tag{5 a}$$

$$l^* = \Delta\Phi \cdot \tan\alpha_{\text{Lox}}. \tag{5 b}$$

l^* heißt das Meridianabstandsverhältnis und ist das Verhältnis des Abstandes zweier Meridiane in der Mercatorkarte zum Meridionalteil (siehe auch Kap. 3.2.2). Die vergrößerte Breite Φ gibt das Verhältnis des Äquatorabstandes eines Breitenparallels der Mercatorkarte zum Meridionalteil an; $\Delta\Phi$ ist der Unterschied zweier vergrößerter Breiten (siehe Formeln für die Berechnung von Φ und $\Delta\Phi$ sowie deren Ableitungen im Kap. 3.2.2 (Mercatorentwurf).
Für die Erdkugel vom Großkreisumfang 21 600 sm sind die Zahlenwerte der Größen l^*, l (in sm) und $\Delta\lambda$ (in Winkelminuten) der beiden Meridiane durch A und B gleich, so daß nunmehr die beiden Aufgaben der vergrößerten Breiten exakt zu lösen sind, wie im nachfolgenden näher erläutert wird.

Bei loxodromischen Kursen nahe 090° und 270° versagt jedoch dieses Verfahren, weil bei diesen Kursen eine geringe Änderung in $\Delta\Phi$ oder in α_{Lox} bei der ersten Aufgabe der Besteckrechnung eine große Änderung in l^* und bei der zweiten Aufgabe eine große Änderung in d_{Lox} bedingen. In diesem Falle liefert wegen des kleinen Breitenunterschiedsbetrages die Rechnung nach Mittelbreite die genaueren Werte.

Man kann auch noch bei großem Breitenunterschiedsbetrag und in hohen Breiten nach Mittelbreite rechnen, wenn man zur Mittelbreite den kleinen Winkelbetrag[27] ε addiert, den man der nachstehenden Tab. 4.5 entnimmt.

Tabelle 4.5 Verbesserung der Mittelbreite (Der Tafelwert ist stets zum absoluten Wert der Mittelbreite zu addieren.)

Mittel-breite	Breitenunterschied																
	4°	5°	6°	7°	8°	9°	10°	11°	12°	13°	14°	15°	16°	17°	18°	19°	20°
10°	4′	6′	9′	13′	17′	21′	26′	31′	37′	43′	50′	57′	1°04′	1° 12′	1° 20′	1° 29′	1° 38′
15°	3	5	7	9	12	15	18	22	27	31	36	41	47′	53′	59′	1° 05′	1° 12′
20°	2	4	6	8	10	12	15	18	22	25	29	34	38	43	49	54′	1°00′
25°	2	3	5	7	9	11	13	16	19	23	26	30	34	38	43	48	53′
30°	2	3	5	6	8	10	13	15	18	21	25	28	32	36	41	45	50
35°	2	3	4	6	8	10	12	15	18	21	24	28	32	36	40	45	49
40°	2	3	4	6	8	10	12	15	18	21	25	28	32	26	41	45	50
45°	2	3	5	6	8	11	13	16	19	22	26	30	34	38	43	48	53
50°	2	4	5	7	9	11	14	17	20	24	28	32	36	41	46	51	57
55°	3	4	6	8	10	13	16	19	22	26	31	35	40	46	51	57	1° 03′
60°	3	4	6	9	11	14	18	22	26	30	35	40	46	52	58	1° 05′	1° 12′
65°	3	5	7	10	13	18	21	25	30	35	41	48	55	1° 02′	1° 10′	1° 18′	1° 26′
70°	4	6	9	13	17	21	26	32	38	44	52	1°00′	1°08′	1° 18′	1° 28′	1° 38′	1° 50′

Erste Aufgabe der Besteckrechnung nach vergrößerter Breite

Man berechnet wie bei der ersten Aufgabe der Besteckrechnung nach Mittelbreite mit Hilfe der Beziehung (1a) im Kap. 4.10.4 die erreichte Koppelbreite. Für φ_A und φ_k sind dann die vergrößerten Breiten Φ_A und Φ_k und daraus $\Delta\Phi$ nach der Tafel 5 „Meridionalteile oder vergrößerte Breite" der Nautischen Tafeln oder mit Hilfe des Taschenrechners nach den Formeln (2) bzw. (3) im Kap. 3.2.2 (Mercatorentwurf) zu bestimmen. Das Meridianabstandverhältnis l^* berechnet man nach Gleichung (5b) im Kap. 4.10.5; da $l^* = \Delta\lambda/1'$, wird $\lambda_k = \lambda_A + \Delta\lambda$.

Beispiel: Man steht an der Labradorküste auf $\varphi_A = 58°\,16'\,N$ und $\lambda_A = 064°\,28'\,W$ und steuert 52 Stunden lang den KüG 135° mit 16 kn Fahrt. Welchen Koppelort hat man erreicht?

$\Phi_A = +4324,6$	$\varphi_A = 58°\,16{,}0'\,N$	$\lambda_A = 064°\,28{,}0'\,W$	KüG 135°	$d = 832\ sm$
	$\Delta\varphi = 9°\,48{,}3'\,S$	$\Delta\lambda = 16°\,31{,}5'\,E$	$b = -588{,}3\ sm$	$l^* = +991{,}5$
$\Phi_k = +3333,1$	$\varphi_k = 48°\,27{,}7'\,N$	$\lambda_k = 047°\,56{,}5'\,W$		$\Delta\lambda = 16°\,31{,}5'\,E$
$\Delta\Phi = -\ 991{,}5$				

---

[27] ε berechnet nach $\cos(\varphi_m + \varepsilon) = \dfrac{\Delta\varphi/1'}{\Delta\Phi}$, $\varphi_m = \varphi_A + \dfrac{\Delta\varphi}{2} = \varphi_B - \dfrac{\Delta\varphi}{2}$.

Die Rechnung nach Mittelbreite ($\varphi_m = 53°21{,}8'$ N und $a = 588{,}3$ sm) ergibt einen um 5,6' kleineren Längenunterschied ($\Delta\lambda = 16°25{,}9'$ E) als der nach vergrößerter Breite berechnete. Entnimmt man der Tab. 4.5 den Verbesserungswert ε, so ergibt sich

$$\begin{aligned}
\varphi_m &= 53°21{,}8'\ \text{N}\\
\varepsilon &= 14{,}5'\\
\hline
\text{verb. } \varphi_m &= 53°36{,}3'\ \text{N}
\end{aligned}$$

aus der man nach den Formeln der Besteckrechnung nach Mittelbreite $l = 991{,}5$ sm und demnach das gleiche Ergebnis $\Delta\lambda = 16°31{,}5'$ E wie oben erhält.

Zweite Aufgabe der Besteckrechnung nach vergrößerter Breite

Die Breitendistanz und das Meridianabstandsverhältnis sind nach Bildung der Unterschiede $\Delta\varphi$ und $\Delta\lambda$ zwischen Abfahrtsort und Bestimmungsort bekannt. Für die geographischen Breiten beider Orte werden mit dem Taschenrechner oder der Tafel 5 der Nautischen Tafeln Φ_A und Φ_B und hiermit $\Delta\Phi$ bestimmt. Dann werden Kurs und Distanz nach den Formeln (5a) im Kap. 4.10.5 und (1b) im Kap. 4.10.3 berechnet.

Beispiel: Man hat nördlich der Färöer den Abfahrtsort $\varphi_A = 63°20'$ N und $\lambda_A = 006°40'$ W verlassen und steht südlich von Spitzbergen nach Beobachtung auf $\varphi_b = 75°34'$ N und $\lambda_b = 016°40'$ E. Wie groß sind der KüG$_b$ und die zurückgelegte Distanz?

$\Phi_A = +4949{,}2$	$\varphi_A = 63°20'$ N	$\lambda_A = 006°40'$ W
$\Phi_b = +7104{,}2$	$\varphi_b = 75°74'$ N	$\lambda_b = 016°40'$ E

$\Delta\Phi = +2155{,}0$	$\Delta\varphi = 12°14'$ N	$\Delta\lambda = 23°20'$ E	$b = +734$ sm	$l^* = +1400$
		$= 1400'$ E	KüG$_b$ 033°	$d = 875{,}2$ sm

Die Rechnung nach Mittelbreite ($\varphi_m = 69°27'$ N und $a = 491{,}4$ sm) ergibt den größeren KüG 033,8° und hiermit die größere Distanz $d = 883{,}3$ sm. Auf Grund der Näherung wird bei diesem Verfahren in diesem Beispiel die Distanz um 8 sm zu groß berechnet. Verbessert man mit $\varepsilon = 38'$ nach Tab. 4.5 die Mittelbreite auf 70°05' N, so erhält man mit dieser verbesserten Breite die gleichen Werte für Kurs und Distanz wie nach der vergrößerten Breite.

Bei der Verwendung programmierbarer Taschenrechner sollte man auf das Verfahren der Mittelbreite ganz verzichten und das genauere Verfahren der vergrößerten Breite anwenden (ausgenommen bei Kursen nahe 090° und 270°).

4.10.6   Koppelnavigation

Als *Koppelnavigation in engerem Sinne* bezeichnet man die Bestimmung der Koordinaten des Schiffsortes auf Grund von Kurs- und Geschwindigkeitsmessungen durch das Wasser mit dem bordeigenen Magnet- oder Kreiselkompaß und den bordeigenen Fahrtmeßanlagen. Dabei müssen Beschickungen für Wind und Strom des rw Kurses sowie Korrekturen der Loggeschwindigkeiten auf Grund von Wind, Strom und Seegang vom Nautiker berücksichtigt werden.

Man spricht von der *Koppelnavigation in weiterem Sinne*, wenn die Fahrt über Grund, der tatsächlich zurückgelegte Weg und die Koordinaten des Schiffsortes auf Grund von bordeigenen automatisierbaren Ortungssystemen dem Nautiker laufend zur Verfügung gestellt werden.

Koppelkurs

Hat das Schiff verschiedene Kurse und Distanzen gesteuert, so wird keine Einzelauswertung vorgenommen, sondern es werden alle Breitendistanzen und Abweitungen algebraisch addiert. Mit der Gesamtbreitendistanz und Gesamtabweitung wird der Koppelort so berechnet, wie das bereits für die erste Aufgabe der Besteckrechnung gezeigt wurde. Man nennt das ganze Verfahren *Koppelkurs*. Der direkte Kurs und die Distanz zwischen Abfahrtsort und erreichtem Koppelort heißt *Generalkurs* oder *Koppelkurs* und *Generaldistanz*, auch *Gesamtkurs* und *Gesamtdistanz* genannt. Ebenso errechnet man die *Besteckversetzung* (Vektor vom Koppelort zum beobachteten Ort).

Beispiel: Ein Schiff verläßt den Abfahrtsort $\varphi_A = 54° 30'$ N und $\lambda_A = 018° 40'$ E und steuert die unten aufgeführten Kurse und Distanzen über Grund. Gesamtkurs und -distanz sind zu berechnen.

Datum	BZ	FZ	Fahrt	Distanz	KüG$_k$	Breitendistanz		Abweitung	
		h min	kn	sm		+ sm −		+ sm −	
24. 10.	10.00								
	10.36	36	15	9,0	062 °	4,2		7,9	
	11.16	40	15	10,0	025 °	9,1		4,2	
	13.10	1 54	15	28,5	301 °	14,7			24,4
	15.54	2 44	15	41,0	264 °		4,3		40,8
24. 10.		5 54				+ 28,0 − 4,3		+ 12,1	− 65,2
						− 4,3			+ 12,1

Gesamtbreitendistanz + 23,7   Gesamtabweitung   − 53,1

$\varphi_A = 54° 30,0'$ N $\lambda_A = 018° 40,0'$ E $b = + 23,7$ sm $a = - 53,1$ sm

$\Delta\varphi = \quad 23,7'$ N $\Delta\lambda = \quad 1° 31,9'$ W $\qquad\qquad\qquad\qquad l = - 91,9$ sm

$\varphi_k = 54° 53,7'$ N $\lambda_k = 017° 08,1'$ E

Generalkurs 294 °
Gesamtdistanz 58,1 sm

Das Verfahren kann auch durch zeichnerische Vektoraddition ersetzt werden. Die Kurse und Distanzen über Grund trägt man in Gitterpapier ein und entnimmt der Zeichnung a und b. Aus a und b berechnet man den erreichten Koppelort. Gesamtkurs und Gesamtdistanz ergeben sich ebenfalls aus der Zeichnung; siehe zeichnerisches Koppeln im nächsten Kapitel.

Zeichnerisches Koppeln

Die Koppelrechnung wird dann angewandt, wenn nur Seekarten kleinen Maßstabes vorliegen. Sonst trägt man die gesteuerten Kurse und Distanzen über Grund unmittelbar in die Seekarte ein. Dadurch prägen sich die Tiefenverhältnisse auf dem Schiffswege und seine Lage zum Land ein.

Bei der Überseefahrt wird häufig in den 14 *Mercator-Netzen* für jeweils 5° Breitenunterschied zwischen 01° S bzw. 01° N bis 71° S bzw. 71° N des Deutschen Hydrographischen Institutes (siehe auch Kap. 3.1.2) oder in anderen „Plotting Sheets"[28] gekoppelt. Die Mercator-Netze des DHI werden unter Nr.

---

28 Zum Beispiel *Mercatorial Plotting Sheets*, Hydrographic Department of the Admirality, London, oder *Position Plotting Charts*, Department of Defense Mapping Agency Hydrographic/Topographic Center, Washington.

2820, Blatt a bis Blatt o, vertrieben. Diese Mercator-Leerdrucke sind auch für die Berechnung der astronomischen Standlinien nach den „Sight Reduction Tables" Nr. 229 und Nr. 249 sehr vorteilhaft; vgl. Kap. 4.15.2 und Kap. 4.17.6 in Bd. 1 B.

Bei häufigem Kurswechsel in eng begrenztem Seegebiet ist das Koppeln auf Gitter- oder Millimeterpapier besonders vorteilhaft. Dabei ist der Maßstab ausreichend groß zu wählen, z. B. für 1 sm die Strecke 5 cm oder 10 cm. Er gilt überall auf dem Gitterpapier, so daß die Lagedifferenz in Breitenparallelrichtung unter Berücksichtigung des Maßstabes die Abweitung angibt. Das ist bei dem Übergang in die Seekarte zu beachten; vgl. auch Koppelkurs im voranstehenden Kapitel.

Automatisches Koppeln

Koppelnavigationsgeräte berechnen selbsttätig die Koordinaten des Koppelortes, den gekoppelten Kurs und die Distanz auf diesem Kurs. Dient das Gerät der Koppelnavigation in engerem Sinne, so nimmt es vom Kompaß den Kurs und vom Log des Schiffes die Fahrt (durch das Wasser) direkt, durch manuelle Eingabe die Koordinaten des Abfahrts- und des Zielortes, gegebenenfalls den Betrag und die Richtung des Stromes sowie die Beschickung für Wind auf. Der Rechner der Anlage errechnet elektronisch aus diesen Eingangsdaten laufend die Koordinaten des Koppelortes, den Kurs und die Distanz von diesem Koppelort zum eingegebenen Zielort, die hintereinander digital abgerufen werden können. Sind die Koordinaten mehrerer Zielorte in das Gerät eingebbar, so werden jeweils sowohl Kurs und Distanz als auch Entfernung und rechtweisende Peilung zu diesen Zielen nach Abruf angezeigt.

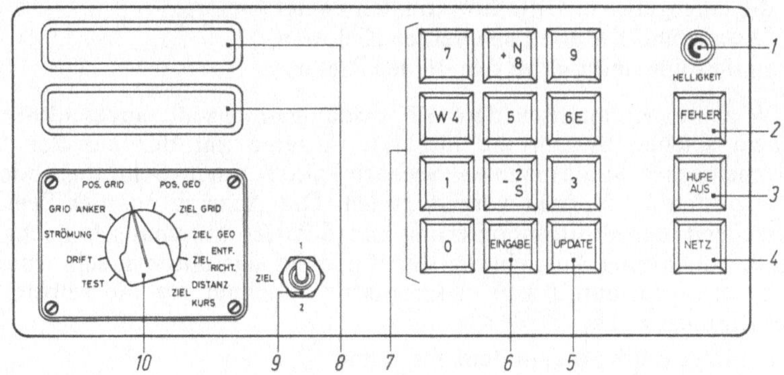

Bild 4.66. Frontplatte und Bedienelemente des Koppelgerätes KNG der LITEF.
Bedienelemente

1	Helligkeit	Drehknopf für stufenlose Regelung der Anzeige-Helligkeit
2	Fehler	Leuchttaste zur Anzeige eines Gerätefehlers
3	Hupe aus	Schaltet die Hupe bei angezeigten Fehlern ab
4	Netz	
5	Update	Erlaubt einen Korrekturvorgang während des normalen Betriebsablaufes
6	Eingabe	Taste zur Übernahme der über das Tastenfeld erstellten Daten in den Rechner
7	Tastenfeld	Enthält die Ziffern 0 bis 9 sowie die Buchstaben N, E, S und W für die manuelle Eingabe von geographischen und kartesischen Koordinaten
8	Anzeigefeld	Anzeige der manuell eingegebenen sowie der durch den Rechner ermittelten Daten (in Abhängigkeit von der Stellung des Wahlschalters)
9	Ziel	Umschaltung Ziel 1/Ziel 2
10	Wahlschalter	Auswahl der Parameter für die Eingabe und für die Anzeige

Bild 4.67. Koppeltisch KT und Koppelnavigationsgerät KNG des Koppelnavigationssystems der LITEF

Mit dem Gerät KNG der LITEF [29] (siehe Bild 4.66 und Bild 4.67) können über einen Wahlschalter folgende Informationen zur Anzeige gebracht werden:

- den Koppelort des Schiffes in geographischen Koordinaten,
- den Koppelort des Schiffes in Gitterkoordinaten,
- die eingegebenen geographischen Koordinaten zweier Zielorte,
- die eingegebenen Gitterkoordinaten zweier Zielorte,
- Distanz und $KüG_k$ zu den beiden Zielorten,
- Entfernung und rwP zu den beiden Zielorten.

Wird ein Koppeltisch dem Koppelnavigationsgerät angeschlossen, so wird bei einem solchen System die laufende Anzeige auf der auf der Plottfläche des Koppeltisches aufgespannten Seekarte durch einen Schreiber oder durch einen projizierten Lichtpunkt vorgenommen. Die Anzeige auf der Seekarte wird entsprechend der Positionsänderung des Schiffes automatisch nachgeführt. Vorher muß jedoch eine Ausrichtung der Karte auf das automatisch arbeitende Koppelgerät erfolgen, damit sein elektronischer Rechner für die selbsttätige Steuerung der Kartenanzeige

- die Lage der Karte auf dem Tisch und
- die Charakteristik der Seekarte (Art des Kartenentwurfes, die laufende Veränderung des Maßstabes und somit die lineare Verzerrung im Anzeigepunkt der Karte)

einbeziehen kann.

Bei dem im Bild 4.66 und Bild 4.67 gezeigten Koppelnavigationssystem geschieht die Ausrichtung durch Markierung von 3 Kartenpunkten auf der eingelegten Mercatorkarte mit der Lichtpunkt-Handsteuerung nach deren Einschaltung am Koppeltisch und durch Eingabe der geographischen Koordinaten dieser drei Punkte in das System. Die Eingabe erfolgt manuell nach einer Umschaltung am Koppeltisch auf den Rechner des Koppelnavigationsgerätes über sein Tastenfeld. Nach Eingabe der Anfangsposition und Ausrichtung der Seekarte bewirkt die laufend errechnete Änderung der Schiffsposition die Nachführung des Licht-

---

29 Litton Technische Werke, Freiburg.

punktes in der Seekarte. Bei diesem System können Mercatorkarten aller Maßstäbe eingespannt werden (Plottfläche 1200 mm × 800 mm, max.).

Die Genauigkeitsbetrachtungen des nachfolgenden Abschnittes gelten auch für das hier geschilderte automatische Koppeln in engerem Sinne.

Bei den integrierten Navigationsanlagen (INA) bezieht ein automatisch arbeitendes Koppelgerät die Koordinaten der Beobachtungsorte, den danach berechneten $KüG_b$ und zurückgelegten Weg über Grund ein, die in bestimmten Zeitintervallen durch automatisierbare Ortungs- und sonstige Navigationsanlagen dem Koppelgerät zugeführt werden. Eine so genutzte Koppelnavigationsanlage dient der Koppelnavigation in weiterem Sinne (siehe Kap. 4.10.6). Manchmal kann das Koppelnavigationselement durch Abschaltung aus der integrierten Navigationsanlage noch für die Koppelnavigation in engerem Sinne eingesetzt werden.

4.10.7   Koppelfehler

Sieht man von der im Kap. 4.10.4 bereits erläuterten Ungenauigkeit der Besteckrechnung nach dem Näherungsverfahren durch die Einführung der Mittelbreite ab, so hängt die Zuverlässigkeit des gekoppelten Kurses über Grund und des erhaltenen Koppelortes davon ab, mit welcher Genauigkeit der beabsichtigte KüG und die auf ihm zurückgelegte Distanz eingehalten wird. Fehler sind beim Koppeln nicht zu vermeiden und hängen

- von den ungenauen Angaben des Kompasses und des Logs,
- von den Unsicherheiten in der Beschickung für Wind (BW) und in der Beschickung für Strom (BS) sowie in dem Betrag der Stromgeschwindigkeit und
- von der Zuverlässigkeit und Ausbildungsgüte des Brückenpersonals

ab. Daher muß man mit

- konstanten Fehlern in den Kursen (Steuerfehler des Rudergängers oder des Selbststeuers, Steuerstrichfehler, Gerätefehler, Fehler in der Kompaßfehlweisung, Fehler beim Kursabsetzen in der Karte, Fehler in der BWS) sowie mit
- konstanten Fehlern in der Distanz, hervorgerufen durch Unregelmäßigkeiten der Schraubenumdrehungen, durch Fehler in der Logberichtigung und in der Fahrt- und Distanzanzeige, durch Steuerfehler, durch Fehler auf Grund von wechselndem Tiefgang des Schiffes und durch Fehler wegen Bodenbewuchses sowie mit Distanzfehlern aufgrund von Unsicherheiten durch Wind und Strom

rechnen.

Einzelberechnungen und Erfahrungswerte ermöglichen die Berechnung des Maximalfehlers (vgl. die Kap. 1.7, 4.16.1 und 4.17.1 in Bd. 1 B) des rechtweisenden Kurses und der Distanz durch das Wasser. Hiermit kann man für die jeweiligen Koppelbedingungen das Kreisgebiet um den nach Rechnung erhaltenen Koppelort konstruieren, in dem überall der Schiffsort liegen kann. Der Radius dieses Fehlerkreises, ausgedrückt in Teilen der jeweils zurückgelegten Distanz durch das Wasser, gibt die Unsicherheit im Koppelort an; siehe Tab. 4.6 [30].

Nach Kursänderungen sind meistens auch die Fahrtbedingungen andere geworden, so daß für jeden Einzelweg durch das Wasser die Unsicherheit (m_i) nach der Tab. 4.6 zu berechnen ist. Die Unsicherheit im Koppelort am Ende der Segelung erhält man nach [31]

$$m_k = \pm \sqrt{m_1^2 + m_2^2 + m_3^2 + \ldots + m_n^2}\,.$$

---

30 Nach Baranow, Leskow, Juschtschenko: Moderne Navigationsverfahren. Moskau: Verlag Seetransport 1956.

31 Siehe über Fehlertheorie im Kap. 1.7 des Bandes 1 B.

Tabelle 4.6. Unsicherheiten im Koppelort

Fahrtbedingungen	Unsicherheiten im Koppelort (d zurückgelegte Distanz durch das Wasser)
Kein Wind, kein Strom	$\pm\,0{,}02 \cdot d$
Besteckversetzung durch Wind	$\pm\,0{,}03 \cdot d$
Besteckversetzung durch Strom [a]	$\pm\,0{,}04 \cdot d$ bis $\pm\,0{,}07 \cdot d$
Besteckversetzung durch Wind und Strom [a]	$\pm\,0{,}05 \cdot d$ bis $\pm\,0{,}08 \cdot d$

[a] Bei Unsicherheiten von 1 kn bis 2 kn in den Stromstärken.

Will man sich über die Sicherheit des Schiffsweges in gefährlichen Gewässern Klarheit verschaffen, so legt man vom Abfahrtsort oder von der Peripherie des Fehlerkreises eines Kursänderungsortes die Tangenten an die Peripherie des nachfolgenden Fehlerkreises. Man erhält so den Fehlersektor, in dem überall das Schiff stehen kann. Siehe auch Zuverlässigkeit der astronomischen Ortsbestimmung im Kap. 4.17.1 des Bandes 1 B.

4.11   Treffpunktfahrten

Es kommt in der Praxis, besonders bei Havarien oder sonstigen Seeunfällen, zuweilen vor, daß ein Schiff einem anderen nachgeschickt oder entgegengeschickt werden soll. Durch Funk wird man meistens Kurs und Fahrt oder Trift des einzuholenden Schiffes erfragen können. Besondere Bedeutung hat diese Navigationsaufgabe im Falle einer Such- und Rettungsaktion, an der mehrere Schiffe beteiligt sind, die an der koordinierten systematischen Suche teilnehmen. Alles Weitere entnehme man dem Handbuch SUCHE UND RETTUNG (MERSAR) (siehe auch Kap. 1.5.3).

Es können sich folgende Aufgabenstellungen ergeben:

- Das eigene Schiff soll ein anderes Schiff treffen, das selbst Fahrt macht oder unter dem Einfluß von Wind und Strom vertreibt.
- Das eigene Schiff soll eine bestimmte Position in bezug auf das „Datum" (angenommener Unfallort) einnehmen, von wo aus Suchkurse abgefahren werden sollen.

Jeweils müssen der zu steuernde Kurs bestimmt und die voraussichtliche Fahrtdauer bei der gegebenen Fahrt durch Wasser berechnet werden.

Bei stromfreiem Gewässer und vernachlässigbarem Windeinfluß ist die Lösung einfach, ebenso, wenn für das Seegebiet mit einem überall gleichen und homogenen Strom gerechnet werden kann, da alle Schiffe gleichermaßen versetzt werden. Der Einfluß von Wind auf das eigene und auf ein ohne Eigenfahrt treibendes Schiff läßt sich kaum ermitteln, so daß er bei der Kursbestimmung zunächst vernachlässigt werden muß. Soweit von Bedeutung und bestimmbar, muß für den Eigenschiffskurs dann eine Beschickung für Wind berücksichtigt werden.

Entsprechend muß bei wechselndem und im betreffenden Seegebiet unterschiedlichem Strom vorgegangen werden.

Unter solchen ungünstigen Umständen kann nicht erwartet werden, daß der ermittelte Kurs in der berechneten Zeit zum gewünschten (Treff-)Punkt führt. Bei sorgfältiger Navigation sollte das Schiff aber so weit in die Nähe des gesuchten

Schiffes bzw. der gewünschten Position kommen, daß mit Hilfe von Radar oder einer Standortbestimmung letzte Korrekturmanöver vorgenommen werden können.

Ist das zu treffende Schiff in der Lage, peilbare Funksignale auszusenden, so wird die Aufgabe durch die Möglichkeit der Zielfahrt erheblich erleichtert (siehe Bd. 1 B, Kapitel Funknavigation).

Die Lösung der Aufgabe, wie man zu steuern hat, erfolgt wohl immer am besten durch Zeichnung in der Seekarte.

Gesucht: Der zu steuernde Kurs nach einem Schiffe hin, das selbst Fahrt macht.

Beispiel: Ein Schiff B befindet sich rw 295° 140 sm von Schiff A entfernt. B macht 6 kn FdW, KdW 064°.

Welchen KdW muß A steuern mit 12 kn FdW, um B zu treffen? Welche Zeit wird A dazu benötigen?

Für das gesamte Seegebiet ist mit denselben Stromverhältnissen zu rechnen.

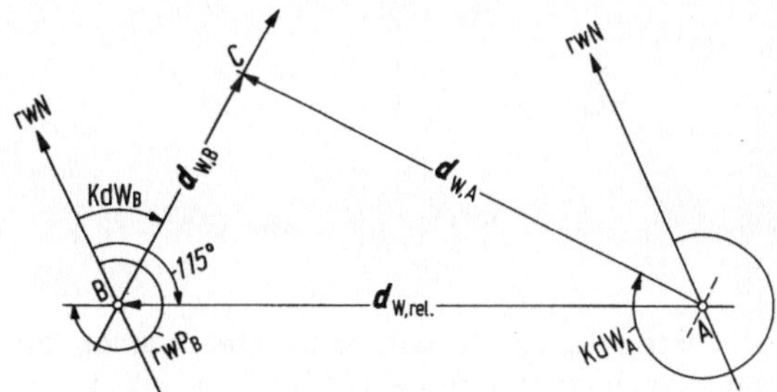

Bild 4.68

Lösung (Bild 4.68): Am Ort von B trägt man die Gegenpeilung zur rwP des B an (295° − 180° = 115°). Auf der Kurslinie durchs Wasser trägt man den Vektor $d_{W,B}$, z. B. für 1 Stunde, ab ($\overrightarrow{BC}$). Nun schlägt man um C einen Kreisbogen mit $d_{W,A}$, der den Gegenpeilstrahl in A schneidet. $d_{W,A}(\overrightarrow{AC})$ bestimmt den KdW, den A steuern muß, $d_{W,rel}(\overrightarrow{AB})$ liefert die relative stündliche Annäherung beider Schiffe.

Ergebnis: A muß KdW 321° mit 12 kn FdW steuern. Der Abstand nimmt stündlich um 13,5 sm ab.

Benötigte Zeit 140 sm/13,5 sm/h = 10,4 h = 10 h 24 min.

Beispiel: Ein Schiff soll an einer koordinierten Suchaktion teilnehmen und einen bestimmten Suchkurs (Track) fahren. Die Startposition soll zu einem bestimmten Zeitpunkt eingenommen werden. Schiff A erhält Anweisung, nach Verfahren 2 den Track 1 (s. MERSAR) zu fahren. Das Suchziel (Datum) befindet sich von A aus rw 340°, 80 sm entfernt. Es wird angenommen, daß es durch Wind mit etwa 1 kn nach Ost vertreibt. A soll die Position 4 sm S, 10 sm W vom Datum ansteuern und in spätestens 6 Stunden dort eintreffen. Für das gesamte Gebiet ist mit denselben Stromverhältnissen zu rechnen. Welchen KdW muß A steuern und welche FdW laufen?

Lösung (vgl. Bild 4.69): Man zeichnet Datum D und Schiffsort A in die Seekarte. Dann trägt man die Drift $d_{W,D}$ des Datums für die Zeit von 6 Stunden ein ($\overrightarrow{DD_1}$). Da sich der Startpunkt S um denselben Betrag nach Ost verschiebt, kann der anzusteuernde Startpunkt S_1 (4 sm S, 10 sm W von D_1) festgelegt werden. $\overrightarrow{AS_1}$ ist

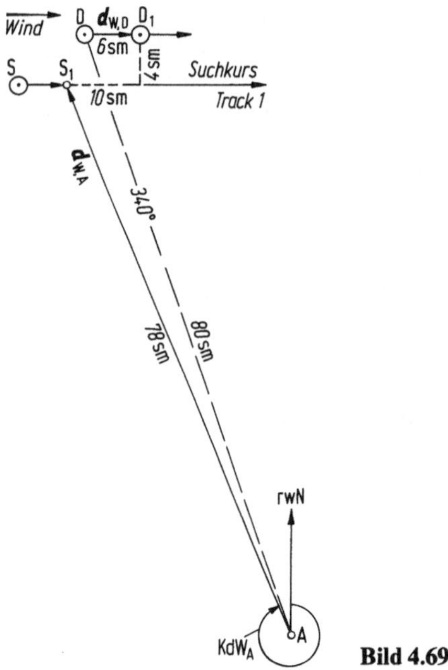

Bild 4.69

der Vektor $d_{W,A}$, die von A durchs Wasser zurückzulegende Distanz. $\overrightarrow{AS_1}$ liefert auch den zu steuernden KdW für A (KdW$_A$).

Ergebnis: KdW 336°, DdW 78 sm und FdW 78 sm/6 h = 13 kn.

4.12 Segeln im Großkreis

4.12.1 Das sphärische Dreieck

Die kleineren Bögen dreier Großkreise bilden auf der Kugeloberfläche das sphärische Dreieck. Für die sphärische Trigonometrie ist es von besonderer Bedeutung, daß sich die Länge eines orthodromen Bogenstückes und sein Zentriwinkel am Kugelmittelpunkt eindeutig entsprechen. Daher werden die Seiten im sphärischen Dreieck durch die zugehörigen Zentriwinkel ausgedrückt. In ihm werden im allgemeinen seine Winkel und seine Seiten wie im ebenen Dreieck bezeichnet. Die Summe seiner Seiten liegt immer zwischen 000° und 360°, die Summe seiner Winkel zwischen 180° und 540°.

In der sphärischen Trigonometrie müssen alle drei Winkel zwischen den sphärischen Seiten berechnet werden, weil im Gegensatz zur ebenen Trigonometrie aus der Kenntnis zweier Winkel nicht die des dritten erfolgt. Daher gibt es statt der vier Fälle der ebenen Trigonometrie sechs Fälle der Berechnung der Stücke des sphärischen Dreiecks.

Alle sechs Stücke sind nach den Napierschen[32] Regeln für das rechtwinklige sphärische Dreieck, nach dem Sinussatz, dem Seitenkosinussatz und dem Winkel-

---

32 Auch: Nepersche Regeln; Napier, John, 1550–1617, schottischer Mathematiker und
   protestantischer Politiker.

kosinussatz für alle anderen vorkommenden sphärischen Dreiecke zu berechnen. Die Gleichungen der hierzu gehörenden Formelgruppen eignen sich besonders gut für den Einsatz des Taschenrechners. Von diesen Gleichungen sind noch weitere Gleichungen abgeleitet, die sich für die logarithmische Rechnung oder das Aufstellen von Rechentafeln und Nomogrammen in der Navigationsrechnung besser eignen. Es sind das u. a. die Formelgruppen des Kotangentensatzes und der Napierschen Analogien (Gleichungen). Der Seitenkosinussatz verbindet im sphärischen Dreieck die drei Seiten und einen Winkel. Von ihm ist die Semiversusformel zur Berechnung der Gestirnshöhe abgeleitet. Die Formelgruppe nach dem Kotangentensatz stellt im sphärischen Dreieck die Beziehung zwischen vier benachbarten Stücken her. Mit seiner Hilfe ist die Formel für das Zeitazimut aufgestellt. Vergleiche auch im Band 1 B „Sphärische Trigonometrie" (Kap. 1.4.3), „Nautisches Grunddreieck" (Kap. 4.7), „Höhenstandlinie" (Kap. 4.16.4) und „Zeitazimut" (Kap. 4.14.1) sowie „ABC-Tafeln" der Nautischen Tafeln.

4.12.2   Die Eigenschaften des Großkreises

Unter dem Großkreis zwischen Abfahrtsort A und Bestimmungsort B auf der Erdkugel wird immer der kleinere Großkreisbogen zwischen A und B verstanden. Er heißt Hauptbogen des Großkreises oder der Orthodrome [33].

Durch zwei Orte auf der Erdkugel, die nicht Gegenpole sind, kann man beliebig viele Kreise, aber nur einen Großkreis legen, weil seine Ebene durch den Kugelmittelpunkt führen muß. Der Großkreisradius ist danach von allen möglichen Kreisen auf der Erdkugel am größten (Kugelradius) und hat deswegen von ihnen die kleinste Krümmung. Daher nähert sich der Großkreis am meisten der geradlinigen Sehnenverbindung zwischen A und B und ist somit die kürzeste Verbindung zwischen zwei Orten auf der Kugelfläche. Orthodromische und loxodromische Verbindung zwischen A und B fallen nur dann zusammen, wenn die beiden Orte auf einem Meridian oder auf dem Äquator liegen; im Gegensatz zur Loxodrome sind die Schnittwinkel mit den Meridianen verschieden (siehe Darstellung der Orthodrome und Loxodrome in der Mercatorkarte im Bild 4.70). Der Großkreis erreicht in den beiden im Bild 4.70 dargestellten Punkten S_1 und S_2 seine nördlichste und südlichste Breite. Diese Großkreispunkte heißen Scheitelpunkte, ihr Längenunterschied beträgt 180°, und der Großkreiskurs ist hier 090° bzw. 270°.

Aus der Darstellung geht noch hervor, daß die Richtung der Orthodrome und Loxodrome sich dann kaum unterscheiden, wenn beide Orte nahe beieinander, in der Nähe desselben Meridians oder des Äquators liegen; ihre Distanzen unterscheiden sich in diesem Falle ebenfalls wenig. Anderenfalls, besonders bei geringem Breitenunterschied in mittleren und hohen Breiten und zusätzlicher großer Entfernung zwischen A und B, kann sich der Unterschied zwischen

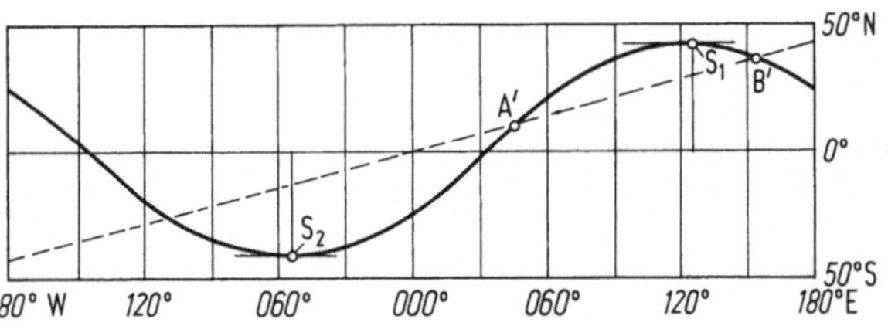

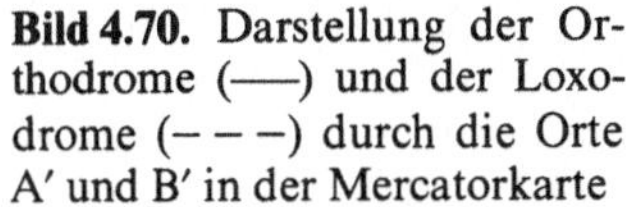
Bild 4.70. Darstellung der Orthodrome (——) und der Loxodrome (– – –) durch die Orte A' und B' in der Mercatorkarte

---

33 orthos (griech.), richtig (recht), gerade; dromos (griech.), Verlauf, Lauf.

orthodromischer und loxodromischer Distanz auf Hunderte von Seemeilen belaufen. Er beträgt z. B. zwischen Sandy Hook vor New York und dem Eingang des Englischen Kanals mehr als 100 sm, zwischen San Francisco und Yokohama fast 300 sm und zwischen Pôrto Alegre in Brasilien und Perth an der Westküste Australiens sogar mehr als 1440 sm. Der Großkreis zwischen Pôrto Alegre und Perth kann nur abgeflogen werden, weil er über die Ost-Antarktis führt und dort seine höchste Südbreite mit etwa 78° erreicht.

Wahl des Schiffsweges

Das Segeln auf dem Großkreis kommt nur in der Hochseenavigation vor und ist hier nur sinnvoll, wenn der Entfernungsunterschied zwischen dem orthodromen und loxodromen Reiseweg groß wird. Bei der Auswahl zwischen beiden Reisewegen sind Untiefen, Inseln, Eisberge, Eis-, Sturm- und Orkangebiete, sonstige gefährliche Gewässer usw. zu vermeiden und alle Gefahrenmeldungen, Seewarnungen, Freibordzonen und alle Hinweise der Ozeanhandbücher und Monatskarten zu beachten. Bei der Auswahl des zweckmäßigsten Reiseweges wird sich in manchen Fällen eine Kombination von Großkreis- und Loxodromsegelung (Misch- oder Kompositsegelung) anbieten; siehe unter 3 im nachfolgenden Kapitel.

4.12.3 Großkreisrechnung und Mischsegeln

Sieht man von den Meridianen und dem Äquator ab, erscheint in den Mercatorkarten der Großkreis nicht als gerade Linie. Man muß daher die Parameter des Großkreises entweder berechnen oder aus Großkreiskarten bestimmen; siehe gnomonischer Entwurf im Kap. 3.2.4. Es sind das

- die orthodromische Distanz,
- der Großkreisanfangskurs (AK) und -endkurs (EK) und
- die geographischen Koordinaten seines Scheitels sowie seiner Meridianschnittpunkte (die eine Übersicht des Verlaufes des Großkreises geben).

Das sphärische Dreieck im Bild 4.71 heißt *terrestrisch-sphärisches Grunddreieck*, wenn der Nordpol der Erdkugel für den Eckpunkt C gesetzt wird. In diesem terrestrisch-sphärischen Grunddreieck sind die Punkte A und B der Abfahrts- und Bestimmungsort, Punkt S der Scheitelpunkt des Großkreises zwischen A und B; er liegt auf dem Großkreis außerhalb des sphärischen Dreiecks, wenn der Innen-

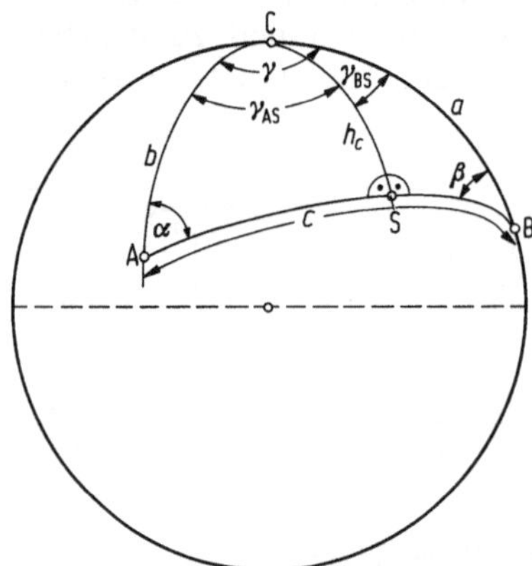

Bild 4.71. Sphärisches Dreieck

winkel α oder β stumpf ist. Weiterhin sind zu setzen

$$a = 90° - \varphi_B, \quad b = 90° - \varphi_A; \quad c/1° = \frac{1}{60} \cdot d_{GK}/\text{sm}, \quad h_c = 90° - \varphi_S,$$

$$\gamma = \Delta\lambda, \quad \lambda_A + \Delta\lambda = \lambda_B,$$

$$\gamma_{AS} = \Delta\lambda_{AS}, \quad \lambda_A + \Delta\lambda_{AS} = \lambda_S, \quad \gamma_{BS} = \Delta\lambda_{BS}, \quad \lambda_B + \Delta\lambda_{BS} = \lambda_S.$$

Für den Großkreisanfangskurs (Winkel bei A zwischen rwN und dem nach B gerichteten Großkreis) und für den Großkreisendkurs (Winkel zwischen rwN und dem von A über B hinausführenden Großkreis) gilt folgende Regel, wenn φ_A und φ_B gemäß ihren Vorzeichen (vgl. Kap. 2.4) bei der Berechnung der beiden Innenwinkel α und β eingesetzt werden:

Bei einer Großkreissegelung in **östliche** Richtung werden der Großkreisanfangskurs und -endkurs (Formelzeichen α_{AK} und α_{EK}) erhalten nach

$$\alpha_{AK} = \alpha \quad \text{und} \quad \alpha_{EK} = 180° - \beta$$

und bei einer Großkreissegelung in **westliche** Richtung nach

$$\alpha_{AK} = 360° - \alpha \quad \text{und} \quad \alpha_{EK} = 180° + \beta.$$

Siehe auch Formeln für die Großkreisrechnungen unter Kap. 6.2.12 (Formelsammlung).

Beispiel: Ein Schiff steht östl. von Japan auf

$$\varphi_A = 38° \, 12' \, \text{N} \quad \text{und} \quad \lambda_A = 140° \, 12' \, \text{E} \quad \text{und will nach}$$
$$\varphi_B = 32° \, 30' \, \text{N} \quad \text{und} \quad \underline{\lambda_B = 117° \, 18' \, \text{W}} \quad \text{westl. von San Diego segeln.}$$
$$\Delta\lambda = 102° \, 30' \, \text{E}$$

Es sind zu berechnen:
1. die orthodromische Distanz zwischen A und B,
2. der Großkreisanfangskurs und der -endkurs und
3. die Koordinaten des Scheitelpunktes und der Schnittpunkte der Orthodrome mit vorgegebenen geographischen Längen.

Zu 1.: Wegen der Verwendung eines elektronischen Taschenrechners wird die Distanz am besten nach dem Seitenkosinussatz berechnet (siehe Bild 4.71)

$$\cos c = \cos a \cdot \cos b + \sin a \cdot \sin b \cdot \cos \gamma,$$

so daß für das terrestrisch-sphärische Grunddreieck gilt

$$\cos c = \sin \varphi_A \cdot \sin \varphi_B + \cos \varphi_A \cdot \cos \varphi_B \cdot \cos \Delta\lambda.$$

Nach dieser Formel erhält man mit Hilfe des Taschenrechners für das obige Beispiel

$$c = 079° \, 07{,}0', \quad d_{GK} = 4747 \, \text{sm} \quad (d_{Lox} \approx 5016 \, \text{sm}).$$

Zu 2.: AK und EK werden mit Hilfe des Taschenrechners ebenfalls am besten nach dem sphärischen Seitenkosinussatz berechnet. Aus Bild 4.71 folgt:

$$\cos a = \cos b \cdot \cos c + \sin b \cdot \sin c \cdot \cos \alpha$$

oder
$$\cos \alpha = \frac{\cos a - \cos b \cdot \cos c}{\sin b \cdot \sin c},$$

so daß für die Erdkugel gilt

$$\cos \alpha = \frac{\sin \varphi_B - \sin \varphi_A \cdot \cos c}{\cos \varphi_A \cdot \sin c}$$

und nach zyklischer Vertauschung

$$\cos \beta = \frac{\sin \varphi_A - \sin \varphi_B \cdot \cos c}{\cos \varphi_B \cdot \sin c} \,.$$

Die Rechnung ergibt für das vorgegebene Beispiel

$$\alpha = 056{,}98° \quad \text{und} \quad \beta = 051{,}38° \,.$$

Danach betragen der AK 057° und der EK 129° (Segelung erfolgte in östliche Richtung).

Wendet man den sphärischen Kotangentensatz (siehe Formeln (10) bis (15) im Kap. 4.7 des Bandes 1 B) im terrestrischen Grunddreieck an, so erhält man den Innenwinkel α in viertelkreisiger Zählweise (α') nach

$$\tan \alpha' = \sin \Delta\lambda \, / \, (\cos \varphi_A \cdot \tan \varphi_B - \sin \varphi_A \cdot \cos \Delta\lambda)$$

und für $y = \sin \Delta\lambda$ und $x = \cos \varphi_A \cdot \tan \varphi_B - \sin \varphi_A \cdot \cos \Delta\lambda$ mit Hilfe der Koordinatentransformation

$$REC(x; y) \;\Rightarrow\; POL(r; \alpha_{AK})$$

den vollkreisig zählenden Großkreisanfangskurs α_{AK}. Für einen vom elektronischen Taschenrechner negativ ausgewiesenen Anfangskurs ($\alpha_{AK} < 000°$) setzt man $360° + \alpha_{AK}$.

Bei der Berechnung des Großkreisendkurses α_{EK} geht man analog vor. Siehe auch die Kap. 6.2.12 der Formelsammlung dieses Buches sowie Kap. 4.7.1 des Bandes 1 B.

Zu 3.: Für die Koordinatenberechnung des Scheitelpunktes erhält man nach dem sphärischen Dreieck im Bild 4.71 und aufgrund der Napierschen Regeln die Beziehung

$$\sin h_c = \sin b \cdot \sin \alpha = \sin a \cdot \sin \beta \,.$$

Setzt man die geographischen Koordinaten der Erdkugel ein, so ist

$$\cos |\varphi_S| = \cos \varphi_A \cdot \sin \alpha = \cos \varphi_B \cdot \sin \beta; \quad \varphi_S \text{ gleichnamig mit } \varphi_A \text{ bzw. } \varphi_B \,.$$

Den Längenunterschied berechnet man nach

$$\cos b = \cot \alpha \cdot \cot \gamma_{AS} \quad \text{oder} \quad \cos a = \cot \beta \cdot \cot \gamma_{BS} \,.$$

Diese Gleichungen lauten nach Umstellung

$$\tan \gamma_{AS} = \frac{1}{\cos b \cdot \tan \alpha} \quad \text{und} \quad \tan \gamma_{BS} = \frac{1}{\cos a \cdot \tan \beta}$$

und für die Erdkugel

$$\tan |\Delta\lambda_{AS}| = \left|\frac{1}{\sin\varphi_A \cdot \tan\alpha}\right| \quad \text{und} \quad \tan |\Delta\lambda_{BS}| = \left|\frac{1}{\sin\varphi_B \cdot \tan\beta}\right|.$$

Die Rechnung liefert die Ergebnisse

$$\varphi_S = 48°\,46{,}9'\,\text{N} \quad \text{und} \quad \Delta\lambda_{AS} = 046°\,25{,}3'\,\text{E} \quad \text{sowie}$$

$$\Delta\lambda_{BS} = 056°\,04{,}7'\,\text{W}\,.$$

In den vorstehenden Gleichungen für die geographischen Koordinaten des Scheitelpunktes können für α und β auch die vollkreisig zählenden Kurse α_{AK} und α_{EK} eingesetzt werden. Danach ist:

	$\lambda_A\ \ = 140°\,12{,}0'\,\text{E}$	$\lambda_B\ \ = 117°\,18{,}0'\,\text{W}$
	$\Delta\lambda_{AS} = 046°\,25{,}3'\,\text{E}$	$\Delta\lambda_{BS} = 056°\,04{,}7'\,\text{W}$
	$(186°\,37{,}3')$	
$\varphi_S = 48°\,46{,}9'\,\text{N}$	$\lambda_S\ \ = 173°\,22{,}7'\,\text{W}$	$\lambda_S\ \ = 173°\,22{,}7'\,\text{W}$

Bei der Berechnung der Zwischenpunkte (M), in denen der Großkreis ausgewählte Meridiane (λ_M) schneidet, gibt man die geographischen Längen vor und ermittelt daraus die Breiten (φ_M). Mit Hilfe der Napierschen Regeln erhält man für die Erdkugel (siehe Bild 4.71) mit dem vorgegebenen Längenunterschied

$$\Delta\lambda_{SM} = \lambda_M - \lambda_S$$

die Gleichung

$$\tan\varphi_M = \cos\Delta\lambda_{SM} \cdot \tan\varphi_S\,.$$

Danach berechnet man folgende Werte für φ_M:

λ_M	$\Delta\lambda_{SM} = \lambda_M - \lambda_S$	φ_M
$150°$ E	$036°\,37{,}3'$ W	$42°\,29{,}8'$ N
$160°$ E	$026°\,37{,}3'$ W	$45°\,34{,}9'$ N
$170°$ E	$016°\,37{,}3'$ W	$47°\,34{,}0'$ N
$180°$	$006°\,37{,}3'$ W	$48°\,35{,}5'$ N
$173°\,22{,}7'$ W	$000°\,00{,}0'$ Scheitel	$48°\,46{,}9'$ N
$170°$ W	$003°\,22{,}7'$ E	$48°\,43{,}9'$ N
$160°$ W	$013°\,22{,}7'$ E	$47°\,00{,}0'$ N
$150°$ W	$023°\,22{,}7'$ E	$46°\,20{,}3'$ N
$140°$ W	$033°\,22{,}7'$ E	$43°\,37{,}8'$ N
$130°$ W	$043°\,22{,}7'$ E	$39°\,41{,}0'$ N
$120°$ W	$053°\,22{,}7'$ E	$34°\,15{,}2'$ N

Beispiel für das Mischsegeln: Es soll von $\varphi_A = 35°\,30'\,\text{N}$ und $\lambda_A = 143°\,36'\,\text{E}$ östlich der Küste Japans nach $\varphi_B = 49°\,18'\,\text{N}$ und $\lambda_B = 125°\,24'\,\text{W}$ westlich von Vancouver so auf einem Großkreis gesegelt werden, daß die Bestimmungsbreite nicht überschritten wird.

Es sind die geogr. Länge, in der die Bestimmungsbreite erreicht wird, der Anfangskurs und die Gesamtdistanz zu berechnen.

Weil die Bestimmungsbreite auch die Scheitelbreite für den durch A führenden Berührungsgroßkreis an φ_B ist ($\varphi_B = \varphi_S$), sind nach den Napierschen Regeln und Bild 4.71 folgende Gleichungen für die Lösung der Aufgaben des Mischsegelns aufzustellen:

$$\cos|\Delta\lambda_{AS}| = \frac{\tan\varphi_A}{\tan\varphi_S} = \frac{\tan\varphi_A}{\tan\varphi_B},$$

$$\sin\alpha' = \frac{\cos\varphi_S}{\cos\varphi_A} = \frac{\cos\varphi_B}{\cos\varphi_A}; \quad \left\{ \begin{array}{l} \text{der Innenwinkel } \alpha \text{ wird in viertelkreisiger} \\ \text{Zählweise } (\alpha') \text{ erhalten;} \end{array} \right.$$

$$\cos c_{AS} = \frac{\sin\varphi_A}{\sin\varphi_S} = \frac{\sin\varphi_A}{\sin\varphi_B}.$$

Mit Hilfe des Taschenrechners erhält man

$$\Delta\lambda_{AS} = 052°\ 09{,}3'\ \text{E}, \alpha_{AK} = 053{,}2° \ (\alpha' = \text{N } 53{,}2°\ \text{E}) \quad \text{und} \quad c_{AS} = 40°\ 00{,}4',$$

so daß $d_{GK} = 2400{,}4$ sm ist.

Nach $\Delta\lambda_{SB} = \lambda_B - \lambda_S$ und $a = l \cdot \cos\varphi_B$ erhält man $\lambda_{SB} = 038°\ 50{,}7'$ E. Daraus ergibt sich $l = +2330{,}7$ sm, so daß $|a| = d_{Lox} = 1519{,}8$ sm beträgt ($a = +2330{,}7$ sm $\cdot \cos 49{,}3°$). Es sind demnach

$$\begin{aligned} \lambda_A \ &= 143°\ 36{,}0'\ \text{E} \\ \Delta\lambda_{AS} &= 052°\ 09{,}3'\ \text{E} \\ \hline &(195°\ 45{,}3') \end{aligned}$$

Scheitel: $\varphi_S = \varphi_A = 49°\ 18'$ N   und $\lambda_S = 164°\ 14{,}7'$ W

$$\begin{aligned} d_{GK} &= 2400{,}4\ \text{sm} \\ d_{Lox} &= 1519{,}8\ \text{sm} \end{aligned}$$

Gesamtdistanz   3920,2 sm   und   AK 053°

4.12.4 Praxis des Segelns im Großkreis

Zum Zeichnen eines Großkreises in einer Mercatorkarte überträgt man die nach dem Beispiel unter 3. im Kap. 4.12.3 berechneten Zwischenpunkte (φ_M, λ_M) in die Karte und verbindet diese strakend. Verbindet man die Zwischenpunkte geradlinig, ersetzt man den Großkreis durch einen loxodromischen Streckenzug.

Weil in der Praxis nur auf volle Grade gesteuert wird, liegt für die tatsächliche Segelung die beste Annäherung an den Großkreis dann vor, wenn von Zwischenpunkt zu Zwischenpunkt eine Kursänderung von 1° vorgenommen wird. Die Distanz bis zum nächsten Punkt der Kursänderung wird ermittelt nach

$$d/\text{sm} \approx \left| 60 \cdot \frac{1}{\tan\varphi_A \cdot \sin\alpha_{AK}} \right|.$$

Tafel 6 der Nautischen Tafeln ist nach einer genaueren Formel berechnet worden. Im Beispiel für die Großkreissegelung im vorstehenden Kapitel ist $d_{Lox} = 90{,}9$ sm auf dem AK 057° zurückzulegen.

Der mit der häufigen Kursänderung verbundene Aufwand ist vermeidbar, wenn man von A ausgehend für eine vorgegebene größere Teildistanz (z.B. ein Etmal) die geographischen Koordinaten des damit erreichbaren Großkreispunktes C berechnet; siehe dazu die Formelsammlung für Taschenrechner in Kap. 6.2.12. Mit Hilfe der 2. Aufgabe der Besteckrechnung (siehe Kap. 4.10.4) ermittelt man Kurs und Distanz zwischen A und C. Die Differenz zwischen d_{GK} und d_{Lox} ist jetzt unbedeutend. Für das verhältnismäßig groß gewählte Etmal von 600 sm (DF 25,0 kn) beim obigen Beispiel errechnen sich folgende Ergebnisse.

	Breite	Länge	KüG$_k$	DüG$_k$
A	38° 12,0′ N	140° 12,0′ E		
C$_1$	43° 06,5′ N	151° 42,2′ E	060,6°	600,43 cm
C$_2$	46° 41,0′ N	164° 54,6′ E	069,1°	600,66 sm
C$_3$	48° 33,7′ N	179° 30,4′ E	079,2°	600,89 sm
C$_4$	48° 30,2′ N	165° 22,0′ W	090,3°	600,98 sm
C$_5$	46° 30,9′ N	150° 50,0′ W	101,0°	600,88 sm
C$_6$	42° 50,9′ N	137° 43,5′ W	111,5°	600,65 sm
C$_7$	37° 52,4′ N	126° 19,3′ W	119,8°	600,42 sm
B	32° 30,0′ N	117° 18,0′ W	126,1°	547,16 sm

4752,07 sm Gesamtdistanz

Gegenüber $d_{GK} = 4747,0$ sm sind das 5,07 sm mehr. Bei einem fiktiven Etmal von 400 sm (DF 16,67 kn) wären es nur noch 2,26 sm mehr! Die loxodromische Distanz nach vergrößerter Breite beträgt bei diesem Beispiel 5023,6 sm auf dem Generalkurs 093,9°, das sind 276,6 sm mehr als die Großkreisdistanz.

Bei logarithmischer Rechnung wird die Distanz meist nach der Semiversusformel mit Hilfe der „Tafel zur Berechnung der Gestirnshöhe" der Nautischen Tafeln bestimmt. Hier ist z durch c, z_0 durch $\Delta\varphi$, φ durch φ_A, δ durch φ_B, t durch $\Delta\lambda$ zu ersetzen. Die Distanz ist dann

$$d_{GK}/\text{sm} = 60 \cdot c/1°$$

groß. Der AK und evtl. der EK werden manchmal logarithmisch nach dem sphärischen Sinussatz berechnet. Hierbei muß noch die zusätzliche Entscheidung getroffen werden, ob α und β jeweils spitz oder stumpf sind, ehe der AK und EK gebildet werden. AK und EK können auch mit Hilfe der ABC-Tafel der Nautischen Tafeln gefunden werden. Hier hat man φ durch φ_A, δ durch φ_B, t durch $\Delta\lambda$ und schließlich das Tafelazimut durch den AK in viertelkreisiger Zählweise zu ersetzen.

Alle beim Segeln im Großkreis auftretenden Aufgaben können mit den *Azimutdiagrammen* des DHI, AK und EK mit den *Azimutnomogrammen* von Strassl gelöst werden; siehe auch Kap. 4.14.1 des Bandes 1B.

In der Praxis haben sich gnomonische Entwürfe (siehe auch Kap. 3.2.4) bewährt. Solche Großkreiskarten führen viele Seekartenwerke. Das DHI hat die Großkreiskarten Nr. 2700 bis 2704 des Nordatlantischen, des Südatlantischen, des Indischen, des Nördlichen und des Südlichen Pazifischen Ozeans herausgegeben. Man erkennt in ihnen sofort, ob der Großkreis in zu hohe geographische Breiten oder durch gefährliche Seegebiete führt. Man überträgt die Zwischenpunkte des Großkreises auf den Meridianen der Großkreiskarte in die Seekarte (Mercatorkarte).

Es gibt noch Großkreiskarten für wichtige Verkehrsknotenpunkte, z.B. für Bishop Rock, Gibraltar usw. In ihnen sind die vom Knotenpunkt ausgehenden

Linien konstanter Richtung für das 1°-Intervall eingedruckt. Soll zu dem Knotenpunkt hin oder von ihm weg gefahren werden, verbindet man ihn mit dem Abfahrtsort oder mit dem Bestimmungsort. Man erhält so auf den Linien konstanter Richtung die Zwischenpunkte für die Kursänderung um 1°, zwischen denen in der durch die Linie angegebene Richtung loxodromisch gesegelt werden soll.

Zeigt eine Ortsbestimmung eine Abweichung vom Großkreis, so legt man den Großkreis vom Beobachtungsort neu fest.

Beim Segeln im Großkreis sind die Maßnahmen nach der VO über die Sicherung der Seefahrt vom 15. 12. 1956 und ihre Änderung vom 07. 02. 1975 zu beachten; siehe auch „Schiffswege" im Kap. 4.13.2 und im Kap. 4.13.3.

4.13 Entfernungstabellen

Die umfassendsten Entfernungstabellen sind die vom US Department of Defence herausgegebenen „Distances between ports" (N.O.151). Gleichermaßen weltweite Entfernungstabellen sind die von der Brit. Admirality (3 Bände Distance Tables). Deutsche Tabellen gibt es von Luensee, deren neueste Ausgabe[34] allerdings nur die Gebiete Nord-/Ostsee, Nordmeer, Ostseite Atlantik, Mittel-/Schwarzes Meer umfaßt. Bekannt sind auch die Tabellen von Reeds und die von Miskin („Distance and Speed Tables for Charterers, Shipbrokers and Shippers", weltweit). Auch auf den Rückseiten von Monatskarten und Pilot Charts für die einzelnen Ozeane sowie in den Seehandbüchern und in BROWNS NAUTICAL ALMANAC findet man wertvolle Entfernungsangaben.

Es empfiehlt sich, für ein bestimmtes Fahrtgebiet oder für häufig befahrene Routen Entfernungstabellen aufzustellen und auf der Brücke bzw. im Kartenhaus auszuhängen. Als Beispiele dafür können die folgenden Tabellen 1 bis 4 dienen.

1. Hamburg — Weser-Großtonne

									Hamburg
6	Blankenese								Alle Distanzen in sm
11	5	Schulau							
17	11	6	Brunshausen						
28	22	17	11	Glückstadt					
40	34	29	23	12	Brunsbüttel (bis Kiel 56)				
45	39	34	28	17	5	Oste Riff			
56	50	45	39	28	16	11	Cuxhaven		
76	70	65	59	48	36	31	20	Elbe-1-Fsch.	
90	84	79	73	62	50	45	34	14	Weser-Großtonne

Hamburg — Bremen durch die Alte Weser 151 sm

---

34 Hamburg: Verlag Eckardt & Messtorff 1980.

2. Bremen — Bremerhaven — Weser-Großtonne

Bremen							
7	Vegesack						
14	7	Elsfleth					
20	13	6	Brake				
29	22	15	9	Nordenham			
34	27	20	14	5	Bremerhaven		
50	43	36	30	21	16	Hoheweg	
67	60	53	47	38	33	17	Weser-Großtonne

3. Weser-Großtonne — Dover — Bishop Rock

Weser-Großtonne										
57	Borkumriff-Fsch.									
116	59	Tonne TB (Terschellingerbank)								
248	191	132	Tonne NHR (Noord Hinder)							
308	241	192	60	Dover						
326	259	210	78	18	Dungeness					
356	289	240	108	48	30	Beachy Head				
415	348	299	167	107	89	59	St.Catherines Pt.			
508	451	392	260	200	182	152	93	Start Point		
570	513	452	322	262	244	214	155	62	Lizard	
620	563	502	372	312	294	264	205	112	50	Bishop Rock

4. Weser-Großtonne — Ouessant — Cap Finisterre

Weser-Großtonne			
308	Dover		
479	171	Casquets	
604	306	135	Ouessant (Ushant)
989	691	520	385	Cap Finisterre

4.13.1 Allgemeine Entfernungstabellen

Abkürzungen: (S.) Suez-Kanal, (K.d.g.H.) Kap der guten Hoffnung, (K.H.) Kap Horn, (N.O.-K.) Nord-Ostsee-Kanal, (M.) Magallanes, (P.) Panama-Kanal, (Skg.) Skagen

Alle Distanzen in sm

Abadan

Bahrein.	291
Buschir.	161
Fao	27
Kuweit	117

Adelaide

Aden.	6112
Fremantle. . . .	1356
Kapstadt	6062
Melbourne . . .	511
Port Pirie	255
Sydney	980
Weser-Großtonne (S.)	10970
Weser-Großtonne (K.d.g.H.). . .	12090
Weser-Großtonne (P.)	13800

Aden

Abadan.	1936
Basra.	1950
Bombay	1665
Calcutta	3320
Colombo	2094
Daressalam . . .	1770
Djakarta	3940
Fremantle. . . .	4925
Gibraltar	3350
Kapstadt	4100
Karachi.	1475
Kuweit	1920
Madras	2650
Maskat	1220
Melbourne . . .	6420
Mombasa	1610
Mocambique . .	2140
Penang	3300
Perim	97
Port Said	1400
Rangoon	3320
Singapore. . . .	3640
Weser-Großtonne (S.)	4900
Zanzibar	1720

Accra

Agadir	2485
Axim.	140

Duala	613
Gibraltar	2879
Kapstadt	2595
Lagos	230
Libreville	656
Lobito	1352
Monrovia	695
Weser-Großtonne	4100

Alexandria

Brindisi.	830
Candia	367
Genua	1315
Gibraltar	1805
Irakleion	366
Istanbul.	730
Malta	825
Marseille	1408
Messina.	830
Neapel	1005
Piraeus	515
Port Said	158
Tel Aviv	270
Triest.	1200
Tripolis.	860
Weser-Großtonne	3360

Algier

Barcelona	282
Genua	534
Gibraltar	420
Malaga	365
Malta	575
Marseille	410
Neapel	585
Port Said	1519
Rotterdam . . .	1773
Tanger	442
Weser-Großtonne	1960

Amsterdam

Antwerpen . . .	155
Dover	160
Emden	175
Ijmuiden	15
Port Said	3320
Rotterdam . . .	72
Weser-Großtonne	194

Antwerpen

Adelaide (S.) . .	10690
(K.d.g.H.). . .	11740
Dover	135
Emden	274
Genua	2260
Gibraltar	1370
Grimsby	250
Hamburg	383
Harwich	135
Horta.	1540
Ijmuiden	128
Le Havre	240
Leith.	450
Leningrad (N.O.K.)	1190
London.	188
Madeira	1557
Malta	2360
Marseille	2065
Messina.	2392
Neapel	2340
Newcastle. . . .	332
Oporto	935
Oslo	630
Palamos	1926
Port Said . . .	3283
Reval s. Tallinn	
Rotterdam . . .	115
Southampton . .	244
Tallinn (Reval) .	1160
Ouessant (Ushant)	446
St. Vincente . . .	2585
Szcecin (Stettin) .	810
Teneriffa	1755
Ushant (Ouessant)	446
Vlissingen. . . .	42
Weser-Großtonne (Ostgatt) . . .	290
Weser-Großtonne (Westgatt) . .	320

Apenrade

Flensburg. . . .	62
Kiel	67
Kopenhagen. . .	192
Travemünde. . .	117

Archangelsk

Bergen	1480
Drontheim . . .	1275

Hammerfest . . .

Hammerfest . . .	650
Igarka	1572
Kirkenes	540
Murmansk . . .	445
Vardö	485
Weser-Großtonne	1880

Arica

Callao	620
Iquique	110
Panama (Balboa)	1935
Punta Arenas (Magallanes) .	2295
Valparaiso . . .	880

Aruba

Colon	616
Curacao Willemstad	60
Mona Passage . .	396

Auckland

Hobart	1550
Melbourne . . .	1650
Panama	6750
Sydney	1285
Valparaiso . . .	5250
Vancouver . . .	6200
Wellington . . .	560
Weser-Großtonne (K.d.g.H.) . . .	13850
Weser-Großtonne (M.)	12360
(P.)	11700
(S.)	12860

Bahia

siehe unter Salvador (Sao Salvador da Bahia)

Bahia Blanca

Montevideo . . .	470
Punta Arenas (Magallanes) .	980
Weser-Großtonne	6860

Baltimore

Boston	641
Charleston . . .	550
Galveston	1800
Gibraltar	3445
Habana	1095
Halifax	900
New Orleans . .	1612
New York . . .	408
Norfolk	150

Philadelphia . . .

Philadelphia . . .	376
Quebec	1740
Weser-Großtonne	3960

Banana

Accra	1030
Benguela	405
Casablanca . . .	3623
Conakry	1900
Dakar	2305
Bioko	690
Kapstadt	1760
Port Gentil . . .	415
Teneriffa	3075
Walfischbucht . .	1065
Weser-Großtonne	5010

Bangkok

Djakarta (Batavia)	1245
Fu Chou (Futschau)	1890
Hongkong	1460
Manila	1455
Penang	1225
Saigon	657
Shanghai	2280
Singapore	830
Weser-Großtonne	9320
(K.d.g.H.) . . .	12810

Batum (Batumi)

Constanza	590
Galati	650
Istanbul	585
Nikolajew	608
Odessa	570
Saloniki	916
Sewastopol . . .	414
Warna (Stalin) .	615
Weser-Großtonne	3920

Belém (Pará)

Ceará (siehe unter Fortaleza)	
Cayenne	527
Fortaleza (Ceará)	681
La Guaira . . .	1540
Maceio	1230
Manaos	1005
Maracaibo . . .	1863
Paramaribo . . .	765
Pto. de Mucurine (siehe unter Fortaleza)	
Recife (Pernambuco) .	1110
Rio de Janeiro .	2175
Weser-Großtonne	4400

Belfast

Cardiff	300
Cherbourg . . .	480
Glasgow	115
Plymouth	380
Southampton . .	500
Weser-Großtonne	900

Belize

Colon	750
Kingston	554
Mississippi South Pass . .	756
Port au Prince .	932
Progreso	460
Puerto Cortez . .	112
Tampico	950
Vera Cruz . . .	800
Weser-Großtonne	5000

Bergen

Christiansand . .	218
Drontheim . . .	310
Edinburgh . . .	398
Kirkwall	295
Merok	220
Odde	124
Tromsö	710
Weser-Großtonne	412

Bermuda

Gibraltar	2880
Habana	1140
Halifax	752
Jamaica	1120
New Orleans . .	1660
New York . . .	685
Ushant (Ouessant)	2760
Weser-Großtonne	3300

Bilbao

Coruña	259
Gibraltar	865
Leixoes	420
Lissabon	589
Santander	46
Vigo	369
Weser-Großtonne	970

Bishop Rock

Casquets . . .	158
Cherbourg . . .	192
Cobh	140
Dover	312
Galway	294

Le Havre 255
Lizard 49
Plymouth 96
Southampton . . 212
Weser-Großtonne 614

Bombay

Basra 1570
Baira 3250
Bushir 1425
Calcutta 2140
Colombo 894
Goa 230
Kapstadt 4600
Karachi 500
Madras 1460
Maskat 855
Port Said 3070
Singapore 2450
Weser-Großtonne 6540
Zanzibar 2450

Boston

Halifax 384
Newport-News . . 570
New York . . . 383
Philadelphia . . . 488
Quebec 1200
Weser-Großtonne 3450

Bordeaux

Le Havre 402
Saint Nazaire . . 159
Santander 234
Vigo 516
Weser-Großtonne 923

Boulogne

Bishop Rock . . 316
Calais 22
Cherbourg . . . 140
Cobh 456
Coruña 641
Galway 610
Le Havre 100
London 110
Plymouth 230
Rotterdam . . . 105
Southampton . . 123
Ushant (Ouessant) 306
Vigo 734
Weser-Großtonne 328

Bremen, Bremerhaven

Alle Entfernungen von
Weser-Großtonne

+ 33 (Bremerhaven),
+ 67 (Bremen)

Brindisi

Alexandria . . . 825
Beirut 1010
Fiume (Rijeka) . 333
Istanbul 790
Malta 365
Messina 261
Neapel 435
Piräus 480
Port Said . . . 935
Rijeka (Fiume) . 333
Smyrna 635
Triest 375
Venedig 382
Weser-Großtonne 2900

Brisbane

Djakarta 3375
Fremantle 2600
Hongkong 3900
Makassar 2805
Melbourne . . . 1075
Newcastle . . . 458
Rabaul 1426
Singapore 3680
Sydney 515
Thursday Is. . . 1255
Townsville . . . 680
Weser-Großtonne
  (P.) 12820
  (S.) 12150
Yokohama . . . 4010

Bristol

Cherbourg . . . 341
Glasgow 395
Le Havre 411
Liverpool 280
London 520
Weser-Großtonne 765

Buenos Aires (siehe auch Montevideo)

Bahia Blanca . . 535
Genua 6225
Gibraltar 5365
Kapstadt 3740
La Plata 42
Lissabon 5370
Montevideo . . . 126
New York . . . 5910
Parana 294
Port Stanley . . . 1045

Punta Arenas (Magallanes) . 1425

Rio de Janeiro . 1170
Rio Grande do Sul 440
Rosario 212
Santos 1000
Süd-Georgien . . 1550
Süd-Orkney . . . 1710
Süd-Shetland . . 1830
Teneriffa 4670
Victoria 1400
Vigo 5585
Weser-Großtonne 6580

Bushir

Bahrein 175
Basra 192
Fao 140
Kuweit 150
Lingeh 290
Maskat 620
Port Said 3305
Weser-Großtonne 6770

Cadiz

Agadir 428
Almeria 221
Gibraltar 72
Horta 1080
Lissabon 252
Madeira 590
Oporto 395
Oran 297
Sevilla 155
Tanger 58
Weser-Großtonne 1490

Calcutta

Basra 3550
Bushir 3440
Calicut 1630
Colombo 1255
Kapstadt 5470
Karachi 2560
Madras 770
Point de Galle . 1183
Rangoon 760
Singapore 1665
Weser-Großtonne 8220

Callao

Arica 565
Guayaquil . . . 718
Mollendo 458
Panama 1365
Punta Arenas
  (Magallanes) . 2665

Valparaiso ... 1315
Weser-Großtonne
  (P.) 6370
  (M.) 10260

Capedello

Maceio 194
Natal (Norte) .. 80
Recife
  (Pernambuco) . 74
Teneriffa 2415

Cardiff

Cherbourg ... 312
Le Havre 380
Liverpool 270
Southampton .. 336
Weser-Großtonne 740

Charleston

Habana 635
Newport News . 425
New York ... 628
Weser-Großtonne 3740

Cherbourg

Cobh 315
Galway 490
Le Havre 70
Plymouth 108
Southampton .. 93
Weser-Großtonne 448

Cobh

Galway 205
Southampton .. 334
Weser-Großtonne 745

Colombo

Belawan 1216
Fremantle 3125
Goa 670
Karachi 1335
Madras 610
Marseille 4990
Mauritius 2095
Penang 1278
Perim 2295
Pt. de Galle .. 70
Port Said 3495
Rangoon 1262
Singapore 1580
Weser-Großtonne
  (S.) 6970
Zanzibar 2680

Colon

Barbados 1237
Bishop Rock .. 4360
Buenos Aires .. 5400
Cartagena 268
Cayenne 1790
Ciudad Bolivar . 1522
Curacao 678
Galveston 1495
Gibraltar 4310
Habana 1012
Haiti 820
Kingston 550
La Guaira ... 825
Maracaibo ... 683
New York ... 1970
Panama 47
Paramaribo ... 1640
Pensacola 1360
Puerto Cabello . 790
Rio de Janairo . 4320
St. Thomas ... 1017
Vera Cruz ... 1430
Weser-Großtonne 4940

Conakry

Dakar 450
Kamerun, Kap . 1580
Monrovia 290
Sierra Leone, Kap 65
Weser-Großtonne 3240

Coquimbo

Antofogasta ... 392
Callao 1140
Panama 2445
Punta Arenas
  (Magallanes) . 1615
Valparaiso ... 200

Coruña

Antwerpen ... 774
Bahia 3815
Cadiz 573
Colon 4215
Gijon 140
Habana 3820
Leixoes 174
Lissabon 348
Montevideo ... 5480
Oporto 189
Teneriffa 985
Vigo 125
Villagarcia ... 116
Weser-Großtonne 948

Cuxhaven

(siehe auch Elbe 1)
Alle Entfernungen von
Elbe 1 +20

Dakar

Agadir 1105
Banjul 95
Cadiz 1495
Kapstadt 3600
Monrovia 702
Ushant (Ouessant) 2137

Dalny (Dairen)

Hankow 1135
Kushinotsu ... 630
Manila (östl.
  Taiwan) ... 1561
Panama
  (Tsugaru) ... 8627
San Francisco
  (Tsugaru) ... 5456
Singapore 2612
Yokohama (Osumi) 1235
Shanghai 615
Taku Barre ... 195
Tsingtau
  (Kiaochow) .. 280

Danzig siehe Gdansk

Delagoa-Bay

Adelaide 5200
Aden 2955
Beira 485
Daressalam ... 1480
Durban 310
Fremantle 4550
Kapstadt 1155
Mozambique .. 833
Weser-Großtonne 7550
Zanzibar 1405

Deutsche-Bucht-Fsch.

Elbe-1-Fsch. ... 26
Weser-Großtonne 23

Djakarta

Colombo 1860
Hongkong 1780
Makassar 752
Manila 1570
Melbourne ... 3430
Saigon 1040
Samarang 240

Singapore	520	Southampton	119	**Durban (Pt. Natal)**	
Soerabaja		Ushant (Ouessant)	307	Adelaide	5110
(Surabaya)	395	Weser-Großtonne	303	Beira	705
Weser-Großtonne	8770			Colombo	3625
Yokohama	3220			Daressalam	1600
		Duala		Delagoabay	305
Dover		Banana	697	East London	290
Amsterdam	158	Banjul	1949	Fremantle	4500
Antwerpen	133	Benguela	1072	Kapstadt	855
Bishop Rock	314	Casablanca	3306	Las Palmas	5275
Boulogne	26	Conakry	1583	Mauritius	1440
Bremerhaven	337	Dakar	1988	Melbourne	5500
Cherbourg	144	Gibraltar	3484	Mozambique	1060
Dünkirchen	38	Kapstadt	2376	Taomasina	1300
Emden	285	Lagos	439	Weser-Großtonne	7250
Falmouth	258	Libreville	240	Zanzibar	1608
Gibraltar	1245	Lobito	1074		
Hamburg	394	Luanda	858	**Edinburgh**	
Le Havre	115	Monrovia	1285	Dover	392
Liverpool	560	Port Gentil	298	Grimsby	219
London	86	Port Nolloth	2140	Kirkwall	182
Ostende	62	Safi	3189	Oslo	545
Plymouth	226	Takoradi	699	Tromsö	1010
Rotterdam	138	Walfischbucht	1687	Weser-Großtonne	402

Elbe-1-Fsch.

Elbe-1-Fsch. bis Ostsee, Belte und Sund, Skagerrak und Kattegat

Baltijsk (Pillau) (N.O.-K.)	441	Holtenau (Skg.)	531
Baltijsk (Pillau) (Skg.)	696	Kalmar (N.O.-K.)	369
Danzig s. Gdańsk		Kalmar (Skg.)	619
Flensburg (N.O.-K.)	146	Karlskrona (N.O.-K.)	324
Flensburg (Skg.)	552	Karlskrona (Skg.)	574
Fredericia (N.O.-K.) (via Gr. Belt)	218	Kiel (N.O.-K.)	95
Fredericia (Skg.)	448	Kiel (Skg.)	534
Frederikshavn (N.O.-K.)	298	Klaipeda (Memel) (N.O.-K.)	485
Frederikshavn (Skg.)	307	Klaipeda (Memel) (Skg.)	733
Gamla Kaleby (N.O.-K.)	907	Kopenhagen (N.O.-K.) (Sund)	249
Gdańsk (Danzig) (N.O.-K.)	438	Kopenhagen (N.O.-K.) (Gr. Belt)	291
Gdańsk (Danzig) (Skg.)	680	Kopenhagen (Skg.)	428
Gefle (N.O.-K.)	706	Leningrad(N.O.-K.)	870
Gefle (Skg.)	957	Leningrad(Skg.)	1128
Göteborg (N.O.-K.)	327	Liepaja (Libau) (N.O.-K.)	492
Göteborg (Skg.)	326	Liepaja (Libau) (Skg.)	739
Hanko (N.O.-K.)	655	Malmö (N.O.-K.) (Sund)	248
Hanko (Skg.)	905	Malmö (N.O.-K.) (Gr. Belt)	292
Haparanda (N.O.-K.)	1004	Malmö (Skg.)	435
Haparanda (Skg.)	1254	Memel s. Klaipeda	
Hapsal (N.O.-K.)	650	Oskarshamm (N.O.-K.)	457
Hapsal (Skg.)	900	Oskarshamm (Skg.)	707
Helsinki (N.O.-K.)	722	Oslo (N.O.-K.) (Gr. Belt)	446
Helsinki (Skg.)	972	Oslo (Skg.)	416
Helsingör (N.O.-K.)	267	Pillau s. Baltijsk	
Helsingör (Skg.)	407	Piteå (N.O.-K.)	942
Holtenau (N.O.-K.)	92	Piteå (Skg.)	1192
		Riga (N.O.-K.)	645
		Riga (Skg.) (Gr. Belt)	996
		Riga (Skg.) (Sund)	904
		Reval s. Tallinn	
		Skagen Fsch. (N.O.-K.)	336

Skagen Fsch. (über Nordsee) . . .	284
Stettin s. Szczecin	
Stockholm (N.O.-K.)	586
Stockholm (Skg.)	830
Stralsund (N.O.-K.)	273
Swinoujscie (Swinemünde) (N.O.-K.)	275
Swinoujscie (Swinemünde) (Skg.) .	550
Szczecin (Stettin) (N.O.-K.)	310
Szczecin (Stettin) (Skg.)	585
Tallinn (Reval) (N.O.-K.)	703
Tallinn (Reval) (Skg.) (Gr. Belt) .	1060
Tallinn (Reval) (Skg.) (Sund) . . .	962
Travemünde (N.O.-K.)	177
Travemünde (Skg.) (Gr. Belt) . . .	555
Uleaborg (N.O.-K.)	998
Uleaborg (Skg.)	1244
Ventspils (Windau) (N.O.-K.) . .	525
Ventspils (Windau) (Skg.) . . .	765
Visby (N.O.-K.)	455
Visby (Skg.)	705

Elbe-1-Fsch. nach Häfen der Nordsee, des Englischen Kanals und der übrigen Gewässer um England, Island und Spitzbergen

Aberdeen	407
Akureyri (über Reykjavik) (Island)	1524
Amsterdam	200
Antwerpen (Osteinfahrt)	300
Antwerpen (Westeinfahrt)	333
Bantry	820
Bären-Insel (Südkap)	1311
Belfast	897
Bishop Rock	631
Borkum-Fsch.	80
Boulogne	339
Bremen	75
Bremerhaven	41
Brest	661
Bristol	764
Brunsbüttel	37
Calais	316
Cardiff	746
Cherbourg	460
Cork (Irl.)	757
Cuxhaven	22
Dover	318
Dublin	816
Edinburgh	417
Emden	116
Fair Island	477
Falmouth	575
Galway	926
Glasgow (via Engl. Kanal) . . .	961
Glasgow (via Pentland-Fj.) . . .	859
Hamburg	76
Hanstholm	211

Helgoland	16
Hoek van Holland	222
Hull	310
Ijmuiden	185
Kingstown (Irl.)	804
Kirkwall	487
Le Havre	432
Leith	417
Lerwick	482
Lindesnes (Norw.)	253
Liverpool	874
Lizard Hd.	584
London	356
Milford (Bristol Kanal)	707
Ostende	270
Ouessant	623
Pentland Skerries	471
Plymouth	543
Portsmouth	421
Reykjavik	1164
Rotterdam	245
Scapa Flow	487
Skagen	294
Southampton Dock	438
Spitzbergen (Südkap)	1440
Swansea (Bristol Kanal)	726
Terschellingerbank-Fsch.	128
Thorshavn	682
Ushant (Ouessant)	623
Vlissingen	261
Wilhelmshaven	43
Wrath Kap	535

Elbe-1-Fsch. nach Häfen der Ostseite des Atlantischen Ozeans

Banana (Reede) *direkt*	5063
Banjul	2877
Bilbao (Reede)	957
Bissau	3031
Bordeaux (Gironde-Mündung) .	872
Cadiz (Reede)	1503
Casablanca (Reede)	1581
Conakry	3236
Dakar	2789
Duala (Stadt)	4758
Freetown (Reede)	3278
Gibraltar (Reede)	1562
Gijon (Reede)	930
Huelva (Stadt)	1489
Kap Finisterre	1010
Kapstadt (Mole)	6378
Kap Palmas	3706
Kap Verde	2772
La Coruña	968
Lagos (Reede)	4394
Larache (El Araisch)	1542

Leixoes (Mole) 1120
Lissabon (Stadt) 1283
Lüderitzbucht 5997
Essaouira (Hafen) 1694
Monrovia (Reede) 3482
Mossamedes. 5342
Passajes (Reede) 976
Rabat-Saleh (Reede) 1572
Safi (Reede) 1646
Santander (Reede) 940
Senegal-Mündung (über Sta. Cruz
   de Teneriffa) 2704
Tanger (Reede) 1539
Teneriffa (Sta. Cruz-Reede) . . 1941
Vigo (Reede) durch Nordeinfahrt 1064
Vigo (Reede) durch Südeinfahrt 1072
Walfischbucht 5751

Elbe-1-Fsch. nach Häfen des Mittelmeeres

Alexandria 3385
Algier 1993
Barcelona 2093
Batum 3973
Beirut 3610
Brindisi (durch Straße von Messina) 2869
Cartagena. 1818
Constanza (durch Malta-Kanal
   um Kap Matapan) 3581
Fiume (Rijeka) (durch Straße von
   Messina) 3201
Genua 2434
Haifa. 3596
Iskenderun 3636
Istanbul (durch Malta-Kanal um
   Kap Matapan) 3388
Izmir (Smyrna) (durch Malta-Kanal
   um Kap Matapan) 3230
Livorno. 2448
Malaga 1639
Malta 2566
Marseille 2274
Messina. 2595
Messina (durch Malta-Kanal) . . 2679
Neapel 2552
Noworossisk (durch Malta-Kanal und
   um Kap Matapan) 3839
Odessa (durch Malta-Kanal und um
   Kap Matapan) 3734
Oran 1807
Palermo 2494
Piräus (durch Malta-Kanal und um
   Kap Matapan) 3070
Port Said 3506
Rhodos. 3240
Rijeka siehe Fiume

Saloniki (durch Malta-Kanal und um
   Kap Matapan) 3282
Sardinien (Kap Spartivento) . . 2271
Smyrna siehe Izmir
Stalin siehe Varna
Suez 3594
Sulina 3641
Tarragona. 2063
Tel Aviv 3600
Triest (durch Straße von Messina) 3236
Tripolis. 2650
Tunis. 2375
Valencia 1969
Varna (Stalin) (durch Malta-Kanal
   um Kap Matapan) 3534
Venedig (durch Straße von Messina) 3240

*Elbe-1-Fsch. nach Häfen der Westseite
des Atlantischen Ozeans (Nordamerika
Ostküste)*

siehe Kap. 4.13.2 Schiffswege im Nordatlantischen Ozean

Anschlußentfernungen:

Elbe-1-Fsch.

Bishop Rock 631
Cape Wrath (Pentland Firth) . . 535

*Elbe-1-Fsch. nach dem Golf von Mexiko,
Westindien und der Ostküste von Südamerika*

Bahia Blanca (Fsch.) 6808
Barbados 4052
Belém (Pará) 4405
Colon 5006
Curacao (Willemstad) 4440
Florida-Str. über Abaco 4368
Galveston. 5204
Georgetown (Demerara-Fsch.) . . . 4273
Habana. 4463
Kingston (Jamaika) 4491
La Guaira 4468
Magellanstr. (Osteinfahrt) 7535
Maracaibo (Reede) 4581
Montevideo 6445
Nassau (Bahama I.) 4183
New Orleans (Reede) 4934
Pará (Belém) 4405
Paramaribo (Suriname-Fsch.) . . . 4218
Paranagua (Reede) 5770
Pensacola. 4931
Port au Price 4407
Port of Spain (Trinidad) 4247

Puerto Cabello	4499
Punta Arenas (Magallanes) . . .	7658
Recife (Pernambuco)	4383
Rio de Janeiro (Reede)	5456
Rio Grande do Sul (Barre) . . .	6156
St. Thomas	3992
Salvador da B. (Bahia)	4766
Santos (Einfahrt)	5649
Sao Francisco do Sul (Reede) .	5779
Tampico	5334
Vera Cruz	5301

Elbe-1-Fsch. nach Häfen des Stillen Ozeans

a) Nach Häfen der Westküste
   von Südamerika

	Durch Panamakanal	Durch Magellanstraße Außenwege
Ancud (Reede) . . .	8062	8556
Antofagasta (Reede) .	7188	9646
Buenaventura (Stadt) .	5401	–
Callao (Reede) . . .	6394	10317
Coquimbo (Reede) .	7501	9272
Guayaquil (Stadt) . .	5876	–
Mollendo (Reede) . .	6835	10025
Pisagua (Reede) . . .	7004	9887
Punta Arenas (Magallanes) (Reede)		
Außenweg	8982	7658
Innenweg	9012	–
Talcahuano		
(Reede).	7855	8875
Valdivia Coral (Reede)	8033	8668
Valparaiso (Reede) .	7665	9098

b) Nach Häfen der Westküste
   von Nordamerika

Astoria (Columbia-River-Fsch.) .	8808
La Libertad (Reede)	5849
La Paz (Hafen)	7244
Port Angeles (Reede)	6265
Puntarenas (C.R.) Stadt	5516
San Francisco (Quarantänestation)	8291
San Pedro (Los Angeles Stadt) .	7963
Sitka (Alaska) Ankerplatz . . .	9561

c) Kürzeste Wege durch Panamakanal
   nach Neu-Seeland

Auckland (Hafen)	11559
Wellington (Hafen)	11540

d) Kürzeste Wege durch Panamakanal
   nach der Ostküste von Australien

Brisbane (Reede)	12745
Sydney (Hafen)	12755

e) Ferner nach:

Honolulu (Hafen)	9735
La Perouse-Straße	12363
Tsugaru-Straße	12429
Yokohama	12744

Elbe-1-Fsch. nach den Häfen des Indischen Ozeans

a) Nach Häfen der Ostküste Afrikas

	Um Kap der guten Hoffnung	Durch Suezkanal
Durban.	7133	8105
Ras Asir	9944	5284
Mozambique	8173	7065
Mauritius.	8643	7244
Zanzibar	8728	6659

b) Nach dem Arabischen Meer und Golf
   von Bengalen

Aden.	10329	4909
Basra.		6791
Bender Abbas		6352
Bombay		6557
Calcutta		8198
Colombo		7010
Karachi.		6374
Madras		7563
Rangoon		8213

b) Und weiter durch die Malaccastraße
   nach Häfen Ostasiens

Bangkok	9341
Chemulpo (Inchon)	11148
Djakarta durch Sundastraße . .	8810
Hongkong.	9957
Inchon (Chemulpo)	11148
Kiaochow (Tsingtau)	11062
Kobe.	11238
Makassar durch Sundastraße . .	9585
Malaccastraße (Westeinfahrt) . .	7924
Manila	9870

Nagasaki	10950
Padang	8314
Penang	8235
Saigon	9135
Shanghai	10783
Shimonoseki	11095
Singapore	8540
Tientsin (Taku) (T Jen Ching) .	11348
Tsingtau (Kiaochow)	11062
Wei-hai-wei	11045
Yokohama	11456

c) Nach Australien

	Um Kap der guten Hoffnung	Durch Suezkanal
Adelaide	11890	11031
Brisbane	13000	12391
Fremantle	11062	9813
Melbourne	12074	11366
Port Darwin	—	10282
Sydney	12536	11928

Emden

Amsterdam . . .	178
Antwerpen . . .	274
Borkum-Fsch. . .	56
Dover	283
Ems Tonne . . .	48
Esbjerg	170
Hamburg	185
London	310
Oslo	465
Rotterdam . . .	205
Weser-Großtonne	100
Wilhelmshaven .	122

Europoort

alle Entfernungen von
Rotterdam − 17

Falmouth

Bishop Rock . .	66
Le Havre	205
Liverpool	320
Plymouth	42
Southampton . .	160
Weser-Großtonne	577

Fernando-Noronha

Gibraltar	2810
Lissabon	2815
Maceio	395
Montevideo . . .	2355
Recife (Pernam-buco)	292
Rio de Janeiro .	1372
Salvador da B. (Bahia)	680
St. Vincent . . .	1318
Teneriffa	2120
Vigo	3030
Weser-Großtonne	4100

Fire Island

Ambrose- Channel-Ltm.	28
Nantucket Sh. Fsch.	164
New York . . .	53

Fiume (Rijeka)

Gibraltar	1618
Malta	694
Messina	602
Pola	62
Port Said	1270
Triest	107
Venedig	130
Weser-Großtonne	3135

Flensburg

Apenrade	62
Eckernförde . . .	51
Kaliningrad (Königsberg) .	402
Kiel	57
Klaipeda (Memel)	480
Kopenhagen . . .	186
Korsör	93
Lübeck	127
Memel s. Klaipeda	
Rostock	118
Swinoujscie (Swinemünde) .	212

Freetown

Abidjan	738
Accra	968
Banjul	450
Benguela	2084
Casablanca . . .	1830
Conakry	1020
Dakar	503
Bioko	1490
Kapstadt	3164
Lagos	1192
Libreville	1555
Lobito	2100
Luanda	1983
Monrovia	260
Safi	1710

Takoradi	870
Walfischbucht . .	2538

Fremantle

Albany	330
Djakarta	1835
Hobart	1840
Kap der guten Hoffnung . . .	4880
Melbourne . . .	1620
Perth	8
Port Darwin . .	1810
Port Elizabeth . .	4360
Singapore	2278
Suez	6223
Sydney	2160
Thursday Is. . .	2640
Weser-Großtonne (K.d.g.H.) . . .	11380
Weser-Großtonne (S.)	9640

Fu Chou (Foochow)

Hongkong	461
Manila	781
Nagasaki	702
Ningpo	365
Shanghai . . .	450
Singapore	1850
Swatau	312
Taiwan	225
Weser-Großtonne	10380

Galati

Burgas	270
Istanbul	335
Nikolajew	240
Odessa	185
Piräus	705
Saloniki	680
Sewastopol . . .	260
Stalin (Varna) . .	230
Taganrog	592
Varna (Stalin) . .	230

Galveston

Gibraltar	4810
Habana.	765
New Orleans . .	392
New York . . .	1920
Pensacola	445
Tampico	455
Weser-Großtonne	5280

Gdańsk (Danzig)

Baltijsk (Pillau) .	49
Flensburg. . . .	378
Gefle.	438
Göteborg	403
Haparanda . . .	729
Helsinki	430
Kaliningrad (Königsberg) .	71
Kiel	345
Klaipeda (Memel)	119
Königsberg s. Kaliningrad	
Kopenhagen. . .	273
Leningrad. . . .	580
Liepaja (Libau) .	156
Luleå.	708
Memel s. Klaipeda	
Pillau s. Baltijsk	
Reval s. Tallinn	
Riga	330
Skagen-Fsch. . .	417
Stockholm . . .	342
Szczecin (Stettin)	241
Tallinn (Reval) .	408
Travemünde. . .	324
Viborg (Viipuri) .	539
Warnemünde . .	287

Genua

Alexandria . . .	1315
Cartagena. . . .	618
Colon	5180
Gibraltar	850
Istanbul.	1295
Malta	582
Marseille	200
Messina.	495
Montevideo . . .	6070
Neapel	336
New York . . .	3500
Ostia.	220
Palermo	432
Palma	440
Port Said	1430
Rio de Janeiro .	5080
Rotterdam . . .	2230

Tunis.	467
Weser-Großtonne	2460

Gijon

La Coruña . . .	141
Finisterre	192
Santander. . . .	88
Ushant (Ouessant)	295
Weser-Großtonne	900

Gibraltar

Alexandria . . .	1800
Algier	419
Barbados	3250
Barcelona. . . .	480
Cartagena. . . .	188
Dakar	1570
Funchal	612
Habana.	4100
Halifax	2650
Horta.	1125
Kap Finisterre . .	560
Kapstadt	5190
Istanbul.	1795
Madeira	619
Malaga	64
Malta	980
Marseille	690
Montevideo . . .	5235
Neapel	1005
New York . . .	3170
Palermo	910
Ponta Delgada .	986
Port Said	1917
Punta Arenas (Magallanes) .	6480
Quebec.	3025
Rio de Janeiro .	4235
Recife (Pernambuco).	3150
Saloniki	1720
Santos	4410
Southampton . .	1172
St. Thomas . . .	3330
St. Vincent . . .	1555
Tanger	32
Teneriffa	715
Triest.	1680
Valencia	390
Weser-Großtonne	1550

Habana (Havana)

Bermuda	1140
Buenos Aires . .	5730
Caibarien. . . .	210
Cienfuegos . . .	482

Fayal.	2935
Kingston	740
Las Palmas . . .	3640
Lissabon	3865
Manzanillo . . .	675
Matanzas	56
Mobile	558
New Orleans . .	598
New York . . .	1225
Port au Prince .	650
Rio de Janeiro .	4750
Santa Cruz . . .	620
Santiago de Chile	639
St. Thomas . . .	1020
Tampico	854
Vera Cruz . . .	810
Vigo	3905
Weser-Großtonne	4470

Halifax

Kap Race	470
New York . . .	591
St. Johns	525
Weser-Großtonne	2920

Hamburg

(siehe unter Elbe-1)
Alle Entfernungen von
Elbe-1 + 76 sm

Holtenau

Brunsbüttel . . .	53
Danzig s. Gdańsk	
Flensburg. . . .	53
Gdańsk (Danzig)	341
Gefle.	612
Göteborg	238
Haparanda . . .	915
Helsinki	630
Kaliningrad (Königsberg) .	376
Karskär.	748
Kiel	3
Kleipeda (Memel)	396
Königsberg siehe Kaliningrad	
Kopenhagen (Sund)	160
Korsör	71
Leningrad. . . .	786
Liepaja (Libau) .	400
Lübeck	97
Luleå.	873
Malmö	190
Memel s. Kleipeda	
Nyborg	75
Reval s. Tallinn	
Riga	550

Skagen-Fsch. . .	246		
Stettin s. Szczecin			
Stockholm . . .	500		
Szczecin (Stettin)	222		
Tallinn (Reval) .	609		
Umeå	750		
Ventspils (Windau)	440		
Warnemünde . .	81		
Weser-Großtonne	106		
Weser-Großtonne			
um Skagen . .	515		

Hongkong

Amur-Mündung .	2440
Canton	83
Hakodate	1828
Honolulu	4920
Jaluit.	3360
Kapstadt	6980
Kiaochow	
(Tsingtau). . .	1120
Manila	650
Nagasaki	1065
Panama.	9180
Port Arthur . . .	1290
Saigon	925
Sandakan. . . .	1140
San Francisco . .	6100
Shanghai	830
Shan T Ou (Swatau)	185
Singapore. . . .	1440
Soerabaja	
(Surabaya) . .	2000
Swatau (Shan T Ou)	185
Sydney	4400
Tansui-Ko (Taiwan)	450
Thursday Is. . .	2650
Tientsin	
(T Jen Ching) .	1465
Tsingtau	
(Kiaochow) . .	1120
Valparaiso . . .	10530
Vancouver . . .	5960
Weser-Großtonne	9970
Wladiwostock . .	1662
Yap	1622
Yokohama . . .	1590

Honolulu

Auckland	3800
Callao	5130
Fiji-Inseln. . . .	2780
Kap Horn . . .	6600
Manila	4810
Panama.	4665
Port Arthur . . .	4600

Punta Arenas	
(Magallanes) .	6400
San Francisco . .	2100
Shanghai	4360
Singapore. . . .	5930
Sydney	4420
Tahiti	2380
Valparaiso . . .	5920
Vancouver . . .	2330
Weser-Großtonne	
(P.)	9720
Yokohama . . .	3392

Horta (Azoren)

Agadir	1060
Bishop Rock . .	1170
Dakar	1560
Galveston. . . .	3630
Kap Finisterre . .	912
Kapstadt	5300
Lissabon	922
Madeira	687
Montevideo . . .	4870
New York . . .	2100
Ponta Delgada .	153
Recife (Pernam-	
buco).	2795
St. Thomas . . .	2250
Teneriffa	888
Weser-Großtonne	1810

Istanbul

Beirut	834
Constanza. . . .	196
Fiume (Rijeka) .	1123
Izmir (Smyrna) .	285
Malta	811
Nauplia	402
Neapel	980
Odessa	341
Piräus	361
Port Said	798
Rijeka (Fiume) .	1123
Saloniki	350
Samsun.	368
Santorin	380
Sewastopol . . .	299
Smyrna (Izmir) .	285
Stalin (Varna) . .	155
Taganrog	611
Trapezunt. . . .	480
Triest.	1050
Tunis.	1050
Varna (Stalin) . .	155
Weser-Großtonne	3345

Iquique

Paita.	1145
Panama.	2000
Pisagua.	39
Punta Arenas	
(Magallanes) .	2195
Taltal	322
Tocopilla	117
Valparaiso . . .	788

Jan Mayen

Bergen	723
Drontheim . . .	695
Reykjavik. . . .	600
Tromsö.	500
Weser-Großtonne	1165

Kaliningrad (Königsberg)

Baltijsk (Pillau) .	23
Gdańsk (Danzig)	67
Hanko	360
Haparanda . . .	745
Kiel	376
Kleipeda (Memel)	110
Kopenhagen. . .	295
Kronstadt. . . .	565
Leningrad. . . .	181
Liepaja (Libau) .	145
Lübeck.	362
Luleå.	705
Memel s. Klaipeda	
Pillau s. Baltijsk	
Rostock.	319
Skagen	434
Stockholm . . .	360
Swinoujscie	
(Swinemünde)	234

Kap Horn

Auckland	4750
Brisbane	5900
Buenos-Aires . .	1540
Falkland-Ins. . .	444
Gibraltar	6590
Kapstadt	3880
New York . . .	7100
Sydney	5300
Valparaiso . . .	1590
Weser-Großtonne	7800

Kapstadt

Aden.	4050
Adelaide	5600
Bombay	4600
Colombo	4460

Dakar	3600
Daressalam	2550
Durban	808
Fremantle	4740
Lagos	2570
Lüderitzbucht	485
Madeira	4700
Madras	4850
Mauritius	2310
Melbourne	5800
Mombasa	2615
Monrovia	2950
Montevideo	2620
New York	6830
Port Elisabeth	422
Punta Arenas (Mag.)	3800
Rio de Janeiro	3270
Singapore	5680
St. Helena	1710
St. Vincent	3945
Taomasina	2070
Walfischbucht	730
Weser-Großtonne	6420
Weser-Großtonne (S.)	8820
Zanzibar	2390

Kiaochow siehe Tsingtau

Kiel siehe Holtenau

Kingston

Aux Cayes	205
Jeremie (Haiti)	170
New York	1480
Port au Prince	268
Port of Spain	990
San Domingo	415
St. Thomas	684
Weser-Großtonne	4520

Klaipeda (Memel)

Swinoujscie (Swinemünde)	260
Travemünde	370
Warnemünde	330

Kobe

Amoy	1130
Hakodate	842
Hongkong	1365
Kiaochow (Tsingtau)	800
Manila	1560
Nagasaki	390
Port Arthur	867
Shanghai	830
Taku (T Ang Ku)	1002
Tientsien (T Jen Ching)	1022
Tsingtau (Kiaochow)	800
Weser-Großtonne	11270
Wladiwostock	798
Yokohama	350

Kopenhagen

Apenrade	193
Arensburg	413
Gefle	525
Göteborg	137
Hanko	510
Haparanda	830
Helsinki	545
Helsingör	20
Kiel	160
Kleipeda (Memel)	309
Korsör	126
Kronstadt	715
Leningrad	731
Liepaja (Libau)	315
Memel s. Klaipeda	
Oslo	268
Reval s. Tallinn	
Riga	475
Skagen	145
Tallinn (Reval)	525
Szczecin (Stettin)	166
Stockholm	405
Travemünde	137
Warnemünde	98

Königsberg
siehe Kaliningrad

La Guaira

Barbados	460
Cartagena	590
Carupano	225
Cayenne	1010
Curacao	145
Maracaibo	370
Paramaribo	825
Puerto Cabello	70
Port au Prince	505
St. Thomas	480
Weser-Großtonne	4400

Las Palmas

Lissabon	720
Madeira	285
Sierra Leone, Kap	1340
St. Vincent	825

Teneriffa	62
Weser-Großtonne	1935

Leningrad

Hanko	228
Helsinki	170
Holtenau	786
Klaipeda (Memel)	481
Kronstadt	16
Reval s. Tallinn	
Riga	460
Stockholm	376
Swinoujscie (Swinemünde)	666
Tallinn (Reval)	188
Travemünde	756
Viborg (Viipuri)	86
Warnemünde	716

Liepaja (Libau)

Hanko	222
Helsinki	288
Leningrad	440
Paldiski (Baltisch Port)	240
Riga	173
Skagen	460
Stockholm	210
Swinoujscie (Swinemünde)	275
Travemünde	373
Warnemünde	378

Lissabon

Azoren	785
Bordeaux	684
Buenos Aires	5320
Cherbourg	830
Ferrol	358
Gibraltar	307
Leixoes	177
Madeira	536
New York	2960
Oporto	174
Recife (Pernambuco)	3180
Rio de Janeiro	4225
Santos	4400
St. Nazaire	670
St. Vincent	1555
Teneriffa	720
Vigo	258
Weser-Großtonne	1270

Los Angeles

Champeriko	1995
Manzanilla	1240

Matzatlan. . . .	1040
Panama.	2960
Puntarenas	
(Costarica) . .	2525
Salina Cruz . . .	1830
San Diego . . .	115
San Francisco . .	372

Luanda

Banana	195
Benguela	250
Kap Lopez . . .	580
Lagos	1095
Port Gentil . . .	586
Teneriffa	3210

Lübeck

Baltijsk (Pillau) .	340
Klaipeda (Memel)	385
Leningrad. . . .	780
Oslo	405
Pillau s. Baltijsk	
Skagen	286
Stockholm . . .	480
Szczecin (Stettin)	212
Travemünde. . .	12
Warnemünde . .	60

Madeira

Casablanca . . .	476
Dakar	1085
Monrovia	1790
Montevideo . . .	4730
Recife (Pernam-	
buco).	2659
Rio de Janeiro .	3740
Santos	3920
St. Thomas . . .	2730
St. Vincent . . .	1040
Teneriffa	265
Vigo	705
Weser-Großtonne	1735

Magellanstraße siehe
jeweils unter Punta Arenas
(Magallanes)

Malta

Candia (Irakleion)	523
Cattaro (Kotor) .	473
Girgenti	
(Pto. Empedocle)	98
Irakleion (Candia)	523
Kotor (Cattaro)	473
Le Havre	2145
Marseille	665

Messina.	160
Neapel	333
Piräus	526
Port Said	940
Pto. Empedocle	
(Girgenti). . .	98
Rotterdam . . .	2365
Saloniki	734
Triest.	745
Tripolis.	200

Manila

Iloilo.	365
Nagasaki	1297
Saigon	912
Singapore. . . .	1350
Shanghai	1160
Sydney	3950
Yap	1150
Yokohama . . .	1753

Manzanillo (Cuba)

Cienfuegos . . .	300
Nuevitas	511
Savannah	1100
Santiago de Chile	168
St. Cruz	65

Manzanillo (Mexiko)

Acapulco	320
Guayamas . . .	700
Mazatlan	300
Panama.	1725
San Diego . . .	1000
San Francisco . .	1580
San José	875
Vancouver . . .	2270

Mauritius

Aden	2340
Bombay	2522
Kapstadt	2250
Reunion	125
Taomasina . . .	470
Weser-Großtonne	
(S.)	7200

Melbourne

Cairns	1805
Hobart	460
Newcastle. . . .	635
Port Augusta . .	695
Port Pirie	617
Sydney	580
Townsville . . .	1650
Wellington . . .	1480

Weser-Großtonne	
(K.d.g.H.) . . .	12300
Weser-Großtonne	
(P.)	13200
(S.)	11320
Zanzibar	5980

Memel siehe Klaipeda

Mollendo

Antofogasta . . .	428
Arica.	140
Callao	452
Iquique.	222
Panama.	1770
Punta Arenas	
(Magallanes) .	2370
Valparaiso . . .	968

Montevideo

Kap Horn . . .	1450
New York . . .	5780
Paranagua . . .	785
Punta Arenas	
(Magallanes) .	1305
Port Stanley . . .	1020
Recife (Pernam-	
buco).	2100
Rio de Janeiro .	1046
Rio Grande do Sul	310
Rosario.	315
Santos	900
Sao Francisco	
do Sul	725
St. Vincent . . .	3700
Teneriffa	4540
Victoria.	1280
Weser-Großtonne	6460

Montreal

Belle Isle	800
Boston	1340
Cap Race	952
Cobh.	2645
Halifax	996
New York . . .	1550
Quebec.	135
Weser-Großtonne	3380

Mozambique

Beira	483
Daressalam . . .	600
Kapstadt	1880
Madras	3140
Mahajunga . . .	325
Mauritius	1230

Natal

Natal.	1053
Quelimane (Kilimane) . .	320
Singapore. . . .	4100
Tanga	720
Weser-Großtonne (S.)	7020
Zanzibar	570

Nagasaki

Hakodate	815
Kiaochow (Tsingtau). . .	525
Port Arthur . . .	597
Shanghai	460
Singapore. . . .	2430
Tamsui	645
Tsingtau (Kiaochow) . .	525
Weser-Großtonne	10970
Wladiwostok . .	663
Yokohama . . .	700

Natal (Norte, Südamerika)

Pôrto de Mucuripe (Ceará und Fortaleza). . .	258
Refice (Pernambuco). . . .	180
St. Vincent . . .	1500
Teneriffa	2340
Weser-Großtonne	4250

Neapel

Catania.	229
Genua	336
Izmir (Smyrna) .	834
Marseille	456
Messina. . . .	176
Palermo	168
Piräus	718
Port Said . . .	1115
Saloniki	928
Smyrna (Izmir) .	834
Triest.	824
Tunis.	316
Weser-Großtonne	2560

New-Orleans

Colon	1380
Mobile	212
Newport News .	1480
Pensacola	229
San Juan	1257
Savannah	1140
St. Thomas . . .	1603

New York

Ambrose Channel-Ltm.	20
Bermuda	675
Cobh.	2815
Colon	1970
Horta.	2100
Madeira	2765
Nantucket Sh. Fsch.	220
New Orleans . .	1730
Newport News .	280
Panama (P.A.) .	10960
Pentland Skerries	2900
Philadelphia. . .	230
Portland	362
Quebec	1410
Recife (Pernambuco). . . .	3700
Rio de Janeiro .	4800
San Juan	1405
Savannah	700
Weser-Großtonne {	3400 / 3650

Nordkap

Adventbay . . .	505
Archangelsk . . .	590
Bäreninsel. . . .	232
Kap Tscheljuskin	1520
Lofoten.	415
Spitzbergen . . .	370
Waigatsch Straße	610
Weser-Großtonne	1270

Odessa

Izmir (Smyrna) .	620
Nikolajew. . . .	75
Saloniki	675
Sewastopol . . .	168
Smyrna (Izmir) .	620
Varna (Stalin) . .	252
Weser-Großtonne	2140

Oslo

Arendal.	125
Christiansand . .	162
Drontheim . . .	670
Göteborg	160
Kiel	355
Kopenhagen. . .	268
London.	682
Odde.	435
Weser-Großtonne	409

Panama

Acapulco	1408
Buenaventura . .	350
Colon	47
Galapagos . . .	858
Guam	7980
Guayamas . . .	2385
Guyayaquil . . .	835
Los Angeles . . .	2960
Pacasmayo . . .	1030
Paita	850
Pisagua.	1981
Punta Arenas (Magallanes) .	3940
Puntarenas (Costarica) . .	465
San Blas	1950
San Diego . . .	2965
San Francisco . .	3250
San José	890
Sydney	7850
Tahiti	4530
Talcahuano . . .	2800
Valdivia	2980
Valparaiso . . .	2610
Vancouver . . .	3950
Wellington . . .	6550
Weser-Großtonne (P.)	5000
Weser-Großtonne (K.H.)	11000

Pará siehe Belém

Paramaribo

Barbados	517
Cayenne	228
Recife (Pernambuco).	1610
St. Thomas . . .	930
Weser-Großtonne	4200

Paranagua

Recife (Pernambuco). . . .	1390
Rio de Janeiro .	315
Salvador da B. (Bahia)	1045
Santos	150

Penang

Belawan	141
Calcutta	1310
Djakarta	885
Malacca	214
Point de Galle .	1210

Singapore 382
Suez 4650
Weser-Großtonne 8240

Pernambuco siehe Recife

Piräus

Catania. 518
Izmir (Smyrna) . 210
Korinth (durch den
Kanal) 34
Korinth. 368
Port Said 590
Saloniki 250
Smyrna (Izmir) . 210
Weser-Großtonne 3030

Plymouth

Cobh. 222
Liverpool 352
Lizard 49
Southampton . . 137
Weser-Großtonne 527

Port Arthur

Hakodate 1285
Hongkong. . . . 1282
Shanghai 568
Taku 175
Weser-Großtonne 11170
Wladiwostok . . 1110
Yokohama . . . 1209

Portland

San Francisco . . 657
Vancouver . . . 402

Port Said

Basra. 3150
Berbera. 1490
Bombay 3070
Calcutta 4730
Djakarta . . . 5300
Daressalam . . . 3190
Djibouti 1390
Fremantle. . . . 6300
Hodeidah. . . . 1170
Izmir (Smyrna) . 630
Massaua 1085
Mokka (Mocha) . 1255
Melbourne . . . 7820
Messina. 935
Minikoi. 3199
Palamos 1582
Perim 1300
Point de Galle . 3540

Rotterdam . . . 3310
Saloniki 745
Singapore 5050
Smyrna (Izmir) . 630
Suez 88
Triest. 1320
Weser-Großtonne 3465
Zanzibar 3140

Port Sudan

Aden 660
Perim 562
Suez 708

Puerto Cabello

Barbados 528
Cartagena. . . . 560
Dominica 486
Recife (Pernam-
buco). 2430
Salvador da B.
(Bahia) 2818
St. Thomas . . . 503
Trinidad 392
Weser-Großtonne 4510

Quebec siehe Montreal

Rangoon

Kapstadt 5520
Singapore 1135
Weser-Großtonne
(S.) 8220

**Recife (Pernam-
buco)**

Leixoes. 3305
Rio de Janeiro . 1090
Santos 1280
St. Vincent . . . 1616
Teneriffa 2445
Victoria. 810
Weser-Großtonne 4370

Reval siehe Tallinn

Reykjavik

Bellsund 1225
Edinburgh . . . 910
Hook v. Holland 1162
Ijmuiden 1145
Jan Mayen . . . 640
K. Farwell
(Grönland) . . 715
Köln 1345
Weser-Großtonne 1165

Riga

Hanko 250
Helsinki 310
Stockholm . . . 255
Ventspils (Windau) 120
Viborg (Viipuri) . 420

Rijeka siehe Fiume

Rio de Janeiro

Kap Horn . . . 2390
Rio Grande do Sul 745
Santos 200
St. Thomas . . . 3555
St. Vincent . . . 2700
Teneriffa 3540
Vigo 4450
Weser-Großtonne 5455

Rotterdam

London 186
Southampton . . 256
Weser-Großtonne 230

Saloniki

Smyrna (Izmir) . 255
Varna (Stalin) . . 476
Weser-Großtonne 3265

San Francisco

Hawai 2000
Hongkong. . . . 6150
Manila 6255
Nagasaki 5050
Port Arthur . . . 5510
Seattle 805
Shanghai 5650
Sydney 6480
Tahiti 3650
Valparaiso . . . 5140
Vancouver . . . 730
Wellington . . . 5820
Weser-Großtonne
(P.) 8320
Weser-Großtonne
(K. H.) 14900
Yap 5510
Yokohama . . . 4880

**Salvador da B.
(Bahia)**

Belém (Pará) . . 1470
Buenos Aires . . 1875
Lissabon 3540
Maceio 280

Madeira   3025
Montevideo . . .   1735
Pará (Belém) . .   1470
Paranagua . . .   1045
Recife (Pernam-
   buco).   388
Rio de Janeiro   .   745
Rio Grande do
   Sul.   1460
Santos   925
St. Vincent . . .   1995
Teneriffa   2835
Victoria. . . .   467
Vigo   3755
Weser-Großtonne   4800

Santos

Rio Grande do
   Sul.   609
Rosario.   1215
Sao Francisco d. S.   199
St. Catharina . .   255
St. Vincent . . .   2875
Teneriffa   3695
Victoria.   480
Vigo   4620
Weser-Großtonne   5620

Shanghai

Belawan   2575
Djakarta   2520
Hakodate. . . .   1200
Hankau (Hank Ou)   611
Hongkong. . . .   830
Kiaochow
   (Tsingtau). . .   405
Kobe.   835
Saigon   1740
Singapore. . . .   2160
Swatau (Shan Tou)   688
Sydney   4680
Tahiti   5910
Taku (T Ang Ku)   697
Tsingtau
   (Kiaochow) . .   405
Vancouver . . .   4550
Weser-Großtonne   10770
Wladiwostok . .   1015
Yokohama . . .   1050

Singapore

Bangkok   340
Belawan   360
Malacca   125
Point de Galle   .   1500
Port Said   4940

Saigon   648
Samoa   5220
Soerabaja
   (Surabaya) . .   760
Swatau (Shan T Ou)   1555
Sydney   4386
Weser-Großtonne   8530

Southampton

Cobh.   335
Ushant (Ouessant)   216
Weser-Großtonne   420

Stavanger

Aalesund   278
Andalsnes. . . .   334
Balholm   201
Bergen   100
Brekke   165
Drontheim . . .   433
Eidfjord   126
Fjaerland   214
Gudvangen . . .   227
Hammerfest. . .   1018
Hellesylt   323
Kopervik   24
Laerdal.   226
Lyngseidet . . .   961
Matre   158
Merok   328
Molde   317
Narvik   786
Nordkap   1073
Norheimsund . .   104
Odde.   136
Oie   299
Olden/Loen . . .   261
Stryn.   257
Svartisen   636
Torghatten . . .   534
Trollefjord . . .   741
Tromsö.   898
Tysse.   102
Vestnes   316

Stettin siehe Szczecin

St. Thomas

Aux Caye   525
Azoren   2360
Barbados   442
Bishop Rock . .   3365
Cartagena. . . .   792
Greytown. . . .   1185
Las Palmas . . .   2775
Maracaibo . . .   620

Martinique . . .   318
Port au Prince   .   632
Puerto Colombia   720
San Domingo . .   295
St. Vincent . . .   2275
Tampico   1850
Trinidad   510
Weser-Großtonne   3980

Sydney

Dunedin   1220
Hobart   630
Jaluit.   2640
Newcastle. . . .   67
Port Augusta . .   1170
Port Pirie   1140
Rabaul   1855
Tahiti   3320
Townsville . . .   1085
Valparaiso . . .   7950
Victoria.   1062
Wellington . . .   1220
Weser-Großtonne
   (P.)   12840
   (K.d.g.H.). . .   12870
   (S.)   11750
Yokohama . . .   4420

Szczecin (Stettin)

Arkona.   96
Gefle.   542
Hanko   490
Haparanda . . .   835
Helsinki   556
Karlskrona . . .   183
Klaipeda (Memel)   300
Luleå.   815
Memel s. Klaipeda
Oslo   422
Öxelösund . . .   357
Reval s. Tallinn
Riga   480
Skagen   310
Stockholm . . .   430
Swinoujscie
   (Swinemünde).   36
Tallinn (Reval)   .   535
Umeå   687
Viborg (Viipuri) .   670
Warnemünde . .   161
Weser-Großtonne
   (Belt).   720

Tallinn (Reval)

Flensburg. . . .   640
Gefle.   270
Hanko   63

Helsinki

Helsinki	45
Liepaja (Libau) .	265
Riga	290
Stockholm . . .	210
Viborg (Viipuri) .	145

Tel Aviv

Alexandria . . .	267
Algier	1593
Beirut	120
Bizerta	1261
Gibraltar . . .	2005
Haifa.	54
Iskenderun . . .	288
Istanbul. . . .	837
Izmir (Smyrna) .	650
Oran	1780
Piräus	655
Port Said	133

Teneriffa

Ascension. . . .	2215
Banana	3085
Benguela	3360
Bonny	2655
Dakar	850
Gabun	2805
Lagos	2510
Monrovia. . . .	1540
St. Helena . . .	2825
St. Vincent . . .	845
Swakopmund . .	4165
Vigo	915
Weser-Großtonne	1935

Townsville

Cairns	140
Rabaul	1145

Triest

Pola (Pula) . . .	60
Port Said	1330
Venedig.	63

Trinidad (Port of Spain)

Cartagena. . . .	900
Cayenne	680
Curacao	440
La Guaira . . .	336
Maracaibo . . .	655
Paramaribo . . .	485

Tromsö

Adventbay . . .	588
Björnoy (Bären-Insel).	294

Cross Bay	631
Green Harbour .	565
Hammerfest. . .	120
Kings Bay . . .	635
Magdalenen Bay .	652
Nordkap	175
Temple Bay . . .	615

Tsingtau (Kiaochow)

Port Arthur . . .	290
Taku	424

Vancouver

Hongkong. . . .	5750
San Francisco . .	810
Seattle	131
Sydney	6820
Yokohama . . .	4260

Vigo

Horta.	1000
Ponta Delgada .	837
Rotterdam . . .	875
Santander. . . .	336
Weser-Großtonne	1020

Weser-Großtonne

Bremen	67
Hamburg	90
Aalesund	555
Aarhus (N.O.-K.)	235
Aberdeen	435
Amsterdam . . .	194
Antwerpen (Westgatt) . .	320
(Ostgatt) . . .	290
Archangelsk. . .	1880
Bergen	440
Bishop Rock . .	620
Bordeaux	923
Borkum-Fsch. . .	57
Boulogne	324
Bremerhaven . .	34
Brunsbüttel . . .	50
Cardiff	760
Cherbourg . .	448
Cobh.	760
Colon	4940
Cuxhaven. . . .	34
Danzig s. Gdańsk	
Dover	303
Drontheim . . .	700
Dungeness . . .	319
Edinburgh	405
Elbe I	14
Emden	100

Esbjerg	105
Falmouth	576
Flensburg (N.O.-K.)	154
Gdańsk (Danzig) (Skg.-Belt) . .	800
Gdańsk (Danzig) (Skg.-Sund) . .	710
Gdańsk (Danzig) (N.O.-K.) . . .	440
Gibraltar	1545
Grimsby	283
Hamburg	90
Helgoland. . . .	20
Hornsriff	106
Hull	303
Kap Finisterre . .	990
Kapstadt	6340
Kaliningrad (Königsberg) .	486
Kiel	110
Königsberg s. Kaliningrad	
Kopenhagen. . .	286
Le Havre	419
Leith.	410
Leixoes.	1106
Leningrad. . . .	896
Lissabon	1285
London.	343
Madeira	1730
Montevideo . . .	6460
Narvik	1050
Newcastle. . . .	346
New York . . .	3500
Nordkap	1270
Oporto	1110
Oslo	409
Pentland Firth . .	470
Plymouth	527
Ponta Delgada .	1730
Port Said	3465
Rotterdam . . .	230
Skagen-Fsch. . .	293
Southampton . .	420
Swinoujscie (Swinemünde) (N.O.-K.) . . .	284
(Skg.) (Belt) .	660
(Skg.) (Sund) .	570
Travemünde (N.O.-K.) . . .	193
Tromsö.	1100
Ushant (Ouessant)	608
Vardö	1400
Vigo	1030
Vlissingen (Westgatt) . .	273
(Ostgatt) . . .	245
Wilhelmshaven .	28

Wladiwostok		**Weser-Großtonne**		**Vancouver** . . .	4300
Hakodate	430	(S.)	11570	**Weser-Großtonne**	
Karatsu	590	Yokohama . . .	950	(P.)	13020
Kiaochow				(S.)	11480
(Tsingtau). . .	985	**Yokohama**			
Nikolajewsk (Amur-		Hakodate	545	**Kanal-Längen**	
Mündung) . .	848	Hankau			
Petropawlowsk. .	1350	(Han K Ou) .	1035	Nord-Ostsee-Kanal	53
Shanghai	1024	Petropawlowsk. .	1560	Korinth-Kanal . .	3,3
Tsingtau		Taku (T Ang Ku)	1365	Panama-Kanal. .	47
(Kiaochow) . .	985	Valparaiso . . .	9340	Suez-Kanal . . .	87

4.13.2   Schiffswege im Nordatlantischen Ozean

Die früheren, sogenannten „*Vereinbarten Schiffswege*" im Nordatlantischen Ozean sind 1969 aufgehoben worden.

Bei der Wahl des Reiseweges ist die VO über die Sicherung der Seefahrt vom 15. 12. 1956 zu beachten:

§ 4. Vorsichtsmaßnahmen auf dem Nordatlantischen Ozean
Der Schiffsführer hat bei der Überquerung des Nordatlantischen Ozeans, soweit die Umstände es zulassen,

1. einen der üblichen Schiffswege zu benutzen,
2. Gebiete, bei denen eine Gefährdung durch Eis besteht oder anzunehmen ist, zu meiden,
3. während der Fangzeiten, besonders während der Monate März bis Juli, die Fisch-gründe von Neufundland nördlich von 43° nördlicher Breite zu meiden.

Übliche bzw. vorgeschlagene Schiffswege enthält das Handbuch des Atlantischen Ozeans (1981, DHI Nr. 2057).

Die folgende Zusammenstellung gibt eine Kurzbeschreibung der einzelnen Routen und eine Übersicht über die Entfernungen. Einzelheiten des jeweiligen Schiffsweges (Ansteuerungspunkte, jahreszeitliche Bedingungen usw.) entnehme man dem Handbuch.

Die Wege von Europa nach der nordamerikanischen Ostküste (Häfen nördlich der Chesapeake Bay) führen über die Grand Banks südlich Neufundland.

Je nach Jahreszeit werden vier Ansteuerungspunkte vorgeschlagen:

- **Cape Race** (in der eisfreien Zeit) 46° 27′N   53° 05′W,
- **Grand Banks**-Nord (Treibeis im Frühjahr nördlich 45° 30′N)
  45° 30′N   50° 00′W,
- **Grand Banks**-Süd 42° 30′N   50° 00′W,
- **Grand Banks**-Südost (in besonders schweren Eisjahren) 40° 30′N   47° 00′W.

Nach New York und zurück

Alle Wege verlaufen südlich von Sable Island und laufen beim Fsch. Nantucket zusammen, von dort dann zum Leuchtturm Ambrose.

Entfernungen in sm nach New York (Ambrose Leuchtturm)

von \ über	Cape Race	Grand Banks-N	Grand Banks-S	Grand Banks-SO
Cape Wrath (Pentland Firth)	G 2858 L 2893	G 2898 L 2930	G 3004 L 3032	G 3141 L 3167
Bishop Rock	G 2855 L 2885	G 2861 L 2885	G 2919 L 2942	G 3002 L 3024
Gibraltar	– 	– 	G 3149 L 3167	G 3162 L 3180

G Großkreis, L Loxodrome

Nach Kanada (Halifax) und zurück

Von Cape Race und Grand Banks-N wird das Verkehrstrennungsgebiet Halifax direkt, von Grand Banks-S und -SO gut südlich Sable Island vorbei angesteuert.

Entfernungen in sm nach Halifax (Lotsenstation)

von \ über	Cape Race	Grand Banks-N	Grand Banks-S	Grand Banks-SO
Cape Wrath (Pentland Firth)	G 2311 L 2346	G 2374 L 2405	G 2530 L 2558	G 2692 L 2715
Bishop Rock	G 2308 L 2338	G 2336 L 2360	G 2445 L 2468	G 2553 L 2572
Gibraltar	– 	– 	G 2675 L 2693	G 2711 L 2728

G Großkreis, L Loxodrome

Zur Delaware Bay/Chesapeake Bay und zurück

Von Cape Race verläuft der Weg südlich Sable Island und östlich Fsch. Nantucket vorbei, von den anderen Punkten sind die direkten Wege möglich.

Entfernungen in sm zur Einfahrt in die Delaware Bay (Cape Henlopen)/Chesapeake Bay (Cape Henry)

von \ über	Cape Race	Grand Banks-N	Grand Banks-S	Grand Banks-SO
Cape Wrath (Pentland Firth)	G 2938/3029 L 2973/3064	G 2981/3069 L 3011/3104	G 3081/3162 L 3113/3194	G 3215/3288 L 3243/3317
Bishop Rock	G 2935/3026 L 2965/3056	G 2942/3030 L 2966/3059	G 2996/3077 L 3023/3104	G 3076/3149 L 3100/3174
Gibraltar	– 	– 	G 3226/– L 3248/–	G 3234/3307 L 3256/3330

G Großkreis, L Loxodrome

Nach Cape Hatteras und zurück

Cape Hatteras kann von den Ansteuerungspunkten im Bereich der Grand Banks direkt angesteuert werden, von Cape Race aus über einen Punkt südlich Sable Island. Wegen des Golfstroms sind die nördlichen Wege vorzuziehen, über Fsch. Nantucket.

Entfernungen in sm nach Cape Hatteras (ca. 5 sm östlich Diamond Leuchtturm)

von \ über	Cape Race	Grand Banks-N	Grand Banks-S	Grand Banks-SO
Cape Wrath	G 3060	G 3096	G 3173	G 3287
(Pentland Firth)	L 3095	L 3130	L 3205	L 3315
Bishop Rock [a]	–	G 3057	G 3088	G 3148
		L 3085	L 3115	L 3172
Gibraltar	–	–	–	G 3306
				L 3383 [b]

G Großkreis, L Loxodrome
[a] Der direkte Großkreis hat eine Länge von 3054 sm, die direkte Loxodrome 3146 sm.
[b] Der Großkreis berührt etwa den Punkt Grand Banks-SO, die Loxodromdistanz ist die der direkten Loxodrome.

4.13.3   Empfohlene [34] Schiffswege im Indischen Ozean

Von Südafrika nach Australien und zurück [35]

Kapstadt nach Fremantle

Mitte November bis Mitte April (Südsommer):
Von Kapstadt nach Kap Agulhas, weiter auf dem Großkreis bis 41° 00′ S, 056° 24′ E, dann auf der Loxodrome bis 41° 00′ S, 071° 20′ E und weiter auf dem Großkreis bis Fremantle. 4740 sm.
Mitte April bis Mitte November (Südwinter):
Kapstadt nach Kap Agulhas, weiter auf der Loxodrome nach 37° 00′ S, 046° 30′ E und von dort nach 37° 00′ S, 081° 20′ E, weiter auf dem Großkreis nach Fremantle. 4810 sm.

Fremantle nach Kapstadt

Südsommer:
Fremantle nach Rottnest Island, dann auf der Loxodrome nach der afrikanischen Küste bei Great Fish Point, weiter in etwa 15 sm Abstand entlang der Küste bis Kap Agulhas und Kapstadt. 4960 sm.
Südwinter:
Fremantle nach Rottnest Island, dann auf der Loxodrome nach 30° 30′ S, 100° 00′ E und nach 30° 30′ S, 045° 00′ E, weiter nach der afrikanischen Küste bei Hood Pt., im Abstand von etwa 15 sm entlang der Küste bis Kap Agulhas und Kapstadt. 5085 sm.

---

34 Weitere empfohlene Schiffswege siehe „Handbuch des Indischen Ozeans" DHI Nr. 2058.
35 Der größte Kreis ist zwar der kürzeste Weg, *die Schiffsführung beachte jedoch zunächst die allgemeine Wetterlage und besonders die Treibeisverhältnisse.*

Kapstadt nach Melbourne

Mitte November bis Mitte April (Südsommer):
Kapstadt nach Kap Agulhas, weiter auf dem Großkreis bis 41° 00′ S, 056° 24′ E, dann auf der Loxodrome bis 41° 00′ S, 130° 00′ E und weiter bis Cape Otway und Melbourne. 5950 sm.
Mitte April bis Mitte November (Südwinter):
Kapstadt nach Kap Agulhas, weiter auf der Loxodrome bis 37° 00′ S, 046° 30′ E und bis 37° 00′ S, 110° 00′ E, dann nach Cape Otway und Melbourne. 6160 sm.

Melbourne nach Kapstadt

Südsommer:
Melbourne nach Cape Otway, dann nach Eclipse Point, weiter auf der Loxodrome nach der afrikanischen Küste bei Great Fish Point, dann siehe Fremantle — Kapstadt. 6335 sm.
Südwinter:
Melbourne nach Cape Otway, weiter nach Eclipse Point und südlich Chatham Island nach Cape Leeuvin und nach 30° 30′ S, 100° 00′ E, dann auf der Loxodrome bis 30° 30′ S, 045° 00′ E und von dort zur afrikanischen Küste bei Hood Point; von hier entlang der Küste nach Kapstadt. 6570 sm.

Von Südafrika nach Indonesien (Sunda-Straße) und zurück

Kapstadt/Port Elisabeth nach Sunda-Straße

Für alle Jahreszeiten, besonders von Mitte November bis Mitte April:
Von Kapstadt bzw. Port Elisabeth nach Cape Receiffe, dann auf dem Großkreis [36] bis 21° 18′ S, 080° 00′ E und weiter auf der Loxodrome nach Tandjung Lajar (Sunda-Straße, Behouden Passage). Von Kapstadt 5065 sm, von Port Elisabeth 4660 sm.
Mitte April bis Mitte November (Südwinter):
Von Cape Receiffe auf dem Großkreis bis 30° 00′ S, 080° 00′ E, dann auf der Loxodrome bis Tandjung Lajar. Von Kapstadt 5145 sm, von Port Elisabeth 4740 sm.

Sunda-Straße nach Port Elisabeth/Kapstadt

Für alle Jahreszeiten:
Von Tandjung Lajar, Behouden Passage, auf der Loxodrome bis 20° 50′ S, 080° 00′ E, dann auf dem Großkreis nach 33° 09′ S, 028° 09′ E und weiter auf der Loxodrome bis zur afrikanischen Küste bei Hood Point, von dort entlang der Küste nach Port Elisabeth und Kapstadt. Nach Port Elisabeth 4665 sm, nach Kapstadt 5080 sm.

---

36 Der Großkreisweg führt durch das Gebiet der Mauritius-Orkane (10° bis 30° S, 050° bis 080° E). Besonders von Januar bis März ist mit einem Orkan zu rechnen.

5 Wetter- und Meereskunde[1]

5.1 Beobachtungen der meteorologischen Größen[2]

Wetter- und Meereskunde haben auch im Zeitalter des maschinengetriebenen Schiffes ihre große Bedeutung. Obwohl die Schiffe heute so stark gebaut werden, daß sie schwerstem Wetter trotzen können, ist es doch oft notwendig, zur Vermeidung von Ladungsschäden, zur Schonung des Schiffes, zur Ersparung von Brennstoff und zur Erzielung von Zeitgewinn einem Sturm aus dem Wege zu gehen oder wenigstens sein Gebiet auf dem günstigsten Kurse zu durchqueren. Der Wetterbeobachtungsdienst auf See ist deshalb von größter Wichtigkeit. Um die Aufgaben, die Schiffahrt und Luftfahrt dem Ozeanwetterdienst stellen, erfüllen zu können, ist die eifrige Mitarbeit aller Nautiker dringend erforderlich.

5.1.1 Messen der Temperatur und der Wärmemenge

Man muß unterscheiden zwischen Wärmemengenmessungen (ausgedrückt in Joule)[3] und Temperaturmessungen (ausgedrückt in Grad). Das Thermometer[4] ist kein Wärme*mengen-*, sondern ein Wärme*höhen-* (Temperatur-) Meßinstrument. Auf deutschen Schiffen gebraucht man 100teilige (Celsius)[5] Thermometer. In England und Amerika verwendet man in der Wetterkunde noch häufig die Fahrenheitteilung[6]. Die früher übliche Réaumurteilung[7] findet heute in der Wetterkunde keine Verwendung mehr.

Die Größen und Einheiten der Wärmelehre sind im Bd. 1 C, Kap. 5 (Physik), erläutert.

---

1 Eine erschöpfende Darstellung dieses Teiles findet man in Krauss/Meldau: Wetter- und Meereskunde für Seefahrer, 7. Aufl. Berlin, Heidelberg, New York: Springer 1983.

2 Man beachte sorgfältig die vom Seewetteramt Hamburg (SWA) herausgegebene „Anweisung für das Anstellen und Verschlüsseln von Wetterbeobachtungen an Bord deutscher Schiffe".

3 Joule, James Prescott, engl. Physiker, 1818 – 1889.

4 thermos (griech.), warm; metron (griech.), Maß.

5 Celsius, Anders, schwed. Astronom, 1701 – 1744. Sein Landsmann Strömer führte die 100°-Teilung ein und benannte sie nach Celsius.

6 Fahrenheit, Gabriel, Instrumentenmacher aus Danzig, 1686 – 1736. Er führte an Stelle des Weingeistthermometers das Quecksilberthermometer und die nach ihm benannte Teilung ein.

7 Réaumur, René, franz. Physiker, 1683 – 1757. Er fertigte das erste 80teilige Weingeistthermometer an.

Thermometerskalen und ihre Umrechnung siehe NF, Bd. III, E−2−4.

$$x\,°C \cong \left(\frac{9\,x}{5} + 32\right)\,°F, \qquad \text{Beispiel: } 35\,°C \cong \left(\frac{9 \cdot 35}{5} + 32\right)\,°F = 95\,°F.$$

$$x\,°F \cong \frac{5}{9}\,(x - 32)\,°C, \qquad \text{Beispiel: } 50\,°F \cong \frac{5}{9}\,(50 - 32)\,°C = 10\,°C.$$

5.1.2 Messen der Lufttemperatur

Es ist *sehr* schwierig, an Bord die genaue Lufttemperatur zu messen, da der Schiffskörper immer erwärmte Luft aus Bullaugen, Niedergängen und Maschinenschächten abgibt und selbst starke Wärmequellen aufweist, wie z. B. den Schornstein. Außerdem erwärmt sich der Schiffskörper im ganzen unter dem Einfluß der Sonnenstrahlung stark über die Temperatur der eigentlich zu messenden, das Schiff umgebenden Luft hinaus. Das Schiff wird dadurch gewissermaßen mit einem Mantel von Luft umgeben, deren Temperatur — gegenüber der weiteren Umgebung — gefälscht ist, und zwar um so mehr, je schwächer der „gefühlte" Wind ist. Deshalb können meteorologisch einwandfreie Temperaturen nicht mit fest angebrachten Thermometern, selbst nicht in Schutzhütten, sondern nur mit „belüfteten" Thermometern, d. h. mit einem *Schleuderthermometer* oder *Lüfterthermometer*, gemessen werden.

Das Schleuderthermometer des Seewetteramts (SWA) enthält ein Thermometer in einer Schutzhülse, woran ein leicht drehbarer Handgriff befestigt ist. Mit seiner Hilfe kann das Thermometer rasch im Kreise geschleudert werden. Das „Gefäß" des Thermometers befindet sich in einem blank polierten Strahlungsschutzrohr. Durch die schnelle Bewegung des Thermometers wird es mit der Luft in innige Berührung gebracht. Durch das Ventilieren oder Aspirieren während einer Dauer von 4 bis 5 min wird erreicht, daß das Thermometer die wahre Lufttemperatur anzeigt.

Der Beobachter stellt sich beim Schleudern nach Luv mit dem Gesicht gegen den Wind. Es ist zu empfehlen, das ganze Instrument zunächst einige Minuten, ohne zu schleudern, der zu messenden Außenluft auszusetzen zum Angleich an deren Temperatur. Dann wird dreimal nacheinander geschleudert mit jedesmaliger Zwischenablesung. Wenn die letzten beiden Ablesungen gleich sind, so ist das ein Zeichen dafür, daß die Temperaturmessung einwandfrei ist. Bei größeren Windstärken als 3 bis 4 Bft genügt es, das Thermometer in Luv einfach in den Wind zu halten, ohne es zu schleudern. Die Thermometerablesung wird in das Meteorologische Tagebuch eingetragen, *ohne* daß man vorher einen etwaigen Instrumentenfehler berücksichtigt. Bei sehr hohen Schiffen muß aber die „Höhe über dem Meeresspiegel" notiert werden, in der die Messungen gemacht wurden.

Neuerdings verwendet man auch *Feststellthermometer,* bei denen nach der Messung der Quecksilberfaden abreißt, so daß man auch nachts in Ruhe bei gutem Licht ablesen kann.

Ein *Thermograph* schreibt die Temperatur selbsttätig auf einem um eine Trommel gewickelten Papierstreifen (siehe Barograph) auf. An Bord kann ein solcher Apparat *nur sehr selten so* aufgestellt werden, daß er die Außentemperatur einwandfrei anzeigt. Siehe vorher.

Für die Lösung wichtiger Fragen des Wärmeaustausches zwischen der Oberfläche des Meeres und der darüber lagernden Luft sind Temperaturmessungen auf $0,1\,°C$[8] notwendig. Auch zur Bestimmung der Herkunft der Luftmassen auf See

---

8 Nach DIN 1301 werden Temperaturdifferenzen sonst grundsätzlich in Kelvin (K) angegeben.

sind Zehntelgradmessungen notwendig, denn der Unterschied zwischen Luft- und Wassertemperatur ist auf dem Meere, besonders in niedrigen Breiten, ohnehin nur sehr gering. Auch um die im Schiffswetterschlüssel enthaltene Zahl $T_wT_wT_w$, die für den Wetterdienst von großer Bedeutung ist, einwandfrei angeben zu können, ist die Ablesung auf Zehntelgrade Voraussetzung. *Alle für meteorologische Zwecke bestimmten Thermometer an Bord müssen von zuständiger amtlicher Stelle geprüft sein!*

5.1.3 Messen der Wassertemperatur

Man schlägt das Wasser, dessen Temperatur man messen will, mit einer Schlagpütz aus Zink, Holz oder Segeltuch so weit vorne im Schiff auf, daß kein Kühlwasser in die Pütz kommen kann. Dann liest man das Thermometer möglichst sofort nach dem Aufschlagen, nachdem es einige Male durch das Wasser bewegt wurde, im Schatten ab und läßt dabei das Quecksilbergefäß im Wasser. *Überlasse das Ablesen des Thermometers (auch beim Messen der Lufttemperatur) nicht dem Bootsmann oder einem Matrosen, sondern lies selbst ab, wenn es auch Zeit erfordert.*

An Bord hochbordiger, schnell fahrender Schiffe verwendet man auch oft besonders gebaute „Schöpf-Wasserthermometer". Bei sehr schnellen modernen Schiffen benutzt man auch elektrische „Temperaturfühler", die an der Außenhaut des Unterwasserschiffes oder im Kühlwassereintritt angebracht sind. Die Ablesung der Wassertemperatur kann dann über Fernanzeige direkt auf der Brücke bzw. am Maschinenleitstand erfolgen.

Auch die gemessenen *Wasser*temperaturen werden auf 0,1 °C genau in das Meteorologische Tagebuch *ohne* Berücksichtigung des Instrumentenfehlers des Thermometers eingetragen.

5.1.4 Messen des Luftdrucks[9]

Der Luftdruck beträgt an der Meeresoberfläche im Mittel 1010 mbar. Früher gab man den Luftdruck durch die Höhe der Quecksilbersäule an, die ihm das Gleichgewicht hält. Diese Höhe drückte man in Millimeter (mmHg) aus. Seit 1929 wird der Luftdruck in den Wettermeldungen nach internationaler Vereinbarung in Millibar (mbar) angegeben, wobei

$$760 \text{ mmHg} = 1013{,}25 \text{ mbar} \quad \text{und} \quad 1 \text{ mbar} = 100 \text{ Pa}.$$

Pa ist das Einheitenzeichen für Pascal[10]; $1 \text{ Pa} = 1 \text{ N/m}^2$.

Die Einheiten Torr[11] (mmHg), technische Atmosphäre ($1 \text{ at} = 1 \text{ kp/cm}^2$) und physikalische Atmosphäre ($1 \text{ atm} = 760 \text{ Torr}$) waren nach der Ausführungsverordnung zum Gesetz über Einheiten im Meßwesen vom 26. Juni 1970 nur bis zum 31. Dezember 1977 für die Verwendung zugelassen; siehe auch Bd. 1 C, Kap. 5 (Physik).

Moderne Schiffsbarometer (siehe unten) haben nur noch eine in Millibar geteilte Skala, ältere in Privatbesitz befindliche meist nur eine in Millimeter (mmHg oder Torr) geteilte Skala. Die Umrechnung kann mit Hilfe der nachstehenden Tabelle erfolgen.

---

9 Das erste Barometer baute 1643 der Italiener Viviani aufgrund von Ideen Torricellis[11]. Das Vorhandensein des Luftdruckes wies aber erst Otto von Guericke 1654 mit seinen „Magdeburger Halbkugeln" nach.

10 Pascal, Blaise, 1623−1682, französischer Mathematiker und Philosoph.

11 Torricelli, Evangelista, 1608−1647, italienischer Physiker und Mathematiker.

Torr	mbar	Torr	mbar
700	923,26	1	1,33
710	946,59	2	2,67
720	959,92	3	4,00
730	973,25	4	5,33
740	986,58	5	6,67
750	999,92	6	8,00
760	1013,25	7	9,33
770	1026,58	8	10,67
780	1039,91	9	12,00
790	1053,25	10	13,33

mbar	Torr	mbar	Torr	mbar	Torr
930	697,56	1000	750,06	1	0,75
940	705,06	1010	757,56	2	1,50
950	712,56	1020	765,06	3	2,25
960	720,06	1030	772,56	4	3,00
970	727,56	1040	780,06	5	3,75
980	735,06	1050	787,56	6	4,50
990	742,56	1060	795,07	7	5,25
				8	6,00
				9	6,75
				10	7,50

Beispiel:

737,5 Torr = ? mbar

730 Torr = 973,25 mbar
  7 Torr =   9,33 mbar
0,5 Torr =   0,67 mbar

737,5 Torr = 983,25 mbar

Beispiel:

987,5 mbar = ? Torr

980 mbar = 735,06 Torr
  7 mbar =   5,25 Torr
0,5 mbar =   0,38 Torr

987,5 mbar = 740,69 Torr

Schiffsbarometer [12]

Zum Messen des Luftdrucks verwandte man früher an Bord nur ein „Schiffsbarometer". Es ist dies ein kardanisch aufgehängtes *Quecksilber*barometer, dessen Röhre in der Mitte stark verjüngt ist, damit das Quecksilber bei den Bewegungen des Schiffes nicht zu stark pumpt. Das Barometer muß an Bord so angebracht sein, daß man es leicht und bequem (gutes Licht!) ablesen kann. Es darf weder den direkten Sonnenstrahlen ausgesetzt sein, noch sich in unmittelbarer Nähe der Heizung, eines Ofens oder einer Lampe befinden. Es muß völlig frei beweglich sein, so daß es immer senkrecht hängt; Vibration ist durch sachgemäßes Aufhängen möglichst zu verhindern. Beim Ablesen ist darauf zu achten, daß sich Auge — vordere Noniuskante — höchster Punkt der Quecksilberkuppe und hintere Noniuskante in einer Linie befinden. Nachts erleichtert ein Streifen weißen Papiers oder eine kleine Blendlaterne, hinter die Glasröhre gehalten, das Ablesen. Bei starker Bewegung des Schiffes nimmt das Ablesen längere Zeit in Anspruch. Man soll dann mehrere Paare solcher Ablesungen machen. Bei jedem Paar wird der höchste und der niedrigste Stand abgelesen und dann das Mittel aus dem ganzen Beobachtungssatz genommen; z. B.:

	I	II	III	IV
	756,2	756,6	755,8	756,2
	755,6	755,6	754,8	755,8
Mittel:	755,9	756,1	755,3	756,0

Gesamtmittel 3023,3 / 4 ≈ 755,8 Torr.

An die Ablesungen des Quecksilberbarometers sind für Seeobsmeldungen folgende Berichtigungen anzubringen:

---

12 baros (griech.), Schwere, Druck.

- Die Instrumentverbesserung nach dem Prüfschein.
- Die Temperaturbeschickung. Eingang in die Tafel mit der Temperatur des Thermometers am Barometer und dem abgelesenen Barometerstand. Man soll immer erst das Thermometer am Barometer und dann das Barometer ablesen.
- Die Beschickung auf den Meeresspiegel. Eingang in die Tafel mit der Höhe des Quecksilbergefäßes des Barometers über dem Meeresspiegel und der Temperatur der Außenluft!
- Die Schwerebeschickung. Eingang in die Tafel mit der geographischen Breite und dem abgelesenen Barometerstand.

In das Schiffstagebuch wird gewöhnlich nur die unverbesserte „Ablesung am Barometer" eingetragen.

In das Meteorologische Beobachtungsbuch wird immer der „wahre Luftdruck im Meeresspiegel" auf 0,1 mbar genau eingetragen.

Dosen- oder Aneroidbarometer

Das Quecksilberbarometer ist heute verdrängt durch das Aneroidbarometer[13]. Hier wird die Gestaltänderung einer luftleeren Metallkapsel (Vidiedose), die durch eine Hebelübersetzung auf ein Zeigerwerk übertragen wird, zum Luftdruckmessen benutzt. Da die Elastizität des Metalls nicht vollkommen ist, sondern sich mit der Zeit und mit größeren Druckunterschieden ändert, soll man die Angaben des Dosenbarometers von Zeit zu Zeit durch eine Hafendienststelle des SWA überprüfen lassen. Die erfolgte Überprüfung ist im Tagebuch zu vermerken. Auf der Rückseite des Barometers befindet sich gewöhnlich eine Stellschraube, mit der man den Stand berichtigen kann. Dosenbarometer werden auf kleineren Schiffen besonders gern benutzt, da deren starkes Stampfen und Schlingern die Ablesungen am Quecksilberbarometer zu unsicher und schwierig machen. Die Ablesungen werden ohne Änderungen in das Tagebuch eingetragen. Will man den wahren Luftdruck haben, so sind an die Ablesung folgende Berichtigungen anzubringen:

- Instrument- oder Standverbesserung nach dem Prüfschein,
- Temperaturbeschickung *nach einer für das betreffende Instrument besonders aufgestellten Temperaturbeschickungstafel.* Ist eine solche Tafel nicht an Bord, so ist *keine* Temperaturbeschickung anzubringen.
- Beschickung auf den Meeresspiegel, wie beim Quecksilberbarometer (für jeden Meter Höhe über Meeresspiegel sind 0,1 mbar zuzufügen).

Vor der Ablesung soll man *leicht* gegen das Glas klopfen, damit sich das Instrument genau einstellt. An der Bewegung, die der Zeiger dabei ausführt, kann man erkennen, ob der Luftdruck in der allerletzten Zeit gestiegen oder gefallen ist. Bei starker Vibration ist für eine dämpfende Unterlage aus Gummi oder Filz oder für eine federnde Aufhängung zu sorgen.

Schiffe, die für den regelmäßigen Wettermeldedienst ausgerüstet werden, erhalten vom SWA *Präzisions-Dosenbarometer* zur Luftdruckbestimmung. Diese neuen Instrumente gleichen die Temperaturschwankungen selbsttätig aus und werden vom meteorologischen Hafendienst bei der Anbringung so justiert, daß auch die Höhenbeschickung (auf NN) entfällt, so daß der abgelesene Wert immer dem wahren Luftdruck auf dem Meeresspiegel entspricht. Vom Instrumentenamt des Deutschen Wetterdienstes gut justierte Aneroidbarometer weisen über die Skala von 950 bis 1050 mbar keine größeren Fehler als ± 0,3 mbar auf.

---

13 a-neros (griech.), nicht naß, d. h. keine Flüssigkeit, z. B. kein Quecksilber.

Die große Empfindlichkeit dieser Präzisions-Aneroide erfordert eine dämpfende Aufhängung (Gummi- oder Schaumstoffunterlage) und erübrigt im allgemeinen das sonst bei trägen Dosenbarometern gewohnte Klopfen gegen das Glas.

Barograph oder Luftdruckschreiber

Er enthält mehrere Aneroiddosen übereinander, die durch Federn im Innern elastisch gehalten werden. Durch den Schreibhebel wird die Luftdruckanzeige auf einen Papierstreifen übertragen. Die Wartung des Barographen soll sich auf vorsichtiges Wechseln des Schreibstreifens, Aufziehen der Uhr und auf Nachfüllen der verbrauchten Registriertinte beschränken. Da diese Tinte Feuchtigkeit aus der Luft anzieht, kann in feuchtem Klima die Schreibfeder sogar überlaufen! Daher fülle man sie nicht bis zum Rande. Will nach dem Streifenwechsel die Schreibfeder nicht schreiben, so bringe man frische Tinte an die Schreibspitze, indem man mit einem Streichholzspan vom Grunde der Feder bis zur Spitze entlangfährt. Nur als letztes Mittel nehme man die Feder ab und reinige sie in warmem Wasser oder Brennspiritus; dann achte man aber darauf, daß sie wieder genauso weit auf den Schreibarm aufgeschoben wird, wie sie vorher saß. Alle sonstigen Eingriffe überlasse man einem Fachmann. — Wichtig ist eine Aufstellung auf einer Filz- oder Gummiplatte oder gefederten Holzplatte zur Dämpfung der Erschütterungen. Die gewöhnlichen Barographen weisen eine starke Abhängigkeit von den bei Seegang auftretenden Schiffsbewegungen und von den durch die Schiffsmaschinen erzeugten Schwingungen auf. Die Auswertung der Registrierungen solcher Apparate, insbesondere die Entnahme der dreistündigen Drucktendenz, kann daher nur sehr ungenau erfolgen. Diese Fehler werden vermieden durch Verwendung eines nach A. Lang gebauten Barographen, bei dem die in verschiedenen Richtungen wirkenden Beschleunigungseffekte auf den Übertragungsmechanismus und auf die Druckdosen dadurch beseitigt werden, daß eine Öldämpfung und ein Kompensationsglied zum Ausgleich der Dosengewichtsverlagerung bei Krängungen des Schiffes eingebaut sind [14].

An Bord von Schiffen auf großer Fahrt läßt man das Schreibbarometer nach UTC laufen.

Alle Barometer sind an Plätzen anzubringen, wo sie möglichst geringen Temperaturschwankungen ausgesetzt sind. Sie sind vor ihrer Neuanschaffung und dann mindestens alle drei Jahre, Aneroidbarometer alle zwei Jahre, von einer amtlichen Prüfstelle zu prüfen. Der Prüfschein ist an Bord aufzubewahren.

5.1.5 Messen der Luftfeuchtigkeit

Unter *absoluter Feuchte* versteht man die je 1 m³ Luft in gasförmiger Form enthaltene Menge (g) Wasser. Ebenso wie die Luft selbst übt auch dieser Wasserdampf einen allseitigen Druck aus, den sogenannten *Dampfdruck*. Auch er wird in mbar gemessen. Er beträgt nur wenige Prozent des Luftdruckes an der Erdoberfläche.

Unter *relativer Feuchte* versteht man das in Prozenten ausgedrückte Verhältnis der wirklich vorhandenen Feuchte zu dem bei der herrschenden Temperatur möglichen Höchstwert an Feuchte.

In neuerer Zeit mißt man die relative Feuchte an Bord in zunehmendem Maße zu wetterkundlichen Zwecken sowie in Schiffsräumen (Wohn- und Laderäumen), da von der relativen Feuchte (und der Temperatur), die in einem Raum herrscht, im hohen Grade seine Bewohnbarkeit oder seine Tauglichkeit für die Aufnahme empfindlicher Ladung (Tee, Tabak, Obst usw.) abhängig ist. Von der relativen

---

14 Baumbach, S., in „Wetterlotse" Nr. 90 (Juli 1955).

Feuchte ist auch die Schweißwasserbildung abhängig, ferner die Entwicklung der Schimmel- und Fäulnispilzkeime. Kennt man die in einem Schiffsraum tatsächlich vorhandene Temperatur und relative Feuchte sowie die für Menschen oder Ladungen zuträglichsten Werte der Temperatur und relativen Feuchte, so kann oft durch geeignete Ventilation ein für die Menschen oder die Ladungen besonders günstiger klimatischer Zustand im Raume herbeigeführt werden.

Psychrometer

Durch Verbindung eines trockenen und eines feuchten Schleuderthermometers, *Schleuderpsychrometer* genannt, lassen sich die *Feuchte und die Temperatur der Luft gleichzeitig* messen. Man muß nur vor dem Messen die Mullhülle des „feuchten" Thermometers mit reinem Frischwasser befeuchten. Infolge der Verdunstungskälte zeigt dieses Thermometer geringere Temperaturwerte als das trockene Thermometer. Aus der Differenz dieser Angaben findet man in der Psychrometertafel (siehe Tab. 5.1) den zugehörigen Wert der relativen Feuchte. Verwendet man salzhaltiges Wasser zum Befeuchten, so erhält man falsche Werte![15]

Ein sehr empfindliches Gerät zum genauen Messen der Temperatur und der Feuchte der Luft ist das *Aspirationspsychrometer* nach Assmann. In der Psychrometertafel (Tab. 5.1) gibt die Spalte 0 °C die Sättigungswerte der Luft (relative Feuchte 100%) mit Wasserdampf in g/m³. Man kann mit ihr also den Wasserdampfgehalt der Luft für jede psychrometrische Differenz berechnen.

Beispiel: Trockenes Thermometer +18 °C, feuchtes Thermometer +15 °C, relative Feuchte 73%. Der Wasserdampfgehalt dieser Luft beträgt $\dfrac{15{,}4 \cdot 73}{100}$ g/m³ $\approx 11{,}2$ g/m³.

Taupunkt nennt man die Temperatur, bei der die Luft im gegebenen Zustand mit Wasserdampf gesättigt ist, so daß jede noch hinzukommende Wasserdampfmenge sofort als Tau oder Schweiß ausgeschieden wird. Die Taupunkte kann man der Tab. 5.1 entnehmen.

Beispiel: Trockenes Thermometer + 20 °C, feuchtes Thermometer +17 °C; nach Tab. 5.1 beträgt der Taupunkt +15,3 °C, d. h., würde die vorhandene Luft auf +15,3 °C abgekühlt, so wäre ihre relative Feuchte 100%.

In Innenräumen werden auch vielfach *Haarhygrometer* zur Bestimmung der relativen Feuchte benutzt. Bei diesem Gerät wird die Eigenschaft des Haares, seine Länge mit der relativen Feuchte zu verändern, verwertet.

Luft- und Feuchtigkeitsmessungen in den Laderäumen

Von großer Bedeutung sind solche Messungen beim Transport gewisser Ladungen (Kaffee, Kakao, Getreide usw.) von den Tropen nach höheren Breiten. Das Instrumentenamt Nord des Deutschen Wetterdienstes hat während der letzten Jahre Instrumente speziell für den Gebrauch in Laderäumen entwickelt, die es ermöglichen, die meteorologischen Zustände in den Räumen zu messen und die Ergebnisse direkt auf der Brücke abzulesen, so daß der Ladungsoffizier seine Maßnahmen zur Belüftung der Räume usw. treffen kann, ohne diese vorher begehen zu müssen. Es ist anzunehmen, daß solche Instrumente bald allgemein in der Schiffahrt eingeführt werden.

---

15 Eine Psychroschleuder sowie eine zum Ausrechnen der relativen Feuchte besonders geeignete graphische Psychrometertafel sind vom SWA herausgebracht worden.

Luft- und Feuchtigkeitsmessungen in großen Höhen

Für die synoptische[16] Meteorologie ist die Kenntnis der Temperatur- und Feuchteverhältnisse in den *höheren* Luftschichten besonders wichtig. Auf Forschungs- und Wetterschiffen sendet man deshalb Radiosonden mit Ballonen hoch. Diese Sonden erreichen Höhen von 20 bis 30 km.

Ein darin befindlicher UKW-Sender strahlt Signale aus, die am Boden aufgenommen werden und Luftdruck, Temperatur und Feuchte der jeweiligen Höhe melden. Mittels Radar kann man den jeweiligen *Ort* des Ballons feststellen und so auch zugleich den Höhenwind bestimmen.

5.1.6 Messen des Windes

Der Wind wird benannt nach der Richtung, aus der er kommt. SW-Wind ist also Wind, der aus SW weht. Die Windstärke wird auf See nach der Beaufort-Skala (Bft) geschätzt. Diese Skala ist benannt nach dem engl. Admiral Beaufort, der 1805 eine 12stufige Einteilung der Windstärke einführte. Die Umrechnung von Bft-Stärken in Meter je Sekunde (m/s) wurde auf dem Meteorologenkongreß in Wien 1926 international festgelegt. Da Untersuchungen aber gezeigt haben, daß diese Umrechnungswerte für die freie Hochsee zu geringe Windgeschwindigkeiten ergaben, wurde durch die Weltorganisation für Meteorologie (WMO) 1949 eine neue Umrechnungsskala festgelegt. Sie wird international zur Zeit allgemein benutzt. Im internationalen Wettermeldedienst wird die Windgeschwindigkeit in Knoten oder auch in Meter je Sekunde angegeben.

Der „beobachtete Wind" ist nur die Horizontalprojektion der tatsächlichen Bewegung der Luftteilchen, die außer der horizontalen immer auch noch eine vertikale Bewegung haben.

Auf der **nördlichen** Halbkugel nennt der Seemann das Drehen des Windes *mit* dem Uhrzeiger, also etwa von SW über W nach NW, vor allem wenn es sprungweise erfolgt, *ausschießen*, und das Drehen des Windes *gegen* den Uhrzeiger, also etwa von W über S nach E, *krimpen*. Auf der **südlichen** Halbkugel ist ein *Krimper* ein Wind, der *mit* dem Uhrzeiger dreht.

Messen kann man an Bord eines in Fahrt befindlichen Schiffes immer nur den *scheinbaren* (gefühlten) Wind, der die Resultante ist aus dem *wahren* Wind, d. h. dem Wind, wie er an Bord des stilliegenden Schiffes beobachtet würde, und dem *Fahrtwind*, der immer recht von vorne kommt mit einer der Fahrt des Schiffes gleichen Geschwindigkeit.

Die Richtung des scheinbaren Windes wird an Bord eines in Fahrt befindlichen Schiffes mit Hilfe des Kompasses und eines Windstanders oder der Rauchfahne gefunden. Dabei muß der Beobachter sich senkrecht unter die Flagge oder die Rauchfahne stellen. Bei Schrägsicht können keine zuverlässigen Angaben gemacht werden.

Die Stärke des scheinbaren Windes wird an Bord fast überall nur geschätzt. In vereinzelten Fällen benutzt man zum Messen Schalenkreuz-Anemometer, bei denen die Windgeschwindigkeit in Knoten oder Meter je Sekunde unmittelbar von einem Zifferblatt abgelesen werden kann. Um zuverlässige Werte mit einem solchen Instrument zu erhalten, muß man es in Luv, möglichst hoch über Deck und frei von Aufbauten anbringen oder in der Hand halten.

In der Beaufort-Skala umfaßt Windstärke 12 alle Windgeschwindigkeiten über 64 kn. Sie wurde deshalb bei der Neufestsetzung der Umrechnungswerte 1949 auf

---

16 syn (griech.), mit, zugleich; optein (griech.), sehen, beobachten; Synoptische Meteorologie: Zusammenschau der Wettererscheinungen.

17 Windstärken erweitert (17 Bft > 109 kn). Aber selbst dieser Wert wird in tropischen Wirbelstürmen oft erheblich überschritten. Da aber praktisch ein Schätzen der Windstärken 12 bis 17 aufgrund des Seezustandes nicht möglich ist, weil dafür charakteristische Merkmale fehlen, hat sich die Erweiterung der Beaufort-Skala bis Windstärke 17 nicht durchgesetzt. Es wird daher heute allgemein als höchste Windstärke 12 Bft angegeben, die alle Windgeschwindigkeiten von 64 kn an aufwärts umfaßt. Da der Wind nie gleichmäßig weht, schreibt man ins Meteorologische Tagebuch (und meldet man auch im Wetterdienst) immer nur den Mittelwert, um den der Wind zur Zeit der Beobachtung pendelt.

Zur schnellen Ermittlung des wahren Windes aus dem beobachteten scheinbaren Wind und dem Kurs und der Fahrt des Schiffes benutzt man entweder die im Beiheft zum NF gegebene Umrechnungstabelle oder ein Umrechnungsgerät. An Bord von vor Anker liegenden Feuerschiffen hat man meistens selbstregistrierende Anemographen.

Erfahrene Nautiker können den wahren Wind nach Richtung und Stärke schätzen. Man soll sich aber nicht allzusehr auf diese Kunst, die nur auf langer Übung beruht, verlassen. Zum mindesten soll man sich selbst zuweilen durch Ausführung der Umrechnung kontrollieren. Bei Tage lassen sich die wahre Richtung und Stärke des unteren Windes aus der Richtung und Höhe der Wellen und aus der Richtung der Windstreifen auf dem Wasser, die Richtung des oberen Windes aus Wolkenbeobachtungen ziemlich einwandfrei bestimmen. Aufgrund langjähriger Beobachtungen auf allen Meeren hat Kapitän Petersen (siehe Tab. 5.5) 1927 eine Skala aufgestellt, der die Auswirkung des Windes auf die See als Windstärkenmaßstab zugrunde liegt. Bei der Schätzung von Windrichtung und -stärke nach dem Zustande der Meeresoberfläche ist zu bedenken, daß

- die Schaumkämme sich bei einer Winddrehung erst nach einigen Stunden auf die neue Windrichtung einstellen,
- auch jede Änderung der Windgeschwindigkeit sich erst nach einiger Zeit auf die Größe der Wellen auswirkt,
- durch querlaufende Dünung die Richtung der Windsee stark beeinflußt werden kann,
- sich bei gleicher Windgeschwindigkeit der Seegang bei Kaltluft wesentlich schneller und stärker (im Mittel bis zu 22%) entwickelt als bei Warmluft. Hierbei ist die Zunahme der Wellenhöhe prozentual größer als die Wellenlänge, so daß — auch bei konstanter Windgeschwindigkeit — bei einem Übergang aus warmen in kalte Luftmassen eine Vergrößerung der Wellensteilheit eintreten kann.

Der wahre Wind läßt sich aus dem scheinbaren Wind und dem Kurs und der Fahrt des Schiffes auch noch sehr leicht durch Zeichnung finden.

Wenn $\overrightarrow{SA}$ die rw Kursrichtung und die stündliche Fahrt des Schiffes in kn ist, dann ist $\overrightarrow{AS}$ der Fahrtwind nach rw Richtung und Geschwindigkeit in kn. $\overrightarrow{BS}$ ist der gefühlte Wind nach rw Richtung (gemessener ∢ α) und geschätzter Geschwindigkeit (in kn). Verbindet man jetzt B mit A, dann ist $\overrightarrow{BA}$ der *wahre* Wind nach

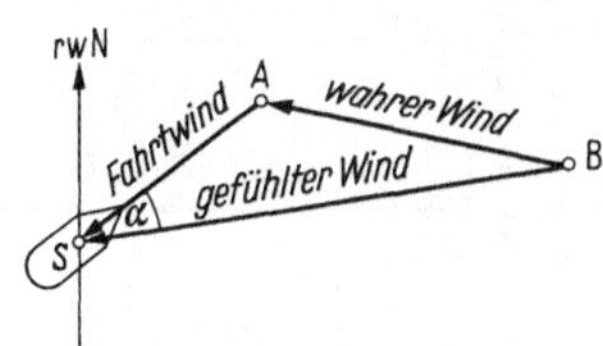

Bild 5.1

Tabelle 5.1. (Psychrometertafel); relative Feuchte (rel. F.) in Prozent und Taupunkt in Grad Celsius (°C) bei der Temperatur t des trockenen Thermometers und der Temperaturdifferenz $t_{tr} - t_f$ (°C) des Psychrometers. (t_{tr} und t_f stehen für die beobachteten trockenen und feuchten Temperaturen des Psychrometers. Die Tafelwerte gelten angenähert für jeden auf See möglichen Luftdruck.)

Temperatur t des trock. Therm. °C	0 °C	1 °C		2 °C		3 °C		4 °C		5 °C		6 °C		7 °C		8 °C		9 °C		10 °C	
	Sättigungsmenge g/m³	rel. F. %	Tau-punkt °C	rel. F. %	Tau-punkt °C	rel. F. %	Tau-punkt °C	rel. F. %	Tau-punkt °C	rel. F. %	Tau-punkt °C	rel. F. %	Tau-punkt °C	rel. F. %	Tau-punkt °C	rel. F. %	Tau-punkt °C	rel. F. %	Tau-punkt °C	rel. F. %	Tau-punkt °C
−15	1,6	55	−22,0	—	—	—	—	—	—	—	—	—	—	—	—	—	—	—	—	—	—
−10	2,4	66	−14,5	33	−22,0	—	—	—	—	—	—	—	—	—	—	—	—	—	—	—	—
− 8	2,7	70	−12,0	42	−17,8	—	—	—	—	—	—	—	—	—	—	—	—	—	—	—	—
− 6	3,2	74	− 9,5	48	−14,2	22	−21,9	—	—	—	—	—	—	—	—	—	—	—	—	—	—
− 4	3,7	77	− 7,1	54	−11,1	32	−16,9	11	−28,3	—	—	—	—	—	—	—	—	—	—	—	—
− 2	4,2	79	− 4,8	59	− 8,2	39	−12,8	20	−20,0	—	—	—	—	—	—	—	—	—	—	—	—
0	4,8	81	− 2,5	63	− 5,6	46	− 9,4	28	−14,6	12	−24,0	—	—	—	—	—	—	—	—	—	—
+ 2	5,6	84	− 0,4	68	− 3,0	52	− 6,3	36	−10,5	21	−16,6	—	—	—	—	—	—	—	—	—	—
4	6,4	85	+ 1,7	70	− 0,8	56	− 3,6	42	− 6,9	28	−11,5	15	−18,7	—	—	—	—	—	—	—	—
6	7,3	86	3,9	73	+ 1,5	60	− 1,1	47	− 4,0	35	− 7,6	23	−12,5	10	−20,9	—	—	—	—	—	—
8	8,3	87	6,0	75	3,8	63	+ 1,3	51	− 1,4	40	− 4,5	28	− 8,3	18	−13,6	7	−23,2	—	—	—	—
10	9,4	88	8,1	76	6,1	65	3,8	54	+ 1,2	44	− 1,6	34	− 4,8	24	− 8,9	14	−14,9	4	−26,4	—	—
12	10,7	89	10,2	78	8,3	68	6,2	57	3,8	48	+ 1,2	38	− 1,7	29	− 5,0	20	− 9,4	11	−15,7	—	—
14	12,1	90	12,3	79	10,5	70	8,5	60	6,3	51	4,0	42	+ 1,3	33	− 1,7	25	− 5,1	17	− 9,7	9	−16,6
16	13,7	90	14,4	81	12,6	71	10,8	62	8,8	54	6,6	45	4,2	37	+ 1,5	30	− 1,6	22	− 5,1	15	− 9,9
18	15,4	91	16,4	82	14,8	73	13,0	64	11,2	56	9,2	48	7,0	41	4,5	34	+ 1,7	26	− 1,4	20	− 5,0
20	17,3	91	18,5	83	16,9	74	15,3	66	13,5	59	11,6	51	9,6	44	7,4	37	4,9	30	+ 2,1	24	− 1,1
22	19,4	92	20,6	83	19,0	76	17,5	68	15,8	61	14,0	54	12,1	47	10,1	40	7,8	34	5,3	28	+ 2,5
24	21,8	92	22,6	84	21,1	77	19,6	69	18,0	62	16,4	56	14,6	49	12,7	43	10,6	37	8,4	31	5,9
26	24,4	92	24,6	85	23,2	78	21,8	71	20,2	64	18,7	58	17,0	50	15,2	45	13,2	40	11,2	34	9,0
28	27,2	93	26,7	85	25,3	78	23,9	72	22,4	65	20,9	59	19,3	53	17,6	48	15,8	42	13,9	37	11,9
30	30,4	93	28,7	86	27,4	79	26,0	73	24,6	67	23,1	61	21,6	55	20,0	50	18,3	44	16,5	39	14,6

Tabelle 5.2. Windstärken auf freier See (Windtafel)

Beaufort-Skala	Bezeichnung				Mittlere Windstärke[a] nach internat. Skala		Ungefährer Winddruck bei Normdichte der Luft[b]	Bezeichnung in der Wetterkarte
	deutsch	englisch	französisch	spanisch	m/s	kn	Pa	
0	Windstille	calm	calme	calma	< 0,2	<1	0	
1	Leiser Zug	light air	très légère brise	ventolina	0,3 bis 1,5	1 bis 3	< 1	
2	Leichte Brise	slight breeze	légère brise	flojito	1,6 bis 3,3	4 bis 6	2 bis 7	
3	Schwache Brise	gentle breeze	petite brise	flojo	3,4 bis 5,4	7 bis 10	8 bis 19	
4	Mäßige Brise	moderate breeze	jolie brise	bonancible	5,5 bis 7,9	11 bis 15	20 bis 40	
5	Frische Brise	fresh breeze	bonne brise	fresquito	8,0 bis 10,7	16 bis 21	41 bis 74	
6	Starker Wind	strong breeze	vent frais	fresco	10,8 bis 13,8	22 bis 27	75 bis 124	
7	Steifer Wind	moderate gale	grand frais	frescachón	13,9 bis 17,1	28 bis 33	125 bis 190	
8	Stürmischer Wind	fresh gale	coup de vent	duro	17,2 bis 20,7	34 bis 40	191 bis 279	
9	Sturm	strong gale	fort coup de vent	muy duro	20,8 bis 24,4	41 bis 47	280 bis 387	
10	Schwerer Sturm	whole gale	tempête	temporal	24,5 bis 28,4	48 bis 55	388 bis 524	
11	Orkanartiger Sturm	storm	violente tempête	borrasca	28,5 bis 32,6	56 bis 63	525 bis 690	
12	Orkan	hurricane	ouragan	huracán	≧ 32,7	≧ 64	≧ 691	

[a]   Die internationale Skala bezieht sich auf eine Höhe von 10 m über Grund.

[b]   Verlustfreier Winddruck (Staudruck p_{St} bei senkrecht auf die Fläche treffenden Wind) nach

$$p_{St} = \frac{1}{2} \cdot \varrho \cdot v^2.$$

Beispiel: Für die Normdichte (Dichte bei $0\,°C \cong 273{,}15\ \mathrm{K}$ und $760\ \mathrm{Torr} = 101{,}325\ \mathrm{kPa}$) der Luft ($\varrho_n = 1{,}2928\ \mathrm{kg/m^3}$) und Windstärke 22 m/s (9 Bft) ist

$$p_{St} = \frac{1}{2} \cdot 1{,}2928 \cdot 22^2\ \mathrm{Pa} \approx 312{,}9\ \mathrm{Pa}.$$

Richtung (rw) und Geschwindigkeit (in kn). Siehe auch NF, Bd. III, hinterer Innendeckel.

In das Meteorologische Beobachtungsbuch und in das Schiffstagebuch ist der wahre Wind nach Richtung und Stärke einzutragen. Im Meteorologischen Beobachtungsbuch wird die Windrichtung mit den Zahlen 1 bis 36 (jede Zahl entspricht 10° der Kompaßrose) und die Windstärke in kn wiedergegeben; siehe Bild 5.6.

Beispiel: Wind WSW (etwa 248°) 6 Bft. Eintragung: in Spalten dd die Zahlen 25, in Spalten ff die Zahlen 24 (siehe Bild 5.5).

5.1.7 Messen des Höhenwindes

An Bord einiger Schiffe wurde auch der Höhenwind mit Pilotballonen gemessen. Man nimmt dabei an, daß die Steiggeschwindigkeit eines Ballons unverändert bleibt. Diese Steiggeschwindigkeit der Gummiballone wird durch die Menge des eingefüllten Wasserstoffs geregelt. Beobachtet man in bestimmten Zeitabständen mit Hilfe eines für Verwendung an Bord besonders konstruierten Ballontheodoliten die Peilung und den Höhenwinkel des Ballons, so kann man seine horizontale Entfernung vom Schiffe daraus berechnen. Trägt man diese in der Richtung der gleichzeitigen Peilung vom jeweiligen Schiffsort aus auf der Peilungslinie ab, so entsteht eine Horizontalprojektion der Ballonbahn (Bild 5.2), aus der man seine horizontale Geschwindigkeit für jede Minute entnehmen kann.

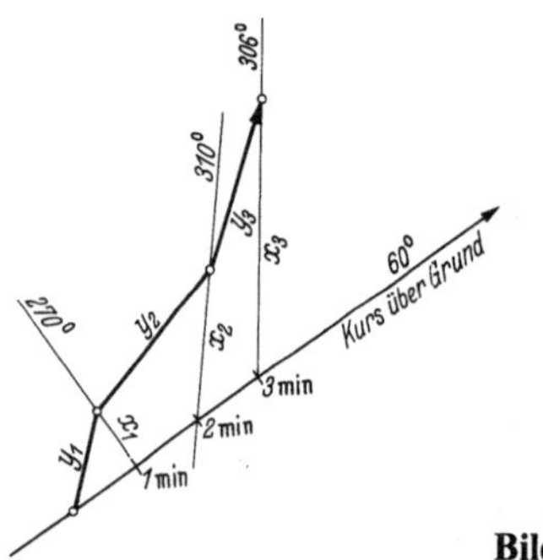

Bild 5.2

Beispiel: Am 16. März 1982 wurde auf 53° N und 016° E ein Pilotballon aufgelassen, Steiggeschwindigkeit 200 m/min, KüG 060°, FüG 13 kn (Bild 5.2). Auswertung siehe Tab. 5.3.

Mit dieser optischen Methode können aber nur bei wolkenarmem Wetter größere Höhen erreicht und damit die Windverhältnisse in höheren Luftschichten bestimmt werden. Das Verfahren ist deshalb weitgehend durch ein elektronisches Meßverfahren ersetzt worden, bei dem die Flugbahn eines frei fliegenden Ballons mit einem speziellen Radargerät vermessen wird. Damit die Radarstrahlen reflektiert werden, trägt der Ballon einen besonderen Radarreflektor. Bei dieser Methode ist man bei der Auswertung im Gegensatz zum vorstehenden Beispiel, das auf der optischen Methode beruht, von der Steiggeschwindigkeit unabhängig, da sich aus der Messung der Schrägentfernung und des Höhenwinkels sowohl die Höhe als auch die Horizontalentfernung des Ballons errechnen lassen. Aus der letzteren zusammen mit dem gleichfalls gemessenen Azimut ergibt sich die Horizontalprojektion der Ballonbahn und daraus die Windrichtung und Windgeschwindigkeit für die verschiedenen Höhen.

Tabelle 5.3. Auswertung von Ballonbeobachtungen

Beobachtung des Ballons				Auswertung				
Zeit	Seiten-peilung	Höhen-winkel	Höhe des Ballons	Entfernung x des Ballons[a]	Trift-richtung	Wind-Richtung und -Geschwindigkeit[b]		
min			m	m			m/s	kn
1	270°	28,5°	200	367	18°	20°	09	18
2	310°	26,5°	400	800	45°	22°	16	31
3	306°	22,0°	600	1467	23°	20°	16	31

[a] $x = h \cdot 1/\tan \alpha$.
[b] Umrechnung siehe Tab. 5.2 und Bild 5.6.

Seit einigen Jahren werden zur Messung des Höhenwindes die über See vorhandenen Navigationssysteme verwendet. Hierbei werden von einer Radiosonde an einem driftenden Trägerballon die Navigationssignale empfangen und zur Ortsbestimmung an eine Bodenstation weitergeleitet.

5.2 Beobachten von Windsee und Dünung[17]

Die Windsee steht in engem Zusammenhang mit dem Wind. Wellenhöhe und -richtung entsprechen im allgemeinen dem herrschenden Wind. Die Größe der Wellen wird bestimmt durch

- ihre Periode (T_0), das ist die Zeit in Sekunden, die an einem festen Beobachtungsort (treibendem Schiff oder Schiff vor Anker) zwischen dem Eintreffen zweier aufeinanderfolgender Wellenkämme verstreicht;
- ihre Länge (λ), das ist der Abstand von Wellenkamm zu Wellenkamm in m. Sie ist eine schwankende Größe, so daß die Länge unmittelbar aufeinanderfolgender Wellen verschieden sein kann;
- die Geschwindigkeit (v_w), mit der die Wellen durch das Wasser laufen. Es kommt nur selten vor, daß einmal eine Welle eine andere überholt. Ihre Geschwindigkeit ist im allgemeinen kleiner als diejenige des Windes, der die Wellen erzeugt;
- ihre Höhe, das ist der Höhenunterschied des Wellenkammes vom Wellental;
- ihre Steilheit, das ist das Verhältnis aus Wellenhöhe und Wellenlänge. Lange Wellen sind im allgemeinen flacher als kurze. Im Durchschnitt beträgt die Steilheit 1 : 30 bis 1 : 20; sie kann aber (theoretisch) steigen bis 1 : 7.

Alle diese Werte des Seeganges werden durch mitlaufenden oder entgegengesetzten Oberflächenstrom nur wenig beeinflußt. Eine mit beträchtlicher Stärke gegen den Seegang setzende Gezeitenströmung vermag zuweilen eine kurze und steile (kabbelige) See aufzuwerfen, doch ist dies durchaus nicht als Regel der Fall. Es ist eine Eigenart der Windsee, daß zahlreiche verschiedene T_0, λ und v_w darin auftreten.

Zwischen Periode, Wellenlänge und Geschwindigkeit bestehen bestimmte Beziehungen, über die Tab. 5.4 und Bild 5.3 Auskunft geben. Formeln und Abbil-

---

17 Roll, H. U.: Höhe, Länge und Steilheit der Meereswellen im Nordatlantik; Seewetteramt, 1954, und Rodewald, M., in „Der Seewart" 26 (1965) H. 2. Siehe auch NF, Bd. III, Abschnitt C.

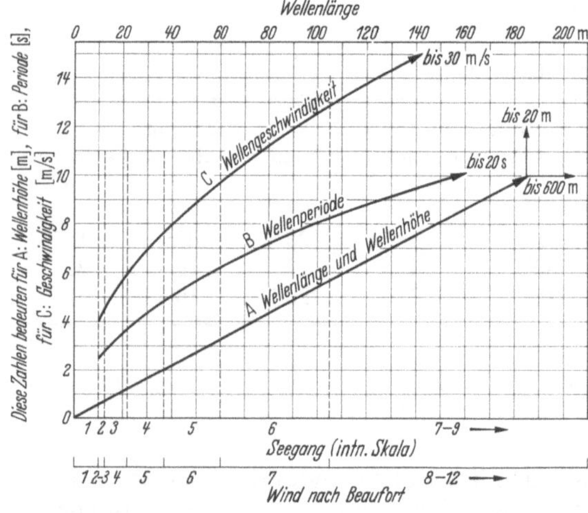

Bild 5.3. Ungefähre Höhe, Periode, Länge und Geschwindigkeit ausgereifter Windseen auf freier See bei verschiedenen Wellengeschwindigkeiten

dung ergeben nur *angenäherte* Werte. Aus Bild 5.3 ersieht man z. B., daß einer Wellenlänge von 80 m eine Wellenhöhe von etwa 4,5 m, eine Wellenperiode von 7,3 s und eine Wellengeschwindigkeit von etwa 11,3 m/s entspricht. Eine solche Windsee gleicht einem Seegang von 6 Bft, den ein Wind von Stärke 7 Bft hervorruft.

Die den größeren Windstärken entsprechenden maximalen Wellengrößen werden erst nach einer Windeinwirkung von 2 bis 3 Tagen und einer Laufstrecke von 2000 bis 3000 sm erreicht. Ist das Seegebiet begrenzt, wie z. B. in der Nord- und Ostsee, oder weht der Sturm nur für kurze Zeit, so erreichen die Wellen die in Bild 5.3 gegebenen Grenzwerte nicht.

Von den fünf Wellengrößen können auf einem Schiff in Fahrt am zuverlässigsten die Länge und die Periode gemessen werden.

Tabelle 5.4

Periode T_0 s	Wellenlänge λ m	Geschwindigkeit v_w m/s
T_0	$1{,}56\,T_0^2$	$1{,}56\,T_0$
$0{,}8\,\sqrt{\lambda}$	λ	$1{,}25\,\sqrt{\lambda}$
$0{,}64\,v_\mathrm{w}$	$0{,}64\,v_\mathrm{w}^2$	v_w

5.2.1 Messen der Wellenlänge an Bord

a) Wenn λ kleiner als die Schiffslänge ist (Bild 5.4a), so können 2 Beobachter A und B die Stellen festlegen, an denen sich im gleichen Augenblick zwei aufeinanderfolgende Wellenkämme befinden. $\overline{BC} = \overline{AB} \cdot \cos \sphericalangle\, CBA$. Die Strecke $\overline{AB}$ ist bekannt und der $\sphericalangle$ CBA kann geschätzt werden.

b) Wenn λ größer als die Schiffslänge ist (Bild 5.4b), läßt man die Logleine auslaufen, bis sich Heck und Logscheit gleichzeitig auf zwei aufeinanderfolgenden Wellenkämmen befinden. $\overline{HC} = \overline{HL} \cdot \cos \sphericalangle\, CHL$. Hier ist $\overline{HL}$ die Länge der ausgelaufenen Leine, der Winkel CHL kann geschätzt werden.

Will man die mittlere Wellenlänge haben, so muß das Mittel aus mindestens 8 bis 10 solcher Messungen gebildet werden.

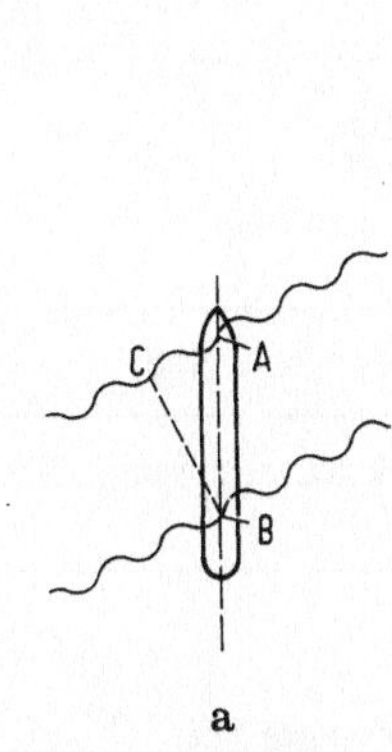
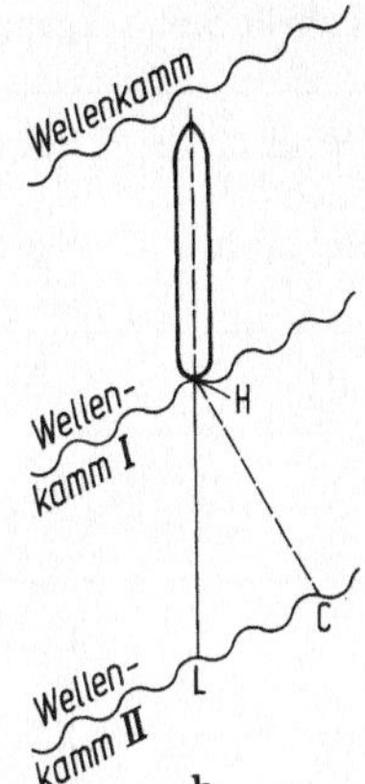

Bild 5.4 a, b. Messen der Wellenlänge an Bord

5.2.2 Messen der Wellenperiode an Bord

Die Periode läßt sich in einfacher Weise mit einer Stoppuhr bestimmen, indem man in Luv die Zeit des Erscheinens eines auffallenden Schaumfleckes auf zwei aufeinanderfolgenden Wellenbergen mißt. Das Mittel aus mindestens 8 bis 10 solcher Beobachtungen ergibt eine mittlere T_0, aus der dann v_w und λ berechnet werden können.

5.2.3 Messen der Wellenhöhe an Bord

Wenn technische Hilfsmittel zur stereo-photogrammetrischen Auswertung nicht an Bord sind, steigt man so hoch, bis sich bei waagerecht auf der tiefsten Stelle des Wellentales liegendem Schiff die Wellenkämme mit dem Horizont in einer Linie befinden. Die Höhe des Beobachters über der Wasserfläche ist dann gleich der Wellenhöhe.

Dem Radarbild kann man die Wellenrichtung und die Wellenlänge entnehmen, aus der dann die übrigen Größen angenähert berechnet werden können.

Man hat Meßgeräte konstruiert, die den Seegang (Höhe und Periode der Wellen) mechanisch registrieren.

Tabelle 5.5. Dünungsskala

Skalenwert	Ungefähre Höhe m	Ungefähre Länge	Skalenwert	Ungefähre Höhe m	Ungefähre Länge
0	keine Dünung		6		kurz
1	} < 2	kurz bis mittellang	7	} > 4	mittellang
2		lang	8		lang
3	} 2 bis 4	kurz			
4		mittellang	9	unregelmäßig durcheinanderlaufende Dünung	
5		lang			

Tabelle 5.6. Seegang der freien Hochsee (Windsee)[a]

Windstärke nach Beaufort	Seegang nach Seeskala[b]	Bezeichnung des Seegangs	Ungefähre mittlere	
			Wellenhöhe[c] m	Wellenlänge[c] m
0	0	Vollkommen glatte See	—	—
1	1	Ruhige, gekräuselte See	0 bis ½	0 bis 10
2 3	2	Schwach bewegte See	½ bis ¾	10 bis 12½
4	3	Leicht bewegte See	¾ bis 1¼	12½ bis 22½
5	4	Mäßig bewegte See	1¼ bis 2	22½ bis 37½
6	5	Grobe See	2 bis 3½	37½ bis 60
7	6	Sehr grobe See	3½ bis 6	60 bis 105
8 9	7	Hohe See	> 6	> 105
10	8	Sehr hohe See		
11			Höhe kann bis 20 m wachsen	Länge kann bis 600 m wachsen
12	9	Außergewöhnlich schwere See		

[a] Siehe auch Schlüssel und Schlüsselzahlen, siehe Bild 5.5 und am Schluß des Kap. 5.5.2.
[b] Die 9stufige Skala für Seegang wurde zuerst auf dem internationalen Meteorologenkongreß zu London 1874 empfohlen.

Windstärke nach Beaufort	Bezeichnung des Windes	Auswirkungen der Windstärke auf die See[d]
0	Stille	Spiegelglatte See
1	Leiser Zug	Kleine schuppenförmig aussehende Kräuselwellen ohne Schaumkämme
2	Leichte Brise	Kleine Wellen, noch kurz aber ausgeprägter. Die Kämme sehen glasig aus und brechen sich nicht.
3	Schwache Brise	Die Kämme beginnen sich zu brechen. Schaum überwiegend glasig, ganz vereinzelt können kleine weiße Schaumköpfe auftreten.
4	Mäßige Brise	Wellen sind noch klein, werden aber länger. Weiße Schaumköpfe treten schon ziemlich verbreitet auf.
5	Frische Brise	Mäßige Wellen, die eine ausgeprägtere lange Form annehmen. Überall weiße Schaumkämme. (Ganz vereinzelt kann schon Gischt vorkommen.)
6	Starker Wind	Die Bildung großer Wellen beginnt; Kämme brechen und hinterlassen größere weiße Schaumflächen; etwas Gischt.
7	Steifer Wind	Die See türmt sich; der beim Brechen entstehende weiße Schaum beginnt sich in Streifen in die Windrichtung zu legen.
8	Stürmischer Wind	Mäßig hohe Wellenberge mit Kämmen von beträchtlicher Länge. Von den Kanten der Kämme beginnt Gischt abzuwehen. Der Schaum legt sich in gut ausgeprägten Streifen in die Windrichtung.
9	Sturm	Hohe Wellenberge; dichte Schaumstreifen in Windrichtung. „Rollen" der See beginnt. Der Gischt kann die Sicht schon beeinträchtigen.
10	Schwerer Sturm	Sehr hohe Wellenberge mit langen überbrechenden Kämmen. See weiß durch Schaum. Rollen der See schwer und stoßartig. Sicht durch Gischt beeinträchtigt.
11	Orkanartiger Sturm	Außergewöhnlich hohe Wellenberge. Die Kanten der Wellenkämme werden überall zu Gischt zerblasen. Die Sicht ist herabgesetzt.
12	Orkan	Luft mit Schaum und Gischt angefüllt. See vollständig weiß. Die Sicht ist sehr stark herabgesetzt; jede Fernsicht hört auf.

[c] Nach Schumacher im Meteor-Werk, Bd. VII.
[d] Gültig ab 01. 01. 1982.

Während die *Windsee* an Ort und Stelle vom herrschenden Winde erzeugt wird, rollt die *Dünung* aus der Ferne heran. Sie bildet mit der am Orte bestehenden Windsee häufig Durchkreuzungen, die das Auseinanderhalten beider Wellengattungen zuweilen recht schwierig machen. Für Eintragungen in das Schiffstagebuch und in das Meteorologische Tagebuch wird die rw Richtung, aus der die Dünung kommt, mit dem Kompaß bestimmt und die Länge und Höhe der Dünung geschätzt.

Im *Schiffsschlüssel* sind für den Seegang die Gruppen

$$2\,P_w P_w H_w H_w \quad 3\,d_{w1} d_{w1} d_{w2} d_{w2} \quad 4\,P_{w1} P_{w1} H_{w1} H_{w1} \quad 5\,P_{w2} P_{w2} H_{w2} H_{w2}$$

vorgesehen (siehe Bild 5.5), wobei die erste für Windsee, die drei weiteren für Dünung gelten. Herrscht keine Windsee, aber Dünung, so wird die erste Gruppe als „20000" gegeben. Im Schiffstagebuch wird die Dünung dagegen nach der nachstehenden Skala eingetragen.

5.3 Bestimmen der Richtung und Stärke von Meeresströmungen

Unter Meeresströmungen versteht der Seemann nur die waagerechte Wasserbewegung in den oberen Schichten. Unter „Richtung einer Strömung" versteht man die Richtung, nach der das Wasser fließt. SW-Strom ist eine Strömung, die nach SW fließt, das Schiff also nach SW versetzt. *Warm* nennt man eine Strömung, wenn die Temperatur ihres Oberflächenwassers höher ist als die durchschnittliche Temperatur des Oberflächenwassers in der betreffenden Breite, *kalt* im umgekehrten Falle. Beide Begriffe sind also relativ. Die unmittelbare Messung von Stromrichtung und -geschwindigkeit kann im allgemeinen nur vom gestoppten oder zu Anker liegenden Schiff aus mit besonderen Strommessern, die außerhalb des Bereiches der durch die Bordwand erzeugten Wirbel angebracht sind, erfolgen. Solche Messungen werden von Feuerschiffen und Vermessungsfahrzeugen ausgeführt.

In der ozeanographischen Forschung werden Meßgeräte, die die Meßwerte selbsttätig über längere Zeit registrieren, auf dem Meeresboden verankert. An Bord von Handelsschiffen wird gelegentlich der Geoelektrokinetograph (GEK) eingesetzt, der jedoch nur Querströmungen messen kann [18].

5.3.1 Feststellen von Stromversetzungen

Unsere Kenntnisse von den großen Meeresströmungen verdanken wir in erster Linie der freiwilligen Mitarbeit der Nautiker. Durch Vergleich des **Loggeortes** mit dem wahren Schiffsort findet man eine Besteckversetzung, die man als Stromversetzung ansieht. Da aber der Loggeort infolge ungenauen Steuerns und Loggens, fehlerhafter Fehlweisung des Kompasses und unrichtiger Beurteilung der Beschickung für Wind mit erheblichen Fehlern behaftet sein kann, so erhält man auf diese Weise einigermaßen zuverlässige Werte nur als Mittel aus vielen Hunderten von Beobachtungen für ein und dieselbe Gegend.

Bei der heutigen Navigation wird oft die aus dem Shb., dem Gezeitenatlas oder durch Erfahrung von früheren Reisen her bekannte Strömung bei Festsetzung des Kurses bzw. der Schiffsgeschwindigkeit schon berücksichtigt (siehe auch Kap. 4.5). Der Weg vom so ermittelten **Koppelort** kann auf keinen Fall mehr als Beschickung für Strom (BS) gelten. Zur Feststellung von Stromversetzungen muß der *Loggeort*

---

[18] Näheres darüber siehe G. Dietrich in Naturwissenschaftliche Rundschau (1952) H. 5.

auf jeden Fall ohne Berücksichtigung einer vermuteten Strömung berechnet werden.

Ein anderes Mittel zur Strombestimmung liefern die Wege, die von treibenden Körpern (Seetang, Treibhölzer, Eismassen, Wracks u. dgl.) zurückgelegt werden. Als künstliche Treibkörper verwendet man die *Flaschenpost*. Dies sind versiegelte Flaschen oder durchsichtige, verschlossene Umschläge aus Kunststoff, die eine Urkunde mit Ort, Zeit des Überbordwerfens sowie Namen des Schiffes und eine Angabe, wohin die Urkunde zu senden ist, enthalten. Da alle Treibkörper vom Winde beeinflußt werden, so erhält man nur durch Mittelwerte aus sehr vielen Beobachtungen angenähert richtige Ergebnisse.

Vom verankerten Fahrzeug aus lassen sich brauchbare Strömungsbestimmungen mit Kompaß und Relingslog ausführen.

5.4 Sonstige Wetterbeobachtungen

5.4.1 Wolkenbeobachtungen [19, 20]

Wolken sind freischwebende Ansammlungen feiner Wassertröpfchen oder Eiskristalle (Wasserstaub, Eisstaub).

Als Grundformen der Wolken unterscheidet man:

Die Cirrus- oder Federwolke (Ci), die Cumulus- oder Haufenwolke (Cu), jetzt vielfach als „Quellwolke" bezeichnet, die Stratus- oder Schichtwolke (St) und die Nimbus- oder Regenwolke (Nb). Durch Verbindung dieser Bezeichnungen hat man die Möglichkeit geschaffen, der Mannigfaltigkeit der Wolkengestaltung gerecht zu werden. Als wichtig für die Wetterkunde hat sich neben der Form die Unterscheidung der Wolken nach ihrer Höhe erwiesen. „Höhe" heißt hier der Abstand der Wolkenunterseite vom Boden. Die Cb und Ns (s. unten) z. B. sind vertikal mächtige Wolken, deren *obere* Partien z. T. oft weit über 3 km Höhe hinausgehen und bis in das Cirrus-Niveau hinaufreichen.

Man unterscheidet danach folgende 10 Wolkengattungen, deren Höhenbereiche hier für die gemäßigten Zonen angegeben sind, und zwar

- Hohe Wolken (5 bis 11 km Höhe): Cirrus (Ci), Cirrostratus (Cs), Cirrocumulus (Cc),
- mittelhohe Wolken (2 bis 5 km Höhe): Altostratus (As), Altocumulus (Ac),
- niedrige Wolken (0,1 bis 2 km Höhe): Cumulus (Cu), Cumulonimbus (Cb), Stratocumulus (Sc), Fractocumulus (Fc), Stratus (St), Nimbostratus (Ns), Fractostratus (Fs).

In den Polargebieten und Tropenzonen sind diese Grenzen nach unten bzw. nach oben verschoben.

Der Grad der Bewölkung wird in Achteln des Himmels geschätzt. Wenn für Seeobsmeldungen Wolkenbeobachtungen gemacht werden, so ist das darüber im „Schiffsschlüssel" Gesagte gut zu beachten!

Besonders häufige Wolkenformen sind noch:

Wogenwolken, die an der Grenze zweier verschieden dichter Luftschichten entstehen. Treten die Wolken in solcher Wogenform auf, deutet man das durch den Zusatz undulatus an, z. B. Cirrocumulus undulatus.

---

19 Gute Wolkenbilder findet man im Krauß/Meldau, Wetter- und Meereskunde für Seefahrer, 7. Aufl. Berlin, Heidelberg, New York: Springer 1983.
20 Rodewald/Rudloff in „Der Seewart" 27 (1966) H. 2.

Linsenförmige Wolken bezeichnet man durch das Beiwort lenticularis, z. B. Altostratus lenticularis.

Sackartige Wolken, die an der Unterseite dunkler Wolkenmassen herabhängen, erhalten das Beiwort mammatus, z. B. Stratocumulus mammatus.

In Fetzen zerrissene Wolken erhalten das Beiwort fracto, z. B. Fractostratus.

Am Ende hakenförmig umgebogene Wolken erhalten das Beiwort uncinus, z. B. Cirrus uncinus.

Turmartige Wolkenköpfe erhalten das Beiwort castellanus, z. B. Altocumulus castellanus (Voranzeichen für Gewitter).

Auffällige Wolkenformen sind ferner Polarbanden und Windbäume bei den Cirruswolken, Amboßwolken bei aufquellenden Cumuluswolken u. dgl. mehr.

Wolken, die dem Erdboden oder der Meeresoberfläche aufliegen, nennt man Nebel. Man spricht im allgemeinen erst dann von Nebel, wenn die horizontale Sichtweite unter 1 km gesunken ist.

Als Grundlage zur Wolkenbestimmung dienen ein „Internationaler Wolkenatlas" des Deutschen Wetterdienstes und die vom Seewetteramt herausgegebene „Wolkentafel für Wetterbeobachter auf See".

5.4.2 Messen des Niederschlags

An Bord von Handelsschiffen werden gewöhnlich nur Art und Dauer des Niederschlags in das Tagebuch eingetragen. Man unterscheidet dabei zwischen Tau, Reif, Sprühregen (Nieseln), Regen, Schnee, Eisstaub, Hagel, Graupeln, Schneeregen und Eisregen. Besonderer Beschreibung bedürfen nur die letzten Erscheinungsformen, weil sie oft verwechselt werden.

Graupeln sind rundliche, graupen- bis erbsengroße, leichte, undurchsichtige, weiße, aus vielen kleinen Schneekristallen zusammengesetzte Gebilde. Man kann sie zwischen den Fingern zerreiben.

Hagel oder Schlossen sind harte, glasartige Eisgebilde von unregelmäßiger Form und wechselnder Größe (von Erbsengröße bis über 1 kg Masse) mit einem trüben Kern (dem sog. Graupelkern). Sie lassen sich nicht zerreiben.

Eisregen oder gefrorene Regentropfen sind kleine, rundliche, durchsichtige, glasklare Eiskügelchen ohne Graupelkern.

Wenn der Niederschlag in Schauerform fällt, sollte das immer vermerkt werden (z. B. Regenschauer, Schneeschauer, Nieselschauer).

Zum Messen der Menge des Niederschlags dienen besonders gebaute Auffangtrichter (Regenmesser) und ihnen angepaßte Meßgläser mit einer Skala, an der man die Menge des gefallenen Niederschlags in mm abliest. 1 mm $\cong$ 1 dm^3 je m^2 Bodenfläche.

Speziell für den Einsatz an Bord hat das Instrumentenamt des Deutschen Wetterdienstes den „Schiffsregenmesser" entwickelt, der aus einem kegelförmigen Auffanggefäß mit Wasserstandsglas zum Ablesen der Niederschlagshöhe besteht. Das Gerät wird mit der Kegelspitze nach unten an einer Flaggleine bis zu einer Höhe von 10 bis 15 m über Wasser am Mast vorgeheißt. Auf diese Weise werden die Störungen der Niederschlagsmessungen durch Schiffseinflüsse vermindert. Da Angaben über die wirkliche Niederschlagsmenge auf See kaum vorhanden sind, sind solche Messungen an Bord sehr wichtig.

5.4.3 Beobachten optischer und elektrischer Erscheinungen der Atmosphäre

Der Nautiker soll auch diesen Erscheinungen seine Aufmerksamkeit schenken und die gemachten Beobachtungen in das Meteorologische Tagebuch eintragen. Sie können oft wertvolle Hinweise auf das Wetter geben. Die bekanntesten optischen

Erscheinungen und die Zeichen dafür sind: Sonnenring $\oplus$, Sonnenhof $\oplus$, Mondring $\ominus$, Mondhof $\cup$, Regenbogen $\cap$, Nordlicht $\bowtie$.

An elektrischen Erscheinungen sind bekannt: Linienblitze, Flächenblitze, Perlschnurblitze, Kugelblitze, Wetterleuchten, St. Elmsfeuer und das Nordlicht.

5.4.4 Sichtigkeitsbeobachtungen

Bevor es zur eigentlichen Kondensation des Wasserdampfes in der Luft, also zur Nebel- oder Wolkenbildung kommt, verliert die Luft an Durchsichtigkeit, es bildet sich Dunst. Die Durchsichtigkeit der Luft ist ein wertvoller Faktor für die Wettervorhersage. Im Schiffsschlüssel findet man daher auch eigene Ziffern dafür. Auf See wird die horizontale Sicht im allgemeinen nur *geschätzt*. Näheres darüber siehe im Schiffsschlüssel. Die Durchsichtigkeit der Luft auf See kann auch durch feinste Staubteilchen verringert werden, die aus Steppen- oder Wüstengegenden viele hundert Seemeilen auf See hinauswehen, aber auch durch Großstadtstaub (London-haze in den Hoofden).

Im allgemeinen gilt als Regel: je geringer die relative Feuchte und je kräftiger der Wind, desto größer ist die Sichtweite. Es ist erwünscht, daß auf Schiffen, die längere Zeit in ein und derselben Fahrt beschäftigt sind und gleiche Objekte immer in annähernd gleichen Entfernungen sehen, Sichtbeobachtungen angestellt und in das Meteorologische Tagebuch eingetragen werden.

5.4.5 Meteorologische Beobachtungen mit Radar[21]

Aus dem Radarbild kann der Nautiker — auch bei Nacht — Niederschläge und damit zusammenhängende Sichtverschlechterungen, selbst wenn diese noch weit entfernt sind, so frühzeitig erkennen, daß er sie bei seiner Navigation berücksichtigen kann. So kann das Radar als Warner vor kommenden Regengebieten dienen, was von großem Wert sein kann, wenn z.B. nässeempfindliche Ladung gelöscht oder geladen werden soll. Der Beobachter muß dabei auf Bewegungsrichtung und Geschwindigkeit dieser Regengebiete auf dem Radarschirm achten, da sie von denen des Bodenwindes völlig abweichen können.

Bilder, die auf eine bevorstehende Sichtverschlechterung oder -besserung schließen lassen, sind besonders gut bei starken Regenschauern ausgeprägt. In den Tropen sind starke Regenböen auf dem Radarschirm immer deutlich zu erkennen, so daß diese Bilder in Verbindung mit Barometerbeobachtungen gute Warner vor heftigen Böen (Tornados oder sogar Orkanen) sein können.

Auch die Kaltfronten höherer Breiten sind deutlich zu erkennen. Sie zeigen auf dem Schirm meistens eine bandartige, auf der Vorderseite oft scharf begrenzte Form des hellen Echobildes und lassen auf eine baldige mehr oder weniger große Änderung der Windstärke und -richtung und auf aufkommende Böen schließen. Warmfronten sind schlechter zu erkennen. Okklusionsfronten erzeugen ein Radarbild, bei dem die rückwärtige Begrenzung in der Regel schärfer ausgeprägt ist als die Vorderseite.

5.4.6 Weitere wetterkundliche Beobachtungen

Der Nautiker an Bord wird in seiner Eigenschaft als Wetterbeobachter auch allen anderen Erscheinungen in der Luft und auf dem Wasser seine Aufmerksamkeit zuwenden. Es sind hier vor allem die Wind- und Wasserhosen zu erwähnen. Es gibt hierbei noch viele ungelöste Fragen, und das Seewetteramt wird für gute Berichte darüber dankbar sein. Kleine Skizzen oder photographische Aufnahmen tragen

---

21 Rodewald in „Wetterlotse" Nr. 76 (1954); siehe auch Bd. 1 C, Kap. 3 (Radar).

sehr zur Erläuterung der Beschreibung bei. Man achte auf die Zugrichtung dieser Erscheinungen und auf den Drehsinn im Innern, die Beschaffenheit der Wolkendecke und der Meeresoberfläche und dgl.

Auch starkes Meeresleuchten, auffällige Färbung des Morgen- oder Abendhimmels, merkwürdiges Leuchten der Wolken (Irisieren), Luftspiegelungen usw. notiere man im Meteorologischen Tagebuch.

Wie im Meere, so erzeugt der Mond durch seine Anziehungskraft auch Gezeitenerscheinungen in der Atmosphäre, die sich durch regelmäßige Luftdruckschwankungen äußern. Diese sind aber so gering (nur einige Hundertstel mbar), daß sie auf das Wetter keinen Einfluß haben können. Ihre Geringfügigkeit erklärt sich damit, daß die Gesamtmasse der Luft einer Bedeckung der Erdoberfläche mit einer Wasserschicht von nur 10 m Tiefe entspräche und daß außerdem die Lufthülle keine seitlichen Begrenzungen hat wie das Meer durch seine Küsten und Buchten, in denen sich der Gezeitenhub durch Stau vervielfacht.

5.5 Niederschrift und Weitergabe der beobachteten Werte

5.5.1 Schiffstagebuch

In das Schiffstagebuch muß die Beschaffenheit von Wind und Wetter eingetragen sein. Dafür werden meist Abkürzungen der alten Beaufort-Wetterskala benutzt, die bei ihrem Erscheinen 1806 29 Symbole umfaßte. Sie wurde verschiedentlich geändert und nach einer Neubearbeitung 1926 durch das Meteorological Office wieder veröffentlicht. Sie ist in der Tab. 5.7 zusammengefaßt und umfaßt 25 Zeichen.

5.5.2 Meteorologisches Beobachtungsbuch

Wetterdienste und meteorologische Hochschulinstitute benötigen maritim-meteorologische Beobachtungen. Die fortlaufende Überwachung des sich ständig verändernden atmosphärischen Zustandes und fachliche Veröffentlichungen kommen der ausübenden Schiffahrt wieder zugute. Um eine Übereinstimmung der Methoden der Beobachtungen und Aufzeichnungen und damit ein zuverlässiges und allgemein vergleichbares Material zu sammeln, gibt das Seewetteramt „Meteorologische Tagebücher" und die „Anweisung für das Anstellen und Verschlüsseln von Wetterbeobachtungen an Bord deutscher Schiffe" heraus.

Das am 1. Januar 1960 herausgegebene „Meteorologische Tagebuch" in Blockform wurde 1975/76 durch ein *Beobachtungsbuch* mit Markierungsbogen abgelöst. Um den gestiegenen Anforderungen an die wissenschaftliche Auswertung der Beobachtungsdaten von See gerecht zu werden, wurde im Rahmen der notwendig gewordenen Rationalisierung das Verfahren der optischen Belesung von Markierungsbogen im Seewetteramt eingeführt (siehe Bild 5.5). Geblieben sind die ersten Blätter des Tagebuchs, von denen je Reise jeweils ein Blatt auszufüllen ist. Sie geben Auskunft über Schiff, Reiseweg, benutzte Instrumente und Beobachter. Dann folgen die Markierungsbögen für das Eintragen der eigentlichen Wetterbeobachtung, aus der die Funkwettermeldung entnommen wird. Die Beobachtungsdaten und die verschlüsselte Wetterbeobachtung werden folglich in einer Zeile notiert. Unterhalb der handschriftlichen Eintragung sind die Markierungskästchen. Da die Optik des Lesegerätes als schwarz nur eine deutliche Markierung mit einem weichen, nicht spitzen Bleistift (Stärke B oder No. 2) erkennt, wird ein deutlicher Markierungsstrich in das entsprechende Kästchen eingetragen. Die einzelnen Kästchen sind beziffert, so daß ein Markierungsstrich in das Kästchen eingetragen wird, dessen Bezifferung mit der Zahl der handschriftlichen Eintragung übereinstimmt. Ein

Tabelle 5.7. Abkürzungen für die Beschaffenheit des Wetters

Zeichen	Herkunft der Zeichen	Deutsche Bedeutung der Zeichen
b	blue sky, whether with clear or hazy atmosphere	blauer Himmel, mit klarer oder dunstiger Luft
c	cloudy, detached opening clouds	wolkig, durchbrochene Bewölkung
d	drizzle or fine rain	Nieseln (Staubregen) oder feiner Regen
e	(evaporation), wet air without rain falling	feuchte Luft ohne Niederschlag, Feuchtigkeit in der Takellage
f	fog	Nebel
fe	wet fog, range of visibility less than 1100 yards	nässender Nebel, Sichtweite weniger als 1000 m
g	gloomy	„düsteres" Himmelsbild, stürmisch aussehendes, trübes Wetter
h	hail	Hagel
l	lightning	Blitz, Blitzen
m	mist, range of visibility 1100 yards or more, but less than 2200 yards	dichter feuchter Dunst (stark diesig), Sichtweite zwischen 1000 und 2000 m
o	overcast, the whole sky covered with one cloud	bedeckt, der ganze Himmel mit einer geschlossenen dichten Wolkendecke bezogen
p	passing showers	vorüberziehende Regenschauer (Schauerwetter)
q	squally	böig (Böenwetter)
kq	line squall	Linienbö, Böenfront
r	rain	Regen
rs	rain-snow, (sleet)	Regen und Schnee gemischt (Schneeregen)
s	snow	Schnee
t	thunder	Donner
tl	thunderstorm	Gewitter
u	ugly, threatening	drohende Luft (meist vor Unwetter)
v	unusual visibility	ungewöhnlich gute Sicht, entfernte Gegenstände sind scharf zu sehen
w	wet, dew	feucht, Tau
x	hoar frost	Rauhreif
y	dry air, less than 60 percent relative humidity	trockene Luft (relative Feuchte kleiner als 60%)
z	dust haze, range of visibility 1100 yards or more but less than 2200 yards	dichter trockener Dunst (Staubdunst), Sichtweite zwischen 1000 und 2000 m

Da c (cloudy) nach dieser Skala praktisch den Bedeckungsgrad von 2 bis 9 Zehntel Bewölkung umfassen kann, hat es sich eingebürgert, bei der Bewölkung noch folgende Zwischenstufen zu benutzen: bc (blue-cloudy, etwa 2 bis 3 Zehntel Bewölkung) und oc (overcast-cloudy, etwa 7 bis 9 Zehntel Bewölkung). Cloudy umfaßt dann den Bedeckungsgrad 4 bis 6 Zehntel.

Ein- oder mehrfach unterstrichene Buchstaben bedeuten höhere Grade, z.B.: f̱ starker Nebel, f̳ sehr dichter Nebel, ṟ starker Regen, r̳ wolkenbruchartiger Regen, s̱ sehr starker Schneefall usw. Häufig werden die Zeichen auch zusammengesetzt, z.B.: orm ganz bedeckt, Regen, diesig; elt Gewitter ohne Niederschlag; pqv vorüberziehende Schauer, böiger Wind, sichtig u.a.m.

Markierungsleser OPSCAN tastet später im Seewetteramt mit einem Lichtstrahl den Bogen zeilenweise ab und erfaßt die ausgefüllten Markierungsstellen. Die durch X in der Funkwettermeldung gekennzeichneten fehlenden Beobachtungen bleiben im Markierungsfeld unberücksichtigt. Und noch eines, auf Vorder- und Rückseite des Markierungsbogens vom Format DIN A 4 findet nur je eine Beobachtung Platz!

Ergänzende Bemerkungen über Stärke und Dauer besonderer Witterungserscheinungen wie Niederschlag, Gewitter, Böen, Sturm, Dunst, Nebel, Nordlicht, Wasserhosen usw. in offenem Text sollen die verschlüsselten Beobachtungen ergänzen. Die Verschlüsselung wird mit Hilfe der blauen Schlüsseltafel durchgeführt. Siehe auch „Vollständiger Schiffsschlüssel FM 13-VII-SHIP" am Schluß dieses Kapitels.

Dieser neue meteorologische Wetterschlüssel für die Beobachtungen auf Schiffen ist das Ergebnis der Forderungen moderner Datenverarbeitung. Die Datenaufnahme und internationale Verbreitung von Bodenbeobachtungen automatischer und manueller Beobachtungsstationen unterschiedlicher Typen hat die Weltorganisation für Meteorologie (WMO = World Meteorological Organization) in Genf veranlaßt, mit einem EDV-gerechten Code einen weltweiten Austausch der Daten zu sichern. Dabei mußte die Anzahl der Gruppen um fünf erweitert werden. Der Grund hierfür liegt darin, daß mit Ausnahme der ersten Gruppen bis Nddff und der ICE-Gruppe jede Gruppe mit einer Kennzahl versehen wurde, z.B. die Zahl 4 vor der Druckgruppe 4PPPP. Die Kennzahl als Gruppenindikator ermöglicht, daß einige Teile des neuen Wetterschlüssels für Land- und Seestationen, automatisiert oder manuell, gleich sind.

Die Weitergabe der verschlüsselten Meldung an Bord deutscher Schiffe muß, sobald wie möglich, nach Anstellen der Beobachtung funktelegraphisch erfolgen. Ist das Telegramm aus irgendwelchen technischen Gründen nicht innerhalb sechs Stunden nach der Beobachtungszeit abzusetzen, so kann die Weitergabe als zwecklos unterbleiben. Die Beobachtung ist dann für die Verwendung auf der Wetterkarte zu alt geworden, ohne jedoch als wissenschaftliches Datenmaterial für eine spätere Auswertung des Meteorologischen Tagebuches an Wert zu verlieren. Alles Wichtige über Seeobsmeldungen ist dem NF, Bd. III, und der „Anweisung für das Anstellen und Verschlüsseln von Wetterbeobachtungen an Bord deutscher Schiffe" zu entnehmen.

Die Funkwettermeldungen deutscher Schiffe mit der Anschrift „Rufzeichen METEO Hamburg" dürfen nur über Norddeich Radio oder Kiel Radio abgesetzt werden. Eine ausländische Küstenfunkstelle darf als Leitweg nicht benutzt werden, sondern nur ein deutsches Schiff. Befindet sich das Schiff in einem Seeraum, von dem eine deutsche Küstenfunkstelle nicht zu erreichen oder das Absetzen einer Meldung an das Seewetteramt nicht erforderlich ist, so soll die Meldung möglichst über eine ausländische Küstenfunkstelle an einen anderen meteorologischen Dienst abgesetzt werden. Eine Übersicht der Küstenfunkstellen, an die Schiffs-Obse gebührenfrei abgesetzt werden können, findet sich in dem NF, Teil III, Abschnitt Ba. Die Funkwettermeldung muß den Dienstvermerk OBS und die dort angegebene Anschrift enthalten.

Alle nach diesen Anweisungen abgesetzten Wettermeldungen verursachen dem Schiff keine Kosten.

Ähnliche, auf internationalem Übereinkommen beruhende Bücher und Anweisungen werden auch von den Zentralstellen anderer Länder herausgegeben, so daß die Gleichartigkeit aller Seebeobachtungen gesichert ist. Die Führung dieser Tagebücher ist zwar überall freiwillig, doch werden an Bord der meisten Schiffe fast aller seefahrenden Nationen solche Aufzeichnungen mit größter Zuverlässigkeit gemacht. Durch das gewissenhafte Führen eines solchen Tagebuches trägt der Nautiker nicht nur seinen Teil zur wissenschaftlichen Erforschung der von ihm befahrenen Meeresräume bei, sondern er wird auch selbst großen Nutzen davon haben, weil er mit den meteorologischen Elementen immer vertrauter wird und diese Kenntnisse mit Vorteil für die Schiffsführung benutzen kann.

Stößt die Innehaltung eines Beobachtungstermins (0, 6, 12, 18 Uhr UTC) auf Schiffen, auf denen die Wache nur mit einem Offizier besetzt ist, auf Schwierigkeiten, so muß die Beobachtung ausfallen. Eine spätere Eintragung nach dem Gedächtnis kann Veranlassung zu groben Irrtümern geben. Eine leere Zeile ist für die Zwecke des Tagebuches besser als eine Seite mit zweifelhaften Beobachtungen.

Vollständiger Schiffsschlüssel FM 13-VII-SHIP

$M_i M_i M_j M_j$ $D\,.\,.\,D$ $YYGGi_w$ $99L_a L_a L_a$ $Q_c L_o L_o L_o L_o$

$i_R i_x hVV$ $Nddff$ $1s_n TTT$ $2s_n T_d T_d T_d$ $4PPPP$ $5appp$

$7wwW_1 W_2$ $8N_h C_L C_M C_H$ $222D_s v_s$ $Os_n T_w T_w T_w$ $2P_w P_w H_w H_w$

$3d_{w1} d_{w1} d_{w2} d_{w2}$ $4P_{w1} P_{w1} H_{w1} H_{w1}$ $5P_{w2} P_{w2} H_{w2} H_{w2}$

$6I_s E_s E_s R_s$ ICE   Klartext oder $c_i S_i b_i D_i z_i$

Erklärung des Codes

1. Gruppe:	$M_i M_i M_j M_j$	BBXX für Meldung einer Seestation
2. Gruppe:	$D\,.\,.\,D$	Schiffsrufzeichen
3. Gruppe:	YY	Monatstag
	GG	Beobachtungstermin nach UTC 00 bis 23 Uhr
	i_w	Art der Windbestimmung
4. Gruppe:	99	Kennzahl
	$L_a L_a L_a$	geographische Breite in Zehntelgrad
5. Gruppe:	Q_c	Erdquadrant
	$L_o L_o L_o L_o$	geographische Länge in Zehntelgrad
6. Gruppe:	i_R	Indikator für die im Synop Ship nicht vorhandene Schlüsselgruppe $6RRRt_R$
	i_x	Indikator für die Betriebsart der Station
	h	Höhe der Untergrenze der tiefsten Wolken
	VV	horizontale Sichtweite
7. Gruppe:	N	Gesamtbedeckung mit Wolken in Achteln
	dd	Richtung des Bodenwindes (00 bis 36)
	ff	Geschwindigkeit des Bodenwindes in Knoten
8. Gruppe:	1	Kennzahl
	s_n	Vorzeichen der Temperatur (0 für +, 1 für −)
	TTT	Lufttemperatur in Zehntel-Celsiusgrad
9. Gruppe:	2	Kennzahl
	s_n	Vorzeichen der Taupunktstemperatur
	$T_d T_d T_d$	Taupunktstemperatur in Zehntel-Celsiusgrad
10. Gruppe:	4	Kennzahl
	PPPP	Luftdruck in Zehntelmillibar (Dekapascal)
11. Gruppe:	5	Kennzahl
	a	Art der dreistündigen Luftdruckänderung
	ppp	Betrag der dreistündigen Luftdruckänderung in Zehntelmillibar
12. Gruppe:	7	Kennzahl
	ww	Wetter zur Zeit der Beobachtung
	$W_1 W_2$	Wetterverlauf

13. Gruppe:	8	Kennzahl
	N_h	Bedeckungsgrad mit C_L- oder C_M-Wolken
	C_L	Art der tiefen Wolken
	C_M	Art der mittelhohen Wolken
	C_H	Art der hohen Wolken
14. Gruppe:	222	Kennzahl
	D_s	Schiffskurs
	v_s	Schiffsgeschwindigkeit
15. Gruppe:	0	Kennzahl
	s_n	Vorzeichen der Wassertemperatur
	$T_w T_w T_w$	Wassertemperatur in Zehntel-Celsiusgrad
16. Gruppe:	2	Kennzahl
	$P_w P_w$	Wellenperiode der Windsee in Sekunden
	$H_w H_w$	Wellenhöhe der Windsee in Stufen zu 0,5 m
17. Gruppe:	3	Kennzahl
	$d_{w1} d_{w1}$	Wellenrichtung in Zehnergrad der ersten Dünung
	$d_{w2} d_{w2}$	Wellenrichtung in Zehnergrad der zweiten Dünung
18. Gruppe:	4	Kennzahl
	$P_{w1} P_{w1}$	Wellenperiode der ersten Dünung in Sekunden
	$H_{w1} H_{w1}$	Wellenhöhe der ersten Dünung in Stufen zu 0,5 m
19. Gruppe:	5	Kennzahl
	$P_{w2} P_{w2}$	Wellenperiode der zweiten Dünung in Sekunden
	$H_{w2} H_{w2}$	Wellenhöhe der zweiten Dünung in Stufen zu 0,5 m
20. Gruppe:	6	Kennzahl
	I_s	Art des Eisansatzes
	$E_s E_s$	Dicke des Eisansatzes
	R_s	Änderung des Eisansatzes
21. Gruppe:	ICE	Kennwort
	c_i	Konzentration oder Anordnung des Meereises
	S_i	Entwicklungszustand des Eises
	b_i	im Meer vorkommendes Landeis
	D_i	Richtung des Eisrandes
	z_i	gegenwärtige Eissituation und Entwicklung der Eislage

5.5.3 Seeobsdienst

Nach dem Schiffssicherheitsvertrag hat jedes schiffahrttreibende Land eine Anzahl Schiffe mit meteorologischen Instrumenten auszurüsten, und diese Schiffe sind verpflichtet, ihre terminmäßigen Beobachtungen nach einem Einheitsschlüssel[22] telegraphisch der meteorologischen Zentralstelle ihres oder auch eines anderen Landes zu senden.

Die nebenstehende Eintragung enthält die gesamte meteorologische Beobachtung und in der gleichen Zeile auch die Funkwettermeldung (Bild 5.5).

Die Entschlüsselung der Eintragung lautet:

MS Innstein, Rufzeichen DEAF, am 14. 01. 82 um 12 Uhr UTC auf 38,5° N 011,2° W, manuelle Beobachtung, Untergrenze der tiefsten Wolken 200 bis 300 m, Sicht 5 bis 10 sm, bedeckt, Wind aus 250 Grad mit 24 Knoten, Lufttemperatur +15,4 °C, feuchtes Thermometer +14,6 °C, Taupunkt +14,1 °C, Luftdruck 1016,3

---

22 Der erste internationale Wetterschlüssel war 1929 in Kopenhagen beschlossen und 1930 allgemein eingeführt worden. Mit geringen Änderungen, die auf der internationalen Warschauer Konferenz von 1935 beschlossen und 1937 eingeführt wurden, war er fast 20 Jahre in Kraft. Der jetzt gültige Schlüssel ist seit dem 1. Januar 1982 in Kraft. Er geht in seiner Grundform auf den 1947 in Toronto festgelegten Schlüssel zurück, der vom 1. Januar 1949 bis 31. Dezember 1967 mit nur geringfügigen Änderungen im Gebrauch war.

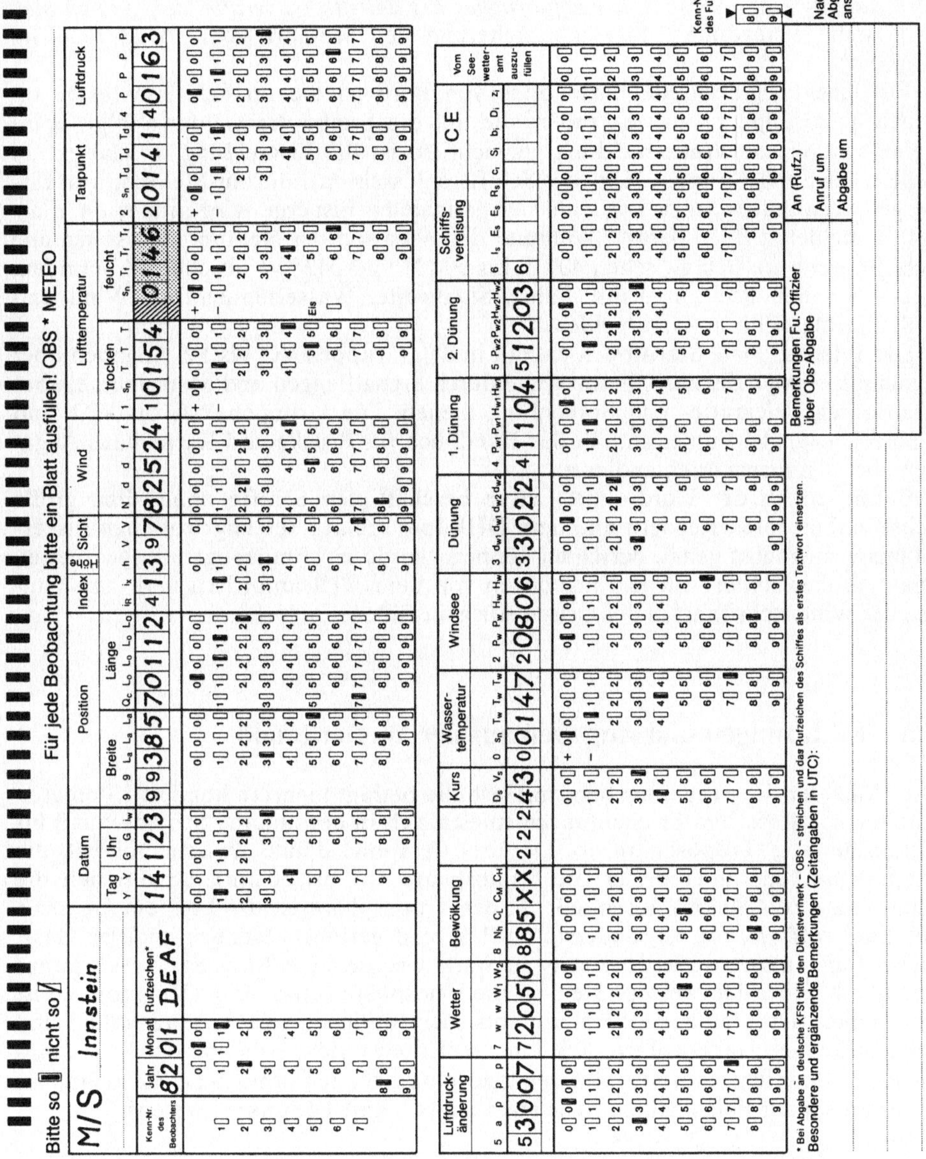

Bild 5.5. Beispiel einer Eintragung in das meteorologische Beobachtungsbuch

mbar, Luftdruck in den letzten drei Stunden erst fallend, dann um 0,7 mbar steigend, während der letzten Stunde Nieselregen, aber nicht zur Zeit der Beobachtung, Wetterverlauf: Nieselregen, bedeckt mit Stratocumulus, mittlere und hohe Wolken nicht sichtbar, Kurs: Süd mit 11 bis 15 kn, Wassertemperatur +14,7 °C, Windsee aus 250 Grad entsprechend der Windrichtung, Periode 8 s, Höhe 3 m, Dünung aus 300 Grad und 220 Grad, 1. Dünung: Periode 11 s, Höhe 2 m, 2. Dünung: Periode 12 s, Höhe 1,5 m.

5.5.4 Eismeldedienst

Der Kapitän eines Schiffes, der gefährliches Eis antrifft, ist verpflichtet, dies zu melden (siehe Verordnung über die Sicherung der Seefahrt vom 15. 12. 1956 im Kap. 1.5).

Für eine telegraphische Eismeldung von Bord ist die im Schiffsschlüssel angegebene Gruppe 21 zu verwenden, die auf die Funkwettermeldung folgt. Wird keine synoptische Wettermeldung gemacht, so ist die Eismeldung in Klartext zu geben. Die Sondergruppe „ICE" des Schiffsschlüssels darf nie zur Meldung von Eisbergen verwandt werden. Die Zahl der gesichteten Eisberge wird immer im Klartext gemeldet, z.B. „3 bergs". Während der Eissaison bei Neufundland sollen alle Schiffe, wenn sie sich zwischen 40° N bis 50° N und 042° W bis 060° W befinden, alle 4 Stunden Position, Kurs, Fahrt, Sichtweite, Wassertemperatur, Wind und evtl. gesichtetes Eis an NIK melden.

Das Internationale Signalbuch enthält in den Gruppen VO bis VZ Angaben über Eis und Eisberge, die zur Übermittlung durch Signalflaggen und Morselampe, aber auch durch Telegrafie- und Sprechfunk dienen. Die Gruppen WA bis WO sind Eisbrechersignale. Ferner enthält das Handbuch für Brücke und Kartenhaus Angaben über den Eisnachrichtendienst.

Damit die in der Nord- und Ostsee beschäftigten Schiffe ohne allzu große Schreibarbeit ihren Reedern und dem DHI über die auf See angetroffenen Eisverhältnisse möglichst genau berichten können, wurde ein Fragebogen ausgearbeitet. Die Nautiker sollten solche Fragebogen von dem DHI anfordern und zum Nutzen der Winterschiffahrt in der Ostsee eifrig ausfüllen!

5.6 Erklärungen und Angaben aus der Wetterkunde

Die Höhe der die Erde umgebenden Gashülle beträgt mehrere hundert Kilometer. Alle meteorologischen Erscheinungen spielen sich in der unteren Schicht von 0 bis 15 km, der sog. Troposphäre ab. Darüber liegt eine dünne Zwischenschicht, die Tropopause, und über dieser die Stratosphäre (15 bis 50 km), an die sich die Mesosphäre (bis 80 km) anschließt. In der Troposphäre ist die Luft ein Gemisch aus Stickstoff (78 Vol.-%), Sauerstoff (21%) und geringen Mengen anderer Gase. Diese Luft enthält außerdem stets in stark wechselnden Mengen Wasserdampf und Staub. Über der Mesosphäre liegt die Ionosphäre (etwa 80 bis 800 km). Sie ist das Gebiet der Meteore, des Nordlichts, der südlichen „Corona australis" und der leuchtenden Nachtwolken. Die Ionenschichten reflektieren von der Erde kommende Funkwellen. Störungen in der Ionosphäre können erhebliche Störungen im Funkverkehr zur Folge haben; siehe auch Bd. 1 C, Kap. 1 (Funkpeilwesen).

5.6.1 Temperatur

Die Wärmeverhältnisse der unteren Luft hängen in erster Linie von der Sonnenstrahlung ab. Die Sonnenstrahlen geben ihre Energie an die feste oder flüssige Erdoberfläche ab, und die Luft erwärmt sich oder kühlt sich ab durch Berührung mit der erwärmten oder abgekühlten Unterlage. Die Temperatur der Luft nimmt mit der Höhe ab, und zwar um ½° bis 1 °C für je 100 m Höhenunterschied. An der oberen Grenze der Troposphäre herrschen Temperaturen von − 50 bis − 80 °C. Verbindet man Orte mit gleicher Lufttemperatur, so nennt man diese Verbindungslinien *Isothermen* oder *Wärmegleichen*.

5.6.2   Luftdruck

Ein Kubikmeter der unteren Luft wiegt etwa 1,4 kg. Der Luftdruck nimmt in den unteren Schichten für je 8 m Höhenunterschied um ungefähr 1 mbar ab. Er zeigt in den Tropen deutlich regelmäßige Schwankungen von 2 bis 3 mbar, und zwar mißt man die Höchstwerte gegen 10 Uhr und 22 Uhr und die niedrigsten Werte gegen 4 Uhr und 16 Uhr Ortszeit. Nördlich und südlich von den Wendekreisen überwiegen große, unregelmäßige Schwankungen, besonders im Winter der betreffenden Halbkugel. Die horizontale Verteilung des Luftdruckes ist in hohem Grade von der Temperaturverteilung abhängig. Wird ein Teil der Erdoberfläche stärker erwärmt als die Umgebung, so bildet sich über ihm ein Tiefdruckgebiet; wird ein Teil mehr abgekühlt als die Umgebung, so bildet sich über ihm ein Hochdruckgebiet. Verbindet man Orte mit gleichem Luftdruck, so nennt man die Verbindungslinien *Isobaren* oder *Luftdruckgleichen*. Der Quotient aus dem Luftdruckunterschied zwischen zwei Orten und dem Abstand der zugehörigen Isobaren heißt Gradient[23]. Der Luftdruckunterschied wird in Millibar angegeben, der Abstand ist einheitlich auf 60 sm festgelegt.

5.6.3   Wasserdampf der Luft und Niederschläge

Auch die räumliche Verteilung der Feuchtigkeit in den unteren Luftschichten steht in engster Beziehung zur Temperatur. Je höher die Temperatur, desto geringer ist im allgemeinen die relative Feuchte. Die absolute Feuchte kann bei einer gegebenen Temperatur einen bestimmten Höchstwert nicht überschreiten. Ist dieser Höchstwert erreicht, so ist die Luft *gesättigt* (relative Feuchte 100%). Sättigungswerte der Luft siehe Tab. 5.1.

Da die Dichte des Wasserdampfes kleiner ist als die der Luft, so ist feuchte Luft leichter als trockene.

Niederschlagsbildungen sowie die Entstehung mächtiger Haufenwolken sind im allgemeinen an aufsteigende Luftströme, d. h. an Tiefdruckgebiete, gebunden, z. B. äquatoriales Kalmengebiet, Zyklonen in höheren Breiten usw. In Hochdruckgebieten hat man absteigende Luftströme, daher meistens geringe relative Feuchte und einen wolkenarmen Himmel, z. B. in den Roßbreiten, in den Antizyklonen hoher Breiten usw.

5.6.4   Wind und Windgesetze

Winde sind Ausgleichsbewegungen der Luft. **An der Erdoberfläche bewegt sich die Luft immer vom Ort des höheren Luftdruckes (Hoch) zum Ort des niedrigeren Luftdruckes (Tief).** Die Stärke der Bewegung ist von der Steilheit des vorhandenen Gradienten abhängig sowie von der geographischen Breite. Bei ruhender Erde würde der Wind unmittelbar vom Hoch zum Tief wehen. Durch die Achsendrehung der Erde werden die Winde auf Nordbreite nach rechts, auf Südbreite nach links abgelenkt. Diese Ablenkung nimmt mit dem Sinus der geographischen Breite zu und ist proportional der Windgeschwindigkeit. *Auf Nordbreite weht die Luft spiralförmig gegen den Uhrzeiger in ein Tief hinein (Zyklone), dagegen mit dem Uhrzeiger aus einem Hoch heraus (Antizyklone). Auf Südbreite weht der Wind mit dem Uhrzeiger in das Tief hinein und gegen den Uhrzeiger aus dem Hoch heraus* (siehe Bild 5.6).

Neben dieser horizontalen findet immer auch noch eine schwache vertikale Bewegung der Luft statt. Im „Hoch" sinkt die Luft herab, im „Tief" steigt sie auf und führt so zur Wolkenbildung.

---

23 gradiens (lat.), fortschreitend.

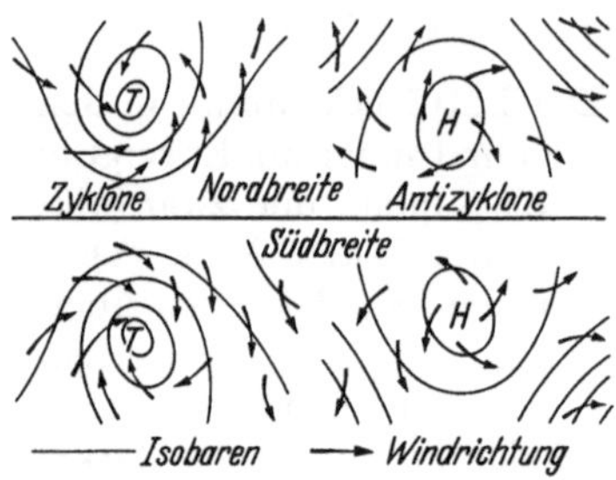

Bild 5.6. Bodennaher horizontaler Schnitt durch ideale Hoch- und Tiefdruckgebiete

5.6.5   Planetarisches Windsystem

Infolge der ungleichmäßigen Erwärmung der Erdoberfläche durch die Sonne und der Verteilung von Wasser und Land hat sich in den erdnahen Schichten ein horizontales Windsystem herausgebildet, das in großen Zügen in den Bildern 5.7 und 5.8 dargestellt ist. Zum sog. *Planetarischen Windsystem* gehören die Mallungen in der Äquatorgegend, die NE- und SE-Passate, die windstillen Roßbreiten und die Gebiete der Westwinde polwärts von den Roßbreiten.

5.6.6   Die wichtigsten periodischen Winde

Durch den halbtäglichen Wechsel im Temperaturunterschied zwischen benachbarten Land- und Wassermassen entstehen die nachts wehenden *Land-* und die tagsüber wehenden *See*winde. Sie treten besonders deutlich in den Tropen in Erscheinung. Infolge der halbjährlichen Umkehr der Temperatur zwischen Kontinenten und Ozeanen entstehen die halbjährlich ihre Richtung wechselnden *Monsune*. Der Monsun weht im Sommer vom Meer aufs Land zu, im Winter vom Land aufs Meer hinaus.

Tabelle 5.8. Mittlere Grenzen der Passate

	Atlantischer Ozean		Stiller Ozean		Indischer Ozean	
Passate im September	NE 10° N bis 34° N	SE 03° N bis 26° S	NE 10° N bis 32° N	SE 07° N bis 23° S	– SW- Monsun	SE 08° S bis 25° S
im März	03° N bis 25° N	00° bis 28° S	05° N bis 25° N	03° N bis 30° S	NE- Monsun	11° N bis 30° S

Tabelle 5.9. Monsune

	Atlantischer Ozean Golf von Guinea	Stiller Ozean Westküste Mittelamerikas	Stiller und Indischer Ozean nördlich von Australien	Nordindischer Ozean und Chinasee
Nordsommer (April bis Sept.)	SW-Monsun	SW-Monsun	verstärkter SE-Passat	SW-Monsun
Nordwinter (Okt. bis März)	SE-Passat	verstärkter NE-Passat	NW-Monsun	NE-Monsun

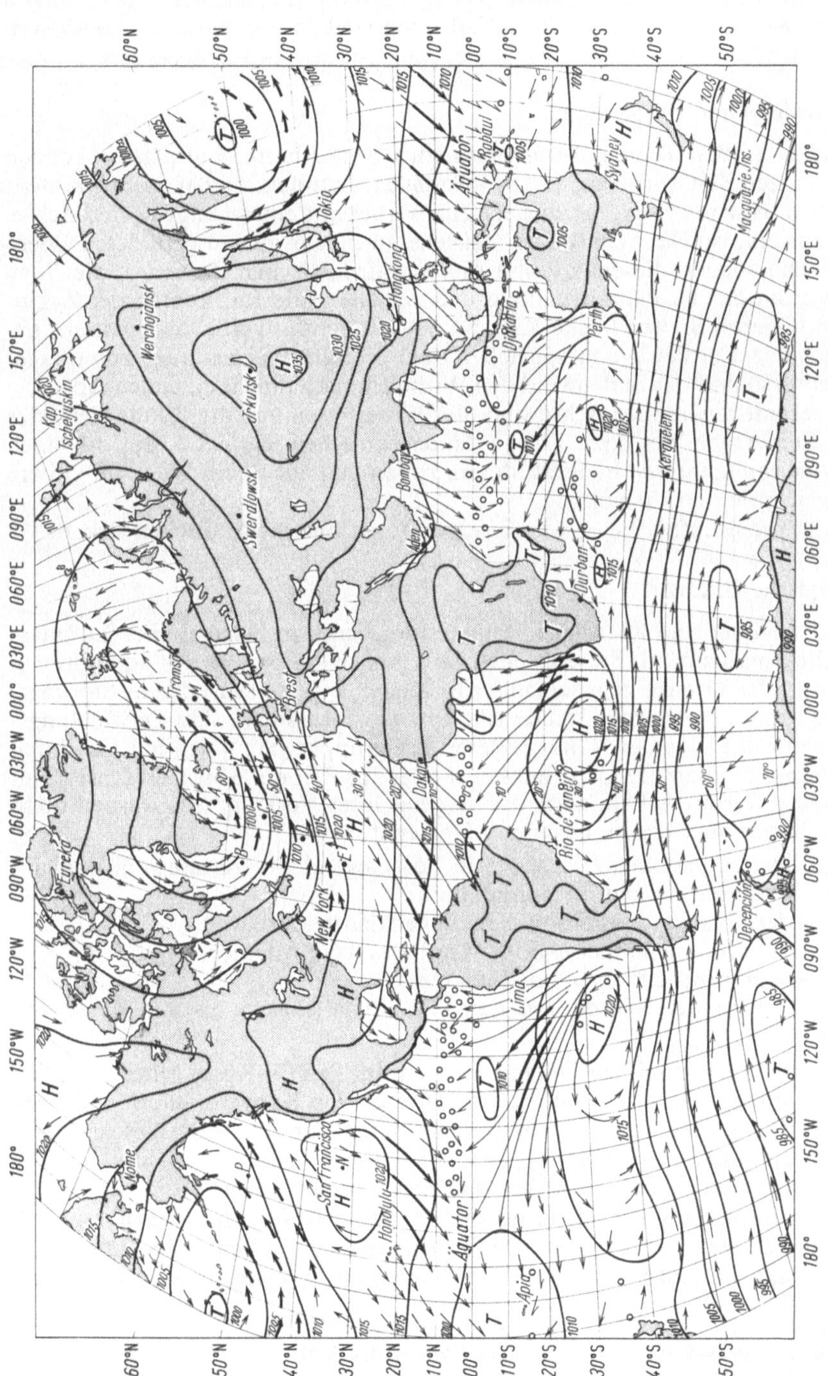

Bild 5.7. Mittlere Luftdruck- und Windverteilung in Bodennähe im Januar. Die Pfeile geben die vorherrschende Windrichtung an, je länger die Pfeile, um so beständiger weht der Wind, je kräftiger die Pfeile, um so größer die Windstärke. Kleine Kreise bezeichnen häufige Windstille. (Aus Krauß/Meldau: Wetter- und Meereskunde für Seefahrer, 7. Aufl. Berlin, Heidelberg, New York: Springer 1983)

5.6.7 Fallwinde

Sie entstehen durch das Herabfallen kalter, schwerer Luftmassen von Gebirgen oder Hochplateaus. Die bekanntesten Fallwinde sind in europäischen Gewässern die *Bora* in der Adria und der *Mistral* an der französischen Mittelmeerküste.

5.6.8 Luftwirbel und Wirbelwinde

Bei besonders großen Temperaturunterschieden benachbarter Luftmassen können innerhalb kurzer Zeit wirbelartige Umwälzungen eintreten. Dabei stößt meistens Kaltluft unter Warmluft, und es entsteht ein Wirbel mit einer *waagerechten* Achse. Man erkennt eine solche Windwalze meistens an einem gut ausgebildeten Böen-kragen. Erscheinungen dieser Art sind die westafrikanischen *Tornados,* die *Sommerpamperos* an der La-Plata-Mündung und vor allem die Kaltfronten der Zyklonen in den höheren Breiten (siehe Kap. 5.6.10), die häufig von Frontgewittern begleitet sind. Die Fortbewegung solcher Wirbel erfolgt meistens quer zur waagerechten Achse, so daß der Bodenwind den Wirbelcharakter nicht erkennen läßt.

Luftwirbel mit *senkrechter* Achse sind die Wasserhosen und die Windhosen oder *Tromben.* Ferner gehören dazu die nordamerikanischen *Tornados,* die oft einen Durchmesser von mehreren hundert Metern haben und auf ihrem Wege furchtbare Zerstörungen anrichten können.

Die gewaltigsten Luftwirbel mit senkrechter Achse sind die tropischen Orkane.

5.6.9 Tropische Orkane[24]

Für ihre Entstehung sind allerdings Temperaturgegensätze benachbarter Luftmassen nur selten maßgebend. Sie entstehen fast immer am Rande der äquatorialen Mallungen an der Grenze gegeneinanderfließender Luftmassen oder in Störungsgebieten regelmäßig wehender Winde (Passate oder Monsune). Ihre Entwicklungsgebiete liegen zumeist in der Nähe größerer Inselgruppen. Sie treten hauptsächlich im Spätsommer der betreffenden Halbkugel oder zur Zeit des Monsunwechsels (im Nordindischen Ozean) auf. Je nach der Gegend ihres Vorkommens werden diese tropischen Orkane verschieden benannt. Man nennt sie

- *Westindische Orkane* oder *Hurrikane* in der Gegend der Antillen und an der Ostküste Nordamerikas und im Nordatlantik[25],
- *Taifune* an den Küsten Ostasiens und der benachbarten Inselwelt,
- *Zyklonen* im Arabischen Meer und im Meerbusen von Bengalen,
- *Mauritius-Orkane* im südlichen Indischen Ozean und
- *Südsee-Orkane* in der Südsee von den Gesellschaftsinseln bis zur Küste von Australien.

Vereinzelt kommen tropische Orkane auch an der Pazifik-Küste Mittelamerikas und an der Nordwestküste Australiens vor. Die bei den Kapverdischen Inseln beobachteten Orkane ziehen nach Westen und treten dann an der Westseite des Ozeans als Westindische Orkane auf.

Im südlichen Atlantischen Ozean gibt es keine tropischen Orkane.

Die großen tropischen Wirbelstürme sind in ihrem Auftreten fast ganz auf die Meere beschränkt. Sie überschreiten wohl Inseln, aber sie sterben in der Regel bald ab, wenn sie auf ausgedehnteres Land übertreten, da dort die für ihre Erhaltung

---

24 Näheres siehe Ozean-Handbücher und Monatskarten des DHI.
25 Steinborn: Trop. Wirbelsturmsaison 1967 und 1968 über dem Nordatlantik. Der Seewart 29 (1968) H. 1, und 30 (1969) H. 1. — Groening: Trop. Zyklonen im SO-Nordatlantik. Der Seewart 29 (1968) H. 5.

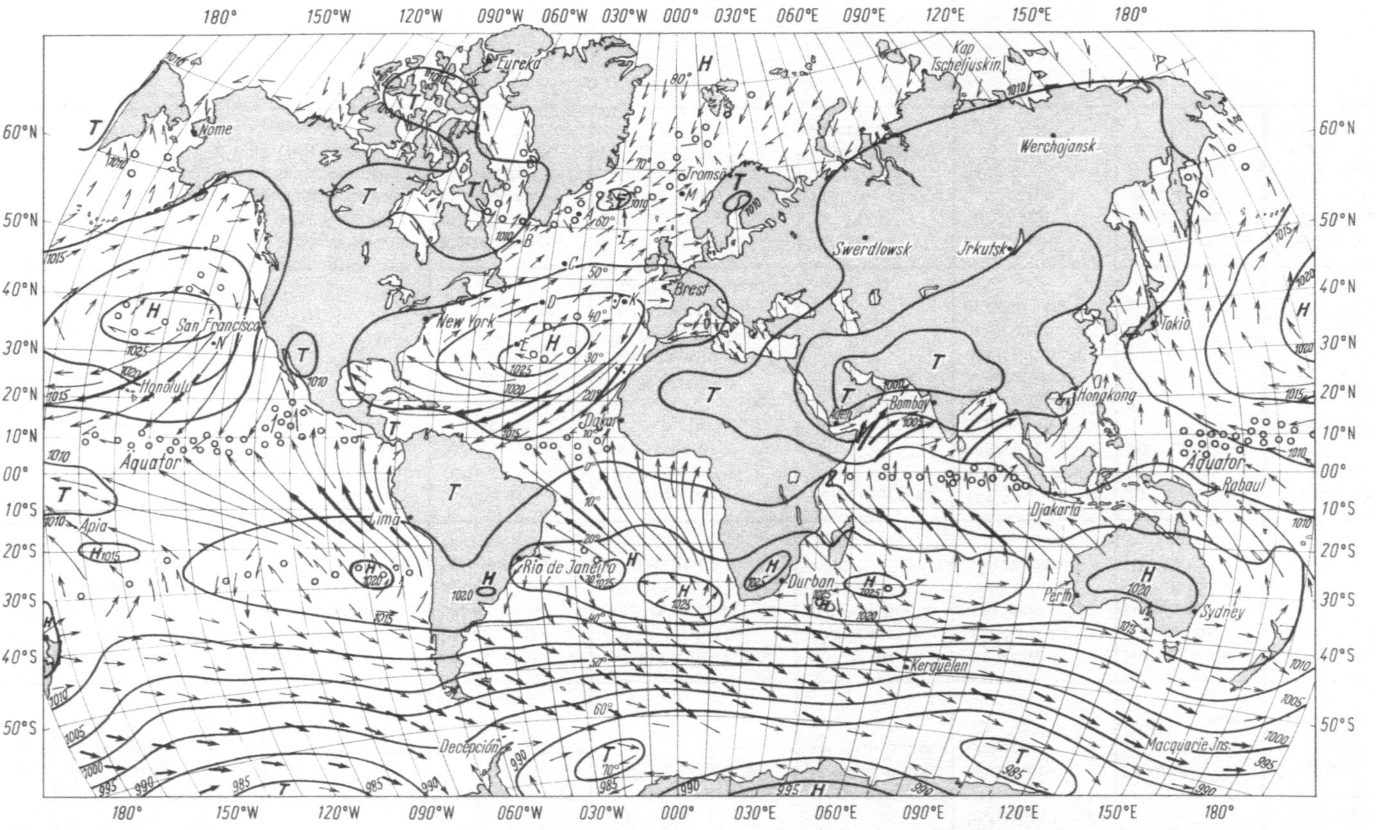

Bild 5.8. Mittlere Luftdruck- und Windverteilung in Bodennähe im Juli. Die Pfeile geben die vorherrschende Windrichtung an, je länger die Pfeile, um so beständiger weht der Wind, je kräftiger die Pfeile, um so größer die Windstärke. Kleine Kreise bezeichnen häufige Windstille. (Aus Krauß/Meldau: Wetter- und Meereskunde für Seefahrer, 7. Aufl. Berlin, Heidelberg, New York: Springer 1983)

Tabelle 5.10. Tropische Orkane

	Nördliche Halbkugel					Südliche Halbkugel		
	Atlantischer Ozean	Indischer Ozean		Stiller Ozean		Indischer Ozean	Orkane zwischen Java und Australien	Stiller Ozean
	Westindische Hurrikane	Zyklone im		Taifune Ostasiens	Orkane in den mexikanischen Gewässern	Mauritius-Orkane		Südsee-Orkane
		Arabischen Meer	Bengalischen Meerbusen					
Ursprung	10° N bis 20° N und 025° W bis 070° W zwischen den Kapverdischen Inseln und den kleinen Antillen	05° N bis 15° N, bei den Lakkediven und Malediven	05° N bis 20° N, bei den Nikobaren, Andamanen und den Mergui-Inseln	04° N bis 28° N und 124° E bis 175° E meistens östlich von den Philippinen	05° N bis 15° N und 090° W bis 110° W	Ungefähr 08° S bis 12° S und 060° E bis 090° E bei den Chagos-Inseln	Nördlich von Australien zwischen 105° E bis 125° E	05° S bis 12° S und 145° E bis 140° W
Scheitel	Ungefähr 20° N bis 30° N und 075° W. Je westlicher die Bahn, um so nördlicher liegt der Scheitel. Im Golf von Mexiko kein Scheitel	15° N bis 20° N, gewöhnlich aber nicht vorhanden	15° N bis 20° N, gewöhnlich aber nicht vorhanden	Februar–Mai: 15° N bis 20° N, Juni–Oktober: 20° N bis 35° N, Oktober–Dezember: 15° N bis 20° N, durchschnittlich 20° N bis 35° N, selten südlicher. Zuweilen fehlt er ganz	Fehlt meistens ganz	15° S bis 25° S und 050° E bis 075° E. Der Scheitel liegt um so südlicher, je westlicher die Bahn liegt; manchmal fehlt er auch ganz	23° S bis 25° S fehlt sehr häufig	13° S bis 25° S. Im Mittel 19° S. Manchmal fehlt er ganz
Ende	In ungefähr 50° N und 040° W bzw. an der Südküste Nordamerikas	Küste Arabiens oder Küste Vorderindiens zwischen Kambay-Golf und Karachi	Küste Vorder- und Hinterindiens von Madras bis Akyab	Küste von Korea und Japan, seltener Siam, Tonking und China	20° N bis 30° N und 125° W, zuweilen auch im Kalifornischen Meerbusen	28° S bis 30° S und 055° E bis 080° E	Nordwestküste Australiens, oft in 30° S	NO-Küste Australiens, meistens aber 30° S bis 35° S und 165° E bis 165° W

Bahn-richtung	Südlich von 17° N: N bis NW, zwischen 17° N und 20° N im Juni, Juli, August bis Mitte September: W bis NW; zwischen 17° N und 20° N von Mitte September, Oktober, November; NW bis N; nördlich vom Scheitelpunkt N bis NO	Südlich von 15° N: W bis NW; weiter nördlich: NW bis NO	Südlich von 15° N: W bis NW; nördlich davon bis Ende September ebenfalls W bis NW, von Oktober an: N bis NO	In der Hauptzeit: südlich der Linie: Shanghai – Liukiu – Bonin-Inseln: W bis NW, nördlich davon: N bis NO. Im November: südlich von 20° N: W bis NW, nördlich von 20° N N bis NO	Südlich von 20° N: W bis NW, darüber hinaus NW bis N, selten auch N bis NO	Bis etwa 15° S: W bis SW, dann S bis SO	W bis S, einige biegen auch nach SO und O um	Meistens nur für ganz kurze Zeit SW bis S, dann SSO bis SO
Fortbewegung des Sturm-feldes in Knoten	8 bis 12 (im NW-Ast), 5 bis 10 (während des Umbiegens) 15 bis 30 (im NO-Ast)	4 bis 10	Erst 2 bis 8, dann 8 bis 25	5 bis 10 (bis 20° N), 15 (20° N bis 30° N), 15 bis 30 (30° N bis 40° N)	5 bis 20	15 bis 20 (vor dem Umbiegen), 5 bis 10 (während des Umbiegens), 18 bis 26 (nach dem Umbiegen)	Unbestimmt	3 bis 18, im Mittel 8
Durchmesser des Sturm-feldes in sm	200 bis 300 durchschnittlich. Extreme sind 50 und 1000	150 bis 400	100 bis 500	Etwa 50 im Anfang, 800 am Ende	80 bis 200	50 bis 60 im Anfang, 700 bis 800 am Ende	150 bis 300	300 bis 500 Extreme sind 200 und 800
Hauptzeiten des Auftretens	Juni, Juli, August, **September,** Oktober, November	Januar, März, **April,** Mai, Juni, September, Oktober, **November,** Dezember	April, **Mai,** Juni, Juli, August, September, Oktober, **November,** Dezember	Januar, Februar, März, Mai, Juni, Juli, August, **September,** Oktober, November, Dezember	Mai, Juni, Juli, August, **September,** Oktober, November	Januar, **Februar,** März, April, Mai, November, Dezember	April, **Mai,** September, **Oktober,** November, Dezember	Januar, **Februar,** März, April November, Dezember

notwendige starke Luftfeuchtigkeit fehlt. Von den Zyklonen der gemäßigten Zonen unterscheiden sie sich:

- durch allgemeine charakteristische Anzeichen, die sich in der Natur beim Nahen eines solchen Sturmes geltend machen, z.B. durch auffallende Sonnenauf- und -untergänge, Dünung, Störung der täglichen Luftdruckschwankungen in den Tropen usw.;
- durch die gleichmäßige Temperaturverteilung in den verschiedenen Sektoren des Wirbels, so daß ziemlich regelmäßige Wirbel mit fast kreisrunden Isobaren entstehen;
- durch gewaltige und in kurzer Zeit sich vollziehende Luftdruckschwankungen (besonders steile Gradienten);
- durch extreme Windstärken, die bisweilen ungeheure Verwüstungen anrichten;
- durch das regelmäßige Anwachsen des Gradienten und der Windstärke mit der Annäherung an das Zentrum, während bei den Stürmen höherer Breiten die steilsten Gradienten und die heftigsten Winde häufig entfernt vom Zentrum der Depression vorkommen;
- durch Windstillen im Zentrum und das Auftreten des sog. „Auge des Orkans";
- durch die geringere Größe des Sturmfeldes;
- durch die häufig beobachtete schroffe äußere Begrenzung des Orkangebietes (in niedrigen Breiten genügen manchmal wenige Seemeilen, um aus einem Orkan hinauszutreiben und in verhältnismäßig gutes Wetter zu gelangen);
- durch die charakteristischen Bahnen mit einer westlichen Richtung in den niederen, einer östlichen in den höheren Breiten mit einer in der Regel polwärts gerichteten Komponente;
- durch das verhältnismäßig seltene Auftreten an ein und demselben Orte und
- durch ihre im allgemeinen geringe Marschgeschwindigkeit.

Diese Orkane sind nicht etwa sich im Kreise drehende Luftmassen, sondern sich vorwärts bewegende, besonders gut ausgebildete Tiefdruckgebiete, die, auf ihrer Bahn fortschreitend, immer neue Luftmassen von allen Seiten an sich heranziehen und in drehende Bewegung versetzen. Die Luft weht im allgemeinen in Spiralen in das Zentrum hinein, auf Nordbreite *gegen*, auf Südbreite *mit* dem Uhrzeiger. Gleichzeitig steigt aber die feuchtwarme Luft unter heftiger Kondensation auf. Dabei werden große Wärmemengen frei, die wiederum die Aufwärtsbewegung der Luft beschleunigen und somit als Motor des Orkans wirken. Über großen Landmassen oder in höheren Breiten, wo der Wasserdampfgehalt der Luft

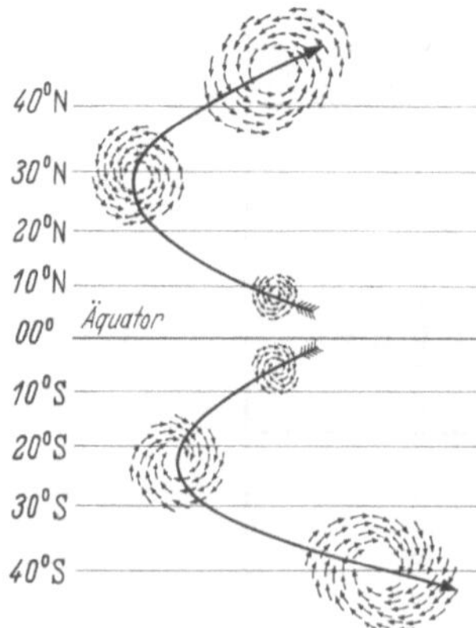

Bild 5.9. Bewegung des Unterwindes in den tropischen Orkanen, ungefähre Lage der Orkanbahn und Form des Sturmfeldes

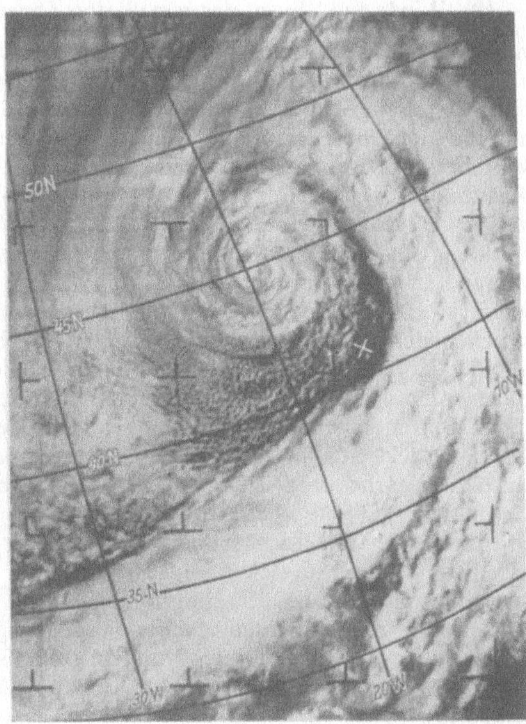

Bild 5.10. Orkan „LOIS" aus der Sicht des Wettersatelliten „ESSA 2" (Höhe 1390 km) am 12. Nov. 1966 auf 45° N und 020° W, am SE-Rande des Wirbels die Position SS „Gorch Fock" (×)

abnimmt, verliert deshalb der Orkan gewöhnlich bald an Intensität. In der Höhe werden die Luftmassen als gegenläufiger Wirbel wieder hinausgeschleudert (Bild 5.10)[26]. Im Zentrum herrscht Windstille (das sog. „Auge des Orkans", wo die Luft absteigt und blauer Himmel erscheint) und eine furchtbare, von allen Seiten wild zusammenschlagende See. Der Durchmesser des Sturmfeldes schwankt zwischen 60 und 600 sm, der des Zentrums zwischen 5 und 30 sm. Die Marschgeschwindigkeit beträgt auf dem äquatorialen Ast durchschnittlich 8 bis 17 kn, auf dem polaren Ast 17 bis 30 kn. Während des Umbiegens sinkt sie oft auf 5 bis 10 kn herab.

In der Regel zeigen die tropischen Orkane während ihrer ganzen Wanderung das Bestreben, sich vom Äquator zu entfernen (Poltendenz). Es kommen jedoch auch Fälle vor, in denen der Orkan von der in Bild 5.9 dargestellten Idealbahn stark abweicht und eine Äquatortendenz zeigt. Man hat auch beobachtet, daß der äquatoriale Ast der Bahnparabel nur kümmerlich entwickelt oder daß der polare Ast gar nicht vorhanden war. Selbst Bahnschleifen (mit zyklonalem und seltener mit antizyklonalem Drehsinn) wurden wiederholt festgestellt. Wir wissen heute, daß für die Zugrichtung und Zuggeschwindigkeit eines tropischen Orkans die Hauptluftströmung, in der er sich befindet, maßgebend ist. Diese Hauptströmung ist aber im allgemeinen nicht der Bodenwind, sondern die Strömung von etwa 3 bis 10 km Höhe. Diese mittlere Luftströmung kann vom Bodenwind erheblich abweichen, vor allem in weiterer Entfernung vom Äquator (nach dem Umbiegen).

---

26 Rodewald: Der Wettersatellit ESSA 2. Der Seewart 27 (1966) H. 4.

5.6.10 Winde und Stürme der gemäßigten Zonen

In den gemäßigten Zonen beider Breiten herrschen Westwinde vor, die besonders auf der südlichen Halbkugel zwischen 40° und 60° Breite mit großer Regelmäßigkeit wehen (die „braven Westwinde"). Sie wehen jedoch nicht immer aus ein und derselben Richtung, sondern wechseln sehr häufig ihre Richtung (auf N-Breite von Süd über West nach Nord) und Stärke (leichte Brise bis Orkan). Der Grund dafür liegt darin, daß fortwährend Zyklonen abwechselnd mit Antizyklonen das Gebiet der Westwinde in der Richtung von West noch Ost durchziehen.

Durch die diese Luftdruckgebilde umkreisenden Winde werden also fortwährend Luftmassen aus höheren in niedrigere Breite und umgekehrt verschoben. Die Zyklonen bilden sich hauptsächlich an der „Polarfront", d.h. an der Grenze zwischen der warmen, feuchten, aus den Roßbreiten stammenden Subtropikluft und der kalten, trockenen, aus der Polargegend herabströmenden Polarluft. Die Stürme der gemäßigten Breiten treten meistens im Bereich von Zyklonen mit tiefem Barometerstand auf. Eine Zyklone bildet sich gewöhnlich *dann* zu einem „Sturmwirbel" aus, wenn die Temperaturgegensätze der aufeinandertreffenden Luftmassen sehr groß sind. Diese Sturmwirbel wandern oft mit großer Geschwindigkeit (30 bis 50 kn) ostwärts.

Während der in Bild 5.11 und 5.12 geschilderten Entwicklung zieht die Zyklone mit einer mittleren Geschwindigkeit von etwa 10 bis 30 kn in östlicher Richtung (Nordbreite meist ONO, Südbreite meist OSO) weiter. An der Grenzfläche der im Rücken der Zyklone äquatorwärts vorgedrungenen Kaltluft bilden sich oft in rhythmischer Folge weitere Störungen, so daß sich dann mehrere Zyklonen zu einer Zyklonenfamilie mit einer Lebensdauer von etwa 7 Tagen aneinanderreihen (Bild 5.13).

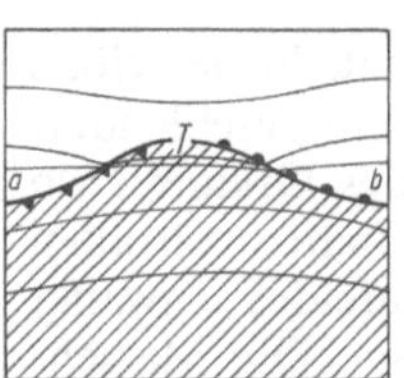 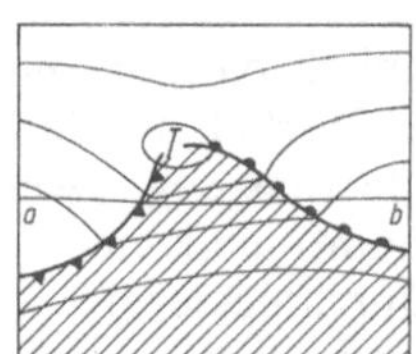 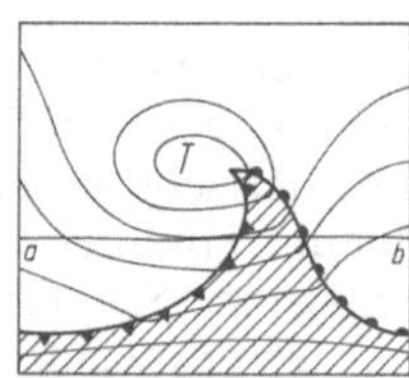 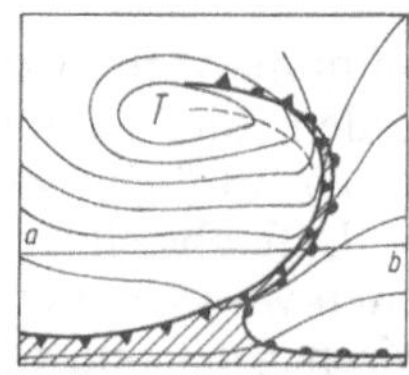

In einer Ausbuchtung der Polarfront beginnt die Warmluft aufzugleiten (rechts) und die Kaltluft sich unter die warme zu schieben (links). Die Fronten bilden sich.	Die Einbruchsfront schiebt sich infolge des Vordringens kalter Luftmassen vor, wobei die Warmluft vom Boden abgehoben wird. Die Knikke in den Isobaren zeigen die Fronten an. Im Zentrum stärkerer Druckfall.	Die Einbruchsfront holt langsam die Aufgleitfront ein, zuerst im Kern des Wirbels. Die Warmluft ist schon stark vom Boden abgehoben. Der evtl. Sturm strebt seinem Höhepunkt zu.	Die Warmluft ist nun vollständig vom Boden abgehoben, die „Okklusion" ist erfolgt. Das Tief wird sich jetzt langsam auffüllen. Oft entstehen bei der Okklusion Randwirbel, die als selbständige Zyklonen weiterziehen.

Bild 5.11. Horizontaler Grundriß einer Zyklone, Verteilung von warmer und kalter Luft; schraffiert: Warmluft; weiß: Kaltluft

Bild 5.12. Vertikaler Schnitt längs der Linie a bis b im Bild 5.11.

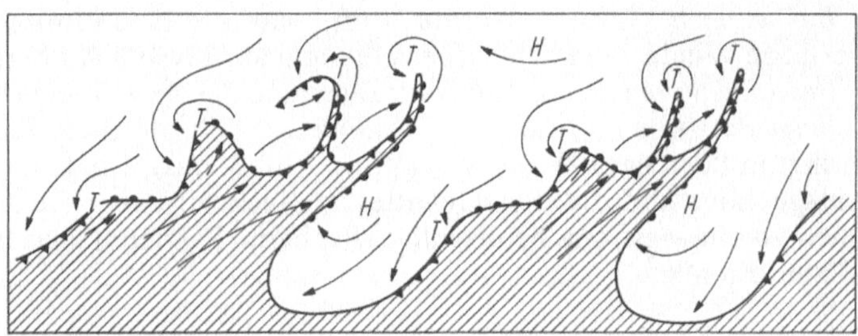

Bild 5.13. Luftströmung und Fronten bei Zyklonenfamilien, horizontaler Schnitt nahe der Erdoberfläche; schraffiert: Warmluft; weiß: Kaltluft

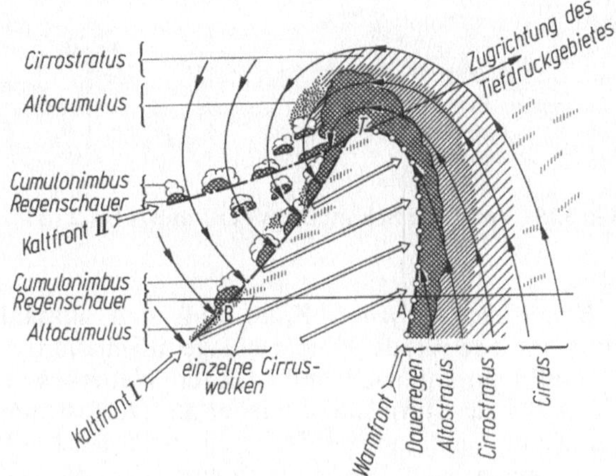

Bild 5.14. Horizontaler Schnitt einer Zyklone

Bild 5.14 zeigt den Bau einer vollentwickelten Zyklone (nach Bjerknes) auf Nordbreite. Jede Zyklone setzt sich aus Warmluftmassen (Doppelpfeile) und Kaltluftmassen (einfache Pfeile) zusammen.

Dieser Schnitt gilt nur für eine voll entwickelte Zyklone, wie man sie im allgemeinen nur über den Ozeanen antrifft. Da die Kaltluft in der Regel schneller vordringt als die Warmluft, wird der Abstand zwischen den beiden Fronten immer kleiner. Holt eine Kaltfront eine vorangehende Warmfront ein, wodurch die vorher zwischen Warm- und Kaltfront befindliche Warmluft vollständig vom Erdboden abgehoben wird, so entsteht eine Okklusion (Einschließung). Solche Okklusionsfronten, die infolge Zusammenwirkens dreier Luftmassen recht verschiedenartig aufgebaut sein können, bringen im Anfangsstadium ihrer Entwicklung bei ihrem Vorübergang oft noch kräftige Niederschläge (Bild 5.16 und 5.17).

Für das Wetter in einer Zyklone sind die Fronten von größerer Bedeutung als die Isobaren. Im Nordatlantischen und im Nordpazifischen Ozean gehen die Zentren der Zyklonen meistens nördlich an den Schiffen vorüber, so daß man auf westwärts fahrenden Schiffen im allgemeinen folgende Erscheinungen hat:

Vor der Warmfront: kühle Luft, auffrischende südöstliche Winde, Cs, As, Nb, Regen bei fallendem Barometer.

Beim Passieren der Warmfront: Temperatur steigt, Wind dreht nach S und SW, Sprühregen, Barometerfall hört häufig auf oder wird schwächer.

Im warmen Sektor: Warme Luft, starke bis stürmische südwestliche bis westliche Winde, tiefe Schichtbewölkung und südwärts Aufheiterung mit Cu.

Bei Annäherung an die Kaltfront: Zunahme der Bewölkung (Ac, Cu).

Beim Passieren der Kaltfront: Temperatur fällt plötzlich, Barometer steigt, Wind springt in Böen nach W bis NW (Wind schießt aus), Cb, kurze und heftige Niederschläge, Böen und zuweilen Gewitter; vielfach wird aber die größte Windstärke *vor* einer Okklusionsfront beobachtet, die beim Passieren der Front stark abnimmt (Flaute-Front) [27].

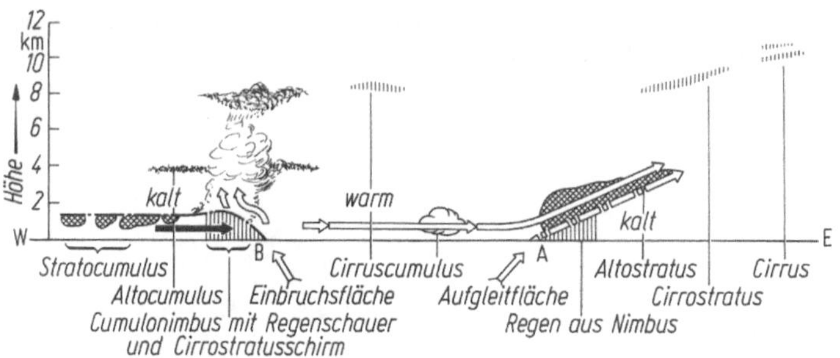

Bild 5.15. Vertikaler Schnitt längs der Linie A bis B in Bild 5.14.

Hinter der Kaltfront: Kalte Luft und allmähliche Aufheiterung, gute Sicht, nordwestliche Winde, Niederschläge in Schauern.

Häufig nimmt nach anfänglicher Wetterbesserung und Abflauen des Windes dieser bis zur Sturmstärke wieder zu. Dies ist durch einen sog. *Trog* bedingt, d. h. durch eine Verengung der Isobaren an der Rückseite des Tiefs.

Für einen nach Westen laufenden Dampfer können diese Erscheinungen sehr rasch aufeinanderfolgen.

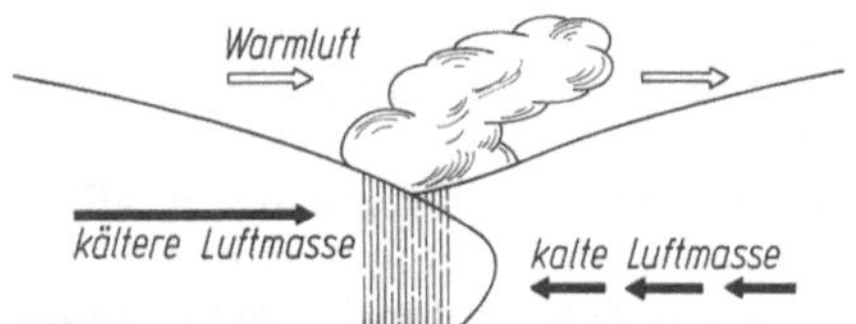

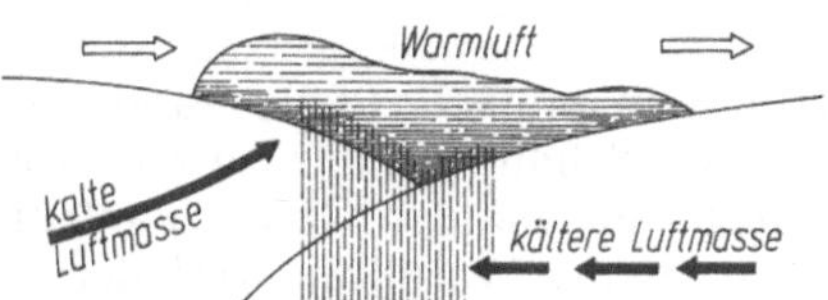

Bild 5.16. Vertikaler Schnitt durch eine Einbruchsfront

Bild 5.17. Vertikaler Schnitt durch eine Aufgleitokklusion

Geht auf Nordbreite der Kern einer Zyklone südlich vom Schiffe vorüber, so geht der Regen der Aufgleitfront allmählich in das Böenwetter der Kaltfront über. Der Wind dreht ohne sprunghafte Änderung von Ost über Nord nach Nordwest. Die Temperatur zeigt keine großen Schwankungen, der Luftdruckfall geht allmählich wieder in Druckanstieg über. Ähnlich ist der Witterungsverlauf, wenn eine okkludierte Zyklone das Schiff passiert.

---

27 Rodewald in „Der Seewart" 29 (1968) H. 6.

5.6.11   Besondere Winde und Stürme

In manchen Gegenden haben die an wandernde Zyklonen gebundenen Stürme besondere Namen erhalten, die sich meistens auf den besonders eindrucksvollen Durchgang der Böenfront beziehen.

Norder heißen die aus nördlicher Richtung wehenden heftigen Stürme im Golf von Mexiko und an der Westküste Mittel- und Südamerikas. Sie sind festländischer Herkunft und entstehen im allgemeinen, wenn im Süden oder Osten Amerikas ein Tief, im Westen oder Nordwesten ein gut ausgebildetes Hoch liegt, das dem abziehenden Tief scharf nachdrängt.

Blizzards sind orkanartige Schneestürme aus NW bis NO an der Ostküste Nordamerikas.

Windpamperos und *Su-Estados* sind Winterstürme an der argentinisch-südbrasilianischen Küste.

Näheres über diese lokalen Stürme findet man in den Shb.

5.7   Erklärungen und Angaben aus der Meereskunde [28]

5.7.1   Salzgehalt und Dichte des Meerwassers

An der Meeresoberfläche besitzt 1 l Ozeanwasser von 17,5 °C und 35‰ Salzgehalt die Masse 1,026 kg; die Dichte ist also 1,028 kg/dm³.

In der Nähe von Küsten, in fast allen Häfen und in abgeschlossenen, große Flüsse aufnehmenden Meeresbecken ist häufig infolge des geringen Salzgehaltes die Dichte des Meerwassers niedriger. Die Bestimmung des Salzgehaltes in den Lösch- und Ladehäfen ist für die praktische Schiffahrt sehr wichtig. Nur wenn man die Dichte des Hafenwassers kennt, läßt sich die Frage beantworten, wie weit ein Schiff eintauchen darf, um dann in See bis zur Tieflad.marke beladen zu sein.

Man bestimmt zu diesem Zwecke die Dichte des Hafenwassers mit einem *Aräometer*[29]. Dabei nimmt man am besten das Mittel aus der Dichte von Oberflächenwasser, das man mit einer Pütze aufschlägt, und von aufgepumptem Wasser aus der Nähe des Schiffsbodens.

Beispiel: Man findet die Dichte des Hafenwassers zu 1,015 kg/dm³. Der Abstand der Süß- von der Salzwassermarke beträgt 20 cm. Die Salzwassermarke ist berechnet für eine Dichte von 1,025 kg/dm³. Dann ist

$$x:20 = 15:25, \quad x = 12,$$

d. h., die Frischwassermarke muß im Hafen 12 cm unter Wasser bleiben.

5.7.2   Meeresströmungen

Die hauptsächliche Ursache der großen horizontalen Oberflächenströmungen der Meere ist das große System der Luftströmungen. Die unmittelbar unter Wirkung des Windes entstehenden Strömungen heißen *Triftströme* oder Triften. Zum Ersatz der von solchen Triften fortgeführten Wassermassen muß Wasser von den Seiten und im Rücken nachströmen. Diese Aufgabe übernehmen die *Kompen-*

---

28 Weitere Ausführungen siehe Krauß/Meldau: Wetter- und Meereskunde für Seefahrer, 7. Aufl. Berlin, Heidelberg, New York: Springer 1983.
29 areios (griech.) dünn.

sationsströme oder Ergänzungsströme. Wenn eine Triftströmung auf eine Küste stößt und hier einen Aufstau des Wassers verursacht, so fließt dieses nach beiden Seiten entlang der Küste ab, und es entstehen die sog. *Abflußströmungen* oder *Stauströme.* In vielen Fällen bilden sich Stromringe, indem die Abflußströmung durch einen *Verbindungsstrom* in die Kompensationsströmung übergeführt wird (Bild 5.18).

An vielen Stellen der Erde, wo ablandige Winde das Oberflächenwasser von der Küste forttreiben, wird dieses nicht nur durch seitlich herangezogene Kompensationsströme ersetzt, sondern auch durch Heraufziehen aus der Tiefe, das sich meistens durch seine niedrigere Temperatur zu erkennen gibt. Durch dieses kalte Auftriebswasser erklären sich die außergewöhnlich tiefen Temperaturen überall da, wo Passate das Wasser vom Lande wegtreiben, wie an der Nordwestküste Afrikas von Gibraltar bis Kap Verde, an der Küste von Südwestafrika, an der Küste von Peru und Kalifornien, ferner an der Somaliküste zur Zeit des SW-Monsuns usw. Über die Strömungen in der Nähe der Küste unterrichte man sich eingehend aus den Shb. Häufig treten unter den Küsten sog. Neerströme auf, die den Hauptströmen gerade entgegenlaufen.

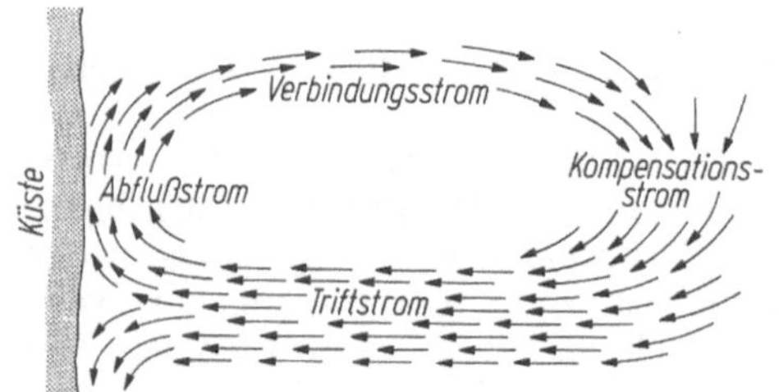

Bild 5.18. Schematische Darstellung eines Stromringes

Den *Gezeitenströmen* muß in der Nähe des Landes ebenfalls die größte Beachtung geschenkt werden. Die Zeiten, zu denen die Ströme kentern oder ihre größte Geschwindigkeit erreichen, stehen nur dort zu den HWZ (Hochwasserzeiten) und NWZ in einigermaßen festen Beziehungen, wo die Gezeiten und Gezeitenströme die gleiche Form besitzen, also beide halbtägig, beide eintägig oder beide in der gleichen Weise gemischt sind. In den nordwesteuropäischen Gewässern und überwiegend im Atlantischen Ozean sind die Gezeiten und die Gezeitenströme halbtägig; im Indischen und Pazifischen Ozean weisen sie weit verbreitet einen stärkeren eintägigen Anteil auf, und es kommen merkliche Formunterschiede zwischen Gezeiten und Gezeitenströmen vor. Unter solchen Umständen müssen beide gesondert vorausberechnet werden. Auch wo einfachere Verhältnisse vorliegen, läßt sich nicht nach allgemeinen Regeln von den HWZ und NWZ auf die Eintrittszeiten der Gezeitenströme schließen, sondern die örtlich gültigen Beziehungen sind den Shb. oder Gezeitenstromatlanten zu entnehmen. Die Ströme können beim Mittelwasser kentern und beim HW und NW ihre größte Geschwindigkeit erreichen, aber auch beim HW und NW kentern und beim Mittelwasser ihre größte Geschwindigkeit erreichen. Den zweiten Fall gibt es angenähert in Flußmündungen, er kommt aber ebenso wie der erste und alle denkbaren Übergänge auch im freien Seegebiet vor.

Eingehende Beschreibungen und Darstellungen der einzelnen Meeresströmungen findet man in den Shb., den Ozeanhandbüchern und auf den Monatskarten der einzelnen Ozeane. Bild 5.19 und 5.20 sollen nur einen ganz allgemeinen Überblick über die hauptsächlichsten Oberflächenströmungen der Meere geben.

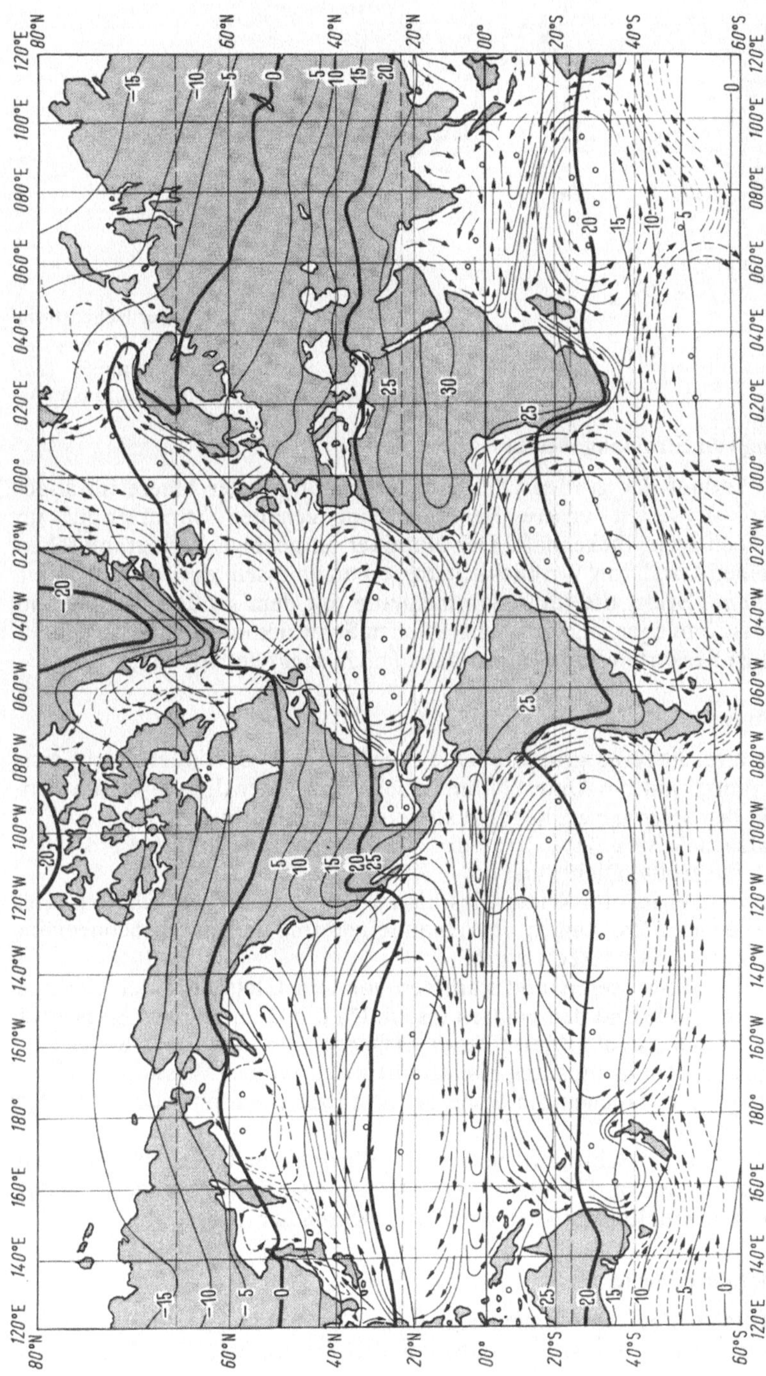

Bild 5.19. Oberflächenströmungen der Meere und Jahresisothermen der Luft im Nordwinter. Die Pfeile schwimmen mit dem Strom und geben die vorherrschende Stromrichtung; ⟶ relativ warme Strömung, - - -⟶ relativ kalte Strömung, ° ° ° ° ° häufige Stromstillen, ⸺ Jahresisothermen an der Erdoberfläche in Celsiusgrad

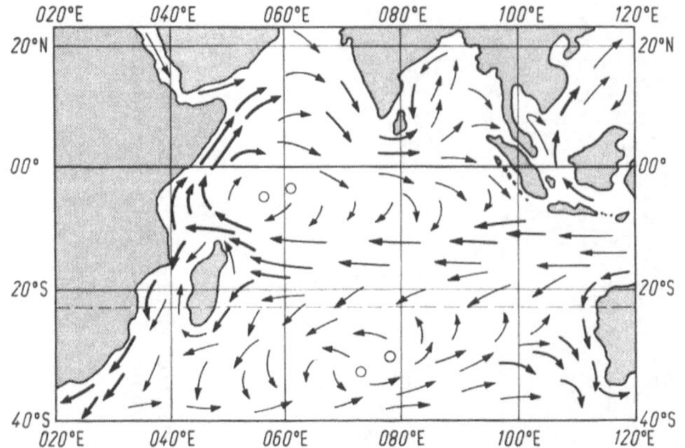

Bild 5.20. Oberflächenstrom des Indischen Ozeans im nördlichen Sommer (zur Zeit des Südwestmonsuns)

5.7.3   Bedeutung von Stromangaben in Karten

Wenn auch der Verlauf der großen Oberflächenströmungen der Meere im allgemeinen bekannt ist, so ist unsere Kenntnis vom genauen Stromverlauf im einzelnen doch noch recht lückenhaft. Der Nautiker ist geneigt, kartographischen Stromangaben einen Grad von Wirklichkeitstreue beizumessen, der *tatsächlich nie vorhanden sein kann*. Selbst die im Zusammenhang mit dem großen Windsystem stehenden Meeresströmungen sind großen zeitlichen Schwankungen unterworfen.

In den deutschen Seekarten sind Stromangaben nicht mehr enthalten.

5.7.4   Eis des Meeres

Das Meerwasser erreicht seine größte Dichte nicht bei $+4\,°C$, sondern zieht sich bis zum Gefrierpunkt und bei Unterkühlung auch noch unter diesem zusammen. Der Gefrierpunkt des Meerwassers liegt um so tiefer, je salzhaltiger es ist.

Bei einem Salzgehalt von 35‰ liegt der Gefrierpunkt bei $-1,9\,°C$. Solches Wasser erreicht seine größte Dichte erst bei $-3,5\,°C$.

In der Polarregion gefriert im Winter das Eis zu 1 bis 2 m dicken Schollen, die, durch Wind, Wellen und Pressungen übereinandergetürmt und durch Schneefälle untereinander verkittet, das Packeis liefern.

Die Eisberge sind Süßwassereis und stammen von den Gletschern der Gebirge auf dem polaren Festlande und den polaren Inseln. Da die Dichte dieses Eises etwa $0,9\,kg/dm^3$ ist, ragt nur $\frac{1}{10}$ der Masse eines Eisberges aus dem Wasser heraus. Dies gilt allerdings nur für kompaktes Eis aus chemisch reinem Wasser. Da Gletschereis viel Luft enthält, tauchen die Eisberge im allgemeinen nur etwa $\frac{2}{3}$ in das Wasser ein.

Um dem Verlangen der Schiffahrt nach einer allgemeinen Übersicht über den Zeitpunkt des Auftretens von Eis und dessen Verteilung nachzukommen, hat das DHI Atlanten der Eisverhältnisse in den einzelnen Meeren herausgegeben.

5.7.5   Erforschung der Meere [30]

Die wissenschaftliche Meeresforschung begann im Jahre 1853, als der amerikanische Seeoffizier Maury, der sich bereits um die Erforschung des Golfstroms

---

30 Siehe die Standardwerke Schott: Geographie des Atlantischen Ozeans, 3. Aufl., 1944, und Geographie des Indischen und Stillen Ozeans, Hamburg: C. Boysen, 1935, sowie Gagel: Die sieben Meere, ihre Erforschung und Erschließung, Braunschweig: G. Westermann, 1955.

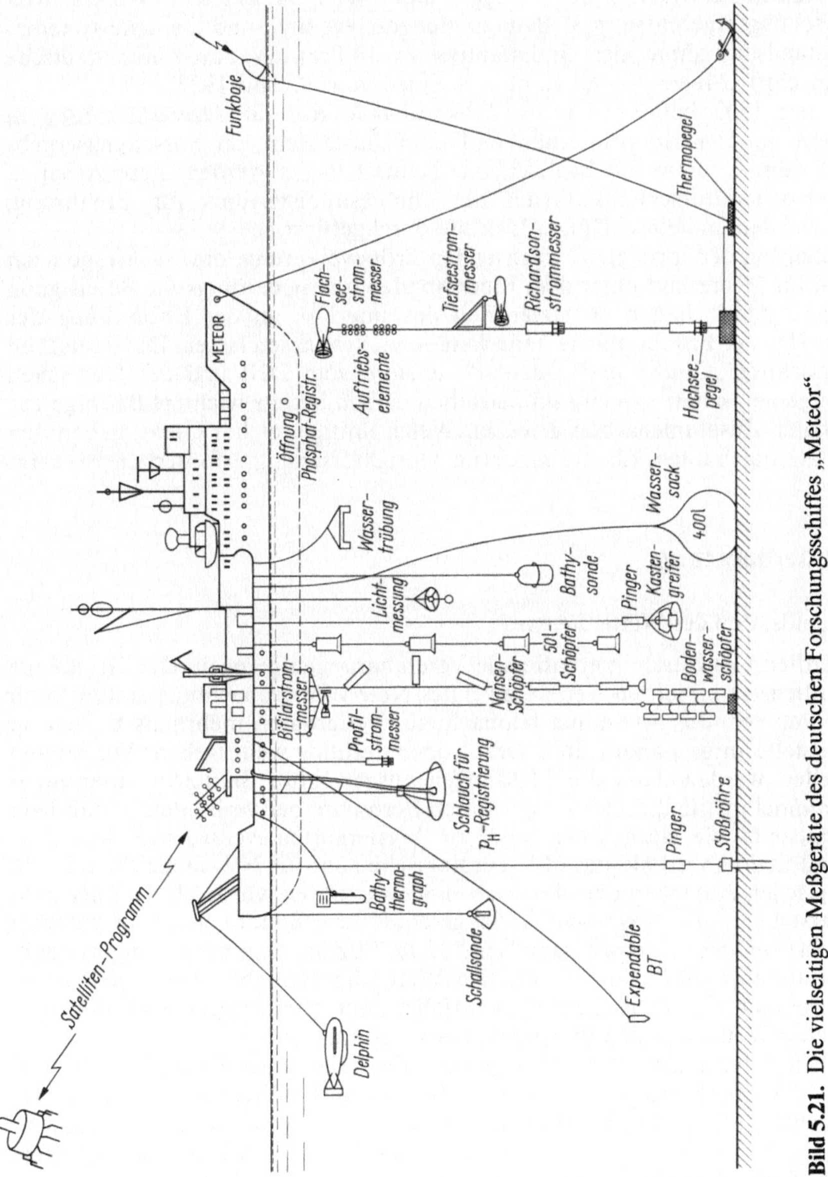

Bild 5.21. Die vielseitigen Meßgeräte des deutschen Forschungsschiffes „Meteor"

verdient gemacht hatte, auf einer Konferenz der wichtigsten seefahrenden Staaten die allgemeine Sammlung von Beobachtungen über Winde, Stürme, Strömungen, Eis, Nebel usw. aus den Schiffstagebüchern und deren Auswertung in Instituten anregte. *In mehr als hundert Jahren haben auch die deutschen Nautiker in freiwilliger ehrenamtlicher Mitarbeit der Deutschen Seewarte und ihrem Nachfolger, dem DHI, die Unterlagen für die meereskundlichen Veröffentlichungen geliefert, die der Schiffahrt und ebenso der Allgemeinheit zugute kommen.*

Darüber hinaus sind von vielen Nationen besondere *Forschungsschiffe* eingesetzt worden. An außergewöhnlichen Expeditionen sind zu erwähnen: die Weltreise des britischen Seglers H.M.S. „Challenger" unter W. Thomson von 1872 bis 1876, deren Forschungsergebnisse in 38 Bänden niedergelegt sind, und die erste systematische Bestandsaufnahme des Südatlantiks in 14 Profilen durch das deutsche Forschungsschiff „Meteor" unter Kapt. z. S. Spieß von 1925 bis 1927.

Bereits seit 1902 befaßt sich der *Internationale Rat für Meeresforschung* in Kopenhagen mit der Koordinierung und dem Austausch von Forschungsergebnissen auf dem Gebiete der Seefischerei. Deutscherseits werden diese Arbeiten von den Fischereiforschungsschiffen des Bundesministeriums für Ernährung, Landw. u. Forsten und einschlägiger Institute durchgeführt.

Die Ernährung der sprunghaft wachsenden Erdbevölkerung, die Nachfrage nach Rohstoffen im Meere und unter dem Meeresboden und neuerdings die Beseitigung radioaktiver Abfälle haben in letzter Zeit das Interesse an der Erforschung der Meere, die 71% der Erdoberfläche bedecken, schnell wachsen lassen. Die deutschen Forschungsschiffe „Gauß" und „Meteor", letztere vom DHI und der Deutschen Forschungsgemeinschaft gemeinsam betrieben, haben bereits wichtige Beiträge zur internationalen Zusammenarbeit geleistet. Welch umfangreiches Gerät, neben den binnenbords eingebauten, für die moderne Meeresforschung erforderlich ist, zeigt Bild 5.21.

5.8 Wetterberatung

5.8.1 Organisation des Wetterdienstes

Der Wetterdienst ist durch internationale Vereinbarungen geregelt. Die Grundlage des Wetterdienstes bildet ein weit verzweigtes Netz von Beobachtungsstationen an Land und auf See, die bestimmte beobachtete Wetterdaten mehrmals täglich an die Zentralstelle ihres Landes über Draht oder drahtlos weitergeben. Von diesen Sammelstellen werden dann die Meldungen ausgewählter Stationen zusammengestellt (Sammelobs) und drahtlos oder durch Fernschreiber verbreitet, so daß jede Wetterdienststelle sie aufnehmen und zu Wetterkarten verarbeiten kann. In Deutschland übernahm 1946 das „Meteorologische Amt für NW-Deutschland" die meteorologischen Aufgaben der „Deutschen Seewarte". Es wurde als Teil der dem BMV unterstellten, im November 1952 geschaffenen Bundesanstalt „Deutscher Wetterdienst" in das „Seewetteramt" mit dem Sitz in Hamburg umgewandelt. Dem Seewetteramt (SWA) des Deutschen Wetterdienstes obliegt die meteorologische Betreuung der deutschen Seeschiffahrt und Seefischerei und die Verarbeitung aller Wetterbeobachtungen der deutschen Schiffe.

Es erhält auf Fernschreibern die von dem Zentralamt des Deutschen Wetterdienstes in Offenbach/Main übermittelten Boden- und Höhenbeobachtungen der Nordhalbkugel in 3stündigem Abstand und sammelt selbst die Wetterbeobachtungen von der Küste der Bundesrepublik, von den deutschen Feuerschiffen, Handelsschiffen und Fischereifahrzeugen (über Norddeich-Radio).

Vom SWA (wie auch von den übrigen Wetterdienststellen an der deutschen Küste und von vielen ausländischen Wetterwarten) können Schiffe vor dem Auslaufen fernmündlich Auskunft über die jeweilige Wetterlage und das zu erwartende Wetter erhalten. Von dieser Möglichkeit sollte der Nautiker, besonders auf kleinen Schiffen und bei Sturm- und Nebelgefahr, ausgiebig Gebrauch machen!

Die Ergebnisse aller meteorologisch wissenschaftlichen Beobachtungen des SWA werden als zusammenfassende Darstellungen vom Wetter und Klima der einzelnen Seegebiete in Form von Atlanten, Monatskarten, von Beiträgen für die Seehandbücher, in „Wetterlotse" und in „Der Seewart" veröffentlicht.

5.8.2 Synoptische [31] Wetterkarten [32]

Seit dem 1. Januar 1953 gibt das SWA aufgrund der bei ihm eingegangenen Stations- und Schiffswettermeldungen unter dem Titel „Wetterkarte des Seewetteramtes" täglich für 0 Uhr UTC eine großräumige Wetterkarte (stereographischer Entwurf im Maßstab 1:27,5 Mill.) heraus.

An die in die Kartenvordrucke eingezeichneten Stationskreise ist die Windrichtung angetragen in Form eines Windpfeiles, der mit dem Winde fliegt. An dem Windpfeil ist die Windstärke nach der Beaufort-Skala angezeigt, für jeden Grad der Windstärke ein halbes Fiederchen. Auf einigen anderen Wetterkarten werden seit 1. Januar 1949 nach internationaler Vereinbarung die Windrichtungen in Zehnergraden (0 bis 36) und die Windstärken in Knoten (sm/h) angegeben (siehe auch Tab. 5.2 und 5.6) und zuweilen auch so in die Wetterkarten eingezeichnet. Ein halbes Fiederchen bedeutet dann 5 kn, ein ganzes 10 kn und ein kleines Dreieck 50 kn. Die Fiederchen werden auf Nordbreite immer an die *linke*, auf Südbreite an die *rechte* Seite des Pfeiles gesetzt. Windstille wird durch einen Kreis um den Stationskreis gekennzeichnet. Der Grad der Bewölkung wird durch entsprechende Ausfüllung des Stationskreises wiedergegeben. Es bedeutet:

○ wolkenlos, ◔ ¼ bedeckt, ◑ ½ bedeckt, ◕ ¾ bedeckt, ● ganz bedeckt, ⊗ Bedeckung nicht feststellbar

Die Zeichen links unterhalb des Stationskreises bedeuten:

,	Sprühregen, Nieseln	≡ diesig (Sicht 1 bis 5 km)
•	Regen	= Bodennebel (flacher Nebel bis Augenhöhe)
⊼	Gewitter	
✶	Schneefall	≡ Nebel (Sicht geringer als 1 km)
(·)	Niederschlag in der Umgebung	

Ferner werden bezeichnet:

∗̇	Schneeregen	////////// Gebiete mit Regen
∨̇	Regenschauer	✶✶✶ Gebiete mit Schnee
∗̌∨	Schneeschauer	Gebiete mit Nebel
▲	Hagel	Luftströmung ⇒ warm, → kalt
△	Graupeln	

Von den Zahlen links oben am Stationskreis gibt die Zahl über dem Strich die Lufttemperatur in °C, die Zahl unter dem Strich die Wassertemperatur in °C. Alles Weitere siehe NF, Bd. III, den Schiffsschlüssel (Seeobsschlüssel) und die Wetterkarte selbst. Die Wetterkarten des SWA bringen ferner eine kurze Schilderung der Wetterlage und der Wetterentwicklung im großen und eine Wettervorhersage für NW-Deutschland und die vorgelagerten Seegebiete für zwei Tage. Auf der Titelseite findet man Aufsätze über aktuelle meteorologische Ereignisse mit erläuternden Karten.

---

31 synoptos (griech.) zusammen (gleichzeitig) beobachtet.

32 Siehe darüber im NF, Bd. III.

Die ersten synoptischen Wetterkarten zeichnete 1818 der Breslauer Physiker Brandes (1777–1834). Die erste auf Grund telegr. Wettermeldungen gezeichnete Wetterkarte erschien am 14. April 1849 in den „Daily News". In Frankreich erscheinen tägl. Wetterkarten seit 1863. In Deutschland gab am 16. Februar 1876 die Deutsche Seewarte die erste Wetterkarte heraus. Am 1. Juni 1906 trat der öffentliche Wetterdienst in Deutschland ins Leben.

Siehe auch Rodewald über „Wind, Wetter und Wetterkarte" in „Wetterlotse", Dez. 1959.

Über *Bildübertragung von Wetterkarten* (Faksimile) siehe Kap. 5.9.3.

Die ausländischen Wetterkarten entsprechen im großen und ganzen den in Deutschland üblichen.

Aus den Wetterkarten kann der geübte Nautiker unter Berücksichtigung der Wettervorhersage wichtige Schlüsse über den Verlauf des Wetters in den nächsten Tagen ziehen. Besonders wertvoll ist dabei der Vergleich mehrerer zeitlich aufeinander folgender Wetterkarten, da man dabei die Entwicklung und Fortbewegung der Hoch- und Tiefdruckgebiete erkennen kann.

5.8.3 Höhenwetterkarten

Damit die Dynamik des Wettergeschehens in der Atmosphäre besser erkannt werden kann, ist eine dreidimensionale Wetteranalyse erforderlich. Neben der Beobachtung der meteorologischen Parameter am Boden muß folglich eine Sondierung der Atmosphäre in der Vertikalen vorgenommen werden. Mit Hilfe von Radiosonden, die an einem Ballon bis in Höhen über 30 km getragen werden, können täglich zu den synoptischen Hauptterminen 0.00 Uhr und 12.00 Uhr UTC die meteorologischen Daten aus Druck-, Temperatur-, Feuchte- und Windmessungen aufgezeichnet werden. Die Aerologie oder die Wissenschaft von der Atmosphäre ist somit heute zu einem wesentlichen Bestandteil der synoptischen Meteorologie geworden.

Die aerologischen Beobachtungen werden zur Analyse der Höhenwetterkarte benötigt, die einen schnellen und für die Vorhersage leicht überschaubaren Einblick in die Prozesse der freien Atmosphäre gibt. In die Höhenwetterkarten werden aus der Vertikalsondierung nur die Werte aufgenommen, die bei den sog. Hauptdruckwerten 850, 700, 500, 300, 200 und 100 mbar gemessen wurden. Die Darstellungen der Hauptdruckflächen enthalten Temperatur, Taupunkt, Wind und Höhe des betreffenden Hauptdruckwertes über dem Meeresspiegel in Dekametern (Zehnermetern). Sie heißen *Höhenwetterkarten* oder *Absolute Topographien*, z. B. **„Absolute Topographie der 500-mbar-Fläche"**. In dieser Karte sind die eingezeichneten Linien keine Isobaren, sondern *Isohypsen* (Linien gleicher Höhe). Die Zahl 524 an einer Isohypse bedeutet also eine Höhe von 524 gpdm über dem Meeresspiegel für Hauptdruckwerte, die auf dieser Linie liegen; die Höhe der Druckflächen wird somit nicht direkt in geometrischen Höhen, sondern in „geopotentiellen Dekametern", abgekürzt gpdm, angegeben. Der Zahlenwert entspricht mit geringen Abweichungen dem Zahlenwert der Höhe in Metern.

Schließlich werden im synoptischen Dienst noch Karten benötigt, aus denen die Differenz zwischen den Höhen bestimmter Druckwerte, beispielsweise der Abstand zwischen 1000 mbar und 500 mbar, hervorgeht. So enthält die große tägliche Wetterkarte des Deutschen Wetterdienstes außer Karten der absoluten Topographien verschiedener Hauptdruckflächen auch eine Karte der „Relativen Topographie 500/1000 mbar", die angibt, wieviel Dekameter zwischen der 500- und der 1000-mbar-Fläche liegen. Mit dem Wort „relativ" wird ausgedrückt, daß die Höhenangaben nicht auf das gleiche *absolute* Niveau, den Meeresspiegel, bezogen sind, sondern auf die *veränderliche* Höhenlage einer anderen Druckfläche. Im englischen Sprachgebrauch ist für diese Karte die Bezeichnung „thickness chart" gebräuchlich, die klar zum Ausdruck bringt, daß es sich um die kartenmäßige Darstellung der Dicke einer Schicht zwischen zwei Druckflächen handelt.

Mit Hilfe der Höhenwetterkarten sind eine Reihe von Erfahrungsregeln aufgestellt worden. Sie befassen sich mit den verschiedenen Prozessen in der Atmosphäre, die Druckänderungen, insbesondere *Zyklogenese* (Vertiefung) und *Antizyklogenese* (Druckanstieg) bewirken. Allerdings sind diese Prozesse in ihrem

Zusammenwirken so kompliziert, daß ihre Kenntnis an dieser Stelle nur qualitativ vermittelt werden kann, d. h., das erworbene Wissen ist nur bei besonderen Gegebenheiten verwertbar. Deshalb sind die an sich verwickelten Vorgänge hier sehr vereinfacht dargestellt.

Entsprechend der mittleren Lage der 500-mbar-Fläche zwischen Boden und etwa 10 000 m, also der Schicht, in der in den gemäßigten Breiten Wetter stattfindet, kommt dieser absoluten Topographie besondere Bedeutung zu. Sie wird daher in der Meteorologie sowohl in der aktuellen als auch in der 3- bis 4tägigen mittelfristigen Wettervorhersage genutzt. Ihre Aussage ist für die praktische Wetterprognose in zweifacher Hinsicht von Wert:

- Als Steuerungs- bzw. Verlagerungskarte von Tiefdruckgebieten und deren Ausläufern (Fronten) eignen sich die 500-mbar-Topographie und entsprechend ihrer vertikalen Durchdringung der Atmosphäre auch die darunter liegenden Hauptdruckflächen.
- Die Divergenztheorie erklärt den Mechanismus von Druckanstieg und Druckfall aus dem Aufbau der Höhenströmung. Die Divergenz ist ein Maß für die Volumenexpansion bzw. -kontraktion, die durch räumliche Unterschiede des Windfeldes hervorgerufen wird.

Die Grundlage der *Steuerung* besteht darin, daß eine enge Beziehung zwischen der Zugbahn von Tiefdruckgebieten sowie ihrer Fronten und der Höhenströmung besteht. Die Verlagerung der Zyklonen wird weitgehend durch die Richtung der Isohypsen der 500-mbar-Fläche bestimmt. Ihre Geschwindigkeit beträgt dabei etwa 50 bis 60% der Windgeschwindigkeit in diesem Niveau. Bei einer jungen Zyklone entspricht der Isobarenverlauf im Warmsektor annähernd dem Isohypsenverlauf in der Höhe. Daher bewegt sich das Tief in der Richtung, die durch das Bodendruckfeld im Warmsektor bestimmt ist. Diese, als „Warmsektorregel" bekannte Anleitung, erklärt die Verlagerung sich entwickelnder Zyklonen in der zunächst noch ungestörten Höhenströmung.

Weisen Hoch- und Tiefdruckgebiete bis in große Höhen abgeschlossene Isohypsen auf, so wirken sie als Steuerungszentren für die in ihren Bereich gelangenden Störungen. Eine geschlossene Isohypsenform kann nur dann bis in große Höhen erhalten bleiben, wenn das Hoch in der freien Atmosphäre wärmer bzw. das Tief kälter als die Umgebung ist. Die steuernden Druckgebilde sind daher stets die warmen Antizyklonen oder kalten Zyklonen. Das antizyklonale[33] Steuerungszentrum eines warmen Hochs unterscheidet man folglich von dem schnelllebigen kalten Hoch, z. B. dem Zwischenhochkeil.

Die *Divergenztheorie* führt zu zahlreichen Grundregeln, von denen einige auch dem interessierten Laien bei vorsichtiger Anwendung von Nutzen sein können. Da Masse in der Atmosphäre weder erzeugt noch vernichtet werden kann, herrscht am Boden nur dort Druckgleichgewicht, wo in der Luftsäule darüber jederzeit soviel Luft einströmt wie ausströmt.

Erst in dem Augenblick, wo der Massenzufluß das Ausströmen überwiegt, steigt der Bodendruck. Im Gegensatz zu diesem Beispiel der *Massenkonvergenz* spricht man von einer *Massendivergenz* für den Fall, daß mehr Luft aus der Luftsäule ausströmt. Die Massenkonvergenz in der Atmosphäre hat somit eine Zunahme der Luftdichte und damit Druckanstieg zur Folge, während bei der Massendivergenz abnehmende Luftdichte und Druckfall auftreten.

---

33 antizyklonal: die Umströmung erfolgt auf der Nord(Süd)hemisphäre im (entgegen dem) Uhrzeigersinn.

Der Verlauf der Isohypsen in der Höhenkarte gibt dem Meteorologen einen wesentlichen Hinweis auf die Frage, ob Druckfall oder Druckanstieg an der Meeresoberfläche zu erwarten sind. Wenn die Stromlinien auseinanderlaufen (divergieren), werden die einströmenden Luftmassen auf eine breitere Luftsäule oder einer größeren Fläche verteilt, der Luftdruck fällt. Im umgekehrten Fall laufen die Isohypsen zusammen (konvergieren), was wiederum einen Massenstau durch Massenkonvergenz bewirkt, der Luftdruck steigt. *Konfluenz-* und *Diffluenzzonen* (siehe Bild 5.22) wechseln in der Höhenströmung miteinander ab, ohne daß man im gleichen Sinne Druckanstieg- und Druckfallgebiete am Boden verteilen könnte; denn neben der gerade beschriebenen *Richtungsdivergenz* gibt es in der Höhenströmung eine *Geschwindigkeitsdivergenz*, die darauf beruht, daß entlang der Stromlinien Geschwindigkeitsänderungen auftreten. Dort, wo die Höhenströmung abnimmt, kommt es zu einer Massenkonvergenz, dort, wo die Höhenströmung zunimmt, zu einer Massendivergenz.

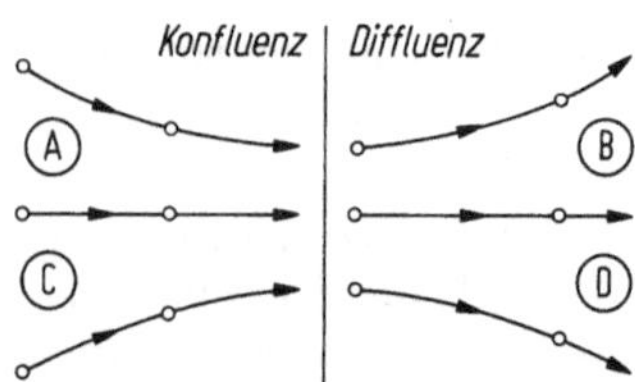

Bild 5.22. Geschwindigkeits- und Richtungsdivergenz im Bereich von Konfluenz- und Diffluenzzonen

Das Bild 5.22 gibt die in der Atmosphäre am häufigsten vorkommende Verteilung von Richtungs- und Geschwindigkeitsdivergenz wieder. In allen Bereichen des Strömungsfeldes — A bis D — auf der Seite der Konfluenz als auch bei der Diffluenz, kompensieren sich die Effekte der Richtungsdifferenz und der Geschwindigkeitsdivergenz. So ergibt sich im Bereich A und C (B und D) zwar eine Richtungskonvergenz (Richtungsdivergenz) der Strömung, gleichzeitig aber auch eine Geschwindigkeitsdivergenz (-konvergenz), da die Geschwindigkeit der Strömung zunimmt (abnimmt). Welche Größe im Einzelfall überwiegt, muß für jede Wetterlage neu überdacht werden. Es ist deshalb grundsätzlich falsch, allein aus dem Divergieren oder Konvergieren der Isohypsen auf Druckfall oder Druckanstieg am Boden zu schließen.

Einer der Fälle, bei denen starker Druckfall auf der Vorderseite eines Höhentroges über dem NO-Atlantik — im Gebiet B — auftrat, leitete die Flutkatastrophe des „Hollandorkans" am 1. Februar 1953 ein. Eine Warmsektorzyklone (Bild 5.23) lief am 30. Januar 1953 in das Gebiet zunehmender Richtungsdivergenz (Bild 5.24), wobei die kompensierende Geschwindigkeitsdivergenz ausblieb. Die Geschwindigkeit des Höhenwindes nahm stromabwärts sogar zu, so daß sich zu der Richtungsdivergenz eine Geschwindigkeitsdivergenz addierte. Das Ergebnis dieser verstärkten Divergenz zeigt sich in der nachfolgenden Bodenkarte (Bild 5.25), in der die Zyklone bereits einen Kerndruck unter 980 mbar erreicht hat. Das Zusammenspiel von Richtungs- und Geschwindigkeitsdivergenz wurde am Beispiel der Entwicklung eines Sturmtiefs aufgezeigt.

Damit kann grundsätzlich gesagt werden, daß Zyklonenentwicklungen am meisten begünstigt sind auf der — in Windrichtung gesehen — linken Seite eines Diffluenzgebietes (Bild 5.22, B) vor dem Trog und auf der rechten Seite eines Konfluenzgebietes hinter einem Keil (Bild 5.22, C). Antizyklogenese werden wir bevorzugt finden auf der linken Seite eines Konfluenzgebietes hinter dem Trog

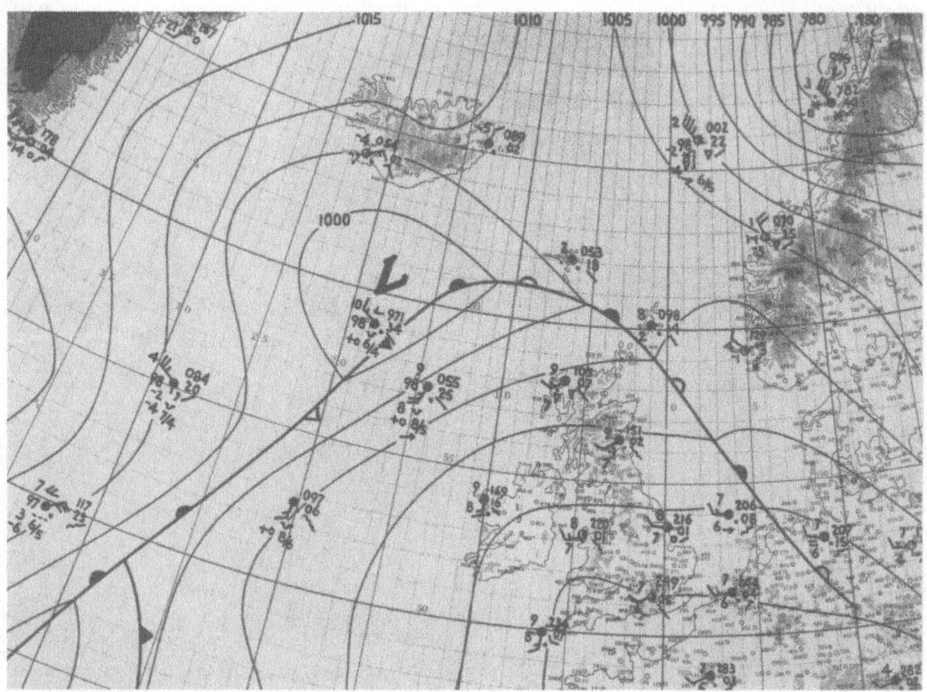

Bild 5.23. Bodenkarte (Ausschnitt) vom 30. Januar 1953 — 0.00 Uhr GMT

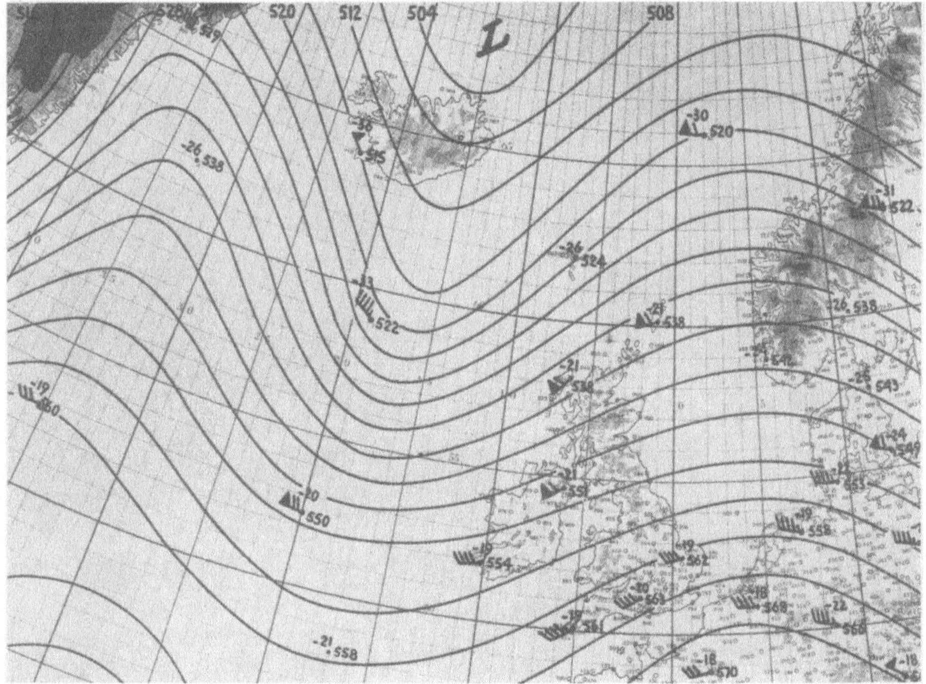

Bild 5.24. Höhenkarte (Ausschnitt) vom 30. Januar 1953 — 12.00 Uhr GMT

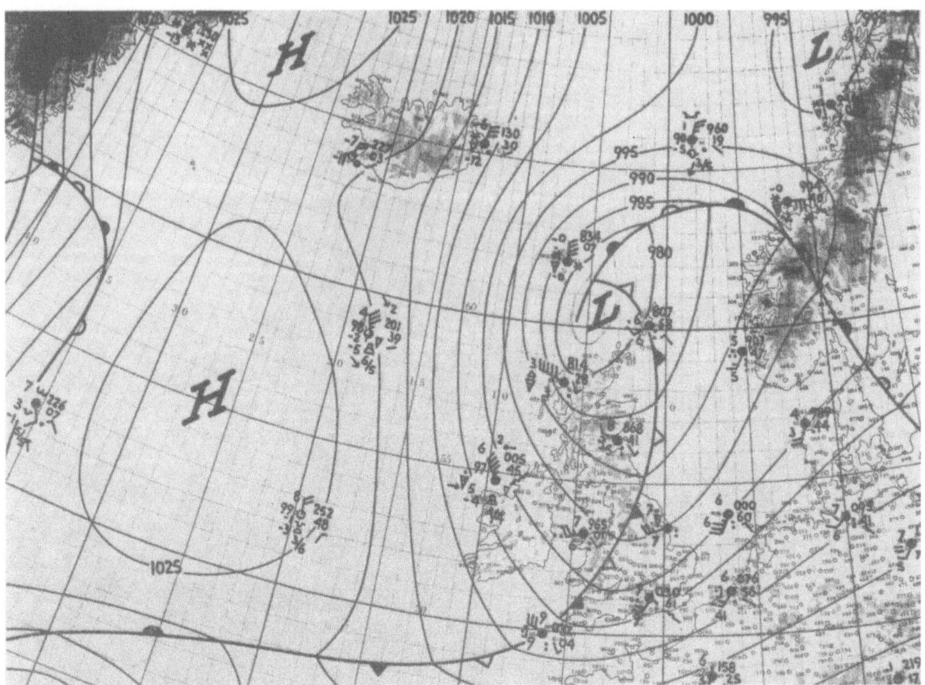

Bild 5.25. Bodenkarte (Ausschnitt) vom 31. Januar 1953 — 0.00 Uhr GMT

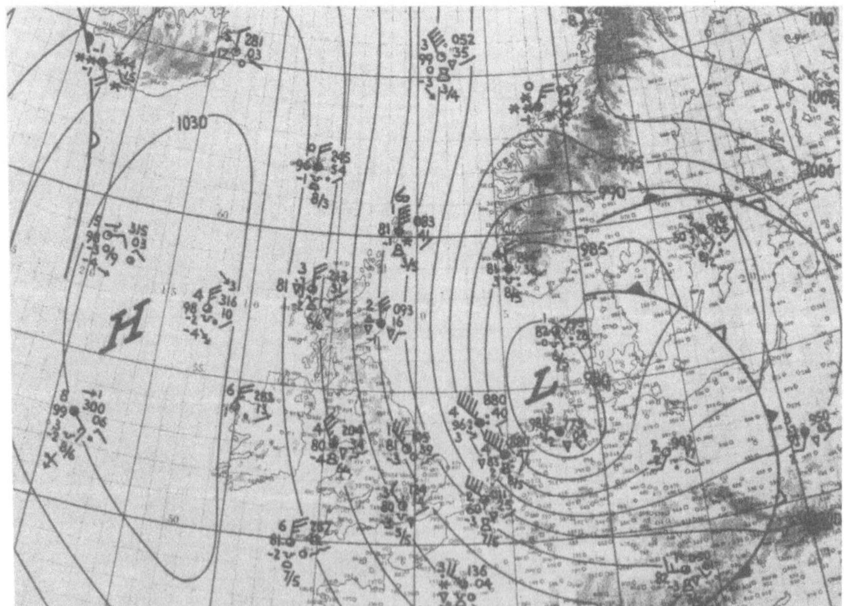

Bild 5.26. Bodenkarte (Ausschnitt) vom 1. Februar 1953 — 0.00 Uhr GMT

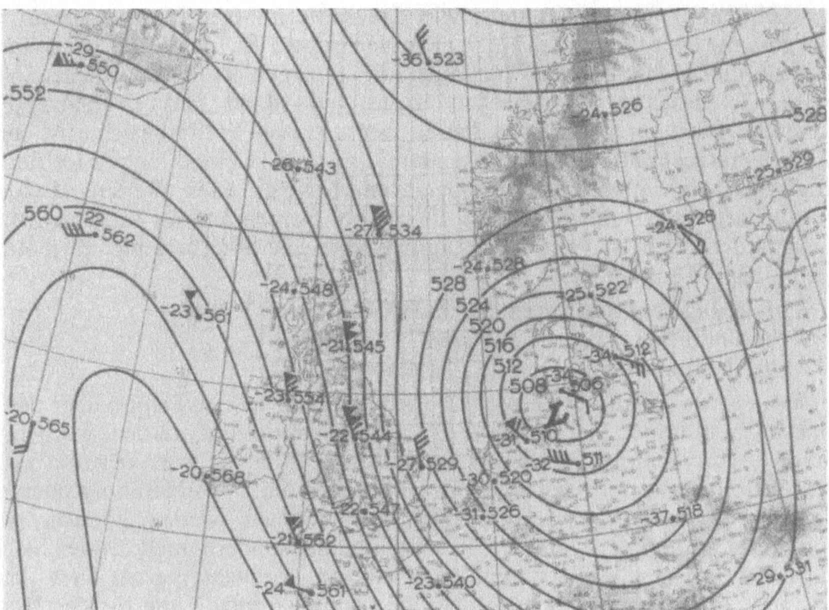

Bild 5.27. Höhenkarte (Ausschnitt) vom 1. Februar 1953 — 0.00 Uhr GMT

(Bild 5.22, A) und auf der rechten Seite eines Diffluenzgebietes (Bild 5.22, D) vor dem Höhenhochkeil.

Da die Entwicklung von Tiefdruckgebieten aus der Höhenströmung entnommen werden kann, ist auch der Abschluß einer solchen Vertiefung aus dem Verlauf der Isohypsen ersichtlich. Hierzu muß jedoch die Bodenkarte des zugehörigen synoptischen Termins zum Vergleich herangezogen werden. Bei der Idealzyklone wird während des Okklusionsprozesses die Warmluft auf der Vorderseite des Tiefs in die Höhe geführt, wo sie sich ausbreitet. Gleichzeitig sinkt die Kaltluft auf der Rückseite des Tiefs ab und breitet sich in den unteren Schichten aus. Das Zentrum der Zyklone wird allmählich von der Kaltluft unterspült. Zusammensinken und Ausbreiten der Kaltluft in den unteren Schichten der Atmosphäre sowie Hebung und Ausbreitung der Warmluft in der Höhe bewirken jedoch eine Senkung des Isohypsenfeldes über dem Bodentief. Damit liegen die Tiefkerne von Boden- und Höhentief zum Abschluß einer Entwicklung senkrecht übereinander. Tiefdruckgebiete mit vertikaler Achse und konzentrischem Temperaturfeld bleiben daher stationär. So liegt auch der Bodenkern des Hollandorkans am 1. Februar 1953 mit 980 mbar in der Deutschen Bucht unter dem Kerngebiet des zugehörigen Höhentiefs mit 508 gpdm in 500 mbar; die Entwicklung ist hiermit abgeschlossen.

5.8.4 Seewetterberichte des SWA Hamburg

Die Versorgung der deutschen Küste und der in ihrer Nähe in See befindlichen Schiffe mit Wetternachrichten geschieht durch drahtlos verbreitete Seewetterberichte. Sie bringen im Klartext eine kurze Wetterübersicht und eine Wettervorhersage für die nächsten 24 Stunden. Es werden für die Nord- und Ostsee getrennte Berichte herausgegeben: der *Ostsee-Wetterbericht* über Kiel-Radio und der *Nordsee-Wetterbericht* über Norddeich-Radio. Der Ostseebericht umfaßt die westliche und mittlere Ostsee sowie das Kattegat. Der Nordseebericht gilt für die gesamte Nordsee einschließlich Skagerrak und für den Englischen Kanal und umfaßt in seinem zweiten Teil auch die Fanggebiete der deutschen Hochseefischerei längs der norwegischen Küste, bei Island und Grönland. Für die Deutsche Bucht und westliche Ostsee werden auch Wetterberichte in englischer Sprache ausgestrahlt. Außerdem sendet Quickborn zweimal täglich für den außertropischen Nordatlantik einen Ozeanwetterbericht. Alles Weitere (Sendezeiten, Frequenzen usw.) siehe im NF, Bd. III und im „Sprechfunk für Küstenschiffahrt".

Außerdem werden vom SWA täglich noch Seewetterberichte über Rundfunk verbreitet. Sie enthalten:

- Schilderung der Großwetterlage in der Nord- und Ostsee,
- Wettervorhersagen für die nächsten 24 Stunden,
- Wettermeldungen ausgewählter Küstenorte.

Zum Auswerten dieser Seewetterberichte, die im Diktat-Tempo über den Rundfunk zu bestimmten Zeiten (siehe NF, Bd. III) verbreitet werden, wurden sowohl zum Mitschreiben des Textes und der Stationsmeldungen wie auch zum Skizzieren der Wetterlage Kartenvordrucke entworfen, die vom SWA Hamburg oder von den Küstenwetterwarten zum Selbstkostenpreis bezogen werden können. Ähnliche Vordrucke gibt es nicht nur für den Nordatlantik, sondern auch für den Stillen und Indischen Ozean. Sie sind zum Zeichnen von Bordwetterkarten nach Analysensendung (siehe Kap. 5.9.2) unentbehrlich. Schiffsleitungen, die für den Deutschen Wetterdienst beobachten, erhalten alle diese Unterdrucke kostenlos über die meteorologischen Hafendienste oder durch das SWA-Hamburg. Telefonische Wetterauskünfte erteilen in den Ostseehäfen die Wetterwarten in Schleswig, Kiel und Lübeck, in Häfen der Nordsee die Wetterwarten in Emden, Bremerhaven, Bremen, Cuxhaven, Hamburg, Husum, Helgoland, Norderney und List/Sylt. Die Küstenfunkstellen Norddeich, Kiel und Rügen senden auf Verlangen auch außerterminlich Wetterberichte gegen Gebühr (siehe NF).

Über die Witterung in aller Welt unterrichtet der Monatsbericht „Die Witterung in Übersee" des SWA Hamburg. Jede Nummer bringt eine Beschreibung des Wetterverlaufs in Übersee und auf zwei Weltkarten eine Darstellung der Temperatur- und Niederschlagsverhältnisse des jeweiligen Monats.

Bedeutung	Tagsignal	Nachtsignal
Windstärke 6 – 7 Windwarnung	Signalball	weißes Licht / grünes Licht
Sturm aus NW	▲	rotes Licht / rotes Licht
Sturm aus SW	▼	weißes Licht / weißes Licht
Sturm aus NE	▲▲	rotes Licht / weißes Licht
Sturm aus SE	▼▼	weißes Licht / rotes Licht
eine rote Flagge: rechtsdrehend oder ausschießend (N–E–S–W)		
zwei rote Flaggen: zurückdrehend oder krimpend (N–W–S–E)		

Bild 5.28. Sturmwarnsignale an der deutschen Küste

5.8.5 Sturmwarnungen

Das SWA Hamburg gibt für die von ihm betreuten deutschen Küstengebiete sowie für die ganze Nordsee (unterteilt in nördliche, mittlere und südwestliche Nordsee, Deutsche Bucht und Skagerrak) und Teile der Ostsee (Skagerrak, Kattegat, westliche, mittlere, östliche und nördliche Ostsee) Windwarnungen heraus, wenn Windstärke 6 bis 7, und Sturmwarnungen, wenn Windstärke 8 und mehr erwartet wird. Diese Warnungen werden über Rundfunksender bekannt gemacht. Die Warnungen werden drahtlos für die Seegebiete der Nordsee über Norddeich-Radio, für die Seegebiete der Ostsee über Kiel-Radio gesendet.

Bild 5.28 zeigt die optischen Sturmwarnsignale, die bis 31. 12. 1982 an der deutschen Küste gezeigt wurden. Diese Signale sind international gebräuchlich. In einigen Ländern wird als Windwarnsignal bei Nacht — wie es früher üblich war — noch eine rote Lampe gezeigt u. a. Näheres darüber siehe in den einschlägigen Shb.

5.8.6 Windsemaphore

In Cuxhaven und am Leuchtturm Hoheweg sind Semaphore aufgestellt, die Windrichtung und -stärke in Borkum und Helgoland durch weithin sichtbare Arme anzeigen (siehe Bild 5.29). Stromabwärts fahrende und von Süden kommende Schiffe erblicken Ost rechts und West links.

Alles Weitere über Achtungs- und Störungssignale und die Erklärung der Signale findet man in den Lfv.

Infolge des Funkwetterdienstes haben die Windsemaphore ihre Bedeutung auch für die Küsten- und Sportfahrzeuge weitgehend verloren und werden ab 01. 01. 1983 nicht mehr betrieben.

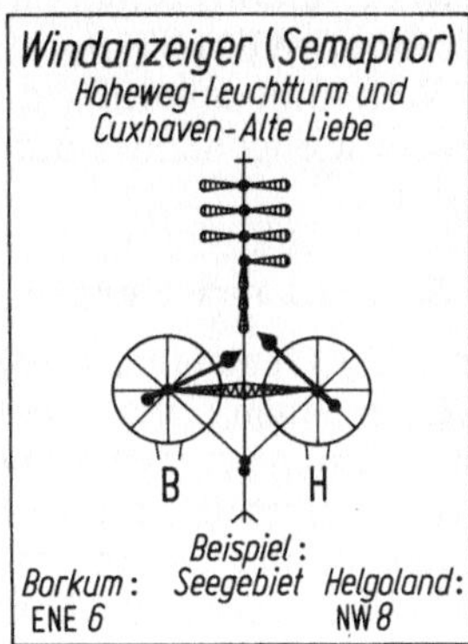

Bild 5.29. Windanzeiger

5.8.7 Wetterschiffe

Solche von verschiedenen Nationen unterhaltenen Schiffe liegen auf bestimmten, im NF angegebenen Stationen. Die Wetterschiffe sind mit Funkfeuern ausgerüstet. Ihre Funkstationen geben regelmäßig, auch bei klarem Wetter, alle 3 Stunden Wettermeldungen, die für unterwegs befindliche Schiffe sehr wertvoll sein können. Da die Wetterschiffe ihre Stationen nicht immer genau einhalten können, wird die genaue Lage eines Wetterschiffes durch die Kennung des Funkfeuers angezeigt, indem auf die zwei Buchstaben der eigentlichen Kennung weitere zwei Buchstaben folgen, von denen der erste die Abweichung von der Normalposition in Breite, der zweite die Abweichung in Länge bedeutet. Das dabei angewandte Schema ist im NF angegeben. Auf Ersuchen erteilen die Wetterschiffe auch ärztliche Ratschläge.

Auf den Wetterschiffen werden nicht nur laufend meteorologische Beobachtungen gemacht und weitergegeben und ozeanographische Forschungen angestellt, sie sind auch ausgerüstet, um Seeschiffen und Flugzeugen in Seenot zu helfen und sie navigatorisch zu unterstützen. Zur Zeit gibt es folgende Wetterschiffstationen:

Ozean-Wetterstationen

Atlantik:	EGRU Charlie	52°45′ N	035°30′ W
	EGRL Lima	57°00′ N	020°00′ W
	EGRM Mike	66°00′ N	002°00′ W
	EGRK Romeo	47°00′ N	017°00′ W
	Ami (Rettungsschiff)	71°30′ N	019°00′ E
Pazifik:	Keifumaru[a]	20°00′ N	130°00′ E
	Tango[a]	29°00′ N	135°00′ E

[a] Beobachten nur in den Monaten August und September.

Das SWA verfügt auch über schwimmende Wetterwarten, z.B. auf dem Fischereischutzboot „Frithjof". Ihnen obliegt u.a. die Wetterberatung der Fischer auf den Fischgründen der Nordsee (mit Engl. Kanal), im Nordmeer (Island, Lofoten) und den Fanggründen um Grönland und Neufundland. Auch die Forschungsschiffe „Anton Dohrn", „Walter Herwig", „Meteor" und „Polarstern" haben ständige Bordwetterwarten und geben, während sie in Fahrt sind, Wettervorhersagen und Sturmwarnungen an Fischereifahrzeuge auf deren Fangplätzen ab. Außerdem liefern diese Bordwetterwarten regelmäßig Wettermeldungen für den deutschen Wetterdienst an das SWA.

Weiterhin unterhält das Seewetteramt eine mobile Beobachtungsstation, die in einem Meßcontainer auf Handelsschiffen verschiedener Routen eingesetzt werden kann.

5.8.8 Orkanmeldungen

In allen Gegenden, in denen tropische Orkane auftreten, haben die betreffenden Länder einen Orkanmeldedienst eingerichtet. Siehe darüber NF. In den USA und in Ostasien werden während der Orkanzeit mit Radargeräten ausgerüstete Flugzeuge eingesetzt, die laufend Lage der Zentren, Zugbahnen, Geschwindigkeit und Intensität der Orkane melden. In neuester Zeit werden von bestimmten Stationen des amerikanischen Hurrikan-Warndienstes auch Raketen in das Zentrum derartiger Stürme geschossen, die Meßinstrumente enthalten, deren Angaben drahtlos weitergegeben werden. Schließlich gestatten die Aufnahmen der Wettersatelliten eine ständige Überwachung der Orkane (siehe Bild 5.10).

5.8.9 Eisnachrichtendienst

In der Bundesrepublik Deutschland wird der Eisdienst vom DHI wahrgenommen. Er beginnt mit dem ersten Auftreten von Eis in den von der Schiffahrt und von Fischereifahrzeugen befahrenen Gewässern und endet mit dem Verschwinden des letzten Eises daselbst. Das DHI sammelt die von den Eisbeobachtungsstellen der deutschen und außerdeutschen Küsten, von den Fährschiffen, Verkehrsflugzeugen und den Schiffen auf See eingehenden Eismeldungen und verbreitet telegraphische und schriftliche Berichte über die Eis- und Schiffahrtsverhältnisse des gesamten Nord- und Ostseegebietes.

Die amtlichen Eisberichte geben in deutscher und englischer Sprache eine Gesamtübersicht über die Eisverhältnisse in den deutschen Küstengewässern und in den angrenzenden Seegebieten, die durch eine Faksimile-Eiskarte ergänzt werden. Sie werden von bestimmten Küstenfunkstellen zu vereinbarten Zeiten gegeben (siehe NF).

Auf den transatlantischen Dampferwegen bei den Neufundland-Bänken wird in der Zeit, in der Eisberge nach Süden treiben (März bis Juli), ein Eismeldedienst durch besondere Flugzeuge und Wachtschiffe ausgeübt[34]. Coast Guard Radio Argentia (NIK) verbreitet täglich zweimal Meldungen über die Lage gemeldeter Eisberge usw. Diese Meldungen werden von einigen nordamerikanischen Küstenfunkstellen wiederholt (siehe NF). NIK strahlt außerdem täglich *Faksimile-Eisberichte* aus. Es muß immer damit gerechnet werden, daß auch größere als die gemeldeten Gebiete durch Eis gefährdet sind.

Im Mai 1979 wurde in Danzig (Gdansk) von den Eisdienststellen Hollands, Deutschlands, der skandinavischen Länder, Finnlands und der UdSSR ein neuer Eisschlüssel (Ostseeschlüssel) aufgestellt. Dieser neue Schlüssel wurde für die zeitliche und räumliche Ausdehnung der Winterschiffahrt notwendig und den jetzt üblichen Schiffstypen angepaßt. Er trat im Oktober 1981 in Kraft. Die wichtigsten Verbesserungen gegenüber dem bisherigen Kode liegen in dem vermehrten Informationsgehalt, in der Anpassung an die neue WMO-Eissymbolik sowie in der Eignung für eine elektronische Datenverarbeitung.

Die amtlichen, gedruckten Eisberichte des DHI bringen außer den täglichen Eismeldungen von einer großen Zahl Eismeldestationen Deutschlands, Hollands, Dänemarks, Schwedens, Finnlands und der UdSSR auch Meldungen über die Eisverhältnisse auf See sowie Informationen der staatlichen Eisbrecherdienste über Schiffsbegrenzungen und Eisbrechereinsatz. Alles Nähere siehe im NF und im Nachtrag dazu. Man denke immer daran, daß jede Eismeldung immer nur für den Zeitpunkt gilt, an dem das Eis beobachtet wurde, und daß Winde und Strömungen eine schnelle Veränderung der Eisverhältnisse bewirken können!

Über die Eisverhältnisse auf See wird unter anderem berichtet in:

- „Atlas der Eisverhältnisse der Deutschen Bucht und der westl. Ostsee", 1956 (2334)[35],
- „Monatskarten der Oberflächentemperaturen für die Nord- und Ostsee und die angrenzenden Gewässer", 1951 (2336),
- „Atlas der Eisverhältnisse im Nordatlantischen Ozean und Übersichtskarten der Eisverhältnisse des Nord- und Südpolargebietes", 1950 (2335).

5.9   Meteorologische Navigation

Unter meteorologischer Navigation[36] versteht man in erster Linie das Festlegen des Reiseweges unter Berücksichtigung der zu erwartenden Wind-, Wetter- und Stromverhältnisse auf der zu befahrenden Strecke. In zweiter Linie versteht man darunter alle Maßnahmen, die getroffen werden müssen, um *unvorhergesehenen* Wetterereignissen aus dem Wege zu gehen. Daß dabei immer das Verhalten des betreffenden Schiffes in schlechtem Wetter bei der jeweiligen Beladung eine wichtige Rolle spielt, ist selbstverständlich. Die richtige Wahl des Reiseweges, um

---

34 Zabel: Internationaler Eis-Patrouillendienst. Der Seewart 28 (1967) H. 3.

35 Die Zahlen hinter den Jahresangaben sind die Nummern im „Verzeichnis der Nautischen Karten und Bücher" des DHI vom 25. Oktober 1980 (2452).

36 Rodewald in „Der Seewart" 15 (1954) H. 4 und in „Wetterlotse" (1954) Nr. 77.

ein Schiff möglichst schnell und sicher an seinen Bestimmungsort zu bringen, gehört mit zu den Hauptaufgaben eines Kapitäns. Der kürzeste Weg ist nicht immer auch der günstigste. Sicherheit und Wirtschaftlichkeit sind bei der Wahl der Reiseroute stets gegeneinander abzuwägen.

Das SWA führt für den Atlantik und in den USA der Naval Weather Service in Norfolk für den Atlantik und in Alameda für den Pazifik eine *Routen-Beratung* für die bevorstehende Reise durch, die sich auf die zu erwartenden Wind-, Seegangs- und Dünungsverhältnisse bezieht[37]. Als besonders wertvoll hat sich die persönliche Rücksprache der Schiffsleitung mit dem beratenden Meteorologen erwiesen.

Alle Planungen und alle während der Reise zu ergreifenden Maßnahmen können aber nur dann richtig sein, wenn der Kapitän reiche Erfahrungen und gute Kenntnisse der klimatischen Verhältnisse der zu befahrenden Gegend hat und wenn er das Wetter aufgrund eigener Beobachtungen und regelmäßig aufgenommener Funkanalysen und danach gezeichneter Bordwetterkarten oder auch mittels Faksimile-Wetterkarten dauernd überwacht und daraus richtige Schlüsse zu ziehen vermag. **Der Kapitän ist und bleibt letzten Endes in der Wahl des Reiseweges und den allenfalls notwendigen Abweichungen davon der allein Verantwortliche und kann und darf in seiner Entschlußfreiheit durch Reedereivorschriften nicht beeinträchtigt werden.**

Die Reisegeschwindigkeit eines Schiffes wird im wesentlichen beeinflußt durch den Wind, die See (Windsee und Dünung) und den Strom.

Der erfahrene Kapitän wird weder die Nachteile, die seinem Schiffe durch diese drei Faktoren erwachsen können, noch den Zeitverlust, den sie mit sich bringen können, gering schätzen. Andererseits wird er auch stets daran denken, daß jeder dieser drei Faktoren, wenn er für sein Reiseziel günstig ist, große, nicht zu unterschätzende Vorteile bringen kann. Allein der Luftwiderstand kann bei Windstärke 5 bis 6 Bft einen Fahrtverlust von ½ bis 1 kn, bei Windstärke 9 bis 10 Bft von 1½ bis 2 kn zur Folge haben. Kommt dazu noch schwere See von vorne, so sind Fahrtverminderungen von 4 bis 8 kn die Regel. Bei Windstärke 10 und hoher See von vorn verlieren beladene Schiffe etwa 7 kn Fahrt (siehe Kap. 5.9.7). Auch *achterlicher* Wind über 5 Bft kann einen Geschwindigkeitsverlust zur Folge haben, dessen Größe vom Schiffstyp abhängt[38].

Sturmfahrten verlaufen selten ohne Schäden für Menschen und Material. Bei Windstärke 11 bis 12 Bft sind im Atlantischen Ozean Wellenhöhen bis zu 16 m und Wellenlängen von 200 bis 300 m gemessen worden. Die in einem solchen Wellenberg enthaltene Wassermasse kann bis zu 20 000 t betragen. Es ist irrig, anzunehmen, daß große, schnelle Schiffe weniger unter Wind und Seegang zu leiden haben als mittelgroße, langsamer fahrende. Bei schwerer See geraten lange und schnelle Schiffe leicht in Resonanz-Stampfschwingungen, welche die absolute Größe ihrer Schwingungen weitaus größer werden lassen, als sie bei kleineren und langsameren Schiffen sein kann; dadurch können gerade für die großen Schiffe Gefahrmomente entstehen. Ebenso wird auch die Geschwindigkeit der großen Schiffe in stärkerem Maße von Wind und See beeinflußt als die kleinerer und langsamerer Schiffe. Auf alle Fälle ist also der Kapitän verpflichtet, seinen Reiseweg so zu wählen, daß die drei erwähnten Faktoren sich günstig auf die Reise auswirken. Sofern ihm aber sein Reiseweg genau vorgeschrieben ist, hat er zum mindesten die Verpflichtung, schweren Stürmen aus dem Wege zu gehen. In derselben Zeit, die z.B. ein Schiff mit 18 kn Betriebsgeschwindigkeit gebraucht,

---

37 Rodewald in „Der Seewart" 22 (1961) H. 6 und 26 (1965) H. 4, und Kruhl in „Der Seewart" 23 (1962) H. 1.
38 Siehe Handbuch des Atlant. Ozeans, S. 231.

um auf einer Sturmstrecke von 700 sm gegen Wind und See mit forcierter Maschine „anzuboxen" (mit vielleicht 15 kn Fahrt), kann er einen 140 sm längeren, von Wind und See weniger betroffenen Umgehungsweg mit voller Geschwindigkeit ohne Zeitverlust zurücklegen und dabei nicht nur Brennstoff sparen, sondern auch sein Schiff schonen und eine wesentlich ruhigere Fahrt haben, was nicht nur für Fahrgastschiffe, sondern auch für Frachtschiffe zur Vermeidung von Ladungsschäden wichtig ist.

Für eine sichere meteorologische Navigation stellen das SWA und DHI der deutschen Schiffahrt eine Reihe wertvoller Veröffentlichungen zur Verfügung. In erster Linie sind hier zu nennen die Monatskarten für den Nordatlantischen, den Südatlantischen und Indischen Ozean, ferner die ausgezeichneten Handbücher für die verschiedenen Ozeane sowie eine stattliche Reihe ausführlicher Shb.

Es gehört zu einer einwandfreien Navigation, daß jeweils die neuesten Ausgaben dieser Karten und Bücher an Bord sind, daß der Kapitän mit ihrer Hilfe den meteorologisch sichersten und besten Reiseweg auswählt und daß er die Regeln über das Verhalten bei den Stürmen in den verschiedenen Ozeanen gründlich studiert und genau beachtet.

Auch nur auszugsweise Andeutungen für eine meteorologische Großnavigation zu geben, ist hier nicht möglich. Das Studium der aufgeführten Veröffentlichungen ist dazu unentbehrlich!

Die Shb. geben in den Abschnitten „Wind und Wetter" aber immer nur die mittleren Verhältnisse wieder. Alles, was also in den Shb. über Reisewege und Manöver steht, sind nur Anhaltspunkte. Das tatsächliche Wetter kann wesentlich von den Angaben der Shb. abweichen. Der Kapitän ist somit beständig zu sorgfältigen Wetterbeobachtungen verpflichtet, um zu wissen, ob normale oder anomale Witterungsverhältnisse vorliegen.

5.9.1 Zeichnen von Bordwetterkarten [39]

An Bord kleiner Schiffe, die nur in europäischen Gewässern verkehren, genügt meistens eine kleine Wetterkartenskizze, die man nach dem Sprechfunk-Wetterbericht über Kiel-Radio oder Norddeich-Radio anfertigt.

Bild 5.30 zeigt, wie am Stationskreis Himmelsbedeckung, Windrichtung und -stärke, Luftdruck, Temperatur, Sichtweite und Wetter z.Z. der Beobachtung angezeigt werden können.

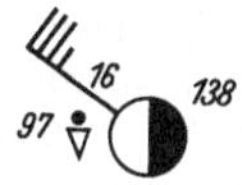

Bild 5.30. Vereinfachte Wetterbezeichnung in einer Bordwetterkarte: ½ bedeckt, NW-Wind, Stärke 7, Luftdruck 1013,8 mbar, Lufttemperatur + 16 °C, Sichtweite etwa 10 km, Regenschauer (siehe auch Bilder 5.23, 5.25, 5.26, 5.31 und 5.32)

Zuerst trägt man in den Kartenvordruck des SWA die Hoch- und Tiefdruckgebiete und die dazugehörigen Luftdruckwerte ein, dann die Isobaren von 5 zu 5 mbar, dann die Fronten, ●●● Rundbogen für Warmfront, ▲▲▲ Zacken für Kaltfront, ●▲●▲ für Okklusionen, alle stets in der Fortbewegungsrichtung der Fronten. Die Zugrichtung der Hochs und Tiefs wird durch Pfeile gekennzeichnet.

Bild 5.31 zeigt eine einfache Bordwetterkarte für die heimischen Gewässer (vom 15. Januar 1954), gezeichnet nach dem Sprechfunk-Seewetterbericht.

---

39 Rodewald: Winke für das Zeichnen von Bordwetterkarten. Der Seewart 24 (1963) H. 1.

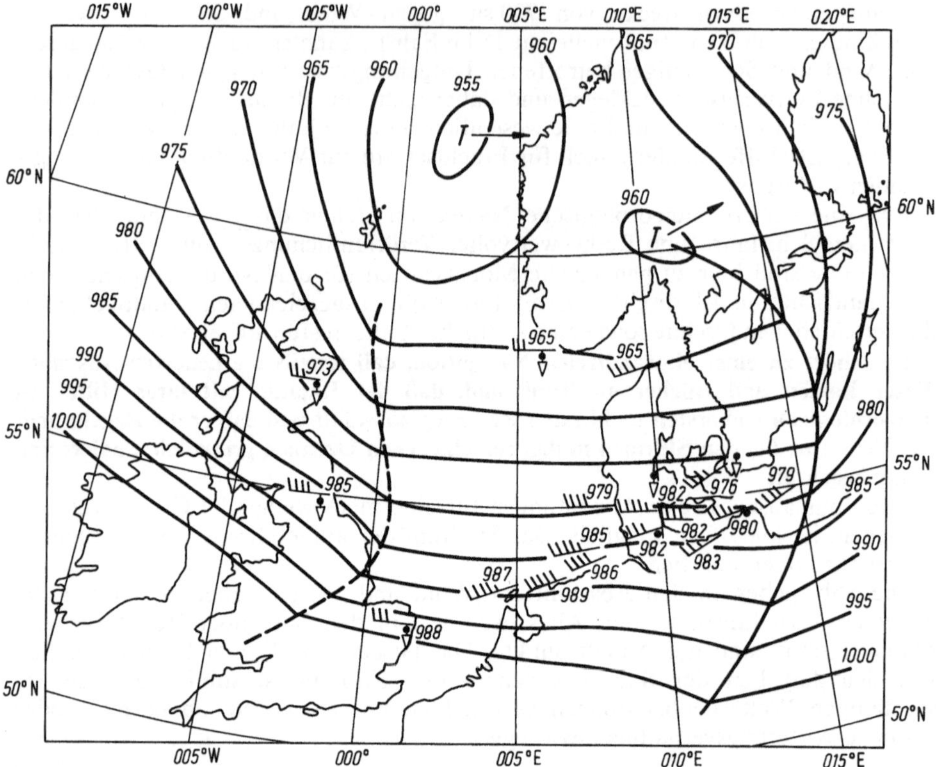

Bild 5.31. Bordwetterkarte vom 15. Januar 1954 (siehe auch Bild 5.30)

Wettermeldungen vom 15. Januar 1954, 22 Uhr

Station	Luftdruck	Wind		Wetter
	mbar	Richtung	Stärke (Bft)	
427 Lister	965	W	6	Schauer
091 Aberdeen	973	W	5	Schauer
262 Tynemouth	985	W	8	Schauer
497 Yarmouth	998	W	6	Schauer
245 FS Terschelling	987	WSW	9	
Borkum	989	WSW	10	
015 Helgoland	985	WSW	9	
005 Elbe 1	986	WSW	8	
020 List/Sylt	979	W	8	
041 Skagen	965	WSW	8	
180 Kopenhagen	976	SW	7	Schauer
008 FS Flensburg	982	W	9	Schauer
009 FS Kiel	982	WSW	7	Regen
006 FS Fehmarnbelt	982	W	8	
170 Warnemünde	983	SW	5	
091 Arkona	980	WSW	7	Regen
199 Bornholm	979	SW	8	

Zu der Sturmlage Mitte Januar 1954 mag noch bemerkt werden:
„Über 100 Fischereifahrzeuge und einige Dutzend Handelsschiffe suchten damals in Cuxhaven Schutz; 14 Schiffe ankerten auf Altenbruch-Reede. Der Dampfer „Leros" lag 120 Stunden lang auf Scharhörn-Riff fest. Die gesamte Nordseeküste erhielt vorher rechtzeitig (am 15. Januar um 11.30 Uhr) eine Sturmwarnung des SWA."

Seewetterbericht Radio Hamburg vom 16. Januar 1954, 1 Uhr [40]

Wetterlage: Sturmtief 955 mbar westlich Aalesund, langsam ostverlagernd, Randtief 960 mbar bei Oslo mit Ausläufer 970 mbar Kalmar, 985 mbar Unterlauf der Oder ostnordostziehend. Trogausläufer 970 mbar Ostküste Schottlands, 1000 mbar Wales ostschwenkend

Vorhersage bis 16. Januar 12 Uhr

Deutsche Bucht: } *Ostteil mittl. Nordsee:*   Böiger West 9 bis 12 mit Orkanböen, heftige Schauer, vereinzelt gewittrig

Südwestl. Nordsee: } *Westl. mittl. Nordsee:*   Böiger West 9 bis 10, allmählich auf Westnordwest bis Nordwest drehend und mittags etwas abnehmend, heftige Schauer, gelegentlich Gewitter

Skagerrak: West 9 bis 7, morgens vorübergehend etwas abnehmend, mittags erneut stürmisch, mehrfach Regen- oder Graupelschauer

Kattegat: *Westl. Ostsee:* } *Mittlere Ostsee:*   Südwest bis West böig 7 bis 9 zeitweise 10 bis 11 erreichend, mehrfach Schauer, einzelne Gewitter

Weitere Aussichten bis 16. Januar 24 Uhr

Deutsche Bucht: } *Ostteil mittl. Nordsee:*   Allmählich auf Westnordwest bis Nordwest drehende Winde, abends etwas nachlassend 8 bis 7, aber noch stark böig, weiterhin Schauer

Südwestl. Nordsee: } *Westl. mittl. Nordsee:*   Nordwest allmählich nachlassend 8 bis 6, noch Schauerböen

Skagerrak: West, später Nordwest, böig 7 bis 9, Schauerböen

Kattegat: *Westl. Ostsee:* } *Mittl. Ostsee:*   Um West schankende Winde, böig 8 bis 10, heftige Schauer

5.9.2 Wetterkarte nach Analysenfunk

Der deutsche Schiffsoffizier, der im Nordatlantik eine Wetterkarte an Bord zeichnen will, um ein anschauliches Bild der Wetterlage zu erhalten, kann entweder den vom Seewetteramt über Quickborn gesendeten Ozeanwetterbericht, oder die für interne Wetterdienstzwecke gestrahlte *„Funkwetterkarte"* aufnehmen oder eine der nach FM (form of message) 45.D oder 46.D verschlüsselten *Wetteranalysen*, die von Whitehall, Portishead u.a.m. verbreitet werden. Die „Funkwetterkarte" hat, da sie halb im Klartext gegeben wird, den Vorzug, daß man sie leicht entschlüsseln kann. Da aber dieser Sender natürlich nicht auf dem ganzen

---

40 Die Wetterlage, die am 16. Jan. 1954 früh um 1 Uhr verbreitet wurde, war nicht die Lage von 1 Uhr, sondern die vom 15. Jan. 22 Uhr. Zur Zeit der Abfassung des Berichts lagen die Beobachtungen von 1 Uhr ja noch nicht vor.

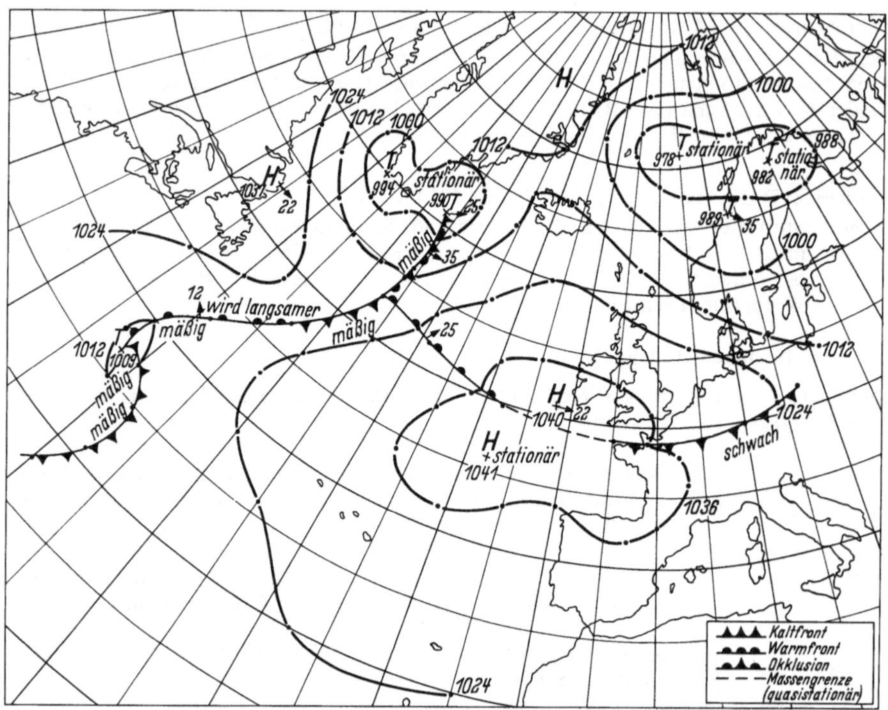

Bild 5.32. Auswertung eines Analysenfunks (Bordwetterkarte); an Stelle der schwarzen Symbole kann für die Kaltfront eine ausgezogene blaue, für die Warmfront eine ausgezogene rote, für die Okklusion eine ausgezogene violette und für die Massengrenze eine blau-rote aneinandergereihte Linie verwendet werden (siehe auch Bilder 5.11 bis 5.14). Bei Höhenwetterkarten werden die Spitzen bzw. Halbkreise der Symbole offen gelassen bzw. die farbigen Linien gestrichelt

Weg über den Ozean aufzunehmen ist, muß doch immer auf einen englischen oder amerikanischen Analysensender zurückgegriffen werden, der nach FM 46.D verschlüsselte Analysen ausstrahlt.

Eine Wetterkartenanalyse übermittelt ein Bild der Lage von Druckgebilden und Fronten sowie ihrer Intensität und Zugrichtung, ferner den allgemeinen Wetterablauf. Sie besteht aus der Einleitung (E), den Druckgebilden (D), den Fronten (F), den Isobaren (I), ggf. weiteren Angaben wie Tropenerscheinungen und der Schlußgruppe (S).

Übersicht über einen Analysenfunkspruch nach FM 46.D

Einleitung (E):   3 Gruppen, enthaltend die Kenngruppe ı0ı0ı, Ort, Tag und Zeit der Analyse

Druckgebilde (D):   Je 3 Gruppen, beginnend mit der Kennzahl 8 und enthaltend Art und Charakter des Druckgebildes, den Luftdruck, die geogr. Breite und Länge und die Verlagerung

Fronten (F):   Eine Gruppe mit der Kennzahl 66 und der Art, Intensität und dem Charakter der Front, je eine Gruppe mit der geogr. Breite und Länge einzelner Punkte der Front und eine Gruppe mit der Verlagerung der Front

Isobaren (I):   Eine Gruppe mit der Kennzahl 44 und dem Luftdruck der Isobare und
                       je eine Gruppe mit der geogr. Breite und Länge einzelner Punkte der
                       Isobare
Schlußgruppe (S):   19191.

Näheres siehe NF, Bd. III[41]. Bild 5.32 zeigt die Auswertung eines Analysenfunks.

Eine Wetterkarte gibt aber immer nur ein allgemeines Bild der Wetterverhältnisse zu einer bestimmten Zeit, das der Beobachter an Bord durch eigene Beobachtungen (Wolkenformen, Färbung des Morgen- und Abendhimmels usw.) auf das Wertvollste ergänzen kann (siehe auch Kap. 5.9.5).

5.9.3   Bildübertragung von Wetterkarten

Mit der Zunahme von Größe und Geschwindigkeit der modernen Frachtschiffe steigt auch ihre Wetterempfindlichkeit. Schweres Wetter muß möglichst umgangen werden, um bei tief beladenen Erzfrachtern und Tankern die Schiffsverbände nicht zu stark zu beanspruchen oder bei Linienfrachtern und Containerschiffen den Fahrplan innezuhalten, in allen Fällen aber um wegen der hohen Tageskosten unnötige Zeitverluste zu vermeiden. Vorbedingung hierfür ist eine zuverlässige Wetterkarte. Es ist erstrebenswert, daß eine solche ohne großen Arbeitsaufwand zur Verfügung steht.

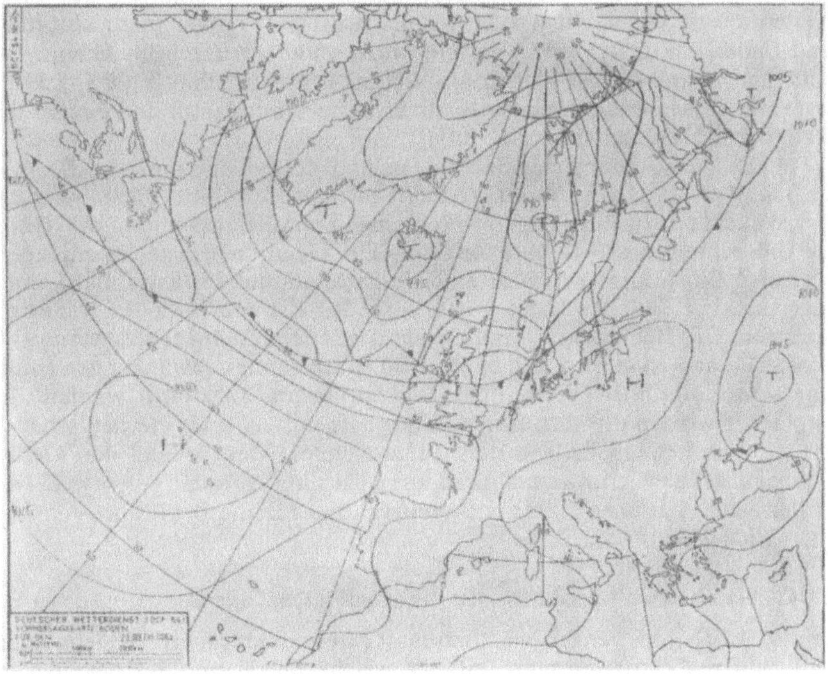

Bild 5.33. Durch Bildfunk übertragene Faksimile-Wetterkarte des Nordatlantiks und der europäischen Gewässer vom 21. Juni 1967

---

41 Siehe auch Krauß/Meldau: Wetter- und Meereskunde für Seefahrer, 7. Aufl. Berlin, Heidelberg, New York: Springer 1983.

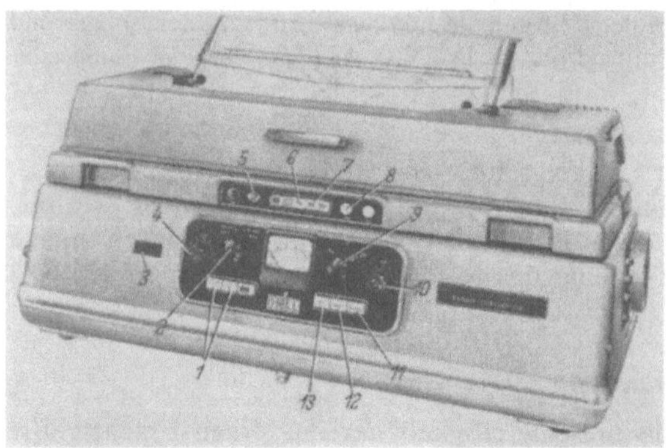

Bild 5.34. „Helfax"-Faksimile-Blattschreiber BS110 für automatischen und halbautomatischen Betrieb.
1 Ein-Aus; *2* Wahlschalter für Automatik und Halbautomatik; *3* Betriebsstundenzähler; *4* Spannungsregelung bei Halbautomatik; *5* Kontrollampen für Netz und Programmotor; *6* Phasenausgleich an Sender; *7* Modulwahl 288 oder 576 für Zeilenabstand (analog dem Sender); *8* Kontrollampe für Modul; *9* Drehzahlwahl 60, 90, 120 (analog dem Sender); *10* Stimmgabelfrequenzregelung; *11* Bereitstellungs-Taste; *12* Ein-Aus für Automatik; *13* Ausschalten für Motorstromversorgung

Deshalb führt sich die Bildübertragung von Wetterkarten des öffentlichen Wetterdienstes durch Funk auch für die Schiffahrt immer mehr ein. In Deutschland finden zur Zeit solche *Faksimile-Ausstrahlungen* durch Quickborn/Pinneberg statt, und zwar zweimal täglich als Wetterkarte Nordatlantik (Bild 5.33), Vorhersagekarte, Seegangskarte und evtl. als Eiskarte Westatlantik und einmal täglich als Wetterkarte Nordsee (siehe NF, Bd. III).

Für die Ausstrahlung der Sendungen und deren Aufnahme an Bord sind von Dr.-Ing. Hell, Kiel, die *„Hellfax-Geräte"* entwickelt worden (Bild 5.34). Dabei wird die Wetterkarte im Sendegerät auf eine Trommel gespannt, die 60, 90 oder 120 Umdrehungen pro Minute ausführt. Ein Lichtpunkt tastet in eng aneinanderliegenden Linien die Wetterkarte ab. Je nachdem der Lichtstrahl auf einen hellen oder dunklen Teil der Karte trifft, wird das Licht mehr oder weniger zurückgeworfen. Die Helligkeitsschwankungen des reflektierten Lichtes werden von einer Photozelle aufgenommen und in elektrische Spannungsschwankungen (Bildsignale) umgesetzt, die über Funk dem Bildempfänger zugeführt werden. Im Bildempfänger werden die verstärkten Bildsignale mittels eines mechanischen Schreibsystems als fertige Wetterkarten aufgezeichnet. Der Anlauf der Geräte nebst Phaseneinstellung wird automatisch ausgelöst und selbsttätig geregelt. Heute verbreiten viele Stationen Faksimile-Wetterkarten für die Schiffahrt gemäß Comité International Radio-Maritime [42].

5.9.4 Manövrieren in den Stürmen der gemäßigten Zonen

Bei der Möglichkeit enger Nachbarschaft zweier oder mehrerer Depressionen und dem häufigen Auftreten von Teiltiefs, welche die Haupttiefs zuweilen in zyklonalem Sinne umkreisen, und bei der dadurch bedingten häufigen Kompliziertheit des Isobarenbildes ist es auf See nicht immer leicht zu erkennen, ob man sich auf der Vorder- oder Rückseite einer solchen Depression befindet. Natürlich liefern

---

[42] Siehe Stationsverzeichnis mit Frequenzen, Sendezeiten usw., herausgegeben von Dr.-Ing. Rudolf Hell, Kiel.

auch hier das Barometer[43] und die sinngemäße Anwendung der Windgesetze sowie sorgfältige Beobachtung der Änderung der Windrichtung wertvolle Aufschlüsse über die Bewegungsrichtung der Depression und die Stellung des Schiffes zum Zentrum. Aber alle meteorologischen Erscheinungen, wie Fallen und Steigen des Barometers, Drehen des Windes usw., werden bei Schiffen mit großer Eigengeschwindigkeit stark verwischt. Der Kapitän sollte aber nicht nur den herrschenden Wind, sondern auch den zu erwartenden in den Kreis seiner Betrachtungen ziehen, ferner als ergänzende Merkmale für die Bestimmung seiner Lage zum Tief und dessen Fortbewegung auch die Bewölkung des Himmels sorgfältig berücksichtigen. Vor allem sind es die oberen Wolken, Cirrus, Cirrostratus und Cirrocumulus, die durch ein reichliches Auftreten fast immer die Nähe eines Tiefs anzeigen. Auf der Vorderseite eines Tiefs zeigt der Zug der oberen Wolken ungefähr die Richtung an, in der sich die Zyklone fortbewegt. Nähert sich dem Schiff ein in der Entwicklung begriffenes Teiltief, so beobachtet man an seiner Vorderseite zuerst dünne, schleierförmige, dann dunkle, schichtförmige Wolken, die sich bald zu schweren Regenwolken zusammenballen. Der bis dahin schwache Wind frischt zu heftigen Böen von Sturmstärke auf; es setzt kräftiger Regen ein, der aber nur kurze Zeit anhält. Dann werden Wind und Regen schwächer, der Luftdruck beginnt meistens schon wieder etwas zu steigen. Nach einigen Stunden werden Wind und Regen wieder heftiger — die Rückseite der Zyklone befindet sich auf dem Kurs des Beobachters —, lassen aber bald wieder nach. Unregelmäßige Haufenwolken sind erst zahlreich, später vereinzelt zu sehen, und das Wetter klart auf. Es gelten im allgemeinen folgende Regeln:

- Denkt man sich das Schiff stilliegend, so hat man **rechts** von der Bahn eines Hochs oder Tiefs **rechts**drehende (d. h. mit dem Uhrzeiger drehende) Winde, **links** von der Bahn **links**drehende (d. h. gegen den Uhrzeiger drehende) Winde. Diese Regel gilt für beide Erdhälften.
- Auf *Nordbreite:* Stellt man sich mit dem Rücken gegen den Wind, dann liegt der niedrigere Luftdruck in einer Richtung **links vorne**, der höhere in einer Richtung **rechts hinten.**
- Auf *Südbreite:* Stellt man sich mit dem Rücken gegen den Wind, so liegt der niedrigere Luftdruck in einer Richtung **rechts vorne,** der höhere in einer Richtung **links hinten** (Buys-Ballotsche Windregel)[44].

Die Erfahrung lehrt, daß die Tiefs bei ihrem Fortschreiten einem einigermaßen gut entwickelten Hoch sowie auch einem Gebiet jeweilig höchster Temperatur meistens nach links (auf der südlichen Halbkugel nach rechts) ausweichen. Die Verfolgung der Bewegung der Zyklonen hat ferner gezeigt, daß diese vorzugsweise gewisse Zugstraßen einhalten[45]. Einander folgende Tiefs haben die Neigung, etwa dieselbe Zugstraße zu benutzen. Ist ein Tief unregelmäßig ausgebildet, so zieht es meistens quer zu der Richtung weiter, nach welcher der Luftdruck am schnellsten zunimmt (quer zur Richtung des steilsten Gradienten). Ferner ziehen die Depressionen meistens in der Richtung des stärksten Luftdruckfalles. Man hat festgestellt, daß Tiefdruckgebiete sich auch häufig nach der Richtung bewegen, in der das Niederschlagsgebiet am weitesten vorgeschoben ist.

---

43 Rodewald: Ist das Barometer ein „Wetterglas"? Der Seewart 30 (1969) H. 1.

44 Buys-Ballot, Chr., niederländischer Meteorologe (1817—1890), Begründer der synoptischen Meteorologie, der 1860 in Holland einen vorzüglichen Sturmwarnungsdienst einführte.

45 Rodewald: Wie wandern Tief und Hoch? Der Seewart 25 (1964) H. 4 und 6.

Ein Tief bewegt sich auch meistens nach dem Gebiet des geringsten Widerstandes hin, nämlich dorthin, wo die Winde im Vergleich mit den Gradienten zu schwach sind oder wo überhaupt nur leichte Winde wehen. Die Teiltiefs, wie sie am Rande größerer Tiefdruckgebiete auftreten und von einem eigenen Windsystem umgeben sind, sind häufig in eine Generalströmung — zwischen benachbartem Hoch und Haupttief — eingebettet, wodurch ihre Bewegung bestimmt wird. Sie bewegen sich häufig in der Richtung der Hauptzyklonen, und in vielen Fällen schwenken sie um diese im zyklonalen Sinne. Befinden sich diese Teiltiefs aber in der Nähe von Antizyklonen, so bleiben sie nicht selten einige Zeit stehen oder folgen der Strömung um das Hoch. Im übrigen steht die Bewegung der Zyklonen und Antizyklonen in großer Abhängigkeit von Vorgängen und Strömungen in den hohen Luftschichten und in der Stratosphäre, über die dem Beobachter auf See kaum etwas bekannt ist. Jede Wettervorhersage auf längere Zeit kann deshalb nur eine gewisse Wahrscheinlichkeit für sich beanspruchen.

5.9.5 Wettervorhersage ohne Wetterbericht

Fällt der Funkdienst aus, so muß der Kapitän seine Wettervorhersage allein aufgrund von Bordbeobachtungen und eigener Erfahrungen machen. An Land gibt es eine Menge erprobter Wetterregeln (Bauernregeln), die aber immer nur für eine bestimmte Gegend gelten und die deshalb auf See nur selten angewandt werden können. Einige auf *allen Meeren* polwärts der Passate und Monsune geltende Regeln seien hier wiedergegeben. Eine gewisse Sicherheit der Vorhersage aufgrund dieser Regeln ist aber nur dann zu erwarten, wenn mindestens drei bis vier Regeln das gleiche vorhersagen. Viele dieser Regeln können dem Kapitän aber auch beim Vorliegen einer Wetterkarte eine wertvolle Hilfe beim Aufstellen seiner Wetterprognose sein.

● **Barograph.** Der zuverlässigste Wetterprophet ist auf See immer noch ein guter Barograph. Jede ungewöhnliche Änderung der Luftdruckkurve deutet auch auf eine außergewöhnliche Änderung der Wetterlage. In den Tropen und Subtropen sind schon kleine Abweichungen vom regelmäßigen Gang verdächtige Anzeichen. In den gemäßigten und kalten Zonen zeigt ein langsames, stetiges Steigen der Kurve *immer* das Nahen eines Hochs an, ein langsames Fallen fast *immer* das Nahen eines Tiefs mit Schlechtwetter und möglicherweise viel Wind. Ein langsames Fallen kann in gewissen Fällen aber auch nur eine Abschwächung eines Hochs und damit eine Verminderung des Gradienten des Windes bedeuten, wenn das Schiff z. B. in einer Starkwindzone am Rande eines Hochs fährt[46]. Eine Zunahme des stündlichen Luftdruckfalles ist *stets* ein verdächtiges Wetterzeichen. Bei Abnahme des stündlichen Luftdruckfalles bleibt das Wetter meist erträglich, wenigstens solange man sich noch am Rande eines Tiefs befindet. Zeigt die Barographenkurve tiefen Luftdruck an, ohne dabei erheblich zu steigen oder zu fallen, so befindet man sich in der Nähe des Zentrums eines Tiefs und läuft mit diesem. Zieht ein Tief unmittelbar über das Schiff hinweg oder nahe vorbei, so schreibt der Barograph eine V-Kurve. Dabei ist immer zu bedenken, daß die Form der Barographenkurve durch Kurs und Fahrt des Schiffes wesentlich beeinflußt werden kann, besonders dann, wenn Zugrichtung des Tiefs oder Hochs und Fahrtrichtung des Schiffes gleich oder entgegengesetzt sind. Nicht jedes Gleichbleiben der Druckkurve deutet auf Gleichbleiben der Verhältnisse. Siehe z. B. Bild 5.35; das Schiff kann auf der Isobare von A nach B fahren, also ohne Druckänderung, bekommt aber stürmisches Auffrischen.

---

46 Siehe auch Wetterlotse (1955) Nr. 84/85.

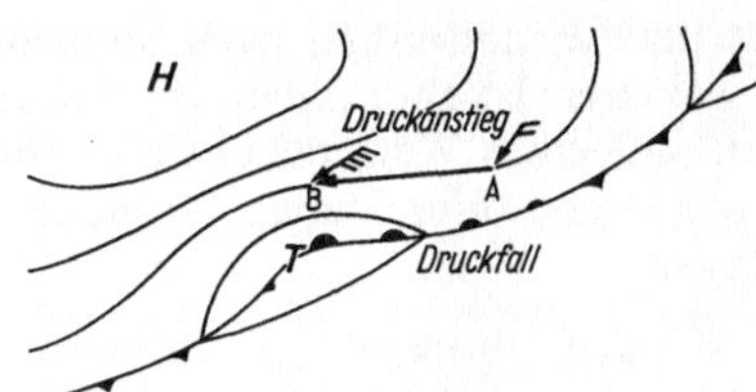

Bild 5.35

● **Thermometer.** Je regelmäßiger der Verlauf der Kurve eines Schreibthermometers mit einem Minimum kurz vor Sonnenaufgang und einem Maximum kurz nach Mittag ist, desto beständiger ist das gute Wetter. Stark sinkende Temperatur bedeutet im Sommer schlechtes, im Winter gutes Wetter. Stark steigende Temperatur bedeutet im Sommer gutes, im Winter schlechtes Wetter.

● **Luftfeuchtigkeit.** Man bestimmt zur Wettervorhersage die relative Feuchte am besten 1 bis 2 Stunden nach Sonnenaufgang oder vor Sonnenuntergang. Ist dann der Unterschied (U) zwischen der Temperatur der trockenen Luft und dem Taupunkt (siehe Tab. 5.1) kleiner als 2 bis 3 °C, so kann man — besonders bei niedrigem oder unruhig steigendem oder fallendem Luftdruck — Niederschlag, Böenwind, Dunst oder Nebel erwarten. Ist U größer als 3 bis 6 °C, so ist mit trockenem Wetter und zunehmendem Wind zu rechnen. Ist U größer als 10 bis 12 °C, so ist bei fallendem Luftdruck mit einem baldigen Umschwung des Wetters und starken Winden zu rechnen. Morgenregen bei starkem Wind kündet schlechtes Wetter an. Wasserziehen der Sonne, besonders am Morgen, kündet Niederschläge; leichter Morgennebel, der sich bald verflüchtigt, zeigt gutes Wetter an; dichter Abendnebel verkündet für die Nacht Regen oder weiteren Nebel. (Rainbow at night, sailor's delight; Rainbow in morning, sailor's warning.) Regenbogen am Tage mit vorwiegend rötlicher Färbung deutet auf zunehmenden Wind, mit grünlicher Färbung auf Regen.

● **Gestirne.** Steigt die Sonne hell und blendend oder mit rötlichem Schimmer aus der Kimm auf und verschwindet sie dann in den Wolken, so bedeutet das schlechtes Wetter (Wind und Regen). Verschwindet die Sonne leuchtend und klar in der Kimm oder hinter Cu, deren Ränder hell beleuchtet erscheinen, so ist das ein gutes Wetterzeichen. Wenn die Sonne, bevor sie untergeht, auffallend groß und glänzend weiß erscheint, so verkündet das Wind. Wenn die Sonne abends in dunklen, schwarzen Wolken verschwindet, kann man Regen erwarten. Schwefelgelb-grünliche Sonnenuntergänge bedeuten schlechtes Wetter.

Ein auffallend bleicher Mond deutet auf Regen, ein roter auf Wind, ein leuchtend silbriger mit scharfen Rändern auf gutes Wetter.

Nebensonnen bei hohem Sonnenstand oder ein breiter Hof oder Ringe und Sonne oder Mond verkünden bei sinkendem Luftdruck Regen und meistens auch viel Wind. Ist aber der Hof um Sonne oder Mond klein und etwas gefärbt, so ist zunächst mit Fortdauer des guten Wetters zu rechnen. Wenn die Sterne am dunklen Himmel besonders stark funkeln oder flimmern, so zeigt das Niederschläge, unbeständiges oder stürmisches Wetter an. Wenn trotz klaren Himmels auffallend wenig Sterne zu sehen sind, so sind Niederschläge oder Wind wahrscheinlich.

● **Farbe der Wolken und der Luft und andere optische Erscheinungen.** (Evening red and morning gray, two sure signs of a very fine day.) Sind vor Sonnenaufgang Wolken am östlichen Himmel von unten rötlich beleuchtet, so ist das ein schlechtes Wetterzeichen. Starke Rötung des Morgenhimmels und feurige Farben (auch grünliche Töne) verkünden einen windreichen, meistens auch regnerischen Tag.

Ist der Abendhimmel nach Sonnenuntergang rot beleuchtet, so deutet das auf gutes Wetter. Ist aber dabei am Osthimmel ein roter Gegenschein zu sehen, so ist das ein schlechtes Wetterzeichen. Gelbroter Abendhimmel bedeutet Wind, bei ruhiger Luft Regen oder Nebel. Drohend kupferroter Abendhimmel bedeutet Wind und Regen.

● **Wolken.** Wolkenloser Morgen- und Abendhimmel und kleine Haufenwolkenbildungen um Mittag herum sind ein Zeichen für beständiges, schönes, trockenes Wetter.

Starke Bewölkung des Morgen- und Abendhimmels ist ein Schlechtwetterzeichen.

Feine hochschwebende oder sich auflösende Wolken bedeuten immer eine Wetterbesserung oder eine Fortdauer des guten Wetters, ebenso stillstehende Ci oder Cc am östlichen Himmel. Wenn Ci in Cs und Ac übergehen oder wenn gegen Abend Cu stark zunehmen und die Wolkendecke niedriger wird, ist schlechtes Wetter, Sturm oder Regen zu erwarten. Treten Cc oder Ac als Wogenwolken ziehend und an Zahl und Umfang zunehmend auf, so verkünden sie unruhiges Wetter und Neigung zu Böen.

Auffallende, ungewöhnliche Farben der Wolken oder auffällige Wolkenformen (Ci uncinus, Ci castellanus, As lenticularis u. a.) sind immer Warnzeichen für schlechter werdendes Wetter, Böen oder Regen.

> Mackerel's scales and marl's tails
> Make lofty ships carry low sails.

Stimmt der Zug der oberen Wolken ungefähr mit der Richtung des Unterwindes überein, so kann man annehmen, daß man sich auf der Rückseite einer sich mit dem Winde entfernenden Depression befindet. Weicht dagegen die Zugrichtung der oberen Wolken weit vom herrschenden Unterwind ab, so nähert sich eine Depression aus der Zugrichtung der oberen Wolken.

Wenn sich Haufenwolken über Schichtwolken auftürmen und diese sich schnell umwandeln, indem sie von den Haufenwolken nach und nach aufgenommen oder abgestoßen werden, so tritt bald schlechtes Wetter mit Regen ein.

Wenn die Haufenwolken unter den Schichtwolken liegen und sich allmählich mit den Schichtwolken verschmelzen, ist trockenes Wetter wahrscheinlich.

Leichte, allein ziehende Wolken deuten auf Wind; ziehen sie aber über schwere, gleichsam feststehende Wolkenmassen, so bringen sie Regen und Wind.

Morgenschäfchen — schlechtes Wetter; Abendschäfchen — gutes Wetter. Haufenwolken, deren oberer Teil sich schirmförmig ausbreitet, so daß die ganze Wolke einem Pilze ähnlich sieht, bedeuten eine starke Bö.

● **Wind.** Starkes Auffrischen des Windes gegen Morgen bedeutet meistens gutes, Auffrischen gegen Abend schlechtes Wetter. Plötzliche Richtungsänderung des Windes, der lange aus einer Richtung geweht hat, ist fast immer ein Anzeichen für eine Änderung des ganzen Witterungscharakters.

> A veering wind, fair weahter,
> A backing wind, foul weather.
> If the wind backs against the sun,
> Trust it not for back it will run.

> Erst Wind, dann Regen: bringt dem Schiffer Segen;
> Erst Regen, dann Wind: mach Segel fest geschwind!

5.9.6 Manövrieren in den tropischen Orkanen [47]

Wenn auch große und kräftige Schiffe infolge ihrer Seetüchtigkeit und ihrer Maschinenstärke im allgemeinen den Gefahren eines Sturmes trotzen können, so beweisen doch viele schwere Havarien und Verluste, die große, starke und schnelle Schiffe in tropischen Orkanen erlitten haben, daß *hier* die Gefahren *nicht* unterschätzt werden dürfen. Es ist Pflicht eines jeden Kapitäns, gleich beim ersten Gedanken an einen Orkan zu versuchen, einen Anhalt zu gewinnen über die Bewegungsrichtung des Zentrums und dessen Lage zum eigenen Schiff, um aufgrund dieser Überlegung dann sachgemäß zu manövrieren.

In erster Linie wird der Kapitän einen ausgiebigen Gebrauch von seiner Funkstation machen müssen.

Sobald ein Orkan entdeckt ist, werden dessen Lage und voraussichtliche Fortbewegungsrichtung von einer Reihe Küstenfunkstellen zu bestimmten Zeiten (siehe NF) bekanntgegeben. Diese „Advisories" der einschlägigen Wetterfunkstellen besitzen ein hohes Maß von Zuverlässigkeit. Hat ein Schiff von einer Funkstelle eine Orkanmeldung erhalten, so muß der Kapitän die gemeldete Lage und Bewegungsrichtung des Orkans in die Karte eintragen, um sich ein Bild zu machen, was zu geschehen hat, um das Zentrum zu meiden. So segensreich und nützlich funkentelegraphische Wetternachrichten bei Orkangefahr auch sind, muß sich der Kapitän doch immer bewußt sein, daß er sie nur als Anhaltspunkte für seine Navigierung ansehen kann. Über fremde Hilfe von außen muß er stets das eigene Können, die eigene Erfahrung und die eigenen Beobachtungen setzen, um im Augenblick der Entscheidung entschlossen und verantwortungsbewußt handeln zu können. Voraussetzung für jede Entscheidung ist, daß sich der Kapitän, bevor er in eine Orkangegend kommt, an Hand der Shb. mit den Eigentümlichkeiten der Orkane der betreffenden Gegend genau bekannt gemacht und die in diesen Büchern niedergelegten wertvollen Erfahrungen und besonderen Verhaltensmaßregeln gut studiert hat. Dazu müssen dann die eigenen Beobachtungen treten.

Orkanerkennung

Die früheste Warnung vor einem Orkan liefert die Beobachtung der täglichen Luftdruckschwankungen, deren Verlauf am bequemsten am Schreibbarometer abgelesen wird. Jede Störung dieser Luftdruckschwankungen, mag sie sich auf deren Länge oder Höhe beziehen, ist in den Tropen immer eine Warnung, die Aufmerksamkeit verdient.

Ein anderes Mittel, Unregelmäßigkeiten des Luftdruckes in den Tropen frühzeitig wahrzunehmen, besteht darin, daß man die augenblickliche Ablesung mit denen vor 24 und 48 Stunden vergleicht.

Hierbei ist zu bemerken, daß in den Tropen der Luftdruck zuweilen zunimmt, ehe man in die Orkanzone kommt. Ausgebildete Orkane sind in einzelnen Gegenden (besonders in Westindien und im Golf von Bengalen) ganz oder teilweise von einem Gürtel erhöhten Luftdruckes umgeben, dessen Gebiet sich durch ruhiges, trockenes, schönes, verhältnismäßig kühles Wetter, wolkenlosen Himmel von indigoblauer Farbe, klare, durchsichtige Luft und leichte, meistens antizyklonale Winde auszeichnet. Diese Anzeichen machen sich oft schon drei bis vier Tage vorher bemerkbar, wenn das Sturmfeld noch 1200 bis 1500 sm entfernt ist. Im

---

47 Schubart: Praktische Orkankunde. Anweisung zum Manövrieren in Stürmen (vergriffen). Siehe auch Ozean-Handbücher und Monatskarten des DHI, ferner Kluge: Erfahrungen aus der Hurrikan- und Schlechtwetterfahrt im Nordatlantik. Der Seewart 29 (1968) H. 6.

weiteren Verlauf der Annäherung macht das barometrische Hoch einem Tief Platz, das in seinen ersten Stadien noch deutlich die täglichen Luftdruckschwankungen, aber natürlich bei erniedrigtem Druckniveau, erkennen läßt.

Ein drittes Mittel ist der Vergleich des beobachteten absoluten Tagesmittels mit den Durchschnittswerten des Luftdruckes, wie sie aus vieljährigen Mitteln für den betreffenden Meeresteil und Monat gewonnen wurden und in den Monatskarten des DHI zu finden sind. Wenn in Orkangebieten der beobachtete absolute Luftdruck merklich tiefer als der normale Wert ist, so liegt *immer* ein Grund zu besonderer Aufmerksamkeit vor, weil sich aus ursprünglich flachen, weit ausgedehnten Tiefdruckgebieten, besonders, wenn in ihnen Regen fällt und böiges Wetter einsetzt, Orkane entwickeln können, und weil ausgebildete Orkane oft Luftdruckrinnen folgen.

Der vorherrschende Wind der Gegend, die ein Orkan durchzieht, und die im Orkan selbst bewegte Luftmasse beeinflussen einander sehr stark. Wo die Richtung des Windes im vorderen Teil des nahenden Orkans der herrschenden Windrichtung entgegengesetzt ist, geht dem Sturme meistens nur eine kurze Warnung voraus, während auf der Rückseite, auf der dann die beiden Windrichtungen übereinstimmen, heftige Winde und schlechtes Wetter noch lange anhalten. Dagegen wird da, wo der vorherrschende Wind mit dem Wind im vorderen Teil des nahenden Orkans übereinstimmt, der Einfluß der Störung lange vorher und schon auf große Entfernung fühlbar sein, dagegen im Rücken des Orkans bald verschwinden. Bewegt sich ein Orkan längs der äquatorialen Grenze eines Passates, so wird, wenn die Richtung des Passates und des Windes im vorderen polaren Teil des Wirbels übereinstimmen, die Folge davon ein verstärkter, oft sogar sturmartig wehender Passat sein. Solche Gürtel verstärkten Passates oder Monsuns sind in Orkangegenden immer verdächtige Anzeichen. Im übrigen ist in solchen Gegenden schon jede ungewöhnliche Windrichtung verdächtig.

Die ersten sicheren Zeichen eines fernen Orkans und der Lage seines Zentrums sind häufig Cirrusstreifen, die sich von einem Punkte des Horizontes strahlenförmig ausbreiten. Man lege in mehrstündigen Zwischenräumen den Strahlungspunkt — annähernd die Orkanmitte — nebst Schiffsort und Zeit in einer Karte fest.

Ferner gibt die Richtung der Dünung, die bei langsamer Wanderung des Wirbelsturmes oft weit voraus eilt, ein gutes Mittel, die Lage des Zentrums zu schätzen.

Nicht selten sieht ein erfahrener Beobachter in niedrigen Breiten mehrere Tage lang die Orkanwolke, mißt ihre Höhe und peilt die Wolke und stellt so fest, in welcher Richtung das Zentrum liegt und ob es sich nähert oder entfernt. In höheren Breiten ist die Mitte der Orkanwolke allerdings selten deutlich zu erkennen.

Die Entfernung des Zentrums kann nach der Stärke des Windes und seiner mehr oder weniger schnellen Richtungsänderung geschätzt werden, besonders aber nach dem Stand des Barometers und seinem stündlichen Fallen. Da die Luftdruckabnahme eine Funktion der Entfernung von der Mitte ist, so kann man aus ihr auf letztere schließen.

Man hat folgende Tabelle aufgestellt:

Entfernung von der Orkanmitte	250 bis 150 sm	150 bis 100 sm	100 bis 80 sm	80 bis 50 sm
Stündliches Sinken des Luftdrucks	0,5 bis 1,5 mbar	1,5 bis 2 mbar	2 bis 3 mbar	3 bis 4 mbar

Eine andere, für die Westindischen Orkane ermittelte Tafel ist folgende:

Entfernung von der Orkanmitte	180 bis 120 sm	120 bis 60 sm	60 bis 0 sm
Gradient	1,5 mbar/60 sm	6,5 mbar/60 sm	15 mbar/60 sm

Muß mit dem Auftreten eines Orkans gerechnet werden, so sollte man aufgrund der Funkwetterberichte der Orkanwarnzentralen, der F.T.-Berichte der Wetterstationen und benachbarter Schiffe möglichst oft Bordwetterkarten zeichnen. Diese werden dann zusammen mit den eigenen Beobachtungen wertvolle Hinweise über Position, Bahn und Marschgeschwindigkeit des Orkans ergeben. Der Kurs, den ein Orkan nehmen wird, läßt sich nur schwer feststellen.

Eine große Hilfe bei allen solchen Überlegungen ist immer ein Radargerät. Damit läßt sich nicht nur der augenblickliche Ort des Orkans feststellen, sondern bei dauernder Beobachtung mit ziemlicher Sicherheit auch seine Zugrichtung. Das Radarbild zeigt auch, daß die stärksten Regengebiete sich um das echofreie Zentrum in spiraligen Banden herumwinden[48]. Die Regel, daß er auf Nordbreite das benachbarte Hoch zur Rechten seiner Bahn liegen läßt, trifft durchaus nicht immer zu. Man hat Fälle beobachtet, in denen der Orkan direkt gegen das Hoch zog oder es zur Linken ließ. Wenn dem Orkan kein ausgeprägtes Hoch benachbart ist, ist die Frage nach der Orkanbahn nie sicher zu beantworten. Man muß immer daran denken, daß die Orkanbahnen von den Druck- und Windverhältnissen auch der oberen Luftschichten abhängig sind. Aber über diese weiß der Beobachter auf See so gut wie nichts.

Das DHI veröffentlicht in seinen Handbüchern Karten (siehe auch Schubart, Praktische Orkankunde), welche die in einem bestimmten Zeitraum beobachteten Bahnrichtungen der Orkane in den einzelnen Monaten enthalten. Der Kapitän muß diese Karten aufmerksam studieren und ihnen Richtung und Lage der wahrscheinlichsten Orkanbahn für den in Betracht kommenden Ort und Monat entnehmen, diese in die Navigationskarte eintragen und sie als Anhaltspunkt für weitere Überlegungen benutzen.

Ein gutes Instrument, um die Peilung des Zentrums und die Richtung der Orkanbahn aufgrund weniger Schiffsbeobachtungen mechanisch zu bestimmen, ist das *Barozyklonometer* (in erster Linie für das Manövrieren in den Ostasiatischen Taifunen bestimmt). Die einzelnen Orkane tragen aber so individuelle Züge und weichen so stark von dem idealen Typus ab, daß die Verallgemeinerungen, auf denen solche Instrumente beruhen müssen, nicht immer zutreffen. In der Hand des erfahrenen Kapitäns können solche Instrumente allerdings zuweilen sehr wertvolle Dienste leisten.

Ein weiteres Hilfsmittel zur Feststellung der Richtung des Zentrums eines Orkans ist das Peilen mit dem Funkpeiler. Die starken atmosphärischen Störungen rufen ein Knistern, Knacken und Prasseln im Peilgerät hervor, das sich gut peilen läßt. Durch mehrfaches Peilen kann man die ungefähre Bahnrichtung und Bahngeschwindigkeit des Orkans feststellen. Solche Funkpeilungen haben bei westindischen Orkanen gute Ergebnisse gezeigt, bei den Taifunen sollen diese Störungsgeräusche nur schlecht zu beobachten sein. *Die Schiffsleitungen sollten dieses Verfahren recht oft anwenden und über ihre Erfahrungen dem SWA Bericht erstatten!* Besonders gute Ergebnisse sollen mit diesem „Einpeilen" erzielt worden sein bei

---

48 Rodewald in „Wetterlotse" Nr. 76 (1954).

der Zusammenarbeit mehrerer benachbarter Schiffe, die sich ihre Peilungen laufend funkentelegraphisch mitteilten.

Schiffsmanöver im Orkan

Eine Entscheidung über die einzuleitenden Manöver kann erst getroffen werden, wenn über die Fortbewegung des Orkans und über die Lage des Schiffsortes zum Zentrum einigermaßen Klarheit herrscht. Bei allen Manövern stelle man sich nur die **eine** Aufgabe: **„Wie vermeide ich das Zentrum?"** und sehe zunächst ganz von dem Reiseziel ab. Steht man *vor* dem Zentrum gerade auf der Sturmbahn (fallender Luftdruck, Wind von unveränderlicher Richtung und wachsender Stärke), so suche man in die fahrbare Hälfte (auf Nordbreite linke Seite, auf Südbreite rechte Seite der Sturmbahn) zu gelangen, indem man auf Nordbreite den Wind von Stb. achtern, auf Südbreite von Bb. achtern nimmt.

Für die übrigen Fälle ist zu empfehlen:

Nordbreite: Man befindet sich auf der gefährlichen, **rechten** Seite der Sturmbahn. Anzeichen: Wind dreht **rechts.**

Gefährlichstes, vorderes Viertel: Wind dreht schnell, Luftdruck fällt. Versuche die Bahn durch Lenzen, Wind von Stb. achtern, noch vor dem Zentrum zu kreuzen. Sonst beidrehen, wenn Segler, mit Stb.-Hals, wenn Kraftschiff, Wind 3 Strich von Stb. vorn und Maschine langsam voraus oder Wind 3 Strich von achtern und Maschine langsam rückwärts oder mit gestoppter Maschine und Wind querein von Stb.

Hinteres Viertel: Wind dreht langsam. Luftdruck steigt. Beidrehen mit Stb.-Hals und etwas Fahrt voraus. Wenn Wind und See es zulassen und der Kurs, den man beim Lenzen einschlagen muß, dem Reiseziel entspricht, so kann man zum Lenzen übergehen; Wind von Stb. achtern.

Fahrbare linke Seite: Anzeichen: Wind dreht **links.**

Kraftschiffe: Lenzen mit Wind von Stb. achtern und Maschine voll voraus, bis Luftdruck steigt. Den zuerst nach Windrichtung eingeschlagenen Kurs so lange beibehalten wie möglich. Wenn genötigt beizudrehen, dann Wind 3 Strich von Stb. vorn und Maschine langsam voraus oder Wind 3 Strich von Bb. achtern und Maschine langsam rückwärts oder mit gestoppter Maschine und Wind querein von Stb.

Segler: wenn genötigt beizudrehen, dann mit Bb.-Hals, sonst lenzen oder abhalten, Wind immer 2 bis 3 Strich von Stb. achtern, bis Wind etwa 8 bis 10 Strich nach links gedreht hat, dann beidrehen mit Bb.-Hals, bis Luftdruck deutlich steigt.

Südbreite: Man befindet sich auf der gefährlichen **linken** Seite der Sturmbahn. Wind dreht **links.**

Gefährlichstes, vorderes Viertel: Wind dreht schnell, Luftdruck fällt. Versuche die Bahn durch Lenzen, Wind von Bb. achtern, noch vor dem Zentrum zu kreuzen. Sonst beidrehen, wenn *Segler*, mit Bb.-Hals; wenn *Kraftschiff*, Wind 3 Strich von Bb. vorn und Maschine langsam voraus oder Wind 3 Strich von Bb. achtern und Maschine langsam rückwärts oder mit gestoppter Maschine und Wind querein von Bb.

Hinteres Viertel: Wind dreht langsam, Luftdruck steigt. Beidrehen mit Bb.-Hals und etwas Fahrt voraus. Wenn Wind und See es zulassen und der Kurs, den man beim Lenzen einschlagen muß, dem Reiseziel entspricht, so kann man zum Lenzen übergehen; Wind von Bb. achtern.

Fahrbare rechte Seite: Anzeichen: Wind dreht **rechts.**

Kraftschiff: Lenzen, Wind von Bb. achtern und Maschine voll voraus, bis Luftdruck steigt. Den zuerst nach der Windrichtung eingeschlagenen Kurs so lange beibehalten wie möglich. Wenn genötigt beizudrehen, dann Wind 3 Strich von Bb. vorn und Maschine langsam voraus oder Wind 3 Strich von Stb. achtern und Maschine langsam rückwärts oder mit gestoppter Maschine und Wind querein von Bb.

Segler: wenn genötigt beizudrehen, dann mit Stb.-Hals, sonst Abhalten mit raumem Wind von Bb. oder lenzen, bis der Wind 8 bis 10 Strich nach rechts gedreht hat und bis Luftdruck deutlich steigt. Dann Kurs steuern oder mit Stb.-Ruder auf Stb.-Hals gehen und so lange beidrehen, bis Orkan vorüber.

Der Versuch, die Bahnlinie des Sturmes zu kreuzen, darf nur dann unternommen werden, wenn man triftige Gründe dafür hat, daß man sich nahe der Bahnlinie und noch weitab von der Mitte (100 bis 200 sm) befindet. Aber auch dann bleibt es noch stets ein gefährliches Unternehmen, namentlich nahe den Wendekreisen, wo die Orkane meistens rasch fortschreiten. In allen Fällen, gleichgültig ob man lenzt oder beigedreht liegt, ist Öl zur Beruhigung der Wellen zu gebrauchen.

Regeln für das Abreiten eines Orkans

Lege das Schiff so, daß der Wind querein kommt; auf Nordbreite von Stb., auf Südbreite von Bb. (Regel von Kapt. Schubart).

Es ist, besonders im Atlantischen Ozean, leicht möglich, daß ein polwärts bestimmtes Schiff, das in den Tropen einen Orkan zu bestehen hatte, diesem, nachdem er ostwärts weiter wanderte, auf höherer Breite wieder begegnet. Ein solches Schiff sollte also stets bedenken, daß von Westen her ein Orkan herankommen kann.

Man muß wissen, daß absolute Manövrierregeln nicht aufgestellt werden können. Mit jedem einzelnen Schiffe muß in jedem einzelnen Orkan unter sorgfältiger Berücksichtigung folgender vier Hauptpunkte manövriert werden:

- des Schiffes selbst, seiner See-Eigenschaften, seiner Geschwindigkeit und seiner Abtrift,
- des zur Verfügung stehenden Seeraumes,
- der Bahnrichtung des Sturmes und
- der Fortpflanzungsgeschwindigkeit des Sturmfeldes.

Nach der *VO über die Sicherung der Seefahrt* ist der Kapitän eines jeden Schiffes, der einen Sturm von Bft 10 oder mehr antrifft, verpflichtet, die in der Nähe befindlichen Schiffe und die zuständigen Behörden des ersten Küstenplatzes, mit dem er in Verbindung treten kann, unverzüglich zu unterrichten (siehe Bd. 2, Kap. 28.2 u. 28.3).

5.9.7 Fahrtverlust der Schiffe im Seegang

Der Fahrtverlust im Seegang hängt wesentlich von der Maschinenleistung am Propeller je Wasserverdrängung des Schiffes (kW/m^3) ab. Je kleiner dieser Wert ist, um so größer ist der zu erwartende Geschwindigkeitsverlust. Das Diagramm (Bild 5.36) beruht auf statistischen Untersuchungen und zeigt z. B. den Geschwindigkeitsverlust in Prozent bei voll entwickeltem Seegang von vorn im Nordatlantik bei Windstärken 0 bis 9 nach Beaufort; vgl. auch den jeweiligen Winddruck in Tab. 5.2.

In den folgenden Beispielen sind die Werte für vier charakteristische Schiffstypen, und zwar mit voller Maschinenleistung und der Wasserverdrängung in abgeladenem Zustand bei Windstärken 5, 7 und 9 Bft dem Diagramm (Nordatlantik-Seegang) im Bild 5.36 entnommen.

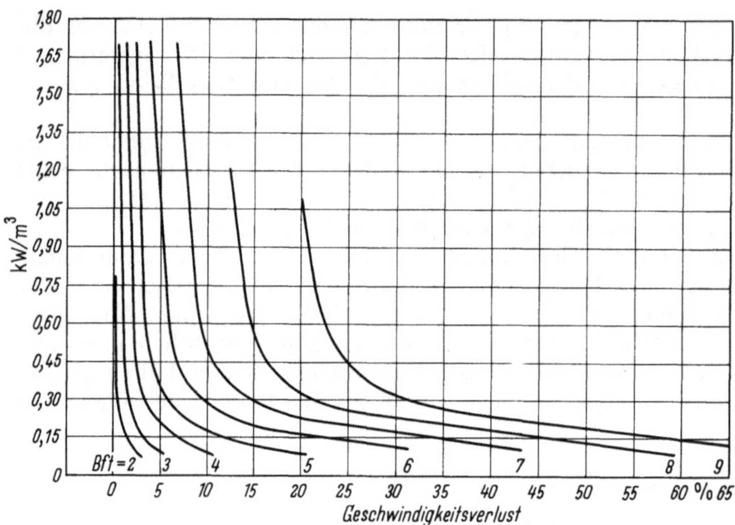

Bild 5.36. Geschwindigkeitsverlust (in Prozent) im Nordatlantik-Seegang bei Windstärken 2 bis 9 Bft von vorn

Schiffstyp	Lei-stung	Ver-drän-gung	Fahrt[a]		Geschwindigkeitsverlust					
					5 Bft		7 Bft		9 Bft	
				$\dfrac{kW}{m^3}$						
	kW	m³	kn		%	kn	%	kn	%	kn
Fruchtschiff	9 400	6 300	23,3	1,48	2,6	0,6	7,4	1,7	17	4,0
Frachtschiff	9 400	18 600	18,1	0,51	3,7	0,7	10,2	1,9	24	4,3
Massengut-schiff	6 200	20 600	15,8	0,30	6,0	1,0	14,8	2,3	31	4,9
Tanker	22 100	164 000	17,3	0,14	13,0	2,3	38,0	6,6	65	11,3

[a] Bei Windstärke 0 Bft.

5.9.8 Manövrieren in eisgefährdeten Gebieten [49]

Eisberge sind im Dunkeln nur schwer zu erkennen. In dunkler Nacht kommen sie erst in nächster Nähe in Sicht. In sternhellen Nächten sind sie als dunkle Schatten etwas weiter zu sehen, und bei Mondschein sieht man Berge am „Eisblink" manchmal schon, bevor sie noch über der Kimm erscheinen.

Durch Messen der Wassertemperatur kann man nur selten Anhaltspunkte für Eisberggefahr bekommen. Das Schmelzwasser der Eisberge sinkt meistens rasch in die Tiefe und bleibt in Lee ihrer Bahn liegen. Auch durch Sinken der Lufttemperatur verrät sich ein Eisberg nur selten.

Beim Passieren von Eisbergen soll man ihre Luvseite meiden und sich in Lee halten und guten Abstand wahren, da Eisberge durch die Bewegung des fahrenden Schiffes zuweilen zum Kentern gebracht werden. Sie erzeugen dabei meistens eine gewaltige Welle.

---

49 Siehe auch Kap. 1.5.2 und Bd. 2, Kap. 27.2, sowie Handbuch des Atlantischen Ozeans.

Im Nebel erkennt man Eisberge, wenn kein Radargerät an Bord ist, immer erst in unmittelbarer Nähe. Mit einem gut bedienten Radargerät können bei ruhigem Wetter größere Berge schon auf 10 bis 15 sm auf dem Schirm festgestellt werden, kleinere Brocken (Growlers) aber erst auf 1 bis 3 sm. Bei grober See sind Growlers nur schlecht auf dem Schirm auszumachen. Packeisfelder können bei allen See- und Wetterlagen auf 0,5 bis 3 sm entdeckt werden. Eisberge mit schrägen Wänden erscheinen aber auch bei einwandfrei arbeitenden Radargeräten oft erst in geringem Abstande (3 bis 5 sm) auf dem Schirm (siehe auch Bd. 1 C, Kap. 3 (Radar)).

Wenn man im Nordatlantik[50] im Frühjahr in das von Eisbergen bedrohte Gebiet kommt, melde man sich alle 4 Stunden bei Coast Guard Radio Argentia (NIK), verfolge deren Berichte aufmerksam und zeichne die gemeldeten Berge in die Karte ein. In sehr dunklen Nächten ist vorsichtiges Fahren eine selbstverständliche Pflicht. Bei dichtem Nebel ist es am besten, die Maschinen zu stoppen und das Schiff treiben zu lassen; dabei ist mit starken Versetzungen zu rechnen.

Was vom Nordatlantik gesagt wurde, gilt für alle Gebiete, in denen der Seemann Eisberge antreffen kann, nur daß in allen anderen Gebieten (Kap Horn, südlich vom Kap der Guten Hoffnung) der Eiswachtdienst fehlt.

In der Nord- und Ostsee ist ein ausgedehnter Eisnachrichtendienst eingeführt. Siehe darüber NF.

Wenn dem Kapitän Eis auf oder nahe seinem Kurs gemeldet wird, ist er verpflichtet, nachts mit mäßiger Geschwindigkeit zu fahren oder seinen Kurs so zu ändern, daß dieser gut frei von dem Gefahrenbereich führt (s. a. VO über die Sicherung der Seefahrt).

In Eisnot geratene Schiffe zeigen zur Orientierung von Hilfsflugzeugen eine große Nationalflagge an gut sichtbarer Stelle und schreiben an Deck, auf die Luken oder auf das Eis in > 2,5 m großen Druckbuchstaben den Namen, Heimathafen und etwaigen Bedarf. Dabei sind von Schweden für die Ostsee folgende Zeichen eingeführt:

Ⅲ bedeutet: „Habe Maschinenschaden“, ⌐ bedeutet: „Habe Schraubenschaden“. Bei Annäherung von Flugzeugen ist die Funkstation bzw. das UKW-Gerät zu besetzen.

---

50 Über internationale Schiffswege siehe 4.13.2 und 4.13.3.

6 Formelsammlung für die terrestrische Navigation [1]

6.1 Allgemeine Erläuterungen

Die Schreibweise der Formeln wurde so gewählt, daß die Rechnung nach ihnen mit einem handelsüblichen elektronischen Taschenrechner erleichtert wird; bei mehrfachen Divisionen enthalten die Formeln Klammern, die im allgemeinen bei den elektronischen Taschenrechnern nicht berücksichtigt zu werden brauchen. Es werden die Formelzeichen, Indizes und vereinzelt Abkürzungen nach DIN 13312 — Navigation — verwendet.

Gleichungen sollen keine Abkürzungen, sondern Formelzeichen enthalten, die durch Indizes spezifiziert werden können; vgl. auch DIN 1304 — Allgemeine Formelzeichen. Abweichend von dieser Norm wurden bisher in Fach- und Lehrbüchern für die Navigation und in der Praxis vor allem bei den Kurs- und Peilungsumwandlungen in den Formeln Abkürzungen verwendet. Diese Gepflogenheit ist in dieser Sammlung dann beibehalten worden, wenn für eine Größe noch kein Formelzeichen angegeben ist; in diesem Falle sind sie durch Abkürzungen ausgedrückt, wenn solche in DIN 13312 — Navigation — verzeichnet sind.

Formeln, die den Rechentafeln in den Nautischen Tafeln [2] (NT) zugrunde liegen, sind mit der betreffenden Nummer der NT versehen, z. B. **NT 3** (Gradtafel).

In dieser Formelsammlung sind die geographische Breite und Länge nach ihrem Namen vorzeichengerecht (N und E positiv, S und W negativ) einzusetzen.

Bei Anwendung der Koordinatentransformation zwischen Polar- und kartesischen Koordinaten gilt folgende Zuordnung und Schreibweise:

$$\mathrm{POL}\,(r;\,\Theta) \iff \mathrm{REC}\,(x;\,y)$$

Es sind auch andere Schreibweisen gebräuchlich. Die Reihenfolge der Ein- und Ausgabe der Koordinaten ist bei verschiedenen elektronischen Taschenrechnern unterschiedlich und muß berücksichtigt werden.

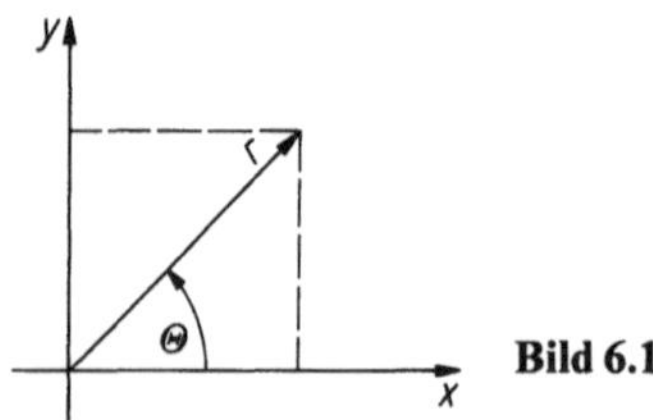

Bild 6.1

---

1 Zusammengestellt von H. Cepok und K. Terheyden.
2 Fulst: Nautische Tafeln, 25. Aufl. Bremen: Arthur Geist Verlag 1981.

Läßt eine Formel nicht sofort erkennen, welche Einheiten für die verwendeten Größen einzusetzen sind, so ist das Einheitenzeichen direkt am Formelzeichen unter einem schrägen Bruchstrich angegeben, z.B. stehen v/kn für Geschwindigkeit in Knoten und $\alpha/1'$ für einen Winkel in Winkelminuten; vgl. auch Größengleichung, zugeschnittene Größengleichung und Zahlenwertgleichung im Kap. 5 (Physik) des Teilbandes 1 C dieses Handbuches.

Die Formelsammlungen in den beiden anderen Teilbänden des Bandes 1 enthalten wegen des einfacheren Aufsuchens Wiederholungen aus dieser Formelsammlung.

6.1.1 Alphabetisches Verzeichnis der in der Formelsammlung verwendeten Formelzeichen, Abkürzungen und Indizes

Die Formelzeichen sind *kursiv* und die Abkürzungen steil gesetzt, die Indizes sind mit einem vorangesetzten Schrägstrich kenntlich gemacht, z.B. bezeichnet \b bei φ_b die beobachtete geographische Breite (vgl. auch DIN 13312).

a	Abweitung $(+/-)$
\A oder A	Abfahrtsort
Abl oder δ_{Mg}	Magnetkompaßablenkung, Magnetkompaßdeviation
\AK, AK oder α_{AK}	vollkreisiger Großkreisanfangskurs
α	halbkreisiger Innenwinkel im terrestrisch-sphärischen Dreieck bei A
α oder …K	Kurs oder Richtung, im allgemeinen vollkreisig
α_{AK} oder AK	vollkreisiger Großkreisanfangskurs
α_{AzGl}	vollkreisige Richtung der Azimutgleiche in einem Leitpunkt
α_{EK} oder EK	vollkreisiger Großkreisendkurs
α_G oder KüG	Kurs über Grund
α_{GK}	orthodromischer Kurs oder Richtung eines Großkreises in einem Leitpunkt
α_{Kr} oder KrK	Kreiselkompaßkurs
α_{Lox} oder LR	loxodromischer Kurs oder Richtung der Loxodrome in einem Leitpunkt
α_{Mg} oder MgK	Magnetkompaßkurs
α_{rw} oder rwK	rechtweisender Kurs
α_{St} oder StR	Stromrichtung
α_w oder KdW	Kurs durch das Wasser
b	Breitendistanz $(+/-)$
\b	beobachtet
\B	Bestimmungsort
\BK oder BV_K	Besteckversetzung in kartesischen Koordinaten
\BP oder BV	Besteckversetzung in Polarkoordinaten
BVD	Distanz der Besteckversetzung
BVR	Richtung der Besteckversetzung
BWS oder β	Beschickung für Wind und Strom $(+/-)$
β	halbkreisiger Innenwinkel im terrestrisch-sphärischen Dreieck bei B
β_{St} oder BS	Beschickung für Strom $(+/-)$
β_w oder BW	Beschickung für Wind $(+/-)$
\C	Rechenort auf dem Großkreis
c	Seite im sphärischen Dreieck
d	Distanz
DdW oder d_w	Distanz durch das Wasser
DüG oder d_G	Distanz über Grund
DSt oder d_{St}	Betrag der Stromversetzung
δ_{Kr} oder Ff	Kreiselkompaßdeviation, Fahrtfehlerberichtigung $(+/-)$
δ_{Mg} oder Abl	Magnetkompaßdeviation, Magnetkompaßablenkung
Δd	Distanzunterschied, Anteil der BV_K $(+/-)$
$\Delta\alpha$	Kursunterschied zwischen beobachtetem und gekoppeltem Kurs $(+/-)$

$\Delta\lambda$	Längenunterschied (+/−)
$\Delta\varphi$	Breitenunterschied (+/−)
$\Delta\Phi$	vergrößerter Breitenunterschied (+/−)
e	Entfernung
\E	Erde
\EK oder EK	vollkreisiger Großkreisendkurs
f	Funkbeschickung, Funkdeviation (+/−)
FdW oder v_W	Fahrt durch das Wasser
Ff oder δ_{Kr}	Fahrtfehlerberichtigung, Kreiselkompaßdeviation (+/−)
FüG oder v_G	Fahrt über Grund
… Fw	… Fehlweisung (+/−)
geg	gegen den Strom
\G	über Grund
\GK oder GK	Großkreis
h_A	Höhe des Auges über dem Wasserspiegel
h_{Fc}	Höhe des Feuers über dem Wasserspiegel
h_{Ob}	Höhe des Objektes
h_{Ra}	Radarantennenhöhe über dem Wasserspiegel
H	Schraubensteigung
k oder Kt	Kimmtiefe
\k	gekoppelt
… K oder α	Kurs
KdW oder α_W	Kurs durch das Wasser
\Kr oder Kr…	Kreiselkompaß…
KrA	Kreisel-A (+/−), Mittelwert des KrR; (zur Vorausberechnung der KrFw)
KrR	Kreisel-R (+/−); (beobachtete KrFw abzüglich Ff)
KüG oder α_G	Kurs über Grund
\l	… nach Logge
l	Äquatormeridiandistanz (+/−)
l^*	Meridianabstandsverhältnis (+/−)
\Lox	Loxodrome, loxodromisch
λ oder \λ	geographische Länge (+/−)
\m	mittlere (arithmetisch)
\M	Meridianschnittpunkt auf dem Großkreis
\mit	mit dem Strom
Mg…	Magnetkompaß
Mw	Mißweisung
n	Schraubendrehzahl
n	Vertikalwinkel
n_K	Vertikalwinkel zwischen Objektpunkt und Kimm
p	beschickte Funkseitenpeilung
… P oder α	Peilung
POL (…)	Rechner-Ein- oder Ausgabe in **POL**arkoordinaten
q	Querversetzung, Anteil der BV_K (+/−)
q	abgelesene Funkseitenpeilung
\r	rechnerisch
\rw oder rw…	rechtweisend
rwFuP	rechtweisende Funkpeilung
REC (…)	Rechner-Ein- oder Ausgabe in **REC**htwinkligen Koordinaten
\RC	Kreisfunkfeuer (Radiophare circulaire)
\RG	Funkpeilstelle (Radio Gonio)
s	Slip
\S	Scheitelpunkt des Großkreises
SP	Seitenpeilung
\St	Strom…
StG oder v_{St}	Stromgeschwindigkeit
StR oder α_{St}	Stromrichtung
StV oder d_{St}	Stromversetzung

t oder Fz	Zeitspanne, Fahrzeit
u	Loxodrombeschickung (+/−)
v oder F...	Fahrt, Geschwindigkeit
\V	Versegelung
\W oder ... dW	durch das Wasser
φ oder \φ	geographische Breite (+/−)
Φ	vergrößerte Breite (+/−)

6.2   Formeln für die terrestrische Navigation

6.2.1   Kursbeschickungen

$$\alpha_G = \alpha_{rw} + \beta; \quad (KüG = rwK + BWS)$$

Magnetkompaß

$$\alpha_{rw} = \alpha_{Mg} + MgFw; \quad MgFw = \delta_{Mg} + Mw; \quad (rwK = MgK + MgFw$$
$$MgFw = Abl + Mw)$$

Kreiselkompaß

$$\alpha_{rw} = \alpha_{Kr} + KrFw; \quad KrFw_r = \delta_{Kr} + KrA \quad | \quad (rwK = KrK + KrFw$$
$$KrR = KrFw_b - \delta_{Kr} \quad | \quad KrFw_r = Ff + KrA$$
$$KrA = \overline{KrR} \text{ (Mittelwert)} \quad | \quad KrR = KrFw_b - Ff)$$

Fahrtfehlerberichtigung (Kreiselkompaßdeviation) des Kreiselkompasses

für den Kreiselkompaß (α_{Kr})

$$\sin \delta_{Kr} = - [v_G/kn \cdot (\cos \alpha_{Kr}) : 902{,}46] : \cos \varphi \quad \textbf{(NT 7)}$$

für den Kurs über Grund (α_G)

$$\tan \delta_{Kr} = - v_G/kn \cdot (\cos \alpha_G) : (902{,}46 \cdot \cos \varphi + v_G/kn \cdot \sin \alpha_G) \quad \textbf{(NT S. XI)}$$

Als Näherungsformel

$$\delta_{Kr}/1° \approx - [v_G/kn \cdot (\cos \alpha) : 15{,}8] : \cos \varphi; \quad \alpha \text{ steht für } \alpha_{Kr} \text{ oder } \alpha_G$$

6.2.2   Peilungsbeschickungen

Kompaßpeilung

Magnetkompaß   Kreiselkompaß

$$rwP = MgP + MgFw; \qquad\qquad rwP = KrP + KrFw$$

Seitenpeilung

$$rwP = \alpha_{rw} + SP_b; \quad SP_b = SP_r + \beta; \quad (rwP = rwK + SP_b$$
$$SP_b = SP_r + BWS)$$

Funkpeilung

$$p = q + f$$
$$\mathrm{rwFuP} = p + \alpha_{\mathrm{rw}}$$

Funkeigenpeilung

$$\alpha_{\mathrm{Lox}} = \mathrm{rwFuP} + u$$

$$\alpha_{\mathrm{AzGl}} = \alpha_{\mathrm{Lox}} + u$$

Funkfremdpeilung

$$\alpha_{\mathrm{Lox}} = \mathrm{rwFuP} - u$$

$$\alpha_{\mathrm{GK}} = \alpha_{\mathrm{Lox}} - u$$

$$u \approx (\Delta\lambda : 2) \cdot \sin\varphi_{\mathrm{m}} \qquad \textbf{(NT 8)}$$

$$\Delta\lambda = \lambda_{\mathrm{RC}} - \lambda_{\mathrm{r}}$$

$$\varphi_{\mathrm{m}} = (\varphi_{\mathrm{RC}} + \varphi_{\mathrm{r}}) : 2$$

$$\Delta\lambda = \lambda_{\mathrm{RG}} - \lambda_{\mathrm{r}}$$

$$\varphi_{\mathrm{m}} = (\varphi_{\mathrm{RG}} + \varphi_{\mathrm{r}}) : 2$$

6.2.3 Besteckrechnung nach Mittelbreite

Radius der Erdkugel

$$r_{\mathrm{E}} = 10\,800 \ \mathrm{sm} : \pi = 3437{,}747 \ \mathrm{sm}$$

Kurs und Distanz, Abweitung und Breitendistanz

$$a = d \cdot \sin\alpha; \quad b = d \cdot \cos\alpha; \quad \tan\alpha = a : b$$

$$d = |b : \cos\alpha| \quad \text{oder} \quad d = |a : \sin\alpha|$$

(NT 3) Die Tafel gibt nur den Kurs quadrantal und die absoluten Werte für a und b an

oder mit Hilfe der Koordinatentransformation

$$\mathrm{POL}(d; \alpha) \iff \mathrm{REC}(b; a)$$

$$\alpha = \alpha_{\mathrm{Lox}} = \alpha_{\mathrm{G}}$$

Äquatormeridiandistanz

$$l \approx a : \cos\varphi_{\mathrm{m}}; \quad a \approx l \cdot \cos\varphi_{\mathrm{m}} \qquad \textbf{(NT 4)}$$

Breiten- und Längenunterschied

$$\Delta\varphi = \varphi_{\mathrm{B}} - \varphi_{\mathrm{A}}; \quad \Delta\varphi / 1° = b / \mathrm{sm} : 60$$

$$\Delta\lambda = \lambda_{\mathrm{B}} - \lambda_{\mathrm{A}}; \quad \Delta\lambda / 1° = l / \mathrm{sm} : 60$$

6.2.4 Besteckrechnung nach vergrößerter Breite

Vergrößerte Breite

$$\Phi = (10\,800 : \pi) \cdot \ln\tan(45° + \varphi : 2)$$

$$\varphi = 2 \cdot \arctan \mathrm{e}^{x} - 90° \quad \text{für} \quad x = \Phi \cdot \pi : 10\,800$$

$$\textbf{(NT 5)}$$

Vergrößerter Breitenunterschied, Meridianabstandsverhältnis und Kurs

$$\Delta\Phi = (10\,800 : \pi) \cdot \ln\,[\tan\,(45° + \varphi_\mathrm{B} : 2) : \tan\,(45° + \varphi_\mathrm{A} : 2)]$$

$$\left.\begin{array}{l} \Delta\Phi = \Phi_\mathrm{B} - \Phi_\mathrm{A}; \quad \tan\alpha = l^* : \Delta\Phi \\[4pt] d = |b : \cos\alpha| \end{array}\right\} \quad \begin{array}{l} l^* = l/\mathrm{sm} = \Delta\lambda / 1° : 60 \\[4pt] \alpha = \alpha_\mathrm{Lox} = \alpha_\mathrm{G} \end{array}$$

6.2.5 Fahrt, Fahrzeit und Distanz

$$\begin{array}{llllll} v = d : t; & t = d : v; & d = v \cdot t & \dfrac{v}{\mathrm{kn}} & \dfrac{d}{\mathrm{sm}} & \dfrac{t}{\mathrm{h}} \\[12pt] v = 60 \cdot d : t; & t = 60 \cdot d : v; & d = v \cdot t : 60 & \mathrm{kn} & \mathrm{sm} & \mathrm{min} \end{array} \qquad \textbf{(NT 2 und 2a)}$$

6.2.6 Meilenfahrt

$$v_\mathrm{W} = (v_\mathrm{mit} + v_\mathrm{geg}) : 2; \qquad v_\mathrm{G} = 2 \cdot d_\mathrm{G} : (t_\mathrm{mit} + t_\mathrm{geg}); \qquad v_\mathrm{St} = (v_\mathrm{mit} - v_\mathrm{geg}) : 2$$

6.2.7 Fahrtbestimmung nach Schraubendrehzahl

$$v_\mathrm{W}/\mathrm{kn} = n/\mathrm{min}^{-1} \cdot H/\mathrm{m} \cdot (100 - s/\%) : 3086{,}7$$

$$s/\% = 100 - [(3086{,}7 \cdot v_\mathrm{W}/\mathrm{kn} : n/\mathrm{min}^{-1}) : H/\mathrm{m}]$$

6.2.8 Umrechnungsfaktoren

$$1 = 0{,}51\overline{4}\,\frac{\mathrm{m/s}}{\mathrm{kn}} \qquad\qquad 1 = 1{,}9438\,\frac{\mathrm{kn}}{\mathrm{m/s}}$$

$$1 = 30{,}8\overline{6}\,\frac{\mathrm{m/min}}{\mathrm{kn}} \qquad\qquad 1 = 32{,}3974 \cdot 0^{-3}\,\frac{\mathrm{kn}}{\mathrm{m/min}}$$

$$1 = 1852\,\frac{\mathrm{m/h}}{\mathrm{kn}} \qquad\qquad 1 = 0{,}53996 \cdot 10^{-3}\,\frac{\mathrm{kn}}{\mathrm{m/h}}$$

$$1 = 0{,}51\overline{4} \cdot 10^{-3}\,\frac{\mathrm{km/s}}{\mathrm{kn}} \qquad\qquad 1 = 1943{,}85\,\frac{\mathrm{kn}}{\mathrm{km/s}}$$

$$1 = 30{,}8\overline{6} \cdot 10^{-3}\,\frac{\mathrm{km/min}}{\mathrm{kn}} \qquad\qquad 1 = 32{,}3974\,\frac{\mathrm{kn}}{\mathrm{km/min}}$$

$$1 = 1852 \cdot 10^{-3}\,\frac{\mathrm{km/h}}{\mathrm{kn}} \qquad\qquad 1 = 0{,}53996\,\frac{\mathrm{kn}}{\mathrm{km/h}}$$

$$1 = 0{,}2\overline{7} \cdot 10^{-3}\,\frac{\mathrm{sm/s}}{\mathrm{kn}} \qquad\qquad 1 = 3600\,\frac{\mathrm{kn}}{\mathrm{sm/s}}$$

$$1 = 16{,}\overline{6}\,\frac{\mathrm{sm/min}}{\mathrm{kn}} \qquad\qquad 1 = 60\,\frac{\mathrm{kn}}{\mathrm{sm/min}}$$

$$1 = \mathbf{1}\,\frac{\mathrm{sm/h}}{\mathrm{kn}} \qquad\qquad 1 = 1\,\frac{\mathrm{kn}}{\mathrm{sm/h}}$$

$$1 = 10^{-3}\,\frac{\text{km/s}}{\text{m/s}} \qquad\qquad 1 = 10^{3}\,\frac{\text{m/s}}{\text{km/s}}$$

$$1 = 60 \cdot 10^{-3}\,\frac{\text{km/min}}{\text{m/s}} \qquad\qquad 1 = 16,\overline{6}\,\frac{\text{m/s}}{\text{km/min}}$$

$$1 = 3,6\,\frac{\text{km/h}}{\text{m/s}} \qquad\qquad 1 = 0,2\overline{7}\,\frac{\text{m/s}}{\text{km/h}}$$

6.2.9 Terrestrische Standlinien

Entfernung eines Feuers in der Kimm

$$e/\text{sm} \approx 2,075 \cdot (\sqrt{h_\text{A}/\text{m}} + \sqrt{h_\text{Fe}/\text{m}}) \qquad \textbf{(NT 9)}$$

Radarsichtweite

$$e/\text{sm} \approx 2,23 \cdot (\sqrt{h_\text{Ra}/\text{m}} + \sqrt{h_\text{Ob}/\text{m}})$$

Entfernung durch Vertikalwinkelmessung

$$e/\text{sm} = (h_\text{Ob}/\text{m} : 1852) : \tan n$$

$$e/\text{sm} \approx 1,856 \cdot h_\text{Ob}/\text{m} : n/1'; \quad \text{für } 1,856 \text{ steht oft die Näherung } 13/7. \qquad \textbf{(NT 10)}$$

Objekt vor der Kimm; Meßpunkte sind Objektfuß und Kimm.

$$k/1' \approx 1,779 \cdot \sqrt{h_\text{A}/\text{m}} \qquad \textbf{(NT 26)}$$

$$e/\text{sm} \approx 1,856 \cdot h_\text{A}/\text{m} : (n_\text{K}/1' + k/1'); \quad n_\text{K} \leqq 10'$$

Objektfuß hinter der Kimm; Meßpunkte sind Objektspitze (Bergspitze) und Kimm.

$$e/\text{sm} \approx \sqrt{3,71 \cdot (h_\text{Ob}/\text{m} - h_\text{A}/\text{m}) + (n_\text{K}/1' - k/1')^2} - (n_\text{K}/1' - k/1')$$

6.2.10 Besteckversetzung

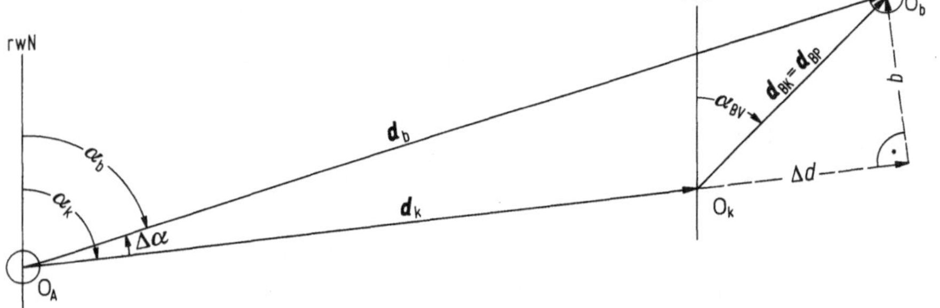

Bild 6.2. Besteckversetzung

$d_\text{b} = d_\text{k} + d_\text{BV}$	Vektoren:	Formelzeichen	Abkürzungen
		$d_\text{k}\,(d_\text{k};\,\alpha_\text{k})$	$d_\text{k}\,(\text{DüG}_\text{k};\,\text{KüG}_\text{k})$
		$d_\text{BP}\,(d_\text{BV};\,\alpha_\text{BV})$	BV (BVD; BVR)
	oder nach	$d_\text{BK}\,(\Delta d;\,q)$	$\text{BV}_\text{K}\,(\Delta d;\,q)$
		$d_\text{b}\,(d_\text{b};\,\alpha_\text{b})$	$d_\text{b}\,(\text{DüG}_\text{b};\,\text{KüG}_\text{b})$

$$\text{POL}(d_{BV};\ \alpha_{BV} - \alpha_k) \ \Rightarrow\ \text{REC}(\Delta d;\ q)$$

$$\text{REC}(\Delta d + d_k;\ q) \ \Rightarrow\ \text{POL}(d_b;\ \Delta\alpha)$$

d_b — ist die Gesamtdistanz und

$$\Delta\alpha + \alpha_k = \alpha_b \text{ ist der Gesamtkurs.}$$

6.2.11 Stromrechnungen

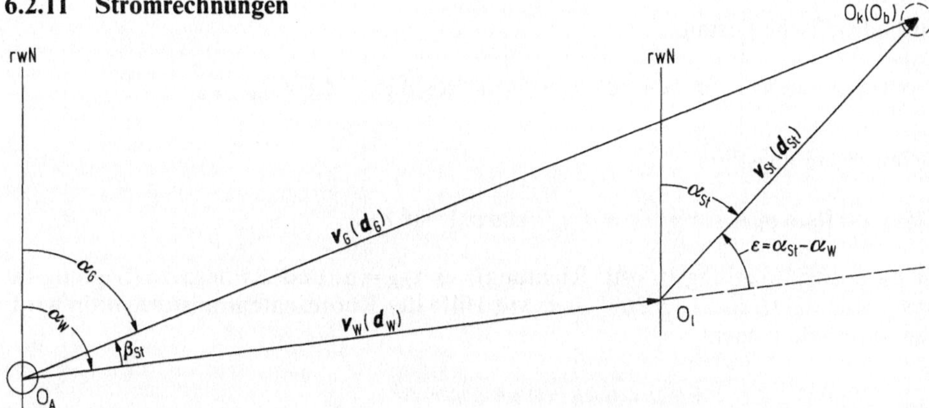

Bild 6.3. Stromrechnung

Vektoren:	Formelzeichen	Abkürzungen
$v_G = v_W + v_{St}$	$v_G(v_G;\ \alpha_G)$ $v_W(v_W;\ \alpha_W)$ $v_{St}(v_{St};\ \alpha_{St})$	$v_G(\text{FüG};\ \text{KüG})$ $v_W(\text{FdW};\ \text{KdW})$ $v_{St}(\text{StG};\ \text{StR})$
$d_G = d_W + d_{St}$	$d_G(d_G;\ \alpha_G)$ $d_W(d_W;\ \alpha_W)$ $d_{St}(d_{St};\ \alpha_{St})$	$d_G(\text{DüG};\ \text{KüG})$ $d_W(\text{DdW};\ \text{KdW})$ $\text{StV}(\text{DSt};\ \text{StR})$

$\beta_{St} = \alpha_G - \alpha_W$ (Beschickung für Strom; Formelzeichen β_{St} und Abkürzung BS)

1. Stromaufgabe; geg.: v_W *und* v_{St}; *ges.:* v_G *und* β_{St}

$$\text{POL}(v_{St};\ \alpha_{St} - \alpha_W) \ \Rightarrow\ \text{REC}(x;\ y)$$

$$\text{REC}(x + v_W;\ y) \ \Rightarrow\ \text{POL}(v_G;\ \beta_{St}); \quad \alpha_G = \beta_{St} + \alpha_W$$

2. Stromaufgabe; geg.: v_W; α_G *und* v_{St}; *ges.:* v_G; α_W *und* β_{St}

$$\sin \beta_{St} = v_{St} \cdot \sin(\alpha_{St} - \alpha_G) : v_W$$

$$v_G = [\cos \beta_{St} + \sin \beta_{St} : \tan(\alpha_{St} - \alpha_G)] \cdot v_W$$

$$\alpha_W = \alpha_G - \beta_{St}$$

3. Stromaufgabe; geg.: d_W *und* d_G; *ges.:* d_{St}; v_{St} *und* β_{St}

$$\text{POL}(d_G;\ \alpha_G - \alpha_W) \ \Rightarrow\ \text{REC}(x;\ y)$$

$$\text{REC}(x - d_W;\ y) \ \Rightarrow\ \text{POL}(d_{St};\ \varepsilon)$$

$$\alpha_{St} = \varepsilon + \alpha_W; \quad \beta_{St} = \alpha_G - \alpha_W; \quad v_{St} = d_{St} : \Delta t$$

6.2.12 Großkreisrechnungen

Da die orthodromische Distanz und der zugehörige Zentriwinkel am Mittelpunkt der Erdkugel sich eindeutig entsprechen, kann die Großkreisdistanz auch im Winkelmaß ausgedrückt werden.

$$d_{GK}/\text{sm} = 60 \cdot d_{GK}/1°$$

Orthodromische Distanz

$$\cos d_{GK} = \sin \varphi_A \cdot \sin \varphi_B + \cos \varphi_A \cdot \cos \varphi_B \cdot \cos \Delta\lambda; \quad \Delta\lambda = \lambda_B - \lambda_A$$

Großkreisanfangskurs

$$\cos \alpha = [(\sin \varphi_B - \sin \varphi_A \cdot \cos d_{GK}) : \cos \varphi_A] : \sin d_{GK}.$$

Ist $\Delta\lambda$ positiv (Seglung in östl. Richtung), so $\alpha_{AK} = \alpha$, und $\Delta\lambda$ negativ (Seglung in westl. Richtung), so $\alpha_{AK} = 360° - \alpha$. Mit Hilfe der Koordinatentransformation wird der AK erhalten nach:

$$y = \sin \Delta\lambda; \quad x = \cos \varphi_A \cdot \tan \varphi_B - \sin \varphi_A \cdot \cos \Delta\lambda$$

$$\text{REC}(x; y) \;\Rightarrow\; \text{POL}(r; \alpha_{AK}) \;\left\{ \begin{array}{l} \alpha_{AK} < 000° \Rightarrow 360° + \alpha_{AK} \\ r \text{ ist hier ohne Bedeutung} \end{array} \right.$$

Großkreisendkurs

$$\cos \beta = [(\sin \varphi_A - \sin \varphi_B \cdot \cos d_{GK}) : \cos \varphi_B] : \sin d_{GK}$$

$\Delta\lambda$ positiv (Seglung in östl. Richtung), so $\alpha_{EK} = 180° - \beta$, und $\Delta\lambda$ negativ (Seglung in westl. Richtung), so $\alpha_{EK} = 180° + \beta$. Koordinatentransformation analog wie beim AK.

Scheitelpunkte

$$\cos |\varphi_S| = |\cos \varphi_A \cdot \sin \alpha_{AK}|; \quad \tan \Delta\lambda_{AS} = (1 : \sin \varphi_A) : \tan \alpha_{AK}; \quad \lambda_S = \lambda_A + \Delta\lambda_{AS}$$

oder

$$\cos |\varphi_S| = |\cos \varphi_B \cdot \sin \alpha_{EK}|; \quad \tan \Delta\lambda_{BS} = (1 : \sin \varphi_B) : \tan \alpha_{EK}; \quad \lambda_S = \lambda_B + \Delta\lambda_{BS}$$

Meridianschnittpunkte $(\varphi_M; \lambda_M)$

$$\tan \varphi_M = \cos \Delta\lambda_{SM} \cdot \tan \varphi_S; \quad \Delta\lambda_{SM} = \lambda_M - \lambda_S$$

Großkreispunkte $(\varphi_C; \lambda_C)$ bei vorgegebenem Anfangskurs (α_{AK}) und vorgegebener Distanz (d)

$$\sin \varphi_C = \cos d \cdot \sin \varphi_A + \sin d \cdot \cos \varphi_A \cdot \cos \alpha_{AK}$$

$$\cos |\Delta\lambda_{AC}| = [(\cos d - \sin \varphi_A \sin \varphi_C) : \cos \varphi_A] : \cos \varphi_C; \quad \lambda_C = \lambda_A + \Delta\lambda_{AC}$$

$\Delta\lambda_{AC}$ ist positiv bei östlicher, negativ bei westlicher Seglung.

Anzahl Seemeilen für Kursänderung um 1°

$$d/\text{sm} \approx |(60 : \tan \varphi_A) : \sin \alpha_{AK}|$$

(genauere Werte für größere Distanzen nach **NT 6**)

Mischsegeln

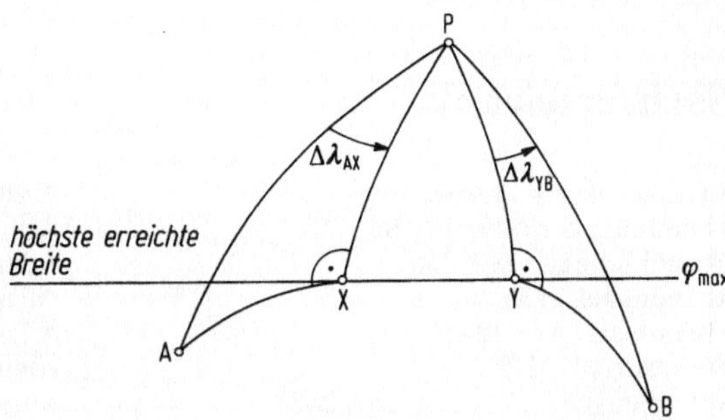

Bild 6.4. Mischsegeln

Die Vorzeichen von $\Delta\lambda_{AX}$, $\Delta\lambda_{YB}$ und $\Delta\lambda_{AB}$ sind stets gleich, und zwar positiv bei östlicher, negativ bei westlicher Segelung.

$$\cos |\Delta\lambda_{AX}| = \tan \varphi_A : \tan \varphi_{max}; \qquad \lambda_X = \lambda_A + \Delta\lambda_{AX}$$

$$\cos |\Delta\lambda_{YB}| = \tan \varphi_B : \tan \varphi_{max}; \qquad \lambda_Y = \lambda_B - \Delta\lambda_{YB}$$

$$\cos |d_{AX}| = \sin \varphi_A : \sin \varphi_{max}; \qquad \cos |d_{YB}| = \sin \varphi_B : \sin \varphi_{max}$$

$$d_{XY} = |(\Delta\lambda_{AB} - \Delta\lambda_{AX} - \Delta\lambda_{YB}) \cdot \cos \varphi_{max}|$$

$$\Sigma\, d/\text{sm} = 60 \cdot (d_{AX} + d_{XY} + d_{YB})/1°$$

Koordinatentransformation für die Programmierung des elektronischen Taschenrechners

Großkreisanfangskurs und orthodromische Distanz

$$\text{POL}\,(1; \varphi_B) \Rightarrow \text{REC}\,(x_1; y_1) \quad \rightarrow \text{POL}\,(x_1; \Delta\lambda) \Rightarrow \text{REC}\,(x_2; y_2) \quad \rightarrow$$

$$\text{REC}\,(y_1; x_2) \Rightarrow \text{POL}\,(r_1; \Theta_1) \quad \rightarrow \text{POL}\,(r_1; \Theta_1 + \varphi_A) \Rightarrow \text{REC}\,(x_3; y_3) \quad \rightarrow$$

$$\text{REC}\,(x_3; y_2) \Rightarrow \text{POL}\,(r_2; \alpha_{AK}) \quad \rightarrow \text{REC}\,(r_2; y_3) \Rightarrow \text{POL}\,(1; c)$$

$$d_{GK}/\text{sm} = 60 \cdot (90° - c)/1°$$

Sachverzeichnis

A (Abfahrtsort) 124 ff., 245
Abbildung, kartographische 27
Abendhimmel 190, 236
Abendnebel 235
Abfahrtsort (A) 124 ff., 245
Abflußstrom 210
Abkürzungen 67 f., 124, 157, 245 f.
Abplattung 20
absolute Feuchte 174
– Topographie 216
Abstandsbestimmung 112 f., 250
Abweitung 125, 245
Ac (Altocumulus) 187
Achsenmeridian 34 f.
Aerologie 216
AK (Großkreisanfangskurs) 125, 140 f.,
    245, 252 f.
Al (Alternating light) 62
Alternating light (Al) 62
Altocumulus (Ac) 187
AMVER-System (Automated Merchant
    Vessel Report System) 19
Analysenfunk 229 f.
Analysenfunkspruch 230 f.
Analysensender 230
Analysensendung 222
Aneroidbarometer 173
Anker 8
–, Schiff vor 8
Ankerlieger 14
Ankern, Beachtung beim 15
Ankertaumine 67
Annalen der Hydrographischen und Mariti-
    men Meteorologie (Zeitschrift) 44
Ansteuerungstonne 54
Antizyklogenese 218
Antizyklone 197, 206
Anzeigetiefe 105 f.
Äquatormeridiandistanz 125 ff., 246, 248
Äquatorumfang 20
Äquidistanz 27
Äquivalenz 27
Aräometer 209
Area, Precautionary (Vorsichtsgebiet) 66

Arzneimittel 15
Aspirationspsychrometer 175
Atlanten 43, 214
Atlas der Eisverhältnisse . . . 43
Atlas der Gezeitenströme . . . 43
Atmosphäre 190, 216 f., 218 f.
Auftriebswasser 210
Ausdocken 16
Ausguck 3 f.
Ausgucksmann 14
ausländische Gewässer (Betonnung) 61 f.
Auslegersonde 79 f.
Ausrüstungszeugnis 12, 13
Ausschießer 176
Ausstrahlung, Faksimile- 232
Automated Merchant Vessel Report
    System (AMVER-System) 19
Azimutdiagramm 145
Azimutnomogramm 145

B (Bestimmungsort) 124 ff., 245
Bake 49 f.
Bakentonne 49 f.
Ballasttank 9, 11, 16
Ballastwasserstand 16
Ballonbahn 180 f.
Ballontheodolit 180 f.
Bank 41
Barograph 174
Barometer 171 ff.
Barozyklometer 239
Befehlsübermittlung 13 f.
Befeuerung 48 ff.
– der Küstengewässer 62 ff.
Bekanntmachung für Seefahrer (BfS) 44
Benennung(en) 67 f., 124, 157, 245 f.
beobachteter Wind 176
Beobachtung von Dünung 181 f.
Beobachtungsbuch, Meteorologi-
    sches 171, 190 ff.
Beratung, Routen- 226
Bericht, nautischer 47
– über Reiseweg 47

Berichtigung der Seekarten und der nautischen Bücher   45 ff.
Besatzung   10, 15
Besatzungsmitglied, wachegehendes   8
beschickte Funkseitenpeilung   68, 117,
246, 248
Beschickung(en)   68 f., 102, 245, 251
Beschickung für Strom (BS)   68 f., 102,
245, 251
– für Wind (BW)   68 f., 102, 128, 245, 251
– für Wind und Strom (BWS oder β)   68 f.,
102, 128, 245, 247
Beschreibung der Fahrwasser   42
– der Feuerschiffe   41
Besteckrechnung nach Mittelbreite   99,
127 ff., 248, 250 f.
– nach Mittelbreite, 1. Aufgabe der
127 ff., 248, 250
– nach Mittelbreite, 2. Aufgabe der
128 f., 248, 250
–, terrestrische   124 ff., 248, 250 f.
– nach vergrößerter Breite   129 ff., 248 f.
– nach vergrößerter Breite, 1. Aufgabe der
130, 248 f.
– nach vergrößerter Breite, 2. Aufgabe der
131, 248 f.
Besteckversetzung (BV)   99, 124 ff., 132,
248, 250 f.
Bestimmung des Kurses   69 ff.
Bestimmungsort (B)   124 ff., 245
Betonnung   48 ff.
– ausländischer Gewässer   61 ff.
– des Fahrwassers   48 ff., 58 f.
– von Untiefen und Wracks   60
Betonnungssystem, Genfer   57 ff.
Betrag der Stromgeschwindigkeit (StG)
69, 245, 251
– der Stromversetzung (DSt)
69, 245, 251
Bezugsellipsoid   21 f.
Bezugsfläche   41
Bezugsmaßstab   27 ff.
Bezugsort   124
BfS (Bekanntmachung für Seefahrer)   44
Bildübertragung von Wetterkarten   231 f.
Bilge   10, 16
Bilgentank   10
Blinkfeuer (Blk.)   62
Blinkgruppe   62
Blitzfeuer (Blz.)   62
Blitzgruppe   62
Blizzard   209
Blk. (Blinkfeuer)   62
Blz. (Blitzfeuer)   62
Bodenbesichtigung   16
Bodennebel   215
Böe   189, 192

Brückenwachdienst, Grundsätze für
den   1 ff.
BS (Beschickung für Strom)   68 f., 102,
245, 251
Bücher, Berichtigung der nautischen   45 ff.
–, nautische   24 ff., 45
Bullauge   16
BV (Besteckversetzung)   99, 124 ff., 132,
248, 250 f.
BW (Beschickung für Wind)   68 f., 102,
128, 245, 251
BWS (Beschickung für Wind und
Strom)   68 f., 102, 128, 245, 247

Ci (Cirrus)   187 f.
Cirrostratus (Cs)   187 f.
Cirrus (Ci)   187 f.
Cirruswolke (Federwolke)   187 f.
Cn (Cumulonimbus)   187 f.
Consol   26
Corona australis   196
Cs (Cirrostratus)   187 f.
Cu (Cumulus)   187 f.
Cumulonimbus (Cn)   187 f.
Cumulus (Cu)   187 f.
Cumuluswolke (Haufen- oder
Quellwolke   187 f., 233, 235, 236

D (Datum)   21
Dalbe   49, 65
Dampfdruck   174
Datum (D)   21
–, Europäisches (ED)   21
–, Potsdamer (PD)   21
Datum, Tokyo-   21
DdW (Distanz durchs Wasser)
69, 245, 251
Decca   11, 12, 26
Decksmannschaft   15
Deckswache   15
Der Seewart (Zeitschrift)   44, 214
Deviation   13
Deviationstagebuch   12
Dichte (Meereis)   212
– (Meerwasser)   209
Dienst, synoptischer   217 f.
Diensttüchtigkeit   2
Distanz   245, 249
Distanz über Grund (DüG)   69, 97 ff., 245,
249, 251
–, loxodromische   69, 124 ff., 139, 246, 248
–, orthodromische   69, 124 ff., 138 ff., 245 f.,
252 f.
– durchs Wasser (DdW)   69, 245, 251
Distanzmessung (Dopplerlog)   87
Distanzsystem (Trägheitsnavigation)   93
Divergenztheorie   217 f.
Dock   16

Docken, Beachtung beim   16
Dolog   82 f.
Doppelpeilung   120 f.
Doppelpeilung, abgestumpfte   121
Doppler-Docking-Navigations-
    system   82 ff., 93
Dopplereffekt   82 ff.
Dopplerfrequenzverschiebung   82 ff.
Dopplerlog   82 ff.
– (Distanzmessung)   87
–, Zweikomponenten-   82, 90 f.
Dopplerlogs, Reichweite des   86 f.
Doppler-Sonar-Navigationssystem   82, 93
Dosenbarometer   173
–, Präzisions-   173
Drehkreis   11
Dreieck, sphärisches   138 f., 140, 253
Drift   137
DSt (Betrag der Stromversetzung)
    69, 245, 251
DüG (Distanz über Grund)   69, 97 ff., 245,
    249, 251
Dunst   191, 192, 235
Dünung, Beobachtung von   181 f.
Dünungsskala   183

Echoaufzeichnung   107 f.
Echograph   107
Echolot   11, 12, 105 ff.
–, hydroakustisches   103, 105 ff.
Echoloten, Meßfehler von   110 f.
Echolots, Kenngrößen eines   109
Echolotschwinger   105 ff.
Echolotung (El)   105 ff.
Echosignal   107
ED (Europäisches Datum)   21
Einbahnweg   66
Eindocken   16
Einrichtung, Kontrolle der nautischen   6
Eis, Fahren im   15, 224 f.
– des Meeres   212
Eisberg   225, 242 f.
Eisbericht   43, 225
–, Faksimile-   225
Eisblink   242
Eisfunk   43
Eisgefahr, Verhalten bei   18, 242 f.
eisgefährdete Gebiete (Manövrieren)
    242 f.
Eismeldedienst   196
Eismeldestation   225
Eisnachrichtendienst   224 f.
Eis-Patrouillendienst   225
Eisregen   188
Eisschlüssel (s. a. Ostseeschlüssel)   225
Eisstaub   188
Eisverhältnisse . . ., Atlas der   43
–, Übersichtskarte   224 f.

Eisverstärkung   11
Eiswachdienst   243
EK (Großkreisendkurs)   125, 140 f., 245,
    252 f.
El (Echolotung)   105 ff.
elektromagnetische Fahrtmeßsysteme   73,
    78 ff.
Ellipsoid   20 f.
EM-Log   73 ff.
Empfängerschwinger   107
Empfehlungen für die Schiffsführung   10 ff.
Entfernungstabellen   146 ff.
Entfernungstabellen, allgemeine   148 ff.
Entwurf   27
–, Gauß-Krügerscher   34 ff.
–, gnomonischer   26, 32 f.
–, Mercator-   28 ff.
–, mittabstandstreuer   34
–, stereographischer   31 f.
Erde, Gestalt der   20 ff.
Erdellipsoid   20 f.
Erdkörper   21
Erdkugel   22
Erdumfang   22
Europäisches Datum (ED)   21

F. (Festfeuer)   62
Fachausdrücke für Verkehrstrennungs-
    gebiete   65 f.
Fahren im Eis   15, 224 f.
– in Küstengewässern   7
– mit einem Lotsen   4
– in Nebel   15
Fahrgäste   11 f.
Fahrt, Bestimmung der   72 ff., 93 f., 249 f.
– über Grund (FüG)   69, 73 f., 246, 251
– durchs Wasser (FdW)   69, 73 f., 81 f.,
    246, 251
Fahrtbestimmung   72 ff., 93 ff., 249 f.
– und Distanzmessung (Trägheitsnaviga-
    tion)   93
– an der gemessenen Meile   95 f., 249
– nach Schraubendrehzahl   73, 93 f., 249
Fahrterlaubnisschein   13
Fahrtfehlerberichtigung (Ff)   69, 71, 116,
    246, 247
Fahrtmeßanlage   11, 72 ff.
Fahrtmesser   12, 73 ff.
Fahrtmeßsysteme, elektromagnetische
    73, 78 ff.
–, hydrodynamische   73, 75 ff.
Fahrtmessung (Dopplerlog)   82 ff.
Fahrtstörungslampe   13
Fahrtwind   176
Fahrwasser   42, 49
–, Beschreibung der   42
Fahrwassers, Betonnung des   48 ff., 58 f.
Fahrwasserbericht   42

Fahrwasserbezeichnung 42, 49
Faksimile-Ausstrahlung 232
Faksimile-Eisbericht 225
Faksimile-Wetterkarte 216, 226, 231 f.
Fallwinde 200
Fanggrund 25
Fangleine 17
Faßtonne 49
Fc (Fractocumulus) 187
FdW (Fahrt durchs Wasser) 69, 73 f., 81 f.,
 246, 251
Federwolke (Cirruswolke) 187 f.
Fehler und Fehlerausschaltung (Doppler-
 log) 87 f.
– und Fehlerbeseitigung (Logge) 77 f.
Festfeuer (F.) 62
Festlandsockel, Karte der 26
Feuchte, absolute 174
–, relative 178
Feuchtigkeitsmessung in großen
 Höhen 176
– in Laderäumen 175
Feuer 51 ff., 62 ff.
– in der Kimm 40, 113 f., 250
–, Unterbrochenes (Ubr.) 62
Feuerhöhe 63
Feuerkreis 40
Feuerlöschapparat 12, 15
Feuerlöscheinrichtung 9, 11
Feuerlöschgeschirr 11
Feuermelder 11
Feuerschiff 14, 41, 42, 62
Feuerschiffe, Beschreibung der 42
Feuerschutzbestimmungen 9, 10
Feuerschutzleute 12, 15
Feuerträger 42
Feuerverhütung 16
Ff (Fahrtfehlerberichtigung) 69, 71, 116,
 246, 247
F & Fl (Fixed and short flashing light) 62
Fischereigrenze 25
Fischereikarte 25
Fischlupe 108
Fixed and short flashing light (F & Fl) 62
Fkl. (Funkelfeuer) 62
Fl (Short flashing light) 62
Fl (3) (Group short flashing light) 62
Flächentreue 27
Flächenverzerrung 35
Flachsonde 80
Flagge 16, 17
Flaggendippen 17
Flaschenpost 187
FM 13-VII-Ship, Vollständiger Schiffs-
 schlüssel 192 ff.
Formelsammlung 244 ff.
Formelzeichen 67, 124, 244 ff.
Fractocumulus (Fc) 187

Fractostratus (Fs) 187
Freibord 13
Frischwassertank 16
Front(en) 207 f., 217, 227, 230
Frontgewitter 200
Fs (Fractostratus) 187
FuAz (Funkazimut oder rechtweisende
 Funkpeilung) 68, 246, 248
FüG (Fahrt über Grund) 69, 73 f., 246,
 251
Führung des Schiffes, Pflichten und
 Verantwortlichkeiten bei der 3
Funkanlage 11
Funkazimut (FuAz oder rwFuP) 68, 246,
 248
Funkbeschickung 68, 117, 248
Funkbeschickungstagebuch 12
Funkdeviation 68, 117, 248
Funkdienst (NF), Nautischer 43
Funkeigenpeilung 248
Funkelfeuer (Fkl.) 62
Funkfeuer 116 f.
Funkfremdpeilung 248
Funknavigation 12, 26
Funknavigationsverfahren 26
Funkortungskarte 26
Funkpeiler 11, 12
Funkpeilung (FuP) 26, 68, 116 f., 248
–, rechtweisende (rwFuP oder FuAz) 68,
 246, 248
Funkseitenpeilung, abgelesene 68, 117,
 246, 248
–, beschickte 68, 117, 246, 248
Funksicherheitszeugnis 13
Funkstation 16
Funktagebuch 12
Funkverkehr 143, 196
Funkwelle 196
Funkwetterkarte 229
Funkwettermeldung 192
FuP (Funkpeilung) 26, 68, 116 f., 248

Gauß-Krüger, Entwurf nach 34 ff.
Gauß-Krüger-Entwurf 34 ff.
Gebiete mit Bohranlagen 66
–, eisgefährdete (Manövrieren) 242 f.
–, minengefährdete 67
Gefahren, neue 54
Gefahrmeldung 17 f.
gefühlter Wind 176
GEK (Geoelektrokinetograph) 186
Generaldistanz 132
Generalkurs 132
Genfer Betonnungssystem 57 ff.
Geodäsie, höhere 30
Geodetic Reference System 1967, 1980
 (GRS 67, GRS 80) 21
Geoelektrokinetograph (GEK) 186

Geoid 20
Gesamtdistanz 132
Gesamtkurs 132
Geschwindigkeitsdivergenz 218
Gewässer, Betonnung ausländischer 61 ff.
Gewässern, Manövrieren in flachen und engen 15
Gezeitenströme 211
–, Atlas der 43
Gezeitentafeln (Gzt.) 43
Gezeitenverhältnisse 8
Gitter-Nord (Grid North) 37
Gitterpeilung (GP) 37
Gittersteuerkurs (GSK) 37
Gleichtaktfeuer (Glt.) 62
Glockentonne 49
Glt. (Gleichtaktfeuer) 62
gnomonischer Entwurf 26, 32 f.
GP (Gitterpeilung) 37
Gradient 197, 204, 234
Graupeln 188, 215
Greifleine 17
Grid North (Gitter-Nord) 37
Größen, meteorologische 169
Größengleichung 124, 245
Großkreis 23, 138 ff., 252 f.
–, Praxis des Segelns im 144 f.
–, Segeln im 138 f.
Großkreisanfangskurs (AK) 125, 140 f., 245, 252 f.
Großkreisdistanz 22, 125, 246, 252 f.
Großkreisendkurs (EK) 125, 140 f., 245, 252 f.
Großkreiskarte 26, 32 f., 145
Großkreisrechnung 140 ff., 252 f.
Großkreissegelung 26, 140 ff., 252 f.
Großkreisumfang 22, 124
Großstadtstaub 189
Group short flashing light (Fl (3)) 62
Growler 243
GRS 80 (Geodetic Reference System 1980) 21
GRS 67 (Geodetic Reference System 1967) 21
Grunddreieck, nautisches 139
–, terrestrisch-sphärisches 140 f., 253
Grundminen 67
Grundsätze für den Brückenwachdienst 1 ff.
Gruppe 62
Grußpflicht 17
GSK (Gittersteuerkurs) 37
Gzt. (Gezeitentafeln) 43

Hafenbehörde 12
Hafenbericht 42
Hafenfeuer 65
Hafenplan 25

Hagel (Schlossen) 188, 215
Handlog 73 f.
Handlot 104
Handruder 12
Haufenwoke (Quellwolke, Cu) 187 f., 233, 235, 236
Hauptmaßstab 28 ff.
Hauptzyklone 234
Heimathafen 10
Helfax-Gerät 232
Heultonne 49
Hi-Fix 21
Hilfeleistung 18 f.
Himmelsbedeckung 227
Himmelsbewölkung 187 f., 233
Hinweise für die Schiffsführung 10 ff.
HO-Tafel (Sight Reduction Tables) 87
Hoch 197, 227 ff., 233
Hochachse 34 ff.
Hochdruckgebiet 197, 217, 227 ff.
Hochlinie 34 ff.
Hochseenavigation 140
Hochwasserhöhe 9, 43
Hochwasserzeit 9, 43
Hochwert 36
Höhe der Gezeit 113
– über Meeresspiegel 173
Höhenströmung 218 f.
Höhenwetterkarte 216 ff.
Höhenwinkelmessung (Abstandsbestimmung) 74 f.
Horizontallot 103
Horizontalwinkeln, Messen von 117 f., 119, 121
Hurrikan 200 ff., 224
Hurrikan-Warndienst 224
hydroakustisches Lot 103, 105 ff.
hydrodynamische Fahrtmeßsysteme 73, 75 ff.

IALA (International Association of Lighthouse Authorities) 48 ff., 50
IALA-System 48 ff.
IMCO (International Maritime Consultative Organisation, jetzt IMO) 48, 66
IMO (International Maritime Organisation, früher IMCO) 48, 66
Impellerlog 75
Impulsdauer (Echolot) 110
Impulsfolgefrequenz (Echolot) 110
Impulsgenerator (Echolot) 107 f.
INA (Integrierte Navigationsanlage) 135
Indizes 245
Inseegehen 12
Integrierte Navigationsanlage (INA) 135
International Association of Lighthouse Authorities (IALA) 48 f., 50
– Maritime Consultative Organisation (IMCO; jetzt IMO) 48, 66

International Maritime Organisation (IMO,
  früher IMCO) 48, 66
Internationale Union für Geodäsie und
  Geophysik (IUGG) 21, 36
Internationales Signalbuch 196
Interrupted quick flashing light (IQ) 62
Ionosphäre 196
IQ (Interrupted quick flashing light) 62
Iso (Isophase light) 62
Isobare 197, 208, 227 f.
Isohypse 216 ff.
Isophase light (Iso) 62
Isotherme 196
IUGG (Internationale Union für Geodäsie
  und Geophysik) 21, 36

Jahrbuch, Nautisches 44
Janusanordnung 84, 91
Janusverfahren 90 f.

Kabellänge (nautische) 73
KaK (Kartenkurs) 69, 71
Kalmengürtel 197
Kaltfront 200, 207 f., 227
Kaltluftmassen 207
Kaltluftpolster 113
Kapitän (eisgefährdete Gebiete) 243
— (meteorologische Navigation) 233 f.,
  237, 241
— (Wahl des Reiseweges) 225 ff.
— (Wetterprognose) 234
Kapitäns, allgemeine Pflichten des 1 ff.
kardinale Zeichen 51 ff., 60
Kardinalsystem 60
Kardinalzeichen (kardinale Zei-
  chen) 51 ff., 60
Karte der Festlandsockel 26
—, Mercator- 28 ff., 140
— des Seegrundes, topographische 27
—, thematische 24
—, topographische 36
—, Verzerrungen in der 27
Karten, Stromangaben in 212
Karteneinheit 27 ff.
Kartenentwurf 22, 27
Kartenkurs (KaK) 69, 71
Kartenmeridian 28
Kartennetz 26, 32, 35
—, Gauß-Krügersches 35
Kartentiefe 38
Kartenverzerrung 27
Kartenvordruck 227
Kartenwerk 24
—, topographisches 24
kartographische Abbildung 27
KdW (Kurs durchs Wasser) 68, 70 f., 245,
  251
Kenngrößen eines Echolots 109

Kennung 51 ff.
Kesselspeisewassertank 16
Kilometerlinie 35 f.
Kimm, Leuchtfeuer (Feuer) in der
  Kimm 40, 113 f., 250
Klassenzertifikat 13
Klotzboje 49
Knoten 22
Kommandoelement 13
Kompaßkurs 71 f.
Kompensationsstrom 209 f.
Konfluenzzone 218
Kontrolle der nautischen Einrichtungen 6
Koordinaten, astronomische 23
—, Gauß-Krügersche 34 f.
—, geodätische 23
—, geographische 22
Koordinatentransformation 128, 248, 251,
  253
Koppeln, automatisches 133 f.
—, zeichnerisches 132 f.
Koppelfehler 135 f.
Koppelnavigation 137
Koppelnavigationsgerät 133
Koppelnavigationssystem 134
Koppelort 124, 186
Koppeltisch 134
Korrelation 92
Korrelationslog 82, 91 f.
KrA (Kreisel-A) 69, 71, 116, 246, 247
Krankenbuch 12
Kreisel-A (KrA) 69, 71, 116, 246, 247
Kreiselkompaß 11, 12, 70 f., 72, 116, 246,
  247
Kreiselkompaßanlage 13
Kreiselkompaßdeviation (Ff) 69, 71, 116,
  246, 247
Kreiselkompaßfehlweisung (KrFw)
  69, 116, 246, 247
—, beobachtete (KrFwb) 247
—, (voraus)berechnete (KrFwr) 247
Kreiselkompaßkurs (KrK) 69, 116, 245,
  247
Kreiselkompaß-Nord (KrN) 68
Kreiselkompaßpeilung (KrP) 68, 116, 246,
  247
Kreiselpeilung, Radar- (RaKrP) 68
Kreisel-R (KrR) 69, 246, 247
Kreistreue 32
Kreisverkehr 66
Kreuzkorrelation 92
Kreuzpeilung 121
KrFw (Kreiselkompaßfehlweisung)
  69, 116, 246, 247
KrFwb (beobachtete Kreiselkompaßfehl-
  weisung) 247
KrFwr ((voraus)berechnete Kreiselkom-
  paßfehlweisung) 247

Krimper (krimpen)   176
KrK (Kreiselkompaßkurs)   69, 116, 245, 247
KrN (Kreiselkompaß-Nord)   68
KrP (Kreiselkompaßpeilung)   68, 116, 246, 247
KrR (Kreisel-R)   69, 246, 247
KüG (Kurs über Grund)   68 ff., 245, 247 ff.
KüG$_b$ (beobachteter Kurs über Grund)   68, 245, 247 ff.
KüG$_k$ (gekoppelter Kurs über Grund)   68, 245, 247 ff.
Kugeltonne   49
Kupferstich   25
Kurs   69 f., 245 ff.
Kurs über Grund (KüG)   68 ff., 245, 247 ff.
– – –, beobachteter (KüG$_b$)   68, 245, 247 ff.
– – –, gekoppelter (KüG$_k$)   68, 245, 247 ff.
–, loxodromischer   125 ff., 245, 248
–, mißweisender (mwK)   68, 70, 71
–, rechtweisender (rwK)   69, 70 f., 245, 247
– durchs Wasser (KdW)   68, 70 f., 245, 251
Kurses, Absetzen eines   71 f.
Kurses, Bestimmung des   69 ff.
Kursabsetzen   71
Kursbeschickung   69 f., 247
Kursdreieck, vergrößertes   129 f.
–, wahres   127
Kursgleiche   126
Kurslinie   71
Küstenfunkstelle   44, 225, 237
Küstengewässer, Befeuerung der   62 ff.
Küstengewässern, Fahren in   7
Küstenkarte   25
Küstenverkehrszone   66

Ladebaum   12
Ladefähigkeit   11
Ladegeschirr   11
Laden   15
Laderaum   11
Laderäumen, Feuchtigkeitsmessung in   175 f.
Landkartenwerk   24
Landmarke   7, 24, 121
Landwind   198
Länge, astronomische   23
–, geodätische   22
–, geographische   22 f.
Längentreue   27
Längenunterschied   124
Längenverzerrung   35
Lateralsystem   58 f.
Lateralzeichen (laterale Zeichen)   51 ff.
Laufzeit (Wasserschall)   105
Leerkarte   26
Leitfaden für Wachoffiziere   4 ff.
Leitfeuer   63

Leitpunkt   245
Leuchtfeuer   63 ff., 42
–, Beschreibung der   42
– (Feuer) in der Kimm   40, 113 f., 250
–, Verwendung der   63 f., 113, 250
Leuchtfeuern, Fehler beim Ausmachen von   65
Leuchtfeuerverzeichnis (Lfv.)   42 f.
Leuchttonne   49, 65
Leuchtturm   63
LFl (Long flashing light)   62
Lfv. (Leuchtfeuerverzeichnis)   42 f.
Lichter   9, 10
Lichtstärke   63
Lichtzeichenkopf   25
Lichtzeichnen   25
Liegeplatz   9
Linie, geodätische   35
–, kürzeste   35
Linienelement   28
Lithographie   25
Log   72 ff., 133
– (Fehler und Fehlerausschaltung, Dopplerlog)   87 ff.
– (Fehler und Fehlerbeseitigung)   77 f.
– -Driftmesser   81
–, EM-   78 f.
Loggeort   99, 186
London-haze   189
Long flashing light (LFl)   62
Loran   11, 12, 26
Löschen   15
Lot   103 ff.
Lote, hydroakustische   105 ff.
Lotkörper   104
Lotleine   104
Lotmaschine, Thomsonsche   105
Lotmaßstab   105
Lotse   4, 12, 14, 17
Lotsen, Anbordnehmen eines   17
–, Fahren mit einem   4
Lotsenfahrzeug   17
Lotsenlift   17
Lotsentreppe   17
Lotsenwechsel   17
Lotung   118, 103 ff.
Lotungsbeschickung   103 f.
Loxodrome   28, 29, 33, 34, 126 f., 139
– und ihre Eigenschaften   126 f.
Loxodrombeschickung (u)   69, 117, 247, 248
loxodromische Distanz   69, 124 ff., 139, 246, 248
loxodromischer Kurs   125 ff., 245, 248
– Streckenzug   144
Luft, gesättigte   197
Luftdruck   171 ff., 197, 227 f., 234, 238 f.
Luftdruckgleiche   197

Luftdruckmessung 171, 227
Luftdruckschreiber 174
Luftdruckschwankung 237
Lüfterthermometer 170
Luftfahrtfeuer 65
Luftfeuchtigkeit 174 ff., 235
–, Messen der 174 f.
Luftschall 112 f.
Luftspiegelung 112, 190
Luftstrom 197
Luftströmung, kalte 215
Luftströmung, warme 215
Lufttemperatur 170 f.
–, Messen der 170 f.
Luft- und Feuchtigkeitsmessung in großen
 Höhen 176
– – – in den Laderäumen 175
Luftwirbel 200
Luke 12, 16

Magnetkompaß 11, 12, 69 f., 116, 247
Magnetkompaßablenkung (Abl) 68, 247
Magnetkompaßdeviation (Abl) 68, 247
Magnetkompaßfehlweisung (MgFw)
 69, 116, 247
Magnetkompaßkurs (MgK) 68, 116, 247
Magnetkompaß-Nord (MgN) 68
Magnetkompaßpeilung (MgP) 68, 116,
 247
Magnetmine 67
Mallungen 198
Manövrieren in eisgefährdeten Gebie-
 ten 242 f.
– in flachen und engen Gewässern 15
– in Stürmen der gemäßigten Zonen
 232 ff.
– in tropischen Orkanen 237
Maschinentagebuch 12
Massendivergenz 217
Massenkonvergenz 217
Maßstab 24 f., 27 ff.
Maßstab, Haupt- 28 ff.
Mauritius-Orkan 200
Meereis (Dichte) 212
Meereskunde 169 ff.
–, Erklärungen und Angaben aus der 209 ff.
Meeresleuchten 190
Meeresspiegel 20, 171 ff., 216
–, Höhe über 173
Meeresströmung 186 f.
Meeresströmung, kalte 186
–, Richtung der 186 f.
–, Stärke der 186 f.
–, warme 186
Meeresumwelt, Schutz der 4
Meerwasser (Dichte) 209
Meile, Fahrtbestimmung an der
 gemessenen 95 f., 249

Meilenfahrt 249
Mercator 28
Mercatorentwurf 28 ff.
Mercatorkarte 28 ff., 140
Mercatornetz 26, 132
Merchantship Search and Rescue Manual
 (MERSAR-Manual) 19, 136
Meridian 22 f., 28 ff.
Meridianabstandsverhältnis 129, 246, 249
Meridianachse 34
Meridianbild 33
Meridianelement 28
Meridiankonvergenz 37
Meridianschnittpunkt 140 ff., 252
Meridianstreifen 35 f.
Meridiantertie 73
Meridionalteil 28 f.
Merkdreieck 126
MERSAR-Manual (Merchantship Search
 and Rescue Manual) 19, 136
Mesosphäre 196
Meßbrief 13
Meßfehler (Echolot) 110 f.
Meßsensor 80
Meßsonde 81
Meßsysteme, hydrodynamisches 75 ff.
Meßunsicherheiten (EM-Log) 81 f.
meteorologische Größen 169
– Navigation 225 ff.
– Radarbeobachtung 189
Meteorologisches Beobachtungsbuch
 171, 190 ff.
– Tagebuch 171, 190
MgFw (Magnetkompaßfehlweisung
 69, 116, 247
MgK (Magnetkompaßkurs) 68, 116, 247
MgN (Magnetkompaß-Nord) 68
MgP (Magnetkompaßpeilung) 68, 116,
 247
Mi. (Mischfeuer) 62
Mine 67
Minengebiet 67
minenfreie (abgesuchte) Wege 67
minengefährdete Gebiete 67
Mischfeuer (Mi.) 62
Mischsegeln 140 ff., 253
mißweisend Nord (mwN) 68
mißweisende Peilung 68
mißweisender Kurs 68, 70, 71
Mißweisung (Mw) 68, 246, 247
Mistral 200
mittabstandstreuer Entwurf 34
Mittelbreite, Besteckrechnung nach
 99, 127 ff., 248, 250 f.
Mittelfahrwasserzeichen 54
Mittellot 104 f.
Mittelmeridian 34 ff.
Mo. (Morsefeuer) 62

Molenfeuer 65
Monatsbericht 222
Monatskarte 26, 43, 210, 214, 225, 227, 239
Monsun 198
Monsune, Gebiete der 198
Morgenhimmel 190, 231, 236
Morgennebel 235
Morse code light (morse) 62
Mw (Mißweisung) 68, 246, 247
mwK (mißweisender Kurs) 68, 70, 71
mwN (mißweisend Nord) 68
mwP (mißweisende Peilung) 68

Nachricht, P- 46
–, T- 46
Nachrichten für Seefahrer (NfS) 24, 43 f., 45 f.
Nachtwolke, leuchtende 196
nautische Bücher 24 ff., 45
nautischen Bücher, Berichtigung der 45 ff.
nautische Veröffentlichungen 41 ff.
Nautischer Funkdienst (NF) 43
nautisches Grunddreieck 139
Nautisches Jahrbuch 44
NAVAREA (Navigational Area) 45
Navigation, Aufgaben in der 125 ff.
– (Formelsammlung) 244 ff.
–, meteorologische 225 ff.
– über See 42
–, terrestrische 48 ff.
Navigational Area (NAVAREA) 45
Navigationsanlage, integrierte (INA) 135
Navigationsausrüstung 3
Navigationshilfe, elektronische 2, 6
Navigationskarte 24 f.
–, allgemeine 24 f.
Navigationssignal 181
Navigationssystem, Doppler-Docking- 82 ff., 93
–, Doppler-Sonar- 82, 93
NAVTEX (Verbreitung von nautischen Warnnachrichten mittels Schmalband-Fernschreibübertragung auf 515 kHz) 45
Nb (Nimbus) 187
Nebel 15, 188, 192, 215, 235
–, Fahren in 15
Nebelgebiete 215
Nebelschallsignale 42
Neerströme 209 ff.
Netzentwurf 27
Netzlinie 27, 28
Netzlinienbild 31
NF (Nautischer Funkdienst) 43
NfS (Nachrichten für Seefahrer) 24, 43 f., 45 f.

Niederschlag 188, 192, 207, 215, 235
– in der Umgebung 215
Niederschlagsmenge 188
Niederschlagsmessung 188
Niedrigwasserhöhe 9, 43
Niedrigwasserstand 38, 43
Niedrigwasserzeit 9, 43
Nieseln 188, 215
Nimbostratus (Ns) 187
Nimbus (Nb) 187
Nimbuswolke (Regenwolke) 187
Nord, mißweisend (mwN) 68
–, rechtweisend (rwN) 68
–, Gitter- (GN) 37
–, Kreiselkompaß- (KrN) 68
–, Magnetkompaß- (MgN) 68
Norder 209
Nordlicht 192, 196
Nordrichtungen 68
Nordsee-Wetterbericht 221 f.
Notantenne 12
Notice to Mariners 67
Notsender 12
Ns (Nimbostratus) 187
Nullmeridian 22

Oberfeuer 64
Oberflächenströmung 209
Objekthöhe 112 ff.
Oc (Occulting light) 62
Occulting light (Oc) 62
Offshore-Anlage 42
Okklusion 206 ff., 227
Okklusionsfront 208
Öltagebuch 12
Öltank 16
optische Peilung 116, 247
Orientierung 21
Orkan 200 ff.
–, Mauritius- 200
–, Schiffsmanöver im 204 f.
–, Südsee- 200, 202 f.
–, tropischer 200 ff., 224, 237 ff.
–, Westindischer 200
Orkans, Regeln des Abreitens eines 241
Orkanauge 204
Orkanerkennung 237 ff.
Orkangebiet 202 f.
Orkanmeldedienst 224
Orkanmeldung 224, 237, 241
Orkanwolke 238
Orkanzeit 202 f.
Orthodrome 139 ff.
orthodromische Distanz 69, 124 ff., 138 ff., 245 f., 252 f.
Ortsbestimmung, terrestrische 119 ff.
Ortsmeridian 31
Ostseeschlüssel 225

Ostsee-Wetterbericht 221 f.
Ozeanhandbuch 42, 210
Ozeankarte 24
Ozeanwetterbericht 222
Ozean-Wetterstation 224

P-Nachricht 46
Packeisfeld 243
Passate 198, 210, 238
–, Grenzen der 198
Patentlog 75
Patrouillendienst, Eis- 225
PD (Potsdamer Datum) 21
Peilstrahl 121
Peilung, mißweisende (mwP) 68
–, optische 116, 247
–, rechtweisende (rwP) 37, 68, 116 f., 246,
    247 f.
Peilungen 37, 68, 116 f., 246, 247 f.
Peilung, Gitter- (GP) 37
Peilungsbeschickung 247
Peilungslinie 118
periodische Winde 198 f.
Pfahlgruppe 49
Pflichten bei der Führung des Schiffes 3
Pflichten des Kapitäns und der
    Schiffsoffiziere 1
Pilotballon 180
Pilot-Rohr 77
Plan 25
planetarisches Windsystem 198
Plattkarte, Quadratische 34
Polarbanden 188
Polarfront 206
Positionslampe 13
Potsdamer Datum (PD) 21
Präzisions-Dosenbarometer 173
Precautionary Area (Vorsichtsgebiet) 66
Pricke 49
Probefahrten, Beachtung bei 15
Proviant 12
Prüfmarke 13
Prüfplakette 13
Psychrometer 175
Pumpe 12
Pumpenanlage 11

Q (Quick flashing light) 62
Quadratische Plattkarte 34
Quecksilberbarometer 172
Quellwolke (Haufen- oder Cumuluswolke)
    187 f., 233, 235, 236
Quermarkenfeuer 65
Quick flashing light (Q) 62

Radar 2, 6 f., 11, 12
Radarbeobachtung, meteorologische 189
Radarberatung 14

Radarfahrt 14
Radargerät 6, 7, 180, 243
Radarkarte 26
Radar-Kreiselpeilung (RaKrP) 68
Radarreflektor 180
Radarschirm 14
Radar-Seitenpeilung (RaSP) 68
Radiosonde 181
Raketenapparat 12
RaKrP (Radar-Kreiselpeilung) 68
RaSP (Radar-Seitenpeilung) 68
Rate Of Turn (ROT) 11, 93
Rechtslinie 35
Rechtswert 36
rechtweisend Nord (rwN) 68
rechtweisende Funkpeilung (rwFuP)
    68, 246, 248
– Peilung (rwP) 37, 68, 116 f., 246, 247 f.
rechtweisender Kurs (rwK) 69, 70 f., 245,
    247
Referenzellipsoid 21
Referenzort 124
Reflektor 65
Regelkompaßkurs (RgK) 68
Regen 188, 215, 235
Regenbogen 235
Regengebiete 215
Regenmesser 188
Regenschauer 215
Regenwolke (Nimbuswolke) 187
Reichweite (Dopplerlog) 86 f.
– (Echolot) 109
Reif 188
Reiseweg 42, 47, 165, 225 ff.
–, Bericht über 47
relative Feuchte 178
Relingslog 74 f.
Rettungsaktion 18 f.
Rettungsboot 11 f.
Rettungsbootleute 12
Rettungseinrichtung 12 f.
Rettungsfloß 11
Rettungsinsel 11
Rettungsweste 12
Revier 14
Revierfahrt 14
Revierfunk 43
RgK (Regelkompaßkurs) 68
Richtfeuer 64
Richtlinien für den Schiffsdienst 1 ff.
– für den Wachdienst im Hafen 8 ff.
Richtungsdivergenz 218
Roßbreiten 197, 198
ROT (Rate Of Turn) 11, 93
Rotationsellipsoid 20 f.
Rotlichtanzeige 107 f.
Routenberatung 226
Ruder 11

Ruderanlage 11
Rudermaschine 11
rwFuP (rechtweisende Funkpeilung) 68, 246, 248
rwK (rechtweisender Kurs) 69, 70 f., 245, 247
rwN (rechtweisend Nord) 68
rwP (rechtweisende Peilung) 37, 68, 116 f., 246, 247 f.

Safety Of Live At Sea (SOLAS, Convention 1960) 6, 12
SAL ACCOR (Log) 92 f.
Salzgehalt (Meerwasser) 209
SAR (Search And Rescue) 19
Satellitennavigation 21
Sättigungsmenge (Luft) 197
Sc (Stratocumulus) 187
Schallempfänger 105 ff.
Schallgeschwindigkeit 105
Schallimpuls 105
Schallsender 105 ff.
Schallwelle 105
Schauer 188
Schauerform 188
scheinbarer Wind 176
Scheitel (Orkan) 202 f.
Scheitelpunkt (Großkreis) 140
Schichtwolke (Stratuswolke, St) 187, 236
Schiffahrtszeichen (Seezeichen, Zeichen) 49 ff.
Schiffsbarometer 172 ff.
Schiffsbesetzungsordnung 15
Schiffsdienst 1 ff.
Schiffsführung 2
– (Beiträge zur) 42
–, Hinweise und Empfehlungen 10 ff.
– (Seewarndienst) 44 f.
Schiffsmanöver im Orkan 240 f.
Schiffsoffizier, allgemeine Pflichten 1
Schiffspapiere 11, 13
Schiffsregenmesser 188
Schiffsschlüssel 186, 193 ff.
Schiffssignale 43
Schiffstagebuch 13, 19, 173, 190
Schiffsuhr 13
Schiffswege 165 ff.
–, empfohlene 167 ff.
–, vereinbarte 165
–, vorgeschlagene 165
Schlepper 12
Schleuderpsychrometer 175
Schleuderthermometer 170
Schlossen (Hagel) 188, 215
Schnee 188, 215
Schneefall 215
Schneegebiete 215

Schneeregen 188, 215
Schneeschauer 215
Schnelles Funkelfeuer (SFkl.) 62
Schöpf-Wasserthermometer 171
Schott 11, 12, 16
Schottenschließvorrichtung 11, 12
Schraubendrehzahl, Fahrtbestimmung nach 73, 93 f., 249
Schreibbarometer 174, 237
Schreibthermometer 235
Schüttladung 11
Schutz der Meeresumwelt 4
Schwerebeschickung 173
Schwinger 84 ff.
See, Navigation über 42
Seebücher, die deutschen 41 ff.
Seefahrer, Bekanntmachung für (BfS) 44
–, Nachrichten für (NfS) 24, 43 f., 45 f.
Seefrachtgüter 12
Seegang 10, 17, 181 ff., 184, 241 f.
– der freien Hochsee 184
Seegangsverhältnisse 8
Seegrenze 15
Seegrenzkarte 26
Seegrund 25, 27
Seegrunds, topographische Karte des 27
Seehandbuch (Shb.) 38, 41 f.
Seekarte 8, 21, 27 ff., 37 ff., 41, 45, 71
–, Absetzen in 71
–, Gebrauch und Behandlung der 37 ff.
–, Konstruktion der 27 ff.
Seekarten, Bemerkung zu den 40 f.
–, Berichtigung der 45 ff.
–, Beschreibung der 24 ff.
–, Zeichen und Abkürzungen in den 40
Seekartennull 38
Seekartenwerk 25, 28
Seemarke 24
Seemeile (sm) 22
Seenot 18 f.
Seenotfall 18 f.
Seenotfällen, Navigation bei 18 f.
Seenotfunk 19
Seeobsdienst 194 f.
Seeobsmeldung 192
Seeraum, Betonnung von Untiefen und Wracks im freien 60
Seeschiffahrtsstraße 44
Seestraßenordnung (SeeStrO) 14, 18, 66
SeeStrO 14, 18, 66
Seewarndienst 18, 44 f.
Seewetterbericht 221 f.
–, Sprechfunk- 227
Seewind 198
Seezeichen, feste 49
–, laterale 51 ff., 60
–, kardinale 51 ff., 60
– (Schiffahrtszeichen) 49

Seezeichen, schwimmende 49
–, sonstige 61
Segelkarte 25
Seitenpeilung (SP) 68, 116, 120 f., 246, 247
–, Radar- (RaSP) 68
Sekunden-Knoten-Länge 73
Selbststeuer 11
Selbststeueranlage 2, 11
Sendeschwinger 107
SFkl. (Schnelles Funkelfeuer) 62
Shb. (Seehandbuch) 38, 41 f.
Short flashing light (Fl) 62
Sicherheitseinrichtung 11, 15, 16
Sicherheitsrolle 12
Sicherheitsvorkehrung 9
Sicherheitswege 65 f.
Sicherheitszeugnis 13
Sicht 7, 14, 189, 208, 215
–, diesige 215
Sichtigkeit 189
Sichtigkeitsbeobachtung 155
Sichtigkeitsverhältnisse 3
Sichtweite (Sw.) 63
Sight Reduction Tables (HO-Tafel) 87
Signal 9, 10, 14, 43
Signalbuch, Internationales 196
Signalkörper 13
Signalstelle 43
Slip 73
sm (Seemeile) 22
SOLAS (Safety Of Life At Sea (Convention
    1960) 6, 12
Solltiefe 41
Sommerbetonnung 41
Sommerpampero 200
Sonderzeichen 54
SP (Seitenpeilung) 68, 116, 120 f., 246, 247
Speisewassertank 11
Spierentonne 49
Spitztonne 49
Sprechfunk-Seewetterbericht 227
Sprechfunk-Wetterbericht 227
Springniedrigwasser 103
Sprühregen 188, 215
St (Stratus- oder Schichtwolke) 187, 236
Stabilität 10, 11, 12
Stabilitätsunterlagen 12
Stabilitätsverhältnisse 10
STCW (Standard of Training Certification
    and Watchkeeping) 1
STCW-Übereinkommen 1
Standlinie, terrestrische 112 ff.
–, Vermeidung von Gefahren 118 f.
–, Verwertung 118 f.
Stange 49
Standortmeldesystem 19
Staudrucklog 73, 75 ff.
Stauströmung 210

stereographischer Entwurf 31 f.
Sternkarte 32, 34
Steuerkompaßkurs (StK) 68
Steuerwirkung 11
Stevenlog 76 f.
StG (Betrag der Stromgeschwindig-
    keit) 69, 245, 251
StK (Steuerkompaßkurs) 68
Stoppstrecke 11
Stoppzeit 11
Strandung 15
Stratocumulus (Sc) 187
Stratosphäre 196, 234
Stratuswolke (Schichtwolke) 187, 236
Streckenzug, loxodromischer 144
Strom 97 ff.
–, Beschickung für (BS) 68 f., 102, 245, 251
Stromatlas 38
Stromaufgabe, erste 97 f., 251
–, zweite 98, 251
–, dritte 99, 251
Stromaufgaben 97 ff., 251
–, Sonderfälle der 99
Stromgeschwindigkeit, Betrag der (StG)
    69, 245, 251
Stromnavigation 97 ff.
Stromversetzung, Betrag der (DSt)
    69, 245, 251
–, Feststellen der 186 f.
Stückgut 11
Stumpftonne 49
Sturm 192, 206 ff., 232 f., 238
Stürme der gemäßigten Zone 206 ff.
Stürmen, Manövrieren in 232 ff.
Sturmbahn 240
Sturmfeld 204, 241
Sturmmeldung 205
Sturmwarnung 10, 223
Suchaktionen, Navigation bei 18 f.
Suche und Rettung (Handbuch für
    Handelsschiffe) 19
Su-Estado 209
Südsee-Orkan 200, 202 f.
Sw. (Sichtweite) 63
synoptische Wetterkarte 215 ff.
synoptischer Dienst 216 f.
System, Genfer 49 ff., 57 ff.
–, IALA- 48 ff.
–, Kardinal- 60
–, Lateral- 58 f.
–, Uniform- 49 ff.

T-Nachricht 46
Tagebuch, Meteorologisches 171, 190
Tagebucheintragung 13
Taifun 200 ff.
Tank 10, 16
Taschenrechner 125, 141 ff., 244 f.

266 Sachverzeichnis

Tau 175, 188
Taupunkt 175, 178, 216, 235
Teiltief 232, 234
T$_{EI}$ (Tiefe des Echolotwandlers) 105 f.
Temperatur 169 ff., 216, 227, 235
Temperaturmessung 169 ff.
Temperaturzähler 171
terrestrisch-sphärisches Grunddrei-
    eck 140 f., 253
terrestrische Navigation 48 ff.
– Ortsbestimmung 119 ff.
– Standlinie 112 ff.
Thermograph 170
Thermometer 171, 235
Thomsonsche Lotmaschine 105
Tide 10
Tidenhub 10, 103
Tief 197 f., 217 f., 227 ff., 232 f.
Tiefdruckgebiet 197, 217 f., 232 f., 238
Tiefe des Echolotwandlers (T$_{EI}$) 105 f.
Tiefenangabe 38, 40 f.
Tiefenlinie 27
Tiefenlinienbild 25
Tiefgang 9, 104
Tieflot 104
Tiefwasserwege 66
Tokyo-Datum 21
Tonnen 49 ff., 66
Topographie, absolute 216
topographische Karte des Seegrunds 27
topographisches Kartenwerk 24
Toppzeichen 49 f.
Torfeuer 64
Tornado 189, 200
Tragfähigkeit 11
Trägheitsnavigation (Distanzsystem) 93
– (Fahrt- und Distanzmessung) 93
Tragweite (Tw.) 63
Treffpunktfahrt 136 ff.
Trennlinie 66
Trennzone 66
Trift 209
Triften 209 ff.
Triftstrom 209 ff.
Trimmdiagramm 12
Trimmlage 10, 11
Trombe 200
Tropenzone 187
tropischer Orkan 200 ff., 224, 237 ff.
Tropopause 196
Troposphäre 196
Tw. (Tragweite) 63

u (Loxodrombeschickung) 69, 117, 247, 248
Übereinkommen, STCW- 1
Übersichtskarte 24, 42, 225
– der Eisverhältnisse 224 f.

Ubr. (Unterbrochenes Feuer) 62
Übungskarte 26
Uferfeuer 64
UkW 17
Umrechnungsfaktoren 249 f.
uncinus (hakenförmig) 188
Unfalltagebuch 12
Unfallverhütungsvorschriften (UVV) 12, 16, 17
Uniform-System 49 ff.
Universal Transversal Mercatorsystem (UTM) 36
Unterbrochenes Feuer (Ubr.) 62
Unterfeuer 64
Unterscheidungssignal 10
Unterwasserortung 103 ff.
Untiefe 41, 60
Untiefen, Betonnung von 60
UTM (Universal Transversal Mercator-system) 36
UTM-System 36 f.
UVV (Unfallverhütungsvorschriften) 12, 16, 17

Verankerung 10
Verantwortlichkeiten bei der Führung des Schiffes 3 f.
Verbandsmittel 15
Verbindungsstrom 210
Vereinbarte Schiffswege 165
vergrößerte Breite 129 ff.
vergrößerter Breite, Besteckrechnung nach 129 ff.
vergrößertes Kursdreieck 129 f.
Verhalten bei Eisgefahr 18, 242 f.
– bei guter Sicht 7
– bei schlechter Sicht 7
Verkehrsdichte 4
Verkehrstrennungsgebiete 24, 65 ff.
–, Fachausdrücke für 65 f.
Veröffentlichungen, nautische 41 ff.
Vertäuung 10
Vertikallot 103 ff.
Vertikalwinkelmessung 250
Verzeichnis der Nautischen Karten und Bü-cher 41, 225
Verzerrung (der Karte) 27 ff.
Very quick flashing light (VQ) 62
Vierstrichpeilung 120
Vollständiger Schiffsschlüssel „FM 13-VII-SHIP" 192 ff.
Volumennachhall 86
Vorkehrungen für den Wachdienst 2
Vorsichtsgebiet (Precautionary Area) 66
VQ (Very quick flashing light) 62.

Wache, Durchführung der   10
Wachdienst   1, 2, 8 ff.
–, Richtlinien für den   8 ff.
–, Vorkehrungen für den   2
Wachübernahme   5 f., 9
wahrer Wind   176
wahres Kursdreieck   127
Wandler, elektronischer (Schwinger)   84 f.
Wärmegleiche   196
Wärmemessung   169
Warmfront   206 ff., 227
Warmluft   113, 206
Warmluftmassen   206
Warmsektor   208, 217
Warndienst, Hurrikan-   224
Warnnachrichten   44 f.
Wasser   12
Wasserdampf der Luft und Niederschläge   197
Wasserdruck   105
Wasserhose   192, 200
Wasserstand   10
Wassertemperatur   142, 171
Wassertiefe   103 ff.
–, Bestimmung der 103 ff.
Water track   86
Watt   41
Wchs. (Wechselfeuer)   62
Wechselfeuer (Wchs.)   62
Wege, minenfreie (abgesuchte)   67
Wegeführung   (66)
WGS 72 (World Geodetic System 1972)   21
Wellenhöhe   183 ff.
Wellenkamm   182
Wellenlänge   83 ff., 181 ff., 183 ff.
Wellenrichtung   183
Westindischer Orkan   200
Westwinde   206 f.
Westwinde, brave   206
Wetter   8, 10
Wetteranalyse   129, 216
Wetterauskunft   222
Wetterbericht   221 f.
–, Nordsee-   221 f.
–, Ostsee-   221 f.
–, Sprechfunk-   227
Wetterdienst   190
Wetterfunk   43
Wetterfunkstelle   43, 237
Wetterkarte   32, 215 ff., 227 ff.
– nach Analysenfunk   229 f.
–, Faksimile-   216, 226, 231 f.
– des Seewetteramtes   215
–, synoptische   215 ff.
Wetterkarten, Bildübertragung von   231 f.
Wetterkartenanalyse   230
Wetterkartenvordruck   215

Wetterkunde   169 ff.
–, Erklärungen und Angaben aus der   196 ff.
Wetterlage   4, 229 f.
Wetterlotse (Zeitschrift)   214, 225, 239
Wettermeldung   192, 222, 228, 237
Wetternachricht   237
Wetterregeln   234 ff.
Wettersatellit   224
Wetterschiff   223 f.
Wetterstation   224
–, Ozean-   224
Wetterübersicht   221 f.
Wetterverhältnisse   8, 231
Wettervorhersage   221, 234 ff.
Wetterwarte   222
WGS 72 (World Geodetic System 1972)   21
Wind   146 ff., 197 ff., 216, 232 ff., 240
–, beobachteter   176
–, Beschickung für (BW)   68 f., 102, 128, 245, 251
–, gefühlter   176
–, scheinbarer   176
– und Strom, Beschickung für (BWS oder β)   68 f., 102, 128, 245, 247
–, wahrer   176
Winde der gemäßigten Zonen   206 ff.
–, periodische   198 f.
Windbaum   188
Windgesetze   197 ff., 233 f.
Windhose   200
Windmessung   176 ff.
Windpampero   209
Windregel   233 f.
Windrichtung   227
Windsee   181 ff., 186
Windsemaphor   223
Windstärke (Beaufort)   176 ff., 179, 215
Windsystem, planetarisches   198
Windtafel   179
Winkeltreue   27, 28, 32, 34 f.
Winterbetonnung   41
Winterstürme   209
Wirbelwind   200
Witterung in Übersee, Die (Zeitschrift)   222
Witterungserscheinung   192
WMO (World Meteorological Organisation)   176
Wogenwolken   187
Wolken   187 f., 233, 235 f., 237 ff.
Wolkenatlas   188
Wolkenbeobachtung   187 f., 233 f.
Wolkenbestimmung   188
Wolkenformen   187 f., 231, 235 f.
Wolkengattung   187
Wolkengestaltung   187

Wolkenkopf 188
Wolkentafel 188
World Geodetic System 1972 (WGS
  72) 21
World Meteorological Organisation
  (WMO) 176
World Wide Navigational Warning Service
  (WWNWS) 45
Wrack 48 ff., 60
Wracks, Betonnung von 60
Wracktonnen 60
Wurfleine 17
WWNWS (World Wide Navigational
  Warning Service) 45

Zahlenwertgleichung 245
Zeichen (Schiffahrtszeichen) 49 ff.

Zeichen, kardinale 51 ff., 60
–, laterale 51 ff.
–, Einzelgefahr- 53
–, Kardinal- 51 ff., 60
–, Lateral- 51 ff.
–, Mittefahrwasser- 54
Zeitschrift, Die Deutsche Hydrographi-
  sche 44
Zugstraße 233
Zusammenstoß (Maßnahmen nach) 15
Zweikomponenten-Dopplerlog 82, 90 f.
Zweikomponentenprinzip 81
Zwischenzeit 43
Zyklogenese 216
Zyklon (tropischer Orkan) 200
Zyklone 197, 206 ff., 232 ff.
–, Haupt- 234

W. F. Schmidt
Astronomische Navigation

Ein Lehr- und Handbuch für Studenten und Praktiker

1983. 118 Abbildungen. XIV, 226 Seiten
DM 42,–. ISBN 3-540-11909-4

Inhaltsübersicht: Sphärische Trigonometrie. – Geographische Anwendungen der sphärischen Trigonometrie. – Astronomische Anwendungen der sphärischen Trigonometrie. – Messung von Gestirnskoordinaten für Navigationszwecke. – Astronomische Standlinien- und Standortbestimmungen. – Anhang. – Literaturverzeichnis. – Personen- und Sachverzeichnis.

Es werden in praxisnaher Form die wichtigsten Zusammenhänge der astronomischen Navigation und ihrer Randgebiete zur Standlinien- und Standortbestimmung auf See oder in der Luft dargestellt. Ausgehend von den Grundlagen der sphärischen Trigonometrie werden zuerst geographische Anwendungen behandelt. Es folgen nach Einführung in die wichtigsten astronomischen Koordinatensysteme und ihre Beziehungen untereinander die Bewegungen der Himmelskörper unseres Sonnensystems. Neben bürgerlichen und wissenschaftlichen Zeitbegriffen werden die Kenngrößen von Uhren, die Kulminations-, Dämmerungs- und Auf- oder Untergangszeiten der Gestirne besprochen. Darin schließt sich die Behandlung der Messung der Gestirnskoordinaten Höhe und Azimut an, wobei die Handhabung des Sextanten und die astronomische Kontrolle des Kompasses eine wichtige Rolle spielen. Schließlich werden die wichtigsten Methoden der astronomischen Standlinien- und Standortbestimmung dargestellt.
Zahlreiche Übungsaufgaben mit Lösungsanleitungen geben dem Leser Gelegenheit zu prüfen, ob er den Stoff verstanden hat.

Krauß/Meldau
Wetter- und Meereskunde für Seefahrer

Fortgeführt von W. Stein und R. Höhn

7., verbesserte Auflage. 1983. 121 Abbildungen und 3 Tafeln. XII, 312 Seiten
Gebunden DM 94,–. ISBN 3-540-11763-6

Inhaltsübersicht: Einleitung. – Die Grundgrößen des Wettergeschehens und ihre Beobachtung. – Die Grundgesetze des Wettergeschehens. – Das Meer und die Meeresströmungen. – Wetterberatung. – Zeichnen und Auswerten von Wetterkarten und Wetterbeobachtungen an Bord. – Meteorologische Navigation. – Lösung der Übungsaufgaben auf S. 71/72. – Entschlüsselungen zu den Beispielen auf S. 72. – Literatur. – Anhang: Tabelle 1: Beaufort-Skala, Windstärke und Windsee. – Tabelle 2: Tafel zur Bestimmung der relativen Feuchte und des Taupunktes (Psychrometertafel). – Sachverzeichnis. – Tafeln (in Tasche am Schluß des Buches): – Tiefe und mittelhohe Wolken. Mittelhohe und hohe Wolken. Meeresströmungen im Nordwinter.

Dieses Werk hat bereits Generationen von Berufsseeleuten und Sportschiffern während der Ausbildung und in der Praxis gute Dienste geleistet. In dieser Auflage wurden besonders die Ausführungen über die Verschlüsselung von Wetterbeobachtungen, über praktische Wetterberatung sowie Eisbeobachtungen und Eisdienst völlig neu bearbeitet. Das Buch vermittelt auf der Grundlage der physikalischen Zusammenhänge die Grundzüge der maritimen Meteorologie, der Meereskunde und des praktischen Wetterdienstes. Es stellt die Wetterbeobachtung der verschiedenen Wetterelemente als notwendige Voraussetzung für die Wetterbeurteilung dar und informiert über das Zusammenspiel der verschiedenen Wetterelemente zum Wettergeschehen. Das Buch wendet sich an Seeleute in Ausbildung und Beruf ebenso wie an Sportschiffer und alle am Wettergeschehen interessierten Menschen.

Springer-Verlag Berlin Heidelberg New York Tokyo

Müller/Krauss

Handbuch für die Schiffsführung

Fortgeführt von M. Berger, W. Helmers, K. Terheyden, G. Zickwolff

8., neubearbeitete und erweiterte Auflage in 3 Bänden

Band 1
Navigation

Teil B: Mathematik, Magnet- und Kreiselkompaß, sonstige Kreiselgeräte, Selbststeuer, Trägheitsnavigation, astronomische Navigation, Gezeitenkunde

Herausgeber: K. Terheyden, G. Zickwolff

Unter Mitarbeit von K.H. Cepok, L. Hangen, W. Kohl, H.J. Kunze, H.-R. Uhlig

1983. Etwa 124 Abbildungen. Etwa 320 Seiten
Gebunden DM 98,-. ISBN 3-540-12100-5

Die Weiterentwicklung und die vielen Innovationen auf allen Gebieten der navigatorischen Schiffsführung machten die Erweiterung und völlige Neubearbeitung von Band 1 notwendig; auch mußten zusätzliche Wissensgebiete aufgenommen werden. Daher erscheint Band 1 der 8. Auflage in drei Teilbänden. Das Werk befindet sich auf dem neuesten Stand des Wissens, der Technik sowie der Gesetze, Verordnungen und Verträge. Erstmalig wurden die Benennungen, Abkürzungen, Formelzeichen und graphische Symbole verwendet, die für die Navigatioon in See- und Luftfahrt nach DIN 13312 vorgesehen sind. Das Buch soll sowohl der Bordpraxis in allen Fahrtbereichen dienen als auch besonders Dozenten und Studenten an den nautischen Ausbildungsstätten sowie den Reederei-Inspektoren, den Mitarbeitern der Schiffahrtsbehörden und sonstigen Schiffahrtsinstitutionen.

Springer-Verlag
Berlin
Heidelberg
New York
Tokyo